植民地朝鮮の勧農政策

土井浩嗣
Hirotsugu Doi

思文閣出版

植民地朝鮮の勧農政策

序章　近代日本の勧農政策と植民地朝鮮

第一節　本書のねらい

植民地統治下の朝鮮農業について考えるとき、そこには日本との間の支配・被支配の関係が厳然と横たわっている。だがその前に、農業とは何かについて一度確認しておくことは極めて重要である。

農業とは、植物がもつ生命のサイクルを人間が手助けすることで、生活を支える食料や原材料を生産する営みである。その根源にあるのは、人間の力ではなく、あくまで植物自身の光合成である。農業の主な生産手段は、土地と土壌である。土地の豊かさや土壌のよしあしが生産を左右するため、古くから人間は念入りに手を加えて農地を作り上げてきた。また、そもそも農業は、野外の自然の中で生産を行うため、雨、風、気温などの影響を大いに受ける。このように農業は、常に気候や風土から決定的な制約を受ける産業であるから、効率性を求める市場経済とは本質的になじまない。そこで国家は、農産物の生産・供給や価格など諸問題に対する対応・緩和政策として農業政策を行うのである(1)。

さて、近代日本における農業政策は、一貫して農業生産力の向上と食料自給の確保を政策理念とした。なかでも明治・大正期に見られた農業生産力の向上は、産業革命の達成や工業の飛躍的発展に大きく貢献した。一方この時期は、日本が日清・日露戦争を経て朝鮮・台湾を植民地化するなど、拙速に帝国主義の道へと踏み出した時期でもあった。それでは、日本が植民地支配を行ったこれらの地域でも、果たして農業生産力の向上は起こったのであろうか。この素朴な疑問に答えるため、植民地朝鮮における農業生産力の変化を統計的に確認する作業から本書をはじめる。

植民地統治下の一九一二～四〇年における朝鮮の主要農作物生産高の推移を見ていこう。表1と図1、図2は、朝鮮で生産された農作物のうち、米・麦・雑穀・豆・いも・野菜・綿花（工芸作物の代表として）について、一九一二年の生産高を一〇〇とした指数でそれぞれの変化を表したものである。

表1　朝鮮主要農作物の生産高指数

	米	麦	雑穀	豆	いも	野菜	綿花
1912	100	100	100	100	100	100	100
1913	111	117	114	102	161	114	114
1914	130	108	102	103	196	127	114
1915	118	118	111	110	259	148	138
1916	128	116	121	117	297	155	138
1917	126	122	128	120	327	173	210
1918	141	136	138	138	378	179	225
1919	117	121	92	82	369	148	282
1920	137	132	159	132	449	194	332
1921	132	138	143	126	449	184	276
1922	138	126	125	119	441	175	343
1923	140	110	127	124	373	147	369
1924	122	130	120	94	356	159	399
1925	136	137	116	123	384	177	406
1926	141	129	115	118	383	183	469
1927	159	122	119	127	411	197	440
1928	124	118	123	101	395	165	494
1929	126	126	123	106	484	193	458
1930	177	133	129	119	506	177	488
1931	146	138	107	110	432	174	335
1932	150	143	125	117	618	184	446
1933	167	134	118	121	543	188	461
1934	154	143	88	104	445	193	449
1935	165	158	112	118	611	192	618
1936	179	135	119	101	697	174	397
1937	247	188	134	114	790	196	695
1938	222	151	118	104	754	207	609
1939	132	165	110	62	669	147	609
1940	198	157	99	89	741	196	541

（出典）朝鮮総督府編纂『朝鮮総督府統計年報』昭和7年版（朝鮮総督府、1934年）98～105・108～109頁、『同』昭和15年版（朝鮮総督府、1942年）44～51頁より作成。

（備考）米は水稲・陸稲、麦は大麦・小麦・裸麦・燕麦、豆は大豆・小豆・緑豆・落花生など、雑穀は粟・稗・黍・蜀黍・玉蜀黍、いもは甘藷・馬鈴薯、野菜は大根・白菜、綿花は陸地棉・在来棉のそれぞれ合計である。

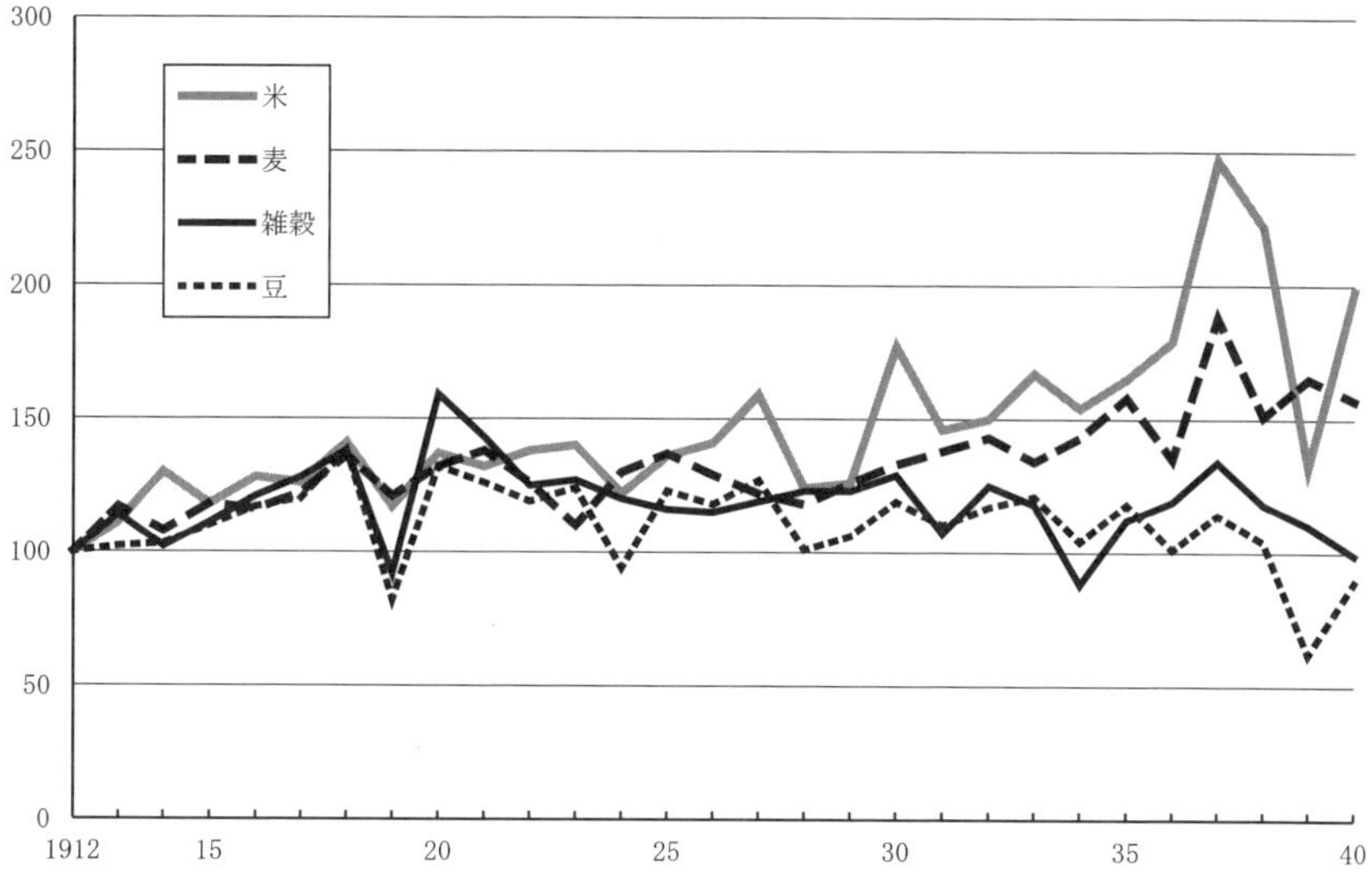

図１　朝鮮主要農作物の生産高指数（１）

（出典）表１と同じ。

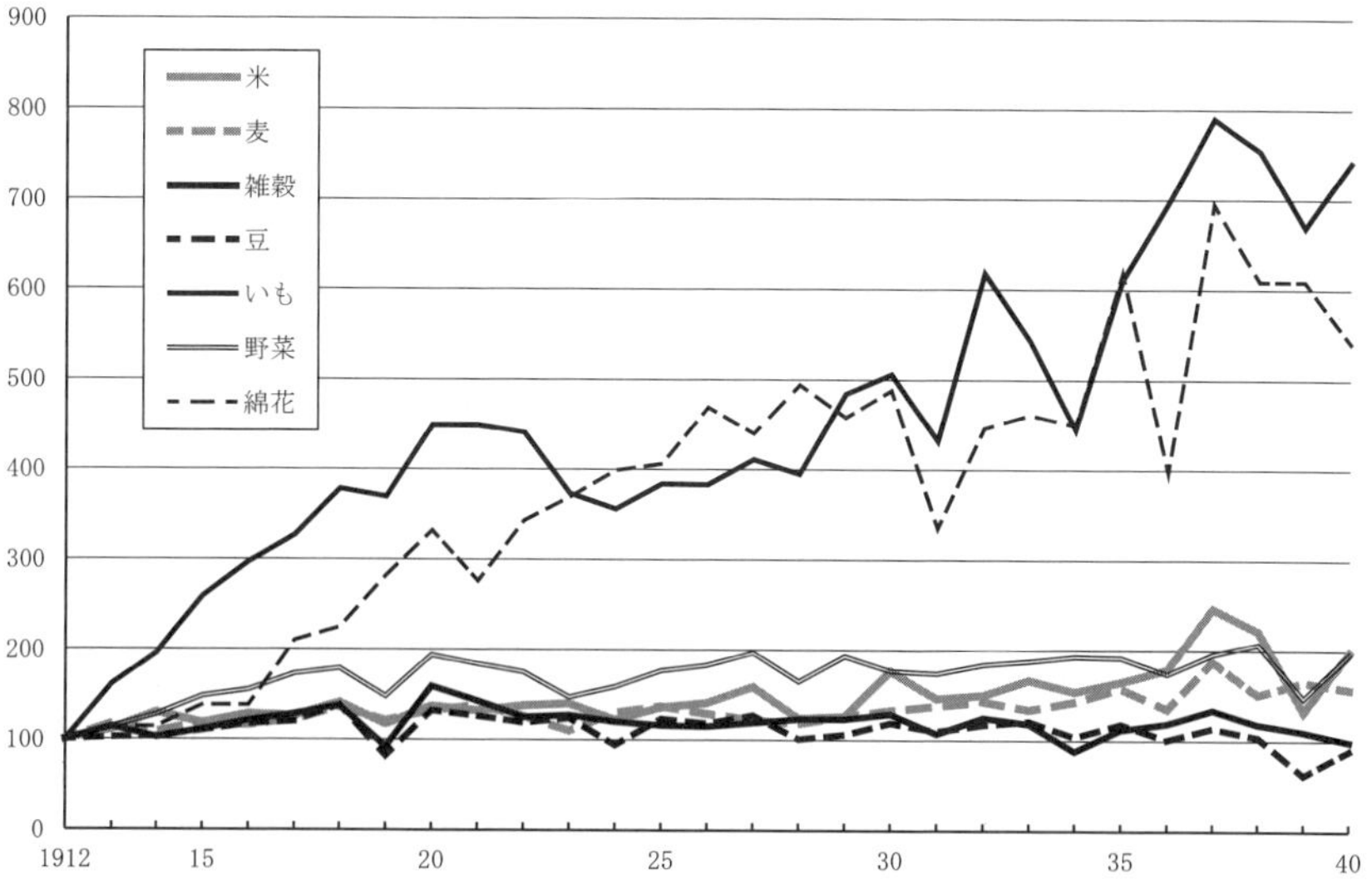

図２　朝鮮主要農作物の生産高指数（２）

（出典）表１と同じ。

朝鮮農業で最も重要な農作物は、日本と同じく米（米穀）であった。日本は一八九七年（明治三〇）を境に恒常的な米穀輸入国に転じたことから、植民地朝鮮での米の増産と移出は、農政の主要課題であった。農作物であるから、当然その年の天候に左右される部分が大きいが、植民地期全体を通してみると、米の生産高は緩やかな上昇傾向を見せる。特に、三〇年代以降の上昇は顕著であり、一九一二年と比較して一・五～二倍程度の水準に達している。

米以外の農作物ではどうか。穀物では、麦が米に近い傾向を示し、三〇年代には生産高が一・五～一・八倍になっている。反対に雑穀や豆の生産高はあまり伸びず、三〇年代後半以降は低下傾向を見せている。残る野菜は二倍近くに、いもは六～七倍に、綿花は五～六倍に生産高が上昇している。

ここで敢えて朝鮮の貿易状況や朝鮮人の食生活を脇に置くとすれば、朝鮮の農業生産力は植民地期を通じて着実に向上していたことは明らかである。では、なぜ植民地朝鮮で農業生産力の向上が実現したのか。これが本書の根本的な問いである。

そこで、本書では、この問いを解く鍵として、勧農政策に注目した。勧農政策とは、経験的知識を主とする在地・在来農法に代わって、科学的実験・分析を主とする近代農学を導入することによって農業生産力の向上を目指す諸政策のことであり、その過程で新しい農業技術の試験研究や普及、およびその担い手となる人材の育成を目的とする一連の体系的機構が創設・整備されていくものと定義できる。この体系的機構とは、具体的にいえば、農事試験研究機関（中央・地方の農事試験場など）、農業団体（農会など）、農業教育機関（農業学校など）の主に三つの機関から構成される。

勧農政策は、最初に宗主国の日本からはじまり、時間を置いて植民地の朝鮮（や台湾）へと波及した。近代日本における勧農政策は、おおむね殖産興業政策から明治農政の時期と重なる。いうなれば、大正期から現在まで続く近代農学を技術的基盤とした農業政策の草創期・助走期と表現できよう。明治期の勧農政策を経て、農事関係機関・団体が体系的に整備され、またそれが安定的に機能することによって、初めて近代的農業政策が確立され、本格的な展開をはじめることになったのである。

本書の目的は、日露戦争後日本の保護国となり（一九〇五年）、その後植民地（一九一〇〜四五年）となった朝鮮において、この勧農政策が日本からどのように移植され、どのような植民地独自の形成と展開を見せたのかを解明することである。別のいい方をすれば、朝鮮の植民地農政を、技術普及と人材育成という勧農政策の視点から照射することを通じて、近代農学の導入・定着過程として新たに描き直すことを目標としている。

第二節　勧農政策の形成

◆大久保利通の勧農政策

それでは、植民地朝鮮の勧農政策について論じる前に、まずその前提となる日本の勧農政策の形成と展開について概観する。

近代日本における勧農政策（農業奨励政策）の端緒は、明治初期に当たる一八六九〜七三年（明治二〜六）の時期にさかのぼる。明治維新を経て誕生したばかりの新政府は、欧米列強と対峙するために国力の増進を目指し、当時基幹産業であった農業の振興に力を入れた。

勧農政策の担当機関は、民部省と大蔵省であった。まず最初に実施されたのが、政府と東京府による下総開墾である。これは幕末維新期の混乱を経て東京府等に滞留していた窮民を、下総小金原に移送し開墾に従事させるものであり、開墾事業よりもむしろ治安維持策の性格を帯びたものであった。ほどなくして禄制改革の進行と士族の窮迫化にともなって士族授産の重要性が増してくると、士族移住による東北地方の荒蕪地開墾事業が登場する。政府は荒蕪地開墾推進のためにアメリカの開拓農法に着目し、ここから日本における欧米農業の試験的導入がはじまった。(2)

一八七三年（明治六）一一月、岩倉使節団の欧米視察から帰国した大久保利通は、新たに内務省を創設し、自ら内務卿に就任して殖産興業政策を開始した。勧農政策も殖産興業政策の主要部分として本格化の時期を迎えた。当初内務省は、欧米農業（泰西農法）の直輸入的な導入をさかんに試みると同時に、国内農業（在来農法）に対する調査・研究も進めていった。内藤新宿試験場（大蔵省勧農寮により七二年一〇月開設）では、国内外の穀類・蔬菜・果樹の試作や西洋農具の試験などを行った。新宿試験場の附属試験地は、七七年九月に三田育種場として分離独立し、国内外の優良種苗の試験・頒布を主な事業とした。また、外国産牧畜の試験のために、取香種畜場や下総牧羊場が開設された。まもなく政府が、気候風土の適否に留意した適地適作の方針を打ち出すと、東京以外の各府県にも勧業試験場や農業試験場が設置され、老農たちの農事改良への意欲をかきたてることにつながった。(3)

加えて、欧米の近代的科学的農学を取り入れて、新たに日本の近代農学を確立する上で重要な役割を果たすのが、農業教育機関の創設である。

一八七八年（明治一一）一月には、東京・駒場野に駒場農学校が開校した。開校時には、カスタンス、キンチらイギリス人の御雇外国人教師が招聘されたが、すぐにフェスカ、ケルネルらドイツ人教師に交替した。彼らは、日本農業の実態調査を実施し、日本農業の進路について提言するとともに、科学的分析方法などを日本にもたらした。次に、札幌農学校は、東京・芝の開拓使仮学校を前身として七六年（明治九）八月に札幌に移転・開校した。開校に当たり、アメリカからクラークが招かれ、アメリカ農法の北海道への移植が図られた。駒場・札幌両校からは、近代農学を身につけた酒勾《さこう》常明、横井時敬《ときよし》、新渡戸稲造など数多くの農学者・農政官僚が輩出された。(4)

◆勧農政策の転換

西南戦争終結後、大久保利通が暗殺されると、松方正義が勧農局長に復帰し、彼によって従来の直接的勧業政策から間接的勧業政策への転換が図られた。この方針転換は、日本における勧農機関の体系的組織化のはじまりを告げるものとなった。その契機となったのは、一八七九年（明治一二）に松方が勧農局長として基本方針を示した「勧農要旨」である。

松方は、政府が官業や財政資金貸付によって勧農政策を直接実施しても「人民応セサレハ政府復之ヲ如何トモスルコトナシ」と指摘して、「人民能ク政府ノ力ニ倚頼《いらい》セスシテ興ス所ノ事業ニアラサレハ、之ヲ独立ノ事業トイフヘカラス」とこれまでの政策を批判した。その上で、勧農政策の事務を、「政府ノ永遠保護管理ヲ要スヘキモノ」と「一時ノ仮設ニ出テ、竟《つい》ニ収縮変更スヘキモノ」に二分割し、前者の例として、「内外各地農業ノ気脈ヲ交通」する通信報告、「全国植物ノ種類収額ヲ調査シ、家畜ノ頭数ヲ検点」するなど農業に関する統計、「海外若クハ国ノ一方ニ偏有シテ各人容易ニ購求スヘカラサル」種子苗木の収集・頒布の三つを列挙した。(5)

そして、同年一月の「勧農局主務目的及臨時事業要目」では、農区制度が導入され、全国に一二の農区（陸奥・出羽・岩代・関東・信越・東海・北陸・京摂・中国・四国・九州・西海）が設置された。農区は、「農事上ノ会議通信共進会」を実施するための制度であり、詳しくは、農区委員の農況視察、郡内の農事篤志者を組織した農事会議・農事通信の開設、これを発展させた農区会議・農区共進会の開設、農区共進会優等出品者の全国共進会参加が指示された。つまり、勧農局は、新たに農区を設置することによって、勧農政策を郡―府県―農区―全国と系統的に展開しようとしたのである。

翌八〇年に品川弥二郎が勧農局長に就任すると、さらに村単位にまで農事会（農談会）を開設することが奨励された。すでに地租改正開始（一八七三年）以降、農産物の商品化が急激に進行する中で、老農や農事改良に関心をもつ地主層を中心に、米・麦その他農産物に関する技術改良の気運が勃興し、全国各地で農談会・勧業会・

種子交換会などが開催・設立されていた。つまり、勧農局は、これら勧業諸会を取り込み、国家として「上から」の組織化を進めていったのである。

こうして一八八一年三月には、第二回内国勧業博覧会に合わせて全国から老農を招集し、内務省勧農局主催で全国農談会が開催された。これを機に、翌四月には、全国的な農業団体として大日本農会が設立された。(6) また、同月には、新たに農商務省が創設され内務省から勧農政策を引き継いだ。

◆興農論策の登場

こうした紆余曲折の後、勧農政策を担う各機関・団体を初めて理論的に整理することになったのが、一八九一年（明治二四）一月に農学会が発表した「興農論策」である。

「興農論策」は、一八八八年一二月の農学会第一総集会の席上、井上馨農商務大臣からの諮問に対して、農学会が直ちに検討を行い、九〇年一二月に横井時敬・大内健・澤野淳・古在《こざい》由直・志岐守秋の五名を起草委員としてまとめたものである。

この時期、松方財政（松方デフレ）の下で、農業経営の悪化、農民の窮乏化が進行していた。その中で「興農論策」は今後農政がとるべき方針として、農業振興に結びつかない「消極手段」である地租軽減を否定し、農業の進歩をもたらす「積極手段」である「直接間接ノ農業教育」を主張した。そして、その具体策として「農学校、農事試験場、巡回講授、農会等ヲ以テ我国ノ農業ノ改良振興」を図ることを要求したのである。この「興農論策」を土台として、以後日本では農事試験研究機関、農業教育機関、農業団体がそれぞれ系統的に整備されていく。(7)

まず第一に、農事試験研究機関については、かつての試験場が廃止・払下げされる中、駒場農学校出身の澤野淳の建策により、一八八六年（明治一九）九月、東京府下に農務局重要穀菜試作地が開設された。やがて九〇年

（明治二三）一一月には、東京府下の西ヶ原に農務局仮試験場を設け、試作事業の発展に努めていった。「興農論策」は、従来の試験場は「実地的試験場」であって規模も狭小で試験も首尾一貫していないと指摘し、「実地的試験場」と「科学的試験場」の結合の必要性に言及する。さらに、その手段として全国的な農事試験場制度を提起し、中央試験場一ヶ所、農区試験場五ヶ所、府県試験場を各府県に一ヶ所以上設置して試験研究機関の組織化を図るとした。

ここに示された農学者たちの強い要望を受けて、一八九三年（明治二六）四月に農事試験場官制が公布され、国立農事試験場が開設された。全国を七農区に分け、東京本場は、仮試験場があった西ヶ原に置き、残りの農区には宮城支場・石川支場・大阪支場・広島支場・徳島支場・熊本支場をそれぞれ設置した。翌九四年八月には、府県農事試験場規程が公布され、国立農事試験場の下部機構として府県農事試験場が位置づけられることになった。その後、九九年（明治三二）六月の府県農事試験場国庫補助法制定によって全国で試験場の設置が進んでいった(8)。

第二に、農業団体について、中央から地方におよぶ系統的組織をもった農会（すなわち系統農会）の構想を初めて提示したのも、「興農論策」である。

「興農論策」は、農会を「有志相結合シ、共同緝和《しゅうわ》、以テ農事ノ改良ヲ勧誘興発スル」団体と定義し、その役割を農事改良機関のみに限定する。業務は、「共進会、品評会、競技会、農談会等ヲ開設スル」ものとして、東京に中央農会を、地方には府県農会と郡農会を設け、町村には郡農会の支部を置くとした。農会が「人民合意的ノ団体ニシテ施政ニ参スル機関ニアラズ」と規定されたことから、官民間をつなぐ農政活動機関としては、別個に「農事会議又ハ農事諮問会議」を設置することが構想された(9)。

その後、系統農会の結成と農会法制定を主導したのは、前田正名《まさな》である。彼は、一八九三年（明治二六）一二月に大日本農会幹事長に就任すると、第一回全国農事大会などを通じて農会の系統的組織化を強く主張した。やがて大日本農会内部の路線対立から、前田は全国農事会を分離独立させ、系統農会設立を要求する農政運動を精力的に展開する。この運動を受けて、農会は当初の「興農論策」の提言とは異なり、農事改良機関と農政活動機関という二つの性格をあわせもつ農業団体へと変質した。また、京都府農会を嚆矢として各府県でも農会の設置が進んだ(10)。

日清戦争後、国力増進が求められる情勢の中で、一八九九年(明治三二)六月、ようやく農会法が制定された。これによって、系統農会のうち、道府県農会、郡農会、市町村農会までが法認され、国庫補助金一五万円以内の交付を受けて農村で農事改良を担うことになった。その一方で、全国農事会が要求していた全国農事会の中央農会としての法認や会員の強制加入、会費の強制徴収は見送られた。

以降、一九〇五年(明治三八)一〇月の農会令改正により会員の強制加入が認められ、一〇年九月には農会法改正により帝国農会(全国農事会の後身)が法認され、同年一一月、四六道府県農会を会員とする帝国農会が設立された。残る会費の強制徴収が認められたのは、一九二二年(大正一一)四月の農会法改正の時であった(11)。

第三として、農業教育機関について見ておこう。

「興農論策」は、農学校について、農事試験場などと違い、まさに直接の農業教育を行う機関であると強調する。その目的は、「農家ニ必要ナル学識ヲ授ケ、実業ヲ練習セシメ、良風ヲ涵養セシメ、兼テ国民タルノ性格ヲ養成スル」ことであるが、加えて「農事上ノ発見、剏造《そうぞう》(創造―筆者註)改良、新説等ヲ示シテ以テ直接ニ農事ヲ進捗スルノ効」も少なくないとする。そこで、論策は、農区農学校、地方農学校、郡村農学校から成る農業学校制度を提案する。すなわち、全国を五農区に分け、各農区に一校ずつ農区農学校(仙台・東京・石川・岡山・熊本)を設置し、各府県に一校ずつ地方農学校、郡村に郡村農学校を設ける構想である(12)。

明治前期まで農業教育機関は、農商務省と文部省がそれぞれ所管していたが、東京農林学校（駒場農学校の後身）が一八九〇年（明治二三）に、札幌農学校が九五年に文部省に移管されたことを転機として、文部省の学務行政の中で整備が進められることになった。(13)

具体的には、一八九三年（明治二六）一一月に実業補習学校規程を公布し、小学校教育の補習と実業教育を目的とする実業補習学校が設置された。また、前年の七月には、簡易農学校規程を公布し、農業補習学校よりやや専門的な教育機関として簡易農学校を設けている。やがて九九年二月の実業学校令公布により、両者の再編が行われた。実業補習学校は、小学校から実業学校の一種として再定義され、実業教育費国庫補助法の補助金を受けて一九〇二年以降急速に増設された。簡易農学校は、実業学校令・農業学校規程により廃止され、代わって中等農業教育機関として農業学校が設置された。

さらに、一九〇〇年代に入ると、高等農業教育機関の設置が行われた。一九〇三年公布の専門学校令による農業専門学校の設置である。当初は、官立として札幌農学校（一九〇七年に東北帝国大学農科大学に昇格）と盛岡高等農業学校（一九〇二年創設）のみであったが、その後、鹿児島高等農林学校（一九〇八年）、千葉県立園芸専門学校（一九〇九年）、上田蚕糸専門学校（一九一〇年）が設置された。また、私立では、大日本農会経営の東京高等農学校（一九一一年に東京農業大学に改称）があった。(14)

以上見てきたように、日本における勧農政策の形成は、明治初期の民部省および大蔵省によって開始され、一八七三年（明治六）の内務省創設によって本格化した。大久保利通没後、松方正義によって間接的勧業政策に転換すると、勧農機関・団体の体系的組織化が進められた。九一年の「興農論策」によって勧農機構の理論的整理が終了すると、農事試験場、農会、農業学校などが順次設置された。最終的には、日清戦争後の一九〇〇年（明治三三）をもって勧農政策の基盤となる体系的機構が整備されたのである。

第三節　勧農政策の展開

◆明治農法の成立

一九〇〇年（明治三三）に勧農機関の体系的機構が完成すると、それ以降は近代農学を基盤とした農業技術を農村に普及させる段階へと入っていった。これは近代日本における勧農政策の展開過程に当たると同時に、現代まで続く近代農政の開始をも意味している。

ここでは、最初に明治期における農業技術の革新から述べることにしたい。なぜならば、近代日本における勧農政策の本質は、近世以来の伝統的在来農法に代わって、欧米から科学的分析に基づく近代農学（学理農法）を導入することによって、国内の農業生産力を飛躍的に向上させることにあったからである。なかでも日本農業の中心である米（米穀）でそれを達成することが最も重要な課題となった。

近世・江戸期までの日本の水田稲作は、常時湿田（湛水田）、人力による浅耕、少肥という技術体系によって営まれてきた。日本列島の気候は、おおむね温暖・湿潤であるため、山間部に降った雨が、森林の落ち葉のつくる腐植土の中をゆっくりと流れるうちに、多くの有機肥料分を含んで川あるいは地下水となり、やがて水田へと入っていく。水田では、湛水によって空気を遮断して土を還元状態にし、酸性土壌を中性化することで、有機物の分解を抑制しつつ窒素の流失を防ぎ、地力を維持した。冬場を含め常時湛水する理由は、春になってからの人力による耕起を容易にするとともに、連作障害や雑草を抑制する効果もあったためである。(15)

明治期に入り、このような日本農業の姿に対して問題提起を行った人物の一人がマックス・フェスカである。フェスカは、農商務省の聘によりドイツから一八八二年（明治一五）に来日し、地質調査所雇員として日本全国の土性調査を実施するとともに、駒場農学校で教鞭をとった。フェスカは、土性調査のかたわら日本農業の実態を目の当たりにしたことで、ドイツ農業をモデルとした日本農業の近代化の方策を提言していく。

例えば、日本農業の欠点として、フェスカは、「一　耕耘浅キニ失スルコト」「二　排水ノ不完全ナルコト」「三　施肥啻《ただ》ニ不充分ナルノミナラズ、其法ヲ誤リ、且其価高キコト」「四　作物輪栽法ノ誤レルコト」の四点を挙げる。そして、彼がその解決策として示したのが、水田の乾田化、牛馬による深耕であった。すなわち、水田の灌排水を行って肥料の分解を促進させ、牛馬による深耕によって肥料の増投を可能にすることで、米の生産力の向上を図るべきであるとしたのである。こうした乾田・牛馬耕を核とした水田稲作は、明治前期の日本ではほとんど見ることができなかった。その中で唯一フェスカが先進的な稲作法として称賛することになったのが、抱持立犂《かかえもったてすき》を用いる福岡農法である。[16]

福岡農法とは、当時九州の福岡地方で行われていた水田稲作法を指す。それは精密な選種、抱持立犂（無床犂）による深耕と多肥、雁爪による周到な中耕・除草、収穫後の架干に至るまでの一貫した農作業体系であり、当時一般の稲作法と比較して極めて先進的なものであった。

なかでも明治前期にこの福岡農法を体現したのが、老農の林遠《えん》里《り》である（図3）。

彼は、福岡農法を基礎としながら、自らの著『勧農新書』（一八七七年）で種籾の寒水浸法・土囲法を論述し、独自の稲作法を説いた。さらに、八三年には、勧農社を設立して馬耕教師を全国に派遣し、福岡農法の指導・普及に努めた。すでに見たように、明治初期には、欧米農業（泰西農法）の直輸入的導入が試みられていたが、欧米農業にはない日本の稲作技術の改良にはさしたる成果は上がっていなかった。そのため明治一〇年代には、近世以来の在来農法が再評価され、林遠里のような老農が農事改良を推進する「老農の時代」を迎えていたのである。[17]

しかし、老農たちが説く稲作法は、経験に偏重したものであったために、明治二〇年代に入ると、駒場農学校出身の農学者たちによって、近代農学の視点から在来農法を精査し、体系化する作業が進められた。これが「稲作論争」である。

論争の最も象徴的な出来事となったのは、駒場農学校出身の横井時敬（図4）が塩水選種法を発明し、林遠里の寒水浸法・土囲法を否定したことである。同じく駒場農学校出身であった酒匂常明も、一八八七年（明治二〇）に『改良日本稲作法』を著し、近代農学に基づく日本最初の稲作技術書となった(18)。

こうして明治二〇年代後半には、近代農学を基盤とした革新的稲作技術体系である「明治農法」が成立する。くしくもその成立時期は、「興農論策」を基礎に勧農機関の体系的組織化が進む時期と符合していた。その結果、日本における農事改良の中心は、技術・制度の両面で、老農たちの手から試験場・農会・農業学校へと移ることになったのである。

◆明治農法の内容

それでは、「明治農法」の技術内容について簡単に整理する。

「明治農法」の技術的核心は、乾田牛馬耕と表現される。まず乾田とは、近世以来の常時湿田を乾田化するこ

図3　林遠里（『明治農書全集』1巻・稲作、農山漁村文化協会、1985年）

図4　横井時敬（『東京農業大学七十周年史』東京農業大学創立七十周年記念事業委員会、1961年）

とを指すが、詳しくいえば、灌漑・排水の制御・調節ができるシステムを整備することで、湛水と乾田を適宜使い分けることを意味する。次に、牛馬耕とは、冬季の乾燥で固くなった耕地を耕起するために牛・馬の畜力を導入し、かつ無床犂（やがて短床犂に移行）で深耕を行うことである。ただし、この乾田牛馬耕によって有機物の分解が促進され、地力の損耗が進むことから、肥料の増投と肥料管理が必須となった。また、肥料自体も自給肥料（堆肥・緑肥）に加えて購入肥料（金肥）の導入が不可欠となった[19]。

なお、明治農法の技術体系を整理すると右のようになる。

品種選定・選種…耐肥性多収品種の導入、塩水選・唐箕などで選種
苗代・耕起・移植…短冊形苗代、共同苗代、短床犂の利用、正条植
本田管理…用水管理（灌排水、暗渠排水、踏車）、中耕除草（太一車、雁爪）
　施肥（自給肥料、購入肥料）、害虫防除

重要な点は、明治農法がここで挙げられている個別技術の単純な集合体では決してないということである。例えば、正条植（苗の列を整え株間の距離を正しく植えつけること）によって、その後の太一車による中耕除草や害虫駆除が容易になるなど、個別技術が互いに密接に結びついた稲作技術体系の総体といえるものなのである。

もちろん実際の農村でこれらすべての技術が必ずしも一様に普及・定着したわけではない。しかし、明治農法の成立は、農業経営者が目指すべき稲作技術の理想形を提示したという点で、画期的な意義をもつことになった[20]。同じ時期に日本の勧農機構が完成すると、ただちにそれを通じて明治農法の普及が全国で本格的に開始されていったのである。

◆耕地整理事業

政府は、一九〇〇年以降、明治農法の普及のために、主に二つの方向から政策を推進した。すなわち、耕地整

理事業と農事改良の強制的実施である。

耕地整理事業とは、形が不統一で、多くは湿田状態にある既存の水田を区画整理して乾田化し、灌排水を良好にし、農道を整備する目的で行われる土地改良事業のことである。農商務省は、全国農事会、耕地区画改良大成同盟会、静岡県・石川県その他の府県からの要請を受けて、耕地整理法案の作成を準備していった。

耕地整理法は、一八九九年（明治三二）三月に公布され、翌年から施行された。耕地整理法は、ドイツを参考に制定され、その骨子は、土地の交換・分合、形状区画の変更、畦畔・溝渠の変更などの工事について、計画地域の面積と地価額の合計の三分の二以上の土地所有者の同意があれば、その工事を不同意者にも強制できるというものであった。ただし、この時点では、事業はドイツ流の区画整理と農道整備が中心で不充分なものであった。明治農法の土台となる乾田化のためには何よりも灌排水事業が必要であった。それが事業に追加されたのは、一九〇五年（明治三八）九月の改正である。この改正によって事業内容に「灌漑排水に関する設備ならびに工事」が加えられ、翌年から府県の土地改良事業に対する国の助成が積極化した。

ついで〇九年四月には、新しい耕地整理法が制定され、事業の大きな転換が図られた。事業内容が一層拡充され、「開墾、地目変換、造成工作物の管理、暗渠排水」が追加された。ここに近代的排水設備である暗渠排水の整備が実現されることになった。また、事業主体は、従来の土地所有者の共同事業から、「法人格をもつ耕地整理組合」に改められた。翌一〇年、政府は、土地改良に対して大蔵省預金部の長期低利資金を勧業・農工両銀行を通じて融資することにした。耕地整理事業の進展によって、明治農法を普及させる条件が本格的に整えられることになったのである[21]。

◆農事改良の強制的実施

次に、農事改良の強制的実施である。

日露戦争開戦前夜の一九〇三年（明治三六）一〇月、清浦奎吾農商務大臣は、農会に対して一四項目からなる諭達を発した。諭達はその前文で、「農事の改良増殖に関する試験研究は、農事試験場及び其の他の機関に於て着々歩を進め、今や実際に適用すべき成績少なからざるに拘はらず、世間之を実地に施行して効果を挙たる者多からざるは極めて遺憾」と述べ、農事試験場などの研究成果の普及を農会に強く要求した。諭達の一四項目は以下の通りである。

一、米麦種子の塩水選
二、麦黒穂の予防
三、短冊形共同苗代
四、通し苗代の廃止
五、稲苗の正条植
六、重要作物、果樹、蚕種等良種の繁殖
七、良種牧草の栽培
八、夏秋蚕用桑園の特設
九、堆肥の改良
一〇、良種農具の普及
一一、牛馬耕の実施
一二、家禽の飼養
一三、耕地整理の施行
一四、産業組合の設立

一四項目のうち、過半数が明治農法に関係するものであり、具体的には、一、三、四、五、九、一〇、一一、一三が該当する(22)。

なお、農会に対する諭達が発せられる前から、すでに各府県で稲作に関する府県令が出されていた。すなわち、一九〇三・〇四年（明治三四・三五）を中心に短冊形苗代、短冊形共同苗代、害虫駆除予防法、石灰使用禁止、米穀検査取締などに関する府県令が出され、違反者に対しては拘留または科料（罰金）という罰則が科せられた。先の諭達は、これら府県令の内容を集大成したものということができる。

このような罰則を伴う府県令の下で、警察官を伴った行政官吏、農業技師、農会役職員が農民に農事改良を強制指導したことは、いわゆる「サーベル農政」といわれ、日本では日露戦争後から明治四〇年代にかけてさかんに行われた。[23]また、強制指導と並んで、明治三〇年代以降、府県は管下の農会に地方費から補助金を交付することによって、農事改良の実施を後押ししたのである。[24]

近代日本における勧農政策の展開期には、農事試験場、農会、農業学校など体系的機構が固まったことで、明治農法を中心とする農業技術の普及が進んでいった。「サーベル農政」といわれた強制指導が行われる一方で、金融機関を通じた土地改良資金の投入や農会に対する補助金の交付が行われ、その結果、明治農法は次第に農村に広がり定着していったのである。ここに近代日本における農業政策推進の基本構造が完成したのである。

第四節　朝鮮植民地農政の再検討

次に、朝鮮の植民地農政について、先行研究をもとに通説を整理し、そこから本書の具体的な課題を提示することにしたい。

◆概　論

日朝修好条規締結（一八七六年）によって開国した朝鮮は、日本や中国（清朝）の後を追うように近代化への道を歩みはじめた。その中で朝鮮でも、国内の農業生産力の向上を図るために、日本と同様に近代農学の導入が試みられた。その最初の契機となったのは、開国直後から日本に派遣された第一～四次修信使や紳士遊覧団（朝士視察団）などの視察団である。

なかでも安宗洙《アンジョンス》は、一八八一年（高宗一八・明治一四）、紳士遊覧団の随行員として日本に渡り、学農社の津田仙と面会した。津田仙は、一八七三年にウィーン万国博覧会に派遣され、そこでオーストリア人のホーイブレンクから伝習を受け、農業の三事（気筒埋設法・樹枝偃曲法・禾花媒助法）を学び、帰国後の翌七四年に『農業三事』

を刊行して、媒助法を中心とする三事農法の普及のために、学農社や学農社農学校を設立した人物である。[25] 安宗洙は、津田仙から彼の著作『農業三事』や江戸近世農書の佐藤信淵《のぶひろ》『培養秘録』、佐藤信景『土性弁』などを贈呈される。安は帰国後、これらの書籍をもとに『農政新編』を執筆し、八一年一二月に発刊した。まさにこの『農政新編』こそが朝鮮最初の近代農書である。[26]

その後も朝鮮では、主に日本で出版された農学書の翻訳という形で欧米や日本の近代農学の導入がなされていった。ほかにも、報聘使の一員であった崔景錫《チェギョンソク》が、一八八四年に国王高宗の支援によって朝鮮最初の農事試験施設である農務牧畜試験場を設置したり、元山学舎や育英公院で欧米式教育の一部として農業教育が行われたりするなど、近代農学導入への模索が実際にいくつか試みられた。[27]

しかし、開国以降、朝鮮は日本・中国（清朝）・ロシアのあいつぐ干渉を受け、また壬午軍乱、甲申政変、甲午農民戦争、日清戦争、日露戦争と絶え間ない国内外の争乱に見舞われた。その結果、朝鮮末期・大韓帝国期における近代農学の導入は、最後まで断片的で何らかの体系性をもつことができずに終わったのである。

第二次日韓協約（一九〇五年）により、朝鮮（大韓帝国）が日本の保護国となると、近代農学の導入は、それまでの朝鮮自身の手による自主的な試みから、日本の手による急速な外部的かつ直接的な移植へと完全に転換した。保護国期から植民地期を通じて、朝鮮における農業政策の第一の目的は、米（米穀）などの食糧や綿花・蚕繭などの工業原材料を改良・増産して、日本内地などに輸移出することであった。この目的を達成するために、朝鮮では、朝鮮総督府（図5）や道・郡などの行政官庁が、農業に関するさまざまな改良・増産計画や奨励方針を立案してその実施に当たった。また、農村現場ではしばしば警察権力が動員され、朝鮮人農民に対する農事改良の強制が苛烈を極めたことが広く知られている。

しかしながら、その一方で、農業技術の視点から見た場合、植民地農政の推進にとって特に重要であったのは、朝鮮の気候・風土に適合した作物・品種やその栽培方法などについて、科学的な試験研究を重ね、その成果を勧農方針や奨励事項として朝鮮農村・農民に普及させる体系的な機構を構築することであった。そのためには、植民地朝鮮においても、日本と同様に、まず農政の初期段階で勧農政策を実施することが不可欠であった。なぜならば、朝鮮に農事試験研究機関、農業団体、農業教育機関を創設・整備し、農業技術の試験研究・普及とその担い手となる人材の育成を可能にしてこそ、初めて農業政策を農村現場で実現する体制が整うことになるからである。

それではここで、植民地朝鮮の主な農業政策と先行研究の内容（通説）について整理しておこう。植民地期の代表的な農業政策としては、一九一〇年代の土地調査事業、二〇年代の産米増殖計画、三〇年代の農村振興運動の三つがあり、今日まで先行研究もこれら三つを中心に蓄積されてきた。

図５　朝鮮総督府（『日本地理風俗大系』17巻・朝鮮（下）、新光社、1930年）

一つめの土地調査事業は、一九一〇年（明治四三）三月から一八年（大正七）一一月にかけて実施された土地の所有権、価格、地形などの調査・測量事業である。これは、日本の地租改正事業に当たるものである。

事業は、併合直前に公布された土地調査法（一九一〇年八月）と土地調査令（一二年八月）に基づいて行われ、朝鮮全土の土地を測量し、一筆ごとに土地所有者を確定するとともに、地価を定めて地税徴収の基礎を確立した。土地の測量はすべて総督府臨時土地調査局の手で行われ、事業全体で二〇〇〇万円余りの経費を投じて実施された。

土地調査事業によって近代的土地所有権が確立し土地登記制度が整備されたことで、土地の売買が促進され、農民層分解を進める結果をもたらしたといわれている。また、事業完了の数ヶ月後に三・一独立運動が勃発したことから、農村部などではその遠因となったとの指摘もある[28]。

土地調査事業に関する代表的な研究としては、愼鏞廈『朝鮮土地調査事業研究』（一九八二年）[29]や宮嶋博史『朝鮮土地調査事業史の研究』（一九九一年）[30]がある。

二つめの産米増殖計画は、一九一八年の米騒動で暴露された日本国内の米不足の深刻化を受けて、植民地朝鮮で米の増産を進め、日本へ移出することを目的とした計画で、「文化政治」を唱えた斎藤実総督（一九一九年八月就任）の下で一九二〇年（大正九）に開始された。また、計画は同時に、三・一独立運動の動揺が残る中で米の増産を行い、農家経済を安定化させて治安維持を図ることも目的の一つであった。計画の中心が朝鮮での土地改良事業の推進であったことから、日本の耕地整理事業に該当するものといってよい。

当初の計画では、三〇年間で四〇万町歩の水田の灌漑を改善し、二〇万町歩の畑を水田に転換し、さらに二〇万町歩の開墾・干拓を行うことになっていた。一九二〇年開始の「第一期計画」は、一五年間で土地改良事業、施肥増加、耕種法改良を通じて九〇〇万石を増産し、四六〇万石を輸移出する計画であった。しかし、工事費の増大、日本政府斡旋資金の不足、関東大震災の影響などによって計画は予定通りに進捗せず、調査事業のみにとどまった。そのため二六年に新たに「更新計画」が樹立された。「更新計画」は、大蔵省預金部から低利資金二億四〇〇〇万円を投入し、土地改良事業の代行機関として朝鮮土地改良株式会社、東洋拓殖株式会社土地改良部を設置して強力に推進された。この計画では、三九年までの一四年間に八二二万石を増産し、五〇〇万石以上を輸移出することが目標であった。しかし、計画は三四年に中止される。日本への朝鮮米の大量移出に対して、日本国内の地主・米穀商から移入抑制の声が高まり、総督府は計画を打ち切ったのである。

この産米増殖計画によって朝鮮内での米の生産高は増加したが、それを大きく上回って日本への移出高が増加した。例えば、二七～三一年平均の生産高は一五九一万石であったが、移出高はその四一・五％に上る六六一万石に達した。そのためこうした状況を指して、「飢餓輸出」という表現が従来から一般的に用いられている。一方、朝鮮人地主の中には、低利資金の貸付を受けて土地改良・農事改良を積極的に行ったり、籾摺・精米工場も兼営して、対日米移出の増加から大きな利益を得たりする者も生まれた[31]。

なお、産米増殖計画に関する代表的な研究としては、河合和男『朝鮮における産米増殖計画』（一九八六年[32]）がある。

三つめの農村振興運動は、昭和恐慌による朝鮮農村の窮乏化と小作争議の増加による植民地地主制の動揺を前にして、宇垣一成総督（一九三一年六月就任）が推進した農家経済建て直しを目指す官製運動である。同じ時期の日本の農山漁村経済更生運動と類似した運動といえる。

朝鮮総督府は、一九三二年（昭和七）一〇月、農村振興委員会を設置し、各道、郡島、邑面にも農村振興委員会を設置させた。翌三三年三月に「農家更生計画樹立指針」「農家更生計画実施要綱」が発表され、運動が開始された。運動は当初「物心一如」の運動として展開され、「春窮退治・借金退治・借金予防」がスローガンとなった。「第一次農家更生五ヵ年計画」では、一邑面につき一村落を更生指導部落に選定して、スローガンに掲げる更生三目標を達成するために指導を行うことが定められた。これに基づいて、対象となった個々の農家に対しては、増産と節約、副業の拡大、家計支出の管理を求める営農指導が行われた。村落には、農村振興会など運動を末端で支える組織がつくられるとともに、普通学校（日本の尋常小学校に該当）卒業生には、「中堅人物」として更生計画の模範となるように特別の指導が行われた。

三五年一月に、総督府は「更生指導部落拡充計画」を発表し、農村振興運動の対象を朝鮮の全村落に拡大し、四七年度までに完了することとした。この更生拡充計画から、運動は「物心一如」から「心田開発」へと質的変化を遂げ、その後戦争の拡大とともに皇民化政策の一環として精神運動の側面を強めることになった[33]。

なお、農村振興運動に関する代表的な研究としては、宮田節子「一九三〇年代日帝下朝鮮における「農村振興運動」の展開」（一九六五年[34]）、同「朝鮮における「農村振興運動」——一九三〇年代日本ファシズムの朝鮮における展開」（一九七三年[35]）、富田晶子「準戦時下朝鮮の農村振興運動」（一九八一年[36]）がある。

このように戦後の朝鮮植民地農政史研究は、戦前の皇国史観（停滞史観・他律性史観など）を克服し、朝鮮人の主体的な発展の軌跡を跡づけ（内在的発展論）、一方で日本の朝鮮植民地支配の矛盾と現実を明らかにするという切実な問題意識からはじまり、今日まで数多くの研究成果を蓄積してきた。その結果、米穀移出・統制に象徴される植民地朝鮮が背負う従属的経済構造や、朝鮮農村での両極分解の進行と日本・満洲への人口流出、民族独立運動の一翼を担う農民運動の実態などが具体的に解明されるに至った。

◆問題提起と課題設定

以上のような朝鮮植民地農政史研究の成果も、朝鮮解放から七〇年余りが経過した今日、その反作用もしくは副作用としてともすれば議論が硬直化する嫌いが見受けられる。それは、戦後日本において朝鮮史研究が背負いつづけてきた使命と役割があまりにも大きく、そして重かったがゆえであると想像される。ここではその事実を深く心に留めた上で、現在までの植民地農政史研究の問題点を、本書の課題と関連して二点挙げることにする。

一点目は、朝鮮総督府が主導する農政プロジェクトに研究の主眼が置かれ、植民地期全体を通じて農政を連続的に把握する問題意識や研究視角が希薄なことである。

先に挙げた土地調査事業、産米増殖計画、農村振興運動は、確かに一〇年代、二〇年代、三〇年代をそれぞれ代表する農業政策である。しかし、農業政策は、こうした大規模プロジェクトとは別に、元来農村現場で絶え間なく実施される性質のものである。これまでに植民地農政を通史的に描く試みとしては、例えば、朱奉圭『日帝下 農業經濟史』（一九九五年）[37]などがあるが、これも総督府の三つの農政プロジェクトを単純に連結する形で記述しているに過ぎない。

その結果描き出される植民地農政史像は、土地調査事業の開始→完了後、三・一独立運動勃発、産米増殖計画の開始→「飢餓輸出」と移出統制による計画中止、農村の窮乏化から農村振興運動開始→精神運動への質的変化と皇民化政策との一体化、という表層的な図式から浮かび上がる「挫折と崩壊の植民地農政」像である。もちろんここに植民地農政の本質が見事に表現されていることは確かであろう。ただその反面、植民地農政がもっていた多面的な特徴が極端に消去されてしまってはいないだろうか。こうした農政プロジェクトごとの成否を問うだけの研究手法では、植民地期を通じた農業生産力の向上を解明することは到底不可能である。

二点目は、植民地朝鮮での農事改良普及の土台となる試験場、農会、農業学校など体系的勧農機構に関する研究が行われてこなかったことである。

朝鮮農村での農事改良の普及方法については、憲兵・警察やその武力を背景とした農業技術官吏による強制的指導が指摘されてきただけで[38]、勧農機関の活動は全く取り上げられてこなかった。明治後期の日本で見られた「サーベル農政」が、植民地である朝鮮で一層苛酷な形で強行されたことは自明の事実である[39]。しかし、日本の先行事例を見ても明らかなように、例え朝鮮であっても「サーベル農政」は農事改良普及の単なる一手段に過ぎないのである。むしろ植民地朝鮮に近代農学を本格的に導入するために、勧農機関がどのように創設され、体系的機構がどのように作り上げられたのかという点を解明することこそが重要ではないだろうか。

そこで、本書では、植民地朝鮮で見られた農業生産力の向上の要因を、近代農学（学理農法）の導入・定着を図る勧農政策に求め、その形成と展開を初めて明らかにすることを課題として設定する。この課題の検討を通じて、従来の朝鮮植民地農政史研究が抱えてきた前記の問題点を克服することが可能となる。

もちろんわずか三六年ほどの植民地支配の中で、朝鮮の伝統的在地・在来農法がもつ強固な基盤を完全に切り崩せたとは考えられない。しかし、その反面、近代農学の導入なくして朝鮮の農業生産力の向上は実現できなかったのではないか。植民地朝鮮で近代農学の導入が短い期間で一定の成果を上げた事実を追究するためには、勧農政策の視点から、新しい農業技術の普及（技術普及）と担い手となる人材の育成（人材育成）について考察することが極めて有効である。

加えて、技術普及と人材育成を推進する装置である農事試験研究機関、農業団体、農業教育機関についても当然整理・検討する必要がある。ちなみに朝鮮の場合、農事試験研究機関として勧業模範場・道種苗場など、農業団体として朝鮮農会など、農業教育機関として水原農林学校・農業学校・普通学校農業科などが存在していた。こうして朝鮮植民地農政の助走期を、新たに勧農政策と位置づけ再検討することで、従来の研究手法では捕捉できなかった農政の基層部分にある連続的変化の様相も初めて実証的に究明することができるはずである。

ところで、本書では、検討対象となる植民地朝鮮の勧農政策の期間を、日露戦争中の一九〇四年（明治三七）から昭和恐慌直前の一九三〇年（昭和五）までと設定する。そのうち第一部（第一章・第二章・第三章）では、勧農政策の形成期として、併合前後期から土地調査事業が進行する一九一〇年代までの時期を、第二部（第四章・第五章・第六章）では、勧農政策の展開期として、産米増殖計画が実施される一九二〇年代の時期を扱う。終章では、第一・二部の結果を受けて、朝鮮の勧農政策の特徴を日本の場合と比較しながら整理するとともに、植民地農政を遂行する基本構造が確立された一九三〇年代以降の動向について展望する。

最後に、植民地朝鮮での勧農政策に関しては、残されている資料の制約が大きく、対象となる勧農機関・団体を均質に分析することは事実上不可能である。そこで、本書では、日本の例を念頭に置きながら、可能な限り植民地朝鮮の勧農政策の全体像を意識して論述するように努力した。

（1）豊田隆『農業政策』（日本経済評論社、二〇〇三年）参照。
（2）國雄行「明治初期民部省の勧農政策——開墾政策を中心に」（『人文学報』三八五号、二〇〇七年）。
（3）斎藤之男『日本農学史』（大成出版社、一九六九年）九七～一一二頁および國雄行「明治初期大蔵省の勧農政策」（『人文学報』四三〇号、二〇一〇年）、同「内務省勧農局の政策展開——内藤新宿試験場と三田育種場一八七七～一八八一年」（『人文学報』五一二号、二〇一六年）。
（4）斎藤之男前掲『日本農学史』一四三～一八三頁および三好信浩『日本農業教育成立史の研究——日本農業の近代化と教育』（風間書房、一九八二年）三〇一～三五七頁。
（5）大内兵衛・土屋喬雄編『明治前期財政経済史料集成』一巻（明治文献資料刊行会、一九六二年）五二三～五二四頁。
（6）國雄行「内務省の勧農政策（一八七三～一八八一年）——勧業諸会の分析を中心に」（『社会経済史学』六七巻六号、二〇〇二年）三五～四八頁および神山恒雄「殖産興業政策の展開」（『岩波講座　日本歴史』一五巻、二〇一四年）一〇八～一一六頁。
（7）勝部眞人『明治農政と技術革新』（吉川弘文館、二〇〇二年）一三四～一三八頁および小倉倉一「明治前期農政の動向と農会の成立」（農業発達史調査会編『日本農業発達史——明治以降における』三巻、中央公論社、一九五四年）二五〇～二六一頁。
（8）斎藤之男『日本農学史』二巻（大成出版社、一九七〇年）八五～一三九頁。
（9）農林省農務局編纂『明治前期勧農事蹟輯録』下巻（大日本農会、一九三九年）一七七六～一七七七頁。
（10）武田勉「解題　全国農事会略史」（武田勉編『中央農事報』一二巻、日本経済評論社、一九七九年）三～一一頁および松本登久男「解題　農会産組両系統組織の成立」（武田勉編『中央農事報』一〇巻、日本経済評論社、一九七九年）五～九頁。
（11）武田勉前掲論文、一三～二九頁および小倉倉一前掲論文、三六八～三八六頁。

(12) 前掲『明治前期勧農事蹟輯録』下巻、一七六八～一七七一頁。
(13) 高山昭夫『日本農業教育史』(農山漁村文化協会、一九八一年)七二頁および三好信浩前掲書、四二三～四二七頁。
(14) 高山昭夫前掲書、八七～一一二頁。
(15) 暉峻衆三『日本の農業一五〇年――一八五〇～二〇〇〇年』(有斐閣、二〇〇三年)四二～四四頁。
(16) 飯沼二郎「フェスカ『日本地産論』」(阪本楠彦編『農政経済の名著　明治大正編・上』農山漁村文化協会、一九八一年)四三～五一頁。
(17) 須々田黎吉「解題」(『明治農書全集』一巻、農山漁村文化協会、一九八三年)三四二～三四五頁。
(18) 同右、三四八～三五〇・三五二～三五八頁。
(19) 暉峻衆三前掲書、四三～四八頁。
(20) 松田忍『系統農会と近代日本――一九〇〇～一九四三年』(勁草書房、二〇一二年)二九頁。
(21) 須々田黎吉前掲論文、三三四～三三六頁および暉峻衆三前掲書、六六～六八頁。
(22) 須々田黎吉前掲論文、三三六～三四〇頁。
(23) 同右、三四〇頁および小倉倉一「解題――明治期の米作に関する府県令とその歴史的意義」(『日本農業発達史』四巻、中央公論社、一九五四年)七四六頁。
(24) 小倉倉一「農政及び農会――明治後期・大正初期」(『日本農業発達史』五巻、中央公論社、一九五五年)三〇九～三一四頁。
(25) 斎藤之男前掲『日本農学史』六六～七四頁。
(26) 金文吉『津田仙と朝鮮――朝鮮キリスト教受容と新農業政策』(世界思想社、二〇〇三年)八五～九七頁および高崎宗司『津田仙評伝』(草風館、二〇〇八年)一四〇～一四三頁。
(27) 金榮鎮・李殷雄『조선시대 농업과학기술사(朝鮮時代農業科学技術史)』(ソウル大学校出版部、二〇〇〇年)四六一～四七七頁。
(28) 武田幸男編『韓国史』(山川出版社、二〇〇〇年)二七五～二七七頁および朝鮮史研究会編『朝鮮の歴史　新版』(三省堂、一九九五年)二六一～二六三頁。

(29) 愼鏞廈『朝鮮土地調査事業研究』(知識産業社、一九八二年)。
(30) 宮嶋博史『朝鮮土地調査事業史の研究』(東京大学東洋文化研究所、一九九一年)。
(31) 前掲『韓国史』二八九〜二九一頁および前掲『朝鮮の歴史』二七四〜二七七頁。
(32) 河合和男『朝鮮における産米増殖計画』(未来社、一九八六年)。
(33) 前掲『韓国史』三〇一〜三〇三頁および前掲『朝鮮の歴史』二八九頁。
(34) 宮田節子「一九三〇年代日帝下朝鮮における「農村振興運動」の展開」(『歴史学研究』二九七号、一九六五年)。
(35) 宮田節子「朝鮮における「農村振興運動」——一九三〇年代日本ファシズムの朝鮮における展開」(『季刊現代史』二号、一九七三年)。
(36) 富田晶子「準戦時下朝鮮の農村振興運動」(『歴史評論』三七七号、一九八一年)。
(37) 朱奉圭『日帝下 農業經濟史』(ソウル大学校出版部、一九九五年)。
(38) 飯沼二郎『朝鮮総督府の米穀検査制度』(未来社、一九九三年)七三〜八〇頁および前掲『韓国史』二七七〜二七八頁。
(39) 小倉倉一前掲「解題」七四八頁。

第一部
植民地朝鮮における勧農政策の形成
——一九一〇年代

朝鮮農会清州支会の稲扱伝習会（1911年10月）（『朝鮮農会報』 7巻3号、1912年3月）

時代背景

日露戦争終結後、日本は第二次日韓協約（一九〇五年）によって韓国（大韓帝国）の外交権を奪い保護国化した。以後、統監の指揮の下、韓国に対する内政・経済支配を強化し、植民地化への地ならしを行った。

一九一〇年八月、「韓国併合ニ関スル条約」により日本は朝鮮を完全に植民地とした。併合にともない統治機関として朝鮮総督府が設置され、初代朝鮮総督には寺内正毅が任命された。総督は天皇に直隷する親任官であり、陸海軍大将から選ばれ（総督武官制）、駐箚陸海軍の指揮権、制令制定権、政務統括権、所属官庁への指揮監督権など絶大な権限を与えられた。

併合から三・一独立運動に至る一九一〇年代には、寺内正毅（一九一〇年一〇月～一六年一〇月）と長谷川好道（一九一六年一〇月～一九年八月）が総督を務めた。この時期の植民地支配は、武断政治と称される。それを支えたのは憲兵警察制度であった。これは本来軍事警察を担当する憲兵が普通警察業務を兼務する制度である。憲兵・警察は警察業務だけでなく、抗日勢力の情報収集、戸籍業務、法令普及、日本語普及、農事改良、副業奨励など生活のあらゆる場面で武力を背景に朝鮮人の前に登場した。

しかし、こうした暴力的側面のみで一〇年代を語ることはできない。すなわち、統治機構や各分野の制度・政策など植民地支配の基礎が固められたこともこの時期の大きな特徴である。総督府、道、府・郡、面からなる中央・地方の行政機構の確立はもちろん、農業では土地調査事業（一〇～一八年）、林野調査事業（一七～二四年）、商工業では会社令（一〇年）、教育では朝鮮教育令（一一年）が実施され、鉄道・道路・港湾など交通インフラの整備も着々と進められた。

併合前、朝鮮人の民族運動には、義兵運動と愛国啓蒙運動の二つの流れがあったが、武断政治の下でその活動は困難を極めた。

まず義兵運動は、在地両班が指揮する武装闘争として閔妃暗殺事件をきっかけにはじまったが、一九〇五年から再び朝鮮全土で高揚した。日本は軍隊、憲兵、警察を増強して対抗し、〇九年には「南韓大討伐作戦」を展開して全羅南・北道の義兵に壊滅的な打撃を与えた。これを境に義兵運動は衰退し、一四年には活動を終えた。各地に憲兵警察が配置される中、武装闘争の継続はほぼ不可能となった。次に、愛国啓蒙運動は、一九〇六年以降、漢城などを中心に教育と実業の振興、言論・出版などの活動を通じて富強と国権の回復を目指す運動であった。しかし、併合後は、大韓協会など政治団体は解散させられ、朝鮮人発行の新聞・雑誌はすべて廃刊となった。その後も寺内総督暗殺未遂事件の捏造など総督府から厳しい弾圧を受け、運動はほぼ消滅した。

一九一〇年代は、憲兵警察制度によって民族運動が展開できる余地はなきに等しかったが、地方に赴けば依然として治安の不安定さを払拭できない状況であった。一〇年代は、こうした朝鮮人側との極度の緊張関係の中で、植民地統治の基盤を構築しようとした時代である。その過程で蓄積した朝鮮人の不満は、やがて朝鮮近代史上最大の民族運動である三・一独立運動を招くことになるのである。

第一章　併合前後期の朝鮮における勧農機構の移植過程

本章では、併合前後期から一九一〇年代にかけて勧業模範場初代場長を務めた本田幸介と、彼を含む駒場農学校系統(1)の日本人農学者たちを糸口として、勧農政策の開始を前に、農事試験研究機関、農業団体、農業教育機関から構成される体系的な勧農機構が朝鮮にどのように移植・創設されたのかについて明らかにする。

まず前半では、本田幸介の経歴と朝鮮との関わりを紹介した上で、駒場農学校系統の農学者たちがこの時期どのような朝鮮農業認識を共有していたのかについて考える。具体的には、酒勾常明《さこうつねあき》と吉川祐輝《きっかわすけてる》の二人を取り上げ、彼らが現地視察を経て朝鮮農業の現状をどのように認識し、日本との関係の中でどのような勧農施設の必要性を提起していったのかについて検討する。

後半では、本田幸介をはじめとした駒場農学校系統の農学者たちによって、朝鮮半島全土にわたる「韓国土地農産調査」が実施され、その結果として朝鮮に勧農政策の基盤となる勧業模範場・農林学校・農会などが設置され、日本内地をモデルとした勧農機構が順次移植・整備されていく過程を解明する。

第一節　農学者本田幸介と朝鮮

まず最初に、本章全体を通じて登場する農学者本田幸介（図１）の人物像および朝鮮との関わり合いについて紹介することにしよう。

保護国期から植民地期にかけて朝鮮で活躍した農学者・技師・農政官僚のうち、先行研究で取り上げられたことがあるのは高橋昇、久間健一などわずかであり、本田幸介に関してはこれまで全く注目されてこなかった(2)。では、この本田幸介が朝鮮農政に残した「功績」についてどのような評価が与えられているのか確認しておこう。

例えば、一九三五年（昭和一〇）発行の『朝鮮功労者銘鑑』ではその功績を次のように記述している。

> 初代勧業模範場〔長―筆者註〕として、未開の曠野《こうや》に等しい半島農業界に、改良施設の鋤鍬を入れ、今日の収穫を準備してくれた半島農学開発の大恩人正五位勲三等、農業博士本田幸介氏は二千万民衆の忘るゝ能はざる人である。……模範場の施設経営から、優良種子の選択、半島営農法の改善の末に至るまで、農業政策の全般に亘つて、氏の明敏な頭脳を煩はさぬものはない。其の功業は半島の民生と共に万世に輝くものといはねばならぬ。特に其の偉大な人格は現に水原高等農林学校と農事試験場とに残されて不滅の光を発し、校風、場風として、健実な実を結ぶであろう(3)。

資料の性格上、こうした記述に対してはある程度割り引いて判断を下さなければならないとはいえ、少なくとも本田幸介が朝鮮植民地農政の開始に当たって非常に重要な役割を果たし、かつ、それ以降の農政にも多大な影響を及ぼしたことだけは間違いなさそうである。

図１　本田幸介（『朝鮮総督府農事試験場二拾五周年記念誌』上巻、朝鮮総督府農事試験場、1931年）

略年譜（表1）にあるとおり、本田幸介は一八六四年（元治元）一月に薩摩藩士の子として生まれた。八六年（明治一九）に駒場農学校農学科を卒業すると農商務省に入省し、八九年に東京農林学校教授に就任した。九一年には畜産学研究の命を受けドイツに留学し、約四年半後に帰国すると帝国大学農科大学教授として畜産学講座を開設・担当、また九九年には農学博士の学位を授与されて日本最初の農学博士の一人となっている。[4][5]

本田幸介が朝鮮と本格的な関わりをもつようになるのは一九〇三年（明治三六）のことである。政府の命を受け、同年六月から教え子の吉川祐輝とともに「作物家畜其他農業諸般ノ事項調査ノ為」清国・韓国に派遣されたことがきっかけであった。[6]

表1　本田幸介略年譜

西暦	和暦	月	
一八六四	元治元	一月	薩摩藩士野村盛秀の次男として、現在の鹿児島県に生まれる。旧名は野村幸熊。のちに本田仲次郎の養子となる。
一八八〇	明治一三	九月	東京の駒場農学校に入学。
一八八六	明治一九	七月	駒場農学校農学科を卒業。
		九月	農商務省に入省し、水産局製造課に勤務。
一八八七	明治二〇	一二月	農務局畜産課に移る。
一八八九	明治二二	八月	東京農林学校教授に就任。
一八九〇	明治二三	六月	東京農林学校、帝国大学農科大学に改編され、これにともない帝国大学農科大学助教授となる。作物学を担当し、特に工芸作物繊維科類について研究する。
一八九一	明治二四	六月	当時まだ幼稚であった畜産学研究の命を受け、ドイツ留学に出発。ドイツではユリウス・キューン（本田が指導を受けたマックス・フェスカの師）に師事。また、ヨーロッパ各国を歴訪・調査。
一八九五	明治二八	一二月	留学を終えて日本に帰国する。
一八九六	明治二九	二月	帝国大学農科大学教授となり、畜産学講座を担当する。同大学における畜産学講座の嚆矢となる。
一八九七	明治三〇	六月	帝国大学、東京帝国大学に改称される。

一八九九	明治三二	三月	農学博士の学位を授与される（日本最初の農学博士一〇名の一人）。
一九〇一	明治三四	一一月	農学会会長となる。
一九〇二	明治三五	九月	東京帝国大学評議員となる。
一九〇三	明治三六	六月	清国・韓国に農事調査のため吉川祐輝とともに派遣される。同年一二月に帰国。
		九月	農商務技師を兼任、農務局に勤務。
一九〇四～一九〇五	明治三七～三八		農商務省による韓国土地農産調査の立案・実施に当たる。自らも渡韓して北部地方の実地調査を行う。調査結果は、一九〇七年（明治四〇）に『韓国土地農産調査報告』としてまとめられる。
一九〇六	明治三九	四月	調査のため韓国に派遣される。
		五月	統監伊藤博文の聘に応じて韓国に渡る。
			統監府勧業模範場技師に就任、勧業模範場初代場長となる。
一九〇七	明治四〇	四月	勧業模範場、韓国政府に事業譲渡される。
一九〇八	明治四一	一月	官制改正により農林学校長を兼任する。
		九月	東洋拓殖株式会社設立委員となる。
一九一〇	明治四三	八月	韓国併合。
			朝鮮総督府勧業模範場・農林学校に改称。
		一〇月	朝鮮総督府勧業模範場技師となる。
			引き続き勧業模範場長・農林学校長の任に当たる。
一九一二	明治四五	五月	実業学校教科に関する調査を命じられる。
一九一六	大正五	六月	調査のためアメリカに出張。
一九一七	大正六	五月	臨時産業調査局技師を兼任。
一九一八	大正七	三月	農林学校、水原農林専門学校に改称される。
		四月	九州帝国大学農学部創立委員となる。
一九一九	大正八	八月	京都帝国大学農学部創立委員となる。
		一二月	健康違和により場長・校長の職を退き内地に帰る。
一九二一	大正一〇	一月	九州帝国大学農学部教授に就任。
			初代農学部長となる。農学第一講座を担当する。
一九二二	大正一一	七月	帝室林野管理局長官に就任。
			引き続き九州帝国大学農学部教授・農学部長を兼任。
		八月	史蹟名勝天然記念物調査会委員となる。
一九二三	大正一二	五月	馬政調査会委員となる。

一九二四	大正一三	四月	九州帝国大学を退職。
			帝室林野管理局、帝室林野局に改称される。
		一二月	御料地調査委員となる。
一九二六	大正一五	九月	宮中顧問官に転任。
一九三〇	昭和五	四月	没、享年六七歳。

本田は、清・韓両国で自らの専門である牛・馬・豚や養鶏などを中心に視察・調査を行っている。なかでも後に赴任することになる韓国（朝鮮）では、原野が多く牧畜に好適の地であると当時予想されていた咸鏡道方面の調査に入った。しかし、日露戦争前のこの時期、「朝鮮の人心は非常に動揺して、孰《いず》れに往つても官民共に奥地に這入《はい》るといふことに対しては一身の安全を保障して呉れないのみならず、殆《ほと》んど強制的に夫《そ》れを留め」るといった現地の状況もあって、結局このときは咸鏡道で十分な調査を実施することができなかった(7)。また、九月には農商務技師を兼任し、その後の統監府による勧業模範場創立計画に関与していった(8)。

翌年日露戦争が勃発すると、その最中の一九〇四年末から〇五年にかけて、農商務省農務局は朝鮮全土にわたる大規模な農事調査、「韓国土地農産調査」を実施した。本田はここでもその計画の立案に指導的な役割を果たした。

また、本田は自らも原凞《ひろし》（東京帝国大学農科大学教授）、鴨下松次郎（農事試験場技師）とともに以前満足な調査ができなかった朝鮮北部地方の実地調査に赴いた。本田らは一九〇五年四月に東京を出発して同年一一月まで平安道、黄海道、咸鏡道を対象に視察・調査を行い、帰国後その成果を『韓国土地農産調査報告　平安道』『同　黄海道』『同　咸鏡道』および『重要作物分布概察図　黄海道及平安道』『同　咸鏡道』という形でまとめている。

なお、このときの調査について本田は、「当時は我国の軍隊は北の満洲まで進んで居りまして朝鮮の民心も鎮静して居つて、多少交通機関或は宿舎等に不便は感じましたけれども何等の危険なく視察することが出来たのであ

図2　初代統監伊藤博文（『施政二十五年史』朝鮮総督府、1935年）

ります」と後年述懐している。[9]

　第二次日韓協約によって韓国が日本の保護国となると、一九〇六年（明治三九・光武一〇）二月、漢城（併合後の京城、現在のソウル）に統監府が設置された。同年三月に着任した初代統監伊藤博文（図2）は、朝鮮農業の振興を韓国（朝鮮）の根本課題の一つと認識し、農政で指導的役割を担う人物として統監府勧業模範場初代場長に本田幸介を招聘することにした。[10] 本田四二歳の時である。

　なぜこのとき本田幸介が任命されたのか、残念ながらその明確な理由は資料から明らかにできなかった。おそらく〇三年以降、本田が朝鮮での農事調査に深く関与していたことが最も大きな理由の一つであったと思われる。加えて、朝鮮の農産物中朝鮮牛が米（米穀）とならぶ重要農産物であったこと、また、明治期において朝鮮からの牛疫の侵入を防ぐことが農政上緊急の課題であったことから、「日本の畜産学の権威」として本田が選ばれたのではないかと推測される。[11]

　ちなみに、表2と表3は、彼が残した著作・調査報告書および関連する雑誌記事の一覧である（七三頁参照）。これを見ると本田幸介は、専門である畜産だけではなく、米・綿花などの農産物や朝鮮での農事改良・農業経営についても発言しており、農業・農政全般にわたる広範な知識を有していたといってよい。

　本田幸介は同〇六年五月に朝鮮（韓国）に渡り、ただちに京畿・水原の勧業模範場初代場長に就任した。〇八年には模範場に隣接する農林学校の校長も兼任することになった。併合後も引き続き朝鮮総督府勧業模範場長兼農林学校長を務め、一二年には実業学校教科に関する調査を命じられ、「農業学校教科書ノ編纂者」として朝鮮での農業教育にもたずさわった。[12] さらに一六年（大正五）には、「農事試験場、農業教育、牧畜等ニ関スル事項調査ノ為」アメリカに出張している。[13] 最終的に本田は、一九年一二月に自身の健康問題のため朝鮮を去ることになり、その後は日本内地で九州帝国大学農学部教授などの役職を歴任することになった。

以上のような朝鮮との深い関係から見て、本田幸介は併合前後期から一九一〇年代における勧農政策の形成過程を検討するうえで最適な人物の一人であるといえるだろう。さらにいえば、朝鮮における勧農機構の整備や勧農政策の方向性の決定に際して、本田や彼の周辺にいた駒場農学校系統の農学者たちは、農業の専門家として非常に大きな指導的役割を果たしていたということができるのである。

第二節　酒勾常明の朝鮮農業認識——移住地としての朝鮮

それでは、本田幸介を含む駒場農学校系統の日本人農学者たちは、朝鮮農業に関して具体的にどのような認識を抱いていたのであろうか。ここでは彼らが残した朝鮮に関する調査報告書・著作・論説などをもとに検討していく。

図3　酒勾常明（『明治農書全集』1巻・稲作、農山漁村文化協会、1985年）

朝鮮に関する調査・研究は、日清戦争の勝利をきっかけとして本格的に開始された。特に、日露戦争から韓国併合までの時期には、「調査の時代」と称されるほど数多くの調査報告書が刊行された。[14] その過程で朝鮮の農業については、「朝鮮国内には未開地・荒蕪地が広く存在しており、開拓の余地が多分に残されている」といった「未開地」イメージが形成・流布されていった。[15] この「未開地」イメージ流布の立役者となったのが、本田と同じ駒場農学校出身で、明治期を代表する農学者・農政官僚であった酒勾常明（図3）である。[16] そこで、まずこの酒勾常明の朝鮮農業認識について詳しく見ていくことにしよう。

酒勾常明は、農商務省農務局農政課長であった一九〇二年（明治三五）五月から九月にかけて、政府から清韓両国出張の命を受け中国・満洲・朝鮮などの視察・調査を行っている。酒勾はこの視察を踏まえてただちに復命書を作成し、これは同年一二月にマル秘扱いの『清韓実業観』として農商務省農務局から刊行されるに至った(17)。そのなかで酒勾は、中国の支那本部・満洲(18)と朝鮮の三地域を比較検討し、それぞれの地域の農業の特徴と今後日本がとるべき方針について自らの見解を披露している。

酒勾は翌年の講演のなかで、東アジアの農業に対して「私の看た所では、此東亜の農業と云ふことは殆と皆同一のものである(19)」と述べており、日本・中国・朝鮮の農業の間にかなりの同質性があることを彼自身強く認識していたものと思われる。しかし、その一方で、中国や朝鮮の農業に対しては、「我国よりも優つて居るかと思ふやうな所は見出しませぬ。或点は我国より宜しいから、之を我国に導きたいと思ふやうなことは、殆ど無い(20)」とも述べており、日本の農業技術の先進性・優位性について強烈なまでの自負心を抱いていた。

さて、まず中国（清国）の支那本部に関して酒勾は、「支那本部ノミニテ既ニ我台湾ヲ含ミタル面積及其人口ノ八倍餘ヲ有ス(21)」とその国土の広大さに触れている。しかし、土地が広大であるからといって「未だ開けない所」が多くあるかといえば決してそうではないとする。なぜならば、一平方哩当たりの人口は支那本部二九一・〇人、日本二九九・四人とほとんど差が見られないからである。その結果、酒勾は「清国本部ハ今ヤ略《ほ》ホ開拓シ尽サレ大陸的未墾地ハ幾《ほとん》ト皆無ナルヘキコトヲ確信ス(22)」との結論に達している。

次の満洲に関しては、支那本部の場合とかなり異なった現状分析を行っている。酒勾は満洲の可耕地を四七〇〇万町歩と考え、その内訳を既耕地九四〇〇万町歩、未耕地三八〇〇万町歩と推計している。そして、一人当たりの農地を平均二町歩と仮定すれば、満洲には二三五〇万人の人口を受け入れることができるはずであり、現在の人口一七〇〇万人を差し引けば、将来さらに六五〇万人を受け入れる余地があるとの見解を述べている(23)（講演では一〇〇〇万人くらいの受け入れが可能であると主張している(24)）。

しかしながら、日本人農民の満洲移住となると、酒勾は一転して支那本部の場合と同様に否定的意見を表明する。その理由として酒勾は、「清国農民就《なかんずく》中山東、直隷人ノ忍耐勤勉且開墾ニ巧ナルコト」を挙げ、具体的には「彼等カ欠乏ナル智識ト資本トヲ以テ能ク広大ノ地面ヲ墾成スルハ、其勤倹ナルハ勿論、主トシテ能ク動物ヲ使役シ能ク旧式ノ器械ヲ運用スルニアリ」と牛馬や犂の広範な使用を指摘している。そのため例えば、「彼等ノ伎《ぎ》倆《りょう》ト忍耐トヲ以テセハ我北海道ノ開拓ノ如キハ容易」なくらいであって、「満洲ノ土地尚多ク未開ニ属シ、仮ニ諸国人ニ自由移住ヲ許スコトアリトスルモ、露人ト言ハス日人ト言ハス到底農業ニ於テハ清人ニ比シテ劣敗者ナリ」とまでいいきっている(25)。つまり、日本人では中国人との開拓競争には到底勝てず、その結果、農民の移住先としては満洲は不向きである、というのが酒勾の下した結論であった。

では、残る朝鮮（韓国）に関して酒勾はどのような認識をもっていたのであろうか。酒勾は朝鮮について、「清国ヲ見タル後ノ韓国ハ玉ヲ見タル後ノ石ノ如ク、重量ニ依テ之ヲ比セハ釣鐘ト提燈トノ如ク、価値ニ付テ論スレハ肉ト骨トノ如シ」と冒頭かなり低い評価からはじまる。しかしながら、「其内情ヲ研究シ深切ニ観察ヲ下ストキハ、政治上ノ関係ハ之ヲ措キ、我国トノ経済関係ニ於テ遺棄スヘカラサルノ価値アルコトヲ思フ」と述べ、朝鮮がもつ経済的価値の重要性を指摘する。そして、朝鮮の農業は今後多くの点で「改良」をほどこさなければならないが、その前途はきわめて有望であると主張する(26)。その際、酒勾が挙げた最も大きな理由は、朝鮮における未開地の多さであった。

まず酒勾が目を向けたのは、朝鮮の一平方哩当たりの人口である。酒勾は朝鮮の一平方哩当たりの人口を一四六・〇人と推計し、支那本部や日本のわずか半分程度に過ぎないことを指摘している。そして、この数値を根拠にして、「此人口ノ比較的稀薄ナルコソ朝鮮ノ前途ヲ多望ナラシムル所以ニシテ、清国ト異ナリテ未開地ノ尚多面積ナルコトヲ推測セシム」と考察し、「現ニ韓国ニ遺棄セラレタル原野及未開地ノ多キハ総テノ旅行者ノ明ニ認ムル所ニシテ、僅ニ排水又ハ灌漑ノ便ヲ起セハ利用スヘキ良圃美田少カラス。是余カ経済上ニ於テ韓国ニ価値アルヲ唱導スル所以ナリ」と述べ、自らの見解が十分信用に足るものであることを強調する。(27)

さらに続けて酒勾は、朝鮮の全面積二一四一万三〇〇〇町歩のうち少なくとも一割五分、すなわち三二一万二〇〇〇町歩は容易に耕作できる土地であると推計する。この約三二一万町歩から現在の朝鮮の耕地一八〇万町歩を除くと一四一万町歩となり、これこそが朝鮮で今後利用できる未開地であると算出するのである。もしこのおよそ一四〇万町歩の未開地に一人当たり二反歩平均で農民を割り当てるとすれば、その数は七〇〇万人となり、朝鮮にはこれだけの人口を受け入れる余地があることになる。これを受けて、酒勾はその大部分を日本人農業移民によってまかなわなければならないと主張するのである。(28)

このような主張の背景には、未開地の存在だけでなく、「其気候其風景我国ニ同シク、清国人ニ交リテハ到底棲住競争シ難キ我国人モ、貧弱懶惰《らんだ》ナル韓民ヲ率フルニハ甚タ適当セリ」(29)と述べるなど、彼自身、朝鮮が日本人農民の移住にとって非常に有利な地域であるとの認識をもっていたこともあるだろう。またそれ以上に、酒勾が、日本の経済的利益に直結する朝鮮農業の発展のためには、「日本農民ノ多数カ直接彼地ニ農業ヲ営ミ実際ニ方法ヲ示シテ彼等ヲ誘導」することが最も有効な手段であると考えていたことも大きいと思われる。(30)こうして酒勾は、日本人の朝鮮への農業移民を、「日本人の責任義務又適当なる仕事である」とまで表現して、その実現を広く政府や農業関係者に呼びかけていくことになるのである。(31)

なお、ここで少し断わっておかなければならないが、朝鮮の「未開地」イメージそのものは実は酒勾常明によって初めて打ち出されたものではない。すでに山口宗雄が緻密な検証作業を通じて明らかにしているように、

「未開地」イメージの発端となったのは、加藤末郎の『韓国出張復命書』（一九〇一年）[32]であった。山口宗雄は、加藤の調査報告書について、京釜鉄道発起委員側の期待を意識して実施された調査であり、発起活動の成功のためには荒蕪地の存在を強調せざるを得なかった、と考察し、その結果、朝鮮の「未開地」イメージが形成された、としている[33]。

しかしながら、少し視点を変えて、その後の「未開地」イメージの流布という点から考えた場合、加藤末郎よりも酒匂常明が及ぼした影響力のほうがはるかに大きかったといえる。それというのも、加藤末郎が農商務省所属の一介の技師であったのに対して、酒匂常明は当時第一級の農学者・農政官僚であり、農商務省農政課長や農務局長などの要職を歴任するほどの人物であったからである。またその内容面でも、酒匂は、中国の支那本部や満洲を含めた中に朝鮮を位置づけ、人口密度などの数値を用いて「未開地」の面積推計を行うなど、加藤に比べて体系的で説得力のある議論を展開していた。こうして酒匂が作り上げた朝鮮の「未開地」をめぐる論理は、以後一九一〇年代前半まで日本で強く信じられることになったのである。

加えて、酒匂は、日本人の農業移民と関連して、日本の勧農機構の朝鮮への移植、具体的には農事模範場の設置まで提起していた。

酒匂は、朝鮮産米のかかえる灌漑施設や調製方法の不備について触れ、それらの解決のためには「該国〔韓国─筆者註〕適当ノ地ニ模範農場ヲ設置シ、貯水池ヲ造リ収穫方法ヲ現示シテ彼国米作ノ安全ト改良ヲ促」さなければならないと述べ、合わせて「養蚕其他諸農作ノ模範ヲ示シ日韓貿易ノ発達ニ益スヘシ」として、農事模範場の設置に言及している[34]。また、雑誌の講演記録では、農事模範場設置の意義について「模範農場ヲ作《ママ》つたならば、朝鮮の官民が多く来て見て改良すべきことを知ることが出来やうと思ふ。又我国の人も朝鮮には如何なる農業が適するかと云ふことを知ることが出来る。是は直接には朝鮮の為めに必要であるが、尚ほ進んで双方の為めに必要であると思ふ」と語っているのである。[35]

そして、模範場の設置主体に関しては、「目下之ヲ韓政府ニ望ムコト困難」として、日本の農商務省が設置することを提案している。設置場所に関しては、「韓人去来ノ頻繁ナル京釜鉄道線路附近」が適当であるとし、また将来的には「各所ニ彼我ノ小模範場ヲ設置スヘシ」として、朝鮮における農事試験場組織網の整備まで展望していたのである。[36]

このような酒勾の提言は、後述する日露戦後の朝鮮における勧農機関設置構想のまさに原点となったということができるだろう。

第三節　吉川祐輝の朝鮮農業認識

前節の酒勾常明の見解を受けつぎながら、朝鮮農業の現状や日本の勧農機構の移植についてさらに議論を深めた農学者として、次に吉川祐輝を挙げることにしよう。東京帝国大学農科大学教授であった吉川祐輝（図4）は、一九〇三年（明治三六）六月に農事調査のため本田幸介とともに清国・韓国に派遣された。同年末に帰国すると、吉川はその調査報告書として『韓国農業経営論』を著し、翌〇四年六月に出版している。[37] また、同時期の主要な農業関係雑誌には、この著作の内容に沿った形で吉川の論説や講演記録が掲載されている。

図4　吉川祐輝（『東京農業大学七十周年史』東京農業大学創立七十周年記念事業委員会、1961年）

まず、吉川祐輝は、日本において毎年五〇万人ずつ人口が増加し、近い将来には食糧などの欠乏が予測されるという現状認識に立ち、「我民族と云ふものはドウ《ママ》しても各方面の大陸に向つて発展して行かなければならぬ」として、日本人の海外移住の必然性に言及する。そして、そのなかでも「近い所の亜細亜大陸に向つては先づ我々が着眼せねばならぬ」と述べ、さらに「其亜細亜大陸の中でも韓国と云ふものは我国と一葦《いちい》帯水を隔てた一角」であって、「斯様に近い所の亜細亜の一角と云ふものは、即ち我民族が発展して行く所の順路でなくてはならぬ」と主張していく(38)。このように吉川も酒匂同様、朝鮮を日本人の移民先、とりわけ農業移民先として最も有力かつ重要な地域であると認識していたのである。

一方、朝鮮の農業に関しては、「韓国の命脈は一つに農業に依て之を維持するに関はらず、其現況は幼稚にして疎慢に、毫《すこし》も改良進歩の趨勢を有せず」と述べている。また、韓国政府による勧農施設は日本に比べると甚だ貧弱なものばかりであるが、「韓国諸般の事情」から考えればこれ以上の施設は到底期待できないとする(39)。

それでは、どのような方法で朝鮮の農業を改良するのか。ここで吉川は、「韓国ノ農業ヲ改良振興セシムルノ捷径トシテ、余ハ我カ日本農業者ヲ招致センコトヲ勧告スルモノナリ」と自らの主張を表明する。その理由として第一に、日本と朝鮮（韓国）の農産物はほぼ同種であってともに稲作を主としており、農業の組織もまた似ているなど、両国の農業の事情がきわめて類似している点を挙げている。また、第二に、日本では明治維新以降農業教育を盛んにし、農事試験場を設立し、農業団体を組織するなど勧農機関の体系的整備が進み、農事改良が急速に進展している点を挙げている。その結果、吉川は、「日本ノ農業ハ韓国ノ宜シク採テ以テ模範トナスヘキモノ」であり、「日本ノ農業者ハ韓国農民ノ当《ま》サニ師事スヘキ所タリ」とまで述べることになる(40)。

具体的な方法としては、韓国政府に対して日本人農民のために全国を開放し、定住を自由にし、土地の所有を公認することを要求し、それによって「全国各地ニ日本農民移住シ進歩セル農業ヲ実際ニ経営スルニ至ラハ、韓国政府ハ毫モ費用ヲ要スルコトナクシテ幾多ノ良教師〔主に日本からの農学者や老農のこと―筆者註〕ヲ招聘シタルト同様ノ効果ヲ収メ」ることができると述べている(41)。また、それと同時に吉川は、「模範農場若シクハ農事試験場ノ類ヲ要地ニ設立」することを要望している。その目的は、「一ツハ以テ我カ移住農業者ノ参考ト便益トニ供シ、一ツハ以テ韓国農民教導ノ用ニ供スル」ことにあるとしている(42)。

ちなみに、酒勾常明において、朝鮮を日本人農民の有力な移住地として推す根拠となったのが、広大な未開地の存在であったが、吉川祐輝もこれを基本的に継承している。吉川は、面積に対する人口の割合が朝鮮は日本の半分程度にも満たないと述べ(43)、酒勾の推計に賛同を示すとともに、未開地の面積についても、「極メテ重要ナル問題ナリト雖《いえど》モ之ヲ知ルハ容易ノ業ニアラス」として酒勾の推計をそのまま引用し、それは一四一万町歩であると記しているのである。

ただし、未開地の実態に関しては酒勾よりも踏み込んだ検討を加え、「韓国ノ未開原野ハ河川ニ沿フテ多ク之アリ」と述べている。その理由として、朝鮮では山林の荒廃によって「河川ハ降雨アラハ大水一時ニ流下シ、雨ナケレハ水量大ニ減少ス」る状況であって、その対策としての堤防・排水路の設備、揚水機の利用、灌漑用水の整備も、資本と知識の欠乏から全くといっていいほど行われていないと分析し、その結果、「人工ヲ加フレハ美田ト変スヘキ河辺ノ良地モ洪水ヲ恐レテ之ヲ放棄」していると結論づけている。そして、このような朝鮮の未開地は、「所謂沖積地ニシテ概シテ土壌良好ナルノミナラス、洪水ノ度毎ニ沃土ヲ沈澱スルノ利」があり、日本人農民が若干の資本と知識を投入すれば「斯ル土地ヲ利用シ災ヲ転シテ福トナス」ことができるとして、朝鮮での農業経営が非常に有望であることを力説していく(44)。

その後、一九〇六年になって、吉川祐輝は雑誌に「韓国農業教育論」を発表し(45)、朝鮮（韓国）における農業学校や農業教育について自らの構想を披露している。

まずその冒頭で、朝鮮の教育に関して、中等以上の教育は専ら実業教育としなければならない、また、初等教育でも実業教育を取り入れなければならない、と主張する。実業教育の中心は当然農業教育であって、これこそが日韓両国にとって「弊害最も少くして、且有益なり」と述べている(46)。

おりしも同じ年の四月には、統監府によって勧業模範場が設置されており、以前の自らの要望が実現したことに対して「誠に機宜に適せるの施設と謂ふべし。勧業模範場の設立甚善し」と率直に歓迎の気持ちも表している(47)。しかしながら、朝鮮の農業を改良するためには模範場だけではなく農業教育の充実も必要であるとして、以下のように述べている。

蓋し試験の成績を目撃せしめ、模範を示して之に倣《なら》はしむるは、農事改良上の一捷径たるや疑なしと雖も、農業は素《も》と幾多外界の事情に適応すべき方法と経営とによりて利を収むべきものなるが故に、試験の成績と模範とを実際に目撃するも、移して之を各人の営業に応用せんと欲せば、先づ之を咀嚼し、之を玩味して、各個の事情に応し、宜に従て適用するにあらざれば、其利を完《まっと》ふする能はざる場合多ければなり。而して之を咀嚼玩味するには、相当の智識あるを要し、此智識は教育に竢《ま》たざるべからざるなり(48)。

そこで、吉川は次のような朝鮮（韓国）における農業学校構想を提案する。すなわち、まず朝鮮の各要地には農業学校を設立する。全国に普及を目指す小学校には、最終課程として主に農業科を課すことにする。また、これらの農業学校および農業科担当の教員や農民を直接指導する技術者を養成する目的で、高等農業学校を三ないし四ヶ所設立する。そして、中央には「韓国農学の淵源」として農業大学を設立する、というものである。このうち農業大学については、韓国政府に委ねていては遅きに失するおそれがあるとして、吉川は「韓国農業大学を我国庫の経費を以て緊急に設立せん」ことを強く主張している。農業大学には予科を設置し、学生として中学卒業以上の日本人青年と「韓国の俊才にして相当学力あるもの」を収容するものとする。予科の課程中では日本人学生には韓国語を、韓国人学生には日本語を教授することとしている(49)。

以上見てきたように、吉川祐輝は、酒匂常明と同じく朝鮮を日本人農業移民の最適かつ最有力の地域として推奨するとともに、朝鮮農業の改良は「我日本農業者の任務」[50]であるとしてその重要性を強調していた。また、そのための施設として模範農場や農業学校など勧農機関の体系的な整備に期待を寄せていたのである。

なお、ここまで酒勾常明と吉川祐輝の朝鮮農業に対する認識について述べてきたが、このような認識は決して彼ら二人のみにとどまるものではなく、他の駒場農学校系統の農学者はもちろん、当時の農業関係者の間にも広く共通認識として存在していたものであった。

第四節　「韓国土地農産調査」と勧農機関設置構想

一九〇四年（明治三七）二月に日露戦争が勃発すると、日本政府は戦後の朝鮮経営を見越して朝鮮でさまざまな現地調査を行った。朝鮮農業に関する調査としては、一九〇四年末から〇五年にかけて行われた「韓国土地農産調査」が朝鮮全土を対象とした最も大規模かつ詳細にわたる調査であった。

この調査は、外務省の協力を得ながら農商務省農務局が中心となって実施したものであり、このときの農務局長は先に取り上げた酒勾常明であった。酒勾のもと、本田幸介はこの調査の計画立案に指導的な役割を果たし、自身も朝鮮北部地方に入り綿密な現地調査を行っている。また、酒勾の委嘱を受け、当時農事試験場長兼東京帝国大学農科大学教授であった古在由直《こざいよしなお》が計画の立案や報告書の編纂に関与することになった[51]。なお、朝鮮で現地調査を行った主な農学者とその担当地域を整理すると以下の通りである。

京畿道・忠清道・江原道…小林房次郎（農事試験場技師）
　　　　　　　　　　　　中村彦（農商務技師）
全羅道・慶尚道…三成文一郎（農事試験場技師）
　　　　　　　　有働良夫（農商務技師）

染谷亮作（農事試験場技手）
松岡長蔵（農事試験場技手）
黄海道・平安道…本田幸介（東京帝国大学農科大学教授兼農商務技師）
鈴木重礼（東京帝国大学農科大学助教授兼農事試験場技師）
原凞（東京帝国大学農科大学助教授）
咸鏡道…本田幸介
原凞
鴨下松次郎（農事試験場技師）

その後、調査員は〇五年一二月九日までに全員が帰国し、ただちに農務局内で数回の会合が開かれた。そこで調査結果の大要がまとめられ、同年一二月二〇日付で『韓国農業要項』として農務局長酒匂常明の名で清浦奎吾農商務大臣と桂太郎外務大臣に提出された(52)。

この『韓国農業要項』は、風土・土地・農産・農業ノ状況・農業ノ位置・農業利源ノ開発・施設事項の全七章で構成されていたが、このうちの「第七　施設事項」は、今後朝鮮において整備すべき勧農機関の概要を提示したものであり非常に重要である。以下にその箇所全文を掲げることにする。

第七　施設事項

行政刷新官紀振粛ノ如キ山林整理ノ如キ道路、河川改修ノ如キハ韓国農業振興上密接ナル関係アリト雖、特ニ農業振興ニ就キ革新施設スヘキ事項中、韓国政府及我政府ニ於テ実行セサルヘカラスト思料スル所ノモノヲ挙クレハ左ノ如シ。

一　韓国政府ニ於テ施設ヲ要スヘキ事項

（イ）農業行政機関ヲ刷新拡張スルコト
甲　中央ニ置クモノ
（一）農商工部ニ農政顧問及農務官ヲ置クコト
乙　地方ニ置クモノ
（一）観察府及郡衙ニ農務官ヲ配置スルコト
（ロ）勧業機関ヲ刷新拡張スルコト
甲　中央ニ置クモノ
（一）農事試験場　栽培、収穫、製造等ノ試験ヲ施シ農業改良ニ資スルコト
（二）種苗場　種苗ヲ育成シ之ヲ全国ニ配布スルコト
（三）種畜場　種畜ヲ飼養シ之ヲ全国ニ配布スルコト
乙　地方ニ置クモノ
（一）主要ナル地方ニ農事模範場ヲ置キ種苗、種畜ノ配布ヲ為シ且種々ノ模範ヲ示スコト
（ハ）勧業補助費ヲ設ケ必要事業ヲ奨励シ水利工事ヲ補助スル等ノコトヲ為スコト
（ニ）農業教育機関ヲ刷新拡張スルコト
甲　中央ニ置クモノ
（一）農学校　中学程度ノ実業教育ヲ為スコト
（二）蚕業講習所　簡易ナル蚕業教育ヲ為スコト
乙　地方ニ置クモノ
（一）農事講習所　農事模範場ニ附属セシメ低度ノ実業教育ヲ為スコト

（備考）農事教育機関ハ農商工部ノ直轄ナルコトヲ要ス
（ホ）国有タルヘキ土地ヲ管理スル機関ヲ設クルコト
（一）内閣ニ隷スル土地管理局ヲ設ケ国有タルヘキ土地ヲ管理スルコト
以上施設ノ諸機関ニハ邦人ヲ招聘シ其ノ主脳タラシムルコト。
二　日本政府ニ於テ施設ヲ要スヘキ事項
（イ）土地所有権及内地居住権ヲ確定スルコト
（ロ）国有土地ヲ日本人ニ於テ利用スルコト
（ハ）農業金融ノ便ヲ開クコト
（ニ）移住民ニ汽車、汽船賃ノ割引ヲ為スコト
（ホ）農事企業者ノ指導ノ為一ノ機関ヲ置クコト
（ヘ）日韓農業行政ノ連絡ヲ計ルコト
韓国政府ニ於テ施設スヘキ事項ニ要スル経費ハ少ナカラサルヲ以テ、参考ノ為国庫ノ財源ト為シ得ヘキモノヲ挙クレハ農業ニ関係アルモノノミニテモ左ノ二大税源アリ。
一　隠戸取締ニ因ル戸税ノ増収
一　隠結取締ニ因ル地租ノ増収(53)

これは農商務省のもとで農政官僚や農学者らが作成した、まさに朝鮮の勧農機関設置構想と呼べるものである。前述の通り、すでに酒匂常明や吉川祐輝などによって朝鮮に模範農場を設置することが要望されていたが、この構想はこうした要望や意見を一段と具体的かつ体系的な形で提示したものであり、日本・韓国両政府に対してその実現を強く促すものであった。

ところで、農商務省がこのような構想を表明した背景の一つとして、在朝日本人の間からも、朝鮮における勧農機関の整備を求める声が上がっていたことを指摘しておかなければならない。例えば、一九〇五年六月二七・二八日に漢城で開催された在韓国日本人代表者会議では、次のような「農業上の施設に関する請願書」が決議された。

在韓日本人の永住的経営は重きを農業に置かさるべからす。乃ち韓国の地は未だ工業時代に到達致さゝる様存候。而して農業に関して其施設宜しきを得るに於ては、其生産額、優に本邦の需要を充たすのみならす、移住民の数、幾十百万に上るも尚之をして安全に生活して各其所を得せしむるものあり。然るに現時の農事は各般の施設未た完からすして殆んと原始の有様に有之候。故に政府は宜しく、農事試験所、農林学校、養蚕講習所等百般の指導的並に模範的の庁舎を設立し、更に農事の改良、殖林の奨励等、産業の保護奨励に関する施設をなし、以て本邦人の永住的移住に便利を与へられんことを此段請願仕候也。(54)

つまり、この決議は、在朝日本人の側から日本政府に対して、農事試験場や農林学校などの勧農機関・施設の設置を強く要請するものである。また、その時期も農商務省による「韓国土地農産調査」が行われている最中であった。これらの点から判断して、農商務省の勧農機関設置構想は、在朝日本人からの要望という後押しも受けたうえで作成されたものと考えることができよう。

これ以降、日本政府や統監府、またそれらの強い干渉下におかれた韓国政府は、保護国期を通じておおむねこの構想に沿った形で勧業模範場、種苗場、農林学校などの施設を整備していくことになるのである。

第五節　農事試験研究機関の開設

（1）勧業模範場の創設

日露戦争終結後の一九〇五年（明治三八・光武九）一一月、日本は第二次日韓協約を結び韓国から外交権を剝奪し自らの保護国とした。それにともなって翌〇六年二月には漢城に統監府が開設され、三月には初代統監として伊藤博文が着任した。そのわずか一ヶ月後の同年四月一日には統監府勧業模範場官制が公布され、統監府勧業模範場が設置された。その目的は、第一に「産業改良発達に関する模範及試験並に分析鑑定を行」い、第二に「種苗、種禽、種豚等を配布」し、第三に「産業上必要なる諸般の調査、指導、通信及講話を為」すことであった。

ところで、この勧業模範場の設置がどのような審議を経て実施されたのかに関しては不明な点が多い。しかし、設置までの過程で酒勾常明が中心的な役割を果たしていたことは間違いないと思われる。というのも、前述の通り酒勾はすでに一九〇二年末の段階で模範農場の必要性を提唱しており、またこのときの農商務省農務局長も酒勾常明その人であったからである。

幸い『日本外交文書』には「農事試験場設置ノ件」という短い資料が収録されており、断片的ながらも模範場設置の経緯の一端を知ることができる。[55] そのなかの資料「農事施設ニ関スル目賀田顧問上申書進達ノ件」を見ると、少なくとも一九〇五年九月までに酒勾を中心に勧業模範場の設置とその事業内容などがほぼ決定されていたと推測できる。[56] さらに同資料には、勧業模範場設置の目的・理由について次のように記されている。

（抄）　韓国農事模範場設置理由

韓国ノ富源ヲ開発シ彼我ノ貿易ヲ発達セシムルニ方《あた》リテ、最急務ト為スハ農事ノ振興ニアリ。韓国ノ農産ハ農耕畜産ノ改良、荒蕪地ノ利用、水利ノ施設等ニ因リ多大ノ増殖ヲ期スルヲ得ヘシ。而シテ此ノ目的ヲ達スルハ農事模範場ノ設置ヲ以テ最捷径ト為ス。今ヤ韓国ノ土地及農産ニ関スル調査成リ、之ヲ利用スヘキ好時期ニ会ス。即チ先ツ速ニ農事模範場ノ設置ヲ見ンコトヲ欲ス。農事模範場ノ組織事業等ハ左ノ如シ。〔以下省略〕[57]

この記述から、朝鮮の勧農機関のうち勧業模範場が最も先行する形で準備され、〇四年末からの「韓国土地農産調査」の実施を踏まえて日本政府がただちにその設置へと動き出していたと考えられるのである。

ただし、一九〇六年四月の勧業模範場設置はあくまで法令上のことにすぎず、その実態は全く備わっていなかった。ここで実際の勧業模範場の整備に当たったのが本田幸介である。五月に初代場長に就任した本田幸介の下で、設置場所が京畿・水原に決定され、用地の買収、器具・機械や建物の整備が順次進められていった[58]。同年一一月に酒匂が官界を離れたことと合わせて考えると[59]、併合前後期に朝鮮で勧業模範場が現実に機能しはじめる過程では、酒匂に代わって本田が主導的な役割を果たしていたといえる（図5）。

なお、韓国政府は、勧業模範場の設置に先立って、一九〇五年一〇月に農商工学校附属農事試験場官制を公布し、漢城・東大門外の纛島《とうとう》に独自の農事試験場を創設していた。しかし、日本政府の手による勧業模範場の設置が決定されると、同種の施設の重複を避けるために統監府の勧告により廃止されることになった。その代わりに、その施設をそのまま利用して新しく韓国政府園芸模範場が設置された[60]（図6）。

やがて、設置からちょうど一年がたち勧業模範場の設備があらかた整うと、一九〇七年（明治四〇・隆煕元）四月一日、勧業模範場は日本政府から韓国政府に譲渡されることになった。ただし、その条件として、向こう一〇年間その組織・計画・経費等を少しも変更しないことが約束された。そして、同年五月一五日に水原の勧業模範場で開場式が盛大に開催されたのである[61]（図7・8）。

この開場式の席で、統監伊藤博文は、「抑《そもそ》も模範場の設置は我日本国が指導者となつて韓国産業の改良を指導せんとする一端に過ぎぬのであります」と訓辞を述べ、また、場長の本田幸介も同じく「抑〻韓国の富源を開発し国利民福を増進せんとするに於て、農業の振興は実に最大急務の一に属す。而して此の目的を達するの捷径は、実際に改良の模範を示し以て農民を誘導啓発するにあり」と述べている[62]。この二人のことばからも分かる通り、勧業模範場は単なる農事の試験・研究機関にとどまらず、日本の農業をモデルとして朝鮮人に農事改良の模範を示す、まさに名称通りの「模範場」として位置づけられることになったのである。

なお、この時期の勧業模範場の主な事業内容は、「穀物、蔬菜ノ試作及種類比較、家蚕、柞蚕ノ試育、畜産飼養試験、淡水魚族ノ放養、農芸化学上ノ分析試験、立毛品評会ノ開催」などであった[63]。その後、韓国政府勧業模

図５　勧業模範場創設当時（1907年１月）前列左から２人目が本田幸介（『朝鮮総督府農事試験場二拾五周年記念誌』上巻、朝鮮総督府農事試験場、1931年）

図６　農商工部園芸模範場（『韓国中央農会報』２巻５号、1908年５月）

図7　勧業模範場開場式の初代統監伊藤博文（『朝鮮農会報』9巻11号、1935年11月）

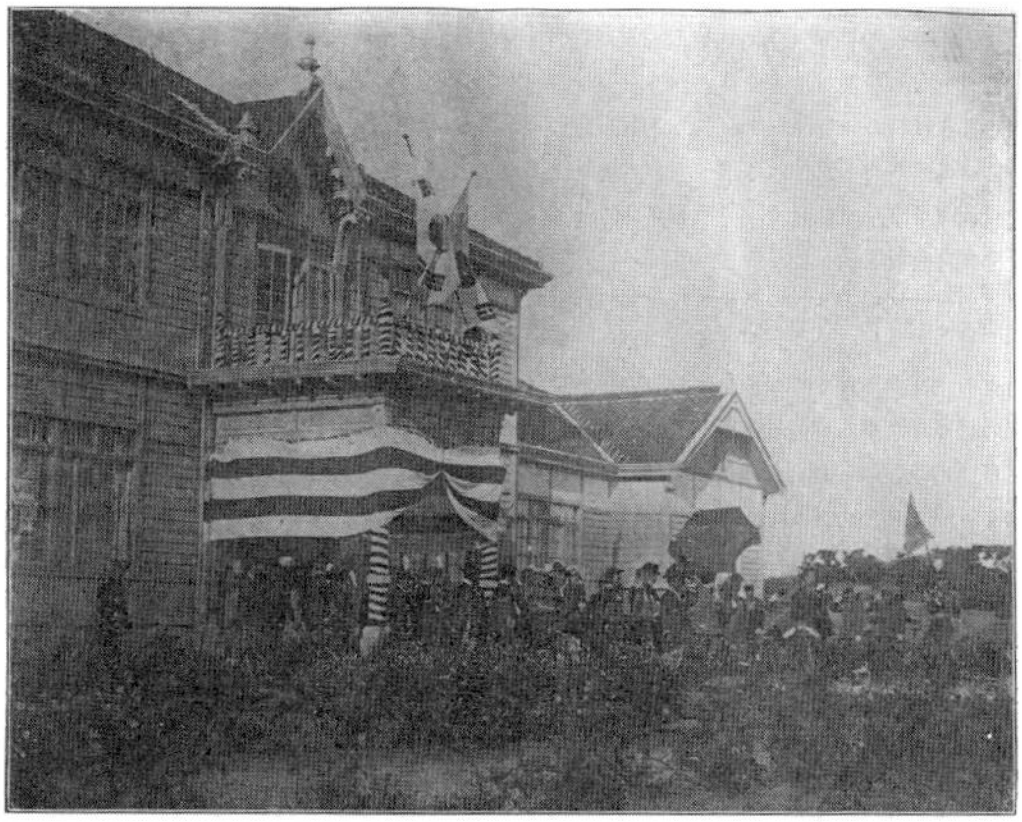

図8　韓国皇帝純宗の行幸（1908年10月）（『朝鮮総督府農事試験場二拾五周年記念誌』上巻、朝鮮総督府農事試験場、1931年）

範場は一九一〇年八月の併合を境に朝鮮総督府勧業模範場と改められたが、その事業内容自体に大幅な変更は加えられなかった（図9）。

ところで、勧業模範場には京畿・水原の本場以外にいくつかの関連施設があった。一九〇六年に棉花の採種栽培に従事し、水稲・麦その他の普通農事の試験のために、全羅南道・木浦に出張所が開設された。さらに〇八年一月に全羅北道・群山と平安南道・平壌に、同年四月には慶尚北道・大邱にそれぞれ出張所が設置された。しかし、〇九年に全羅南・北両道に種苗場が新設されたことで、群山と木浦の出張所は廃止された。勧業模範場と別の施設としては、前述の纛島の園芸模範場のほか、〇八年三月に全羅南道・木浦に開設された韓国政府農商工部

図９　勧業模範場図(『勧業模範場報告』４号、1910年３月)

所管の臨時棉花栽培所があった。(64)

(2) 種苗場の設置

種苗場は、一九〇八年三月公布の種苗場官制に基づいて韓国政府によって設置された。同年中にまず慶尚南道の晋州と咸鏡南道の咸興に設置され(図10・11)、翌〇九年には全羅北道・全州、全羅南道の光州、黄海道の海州、平安北道の義州、咸鏡北道の鏡城の五ヶ所に、さらに一〇年には忠清南道の公州、江原道の春川の二ヶ所に増設された。これらの種苗場を所管したのは韓国政府農商工部であった。(65)

種苗場の主な事業は、「桑、水稲其ノ他ノ穀類、蔬菜等ノ普通栽培又ハ種類比較栽培ヲ為シ、監督田又ハ監督桑苗圃ヲ設置シ特ニ種苗配付ニ努メ、農事上各種ノ調査ヲ遂ケ又改良農具使用法、筵織其ノ他ノ機業伝習、桑苗

図10　晋州種苗場(『韓国中央農会報』3巻11号、1909年11月)

図11　咸興種苗場(『韓国中央農会報』3巻11号、1909年11月)

植付法、養蚕法、廃地利用法、作物害虫除防法、堆肥法等ニ関シ講話又ハ実地ニ就キ地方農民ノ指導誘掖ニ努メ」るというものであった[66]。

第六節　農業教育機関の開設

(1) 水原農林学校の創設

朝鮮における最初の農業教育機関となったのは、韓国政府学部所管の農商工学校であった。一九〇四年（明治三七・光武八）六月の農商工学校官制、同年八月の農商工学校規則に基づいて漢城・寿進洞に創設された。同校は農科・商科・工科の三科から成り、修業年限は予科一年、本科三年の四年、入学年齢は満一七歳から二五歳までであった。教科目は予科のみ明文化された。すなわち、「本国歴史・本国歴史地誌・万国歴史・万国地誌・化学・物理学・経済学・算術・図面・外国語」であり、実業的な教科目は皆無で、実業教育の準備段階として一般教養を授けるに止まっていた。農商工学校は〇六年七月に二八名の予科卒業生を出すなど若干の教育成果もあげていたが、結局、「予備教育」の域を出ることはなく〇七年三月に廃校となった[67]。さて、こうした農商工学校の不振を受けて、同校の農科・商科・工科はそれぞれ分離・独立するに至った。農科に関しては一九〇六年八月に農林学校官制、翌九月に農林学校規則が制定されて、新たに農商工部所管農林学校が創設された。

同校は、朝鮮人子弟を対象に「農林業ニ関スル必要ナル知識及技能ヲ教授シ兼ネテ徳性ヲ涵養スル」ことを目的としており、修業年限は本科二年、研究科一年、速成科一年以内であった。入学資格は満一五歳以上三〇歳以下で、身体強健かつ品行端正な者、在学中家事に関係のない者で、入学すると一ヶ月五圓の学費が支給された。入学定員は本科八〇名、研究科四〇名、速成科は随時定めるとされた。本科の教科目は、「修身・日語・数学・

図12　水原農林学校の教員・生徒（1907年）（『韓国中央農会報』２号、1907年２月）

理化学及気象・博物・農学大意・土壌及肥料・作物・畜産・養蚕・農産製造・林学大意・造林学・獣医学大意・経済及法規」と規定され、農学に関するさまざまな教科目が教授された(68)。

やがて、一九〇七年一月には、前年に創設された京畿・水原の勧業模範場の隣地に移転し、同年一二月の官制改正によって、それまでの韓国政府農商工部農務局長の徐丙粛《ソビョンスク》に代わって、勧業模範場長の本田幸介が校長を兼任することになった（図12）。また、〇九年には農林学校規則の改正が行われて本科の修業年限が三年に延長された(69)。

併合後は、一九一〇年九月の朝鮮総督府勧業模範場官制により、朝鮮総督府農林学校として以前と変わらず勧業模範場に附置されることになった。校長も引き続き場長の本田が務めた。また、収容する学生も依然として朝鮮人に限られていたが、一九一七年（大正六）三月の朝鮮総督府農林学校専門科規程によって日本人との共学に改められた(70)。

(2)　農業学校の設置

農業学校は実業学校の一種であり、一九〇九年（明治四二・隆熙三）四月の実業学校令および同年七月の実業学校令施行規則によって朝鮮各地に設立された。実業学校の目的は、「実業ニ従事スルニ須要ナル教育ヲ施スコト」であり、その種類は「農業学校、商業学校、工業学校及実業補習学校」であった。日本とは異なり、実業学校のうち「二種類以上ヲ合シテ一校トスルコトヲ得」とされており、朝鮮での実業学校設立の促進が図られている。

修業年限は三年を基本とし、土地の情況によって一年以内の伸縮が可能であった。また別に二年以内の速成科も設けられた。収容する学生はすべて朝鮮人子弟であり、入学資格は、年齢一二歳以上の男子で普通学校を卒業した者またはこれと同等の学力を有する者とされた。実業学校の教科目は「実業ニ関スル科目及実習以外ニ、修身、国語及漢文、日語、数学、理科トス。但シ数学、理科ヲ闕《か》クカ又ハ地理、歴史、図画、法規、統計、測量、体操及其他ノ学科目ヲ加フルヲ得」と定められた。さらに、農業学校の「実業ニ関スル科目」については、「気候、土壌、水利、肥料、農具、作物、園芸、病蟲害、農産製造、養禽、養蚕及製種、桑樹栽培、製絲、造林、林産製造、養畜、獣医、漁撈、養殖、採藻、水産製造、農業経済及其他ノ事項ヨリ選択シ、又ハ便宜分合シテ此ヲ定ムベシ」と細かく規定されていた(71)。

農業学校は、併合直後の一九一一年三月末の時点で公立一二校、私立四校の計一六校が設立されていた。公立のものだけ列挙すると、大邱実業学校（慶尚北道・大邱）、晋州実業学校（慶尚南道・晋州）、群山実業学校（全羅北道・群山）、全州農林学校（全羅北道・全州）、光州農林学校（全羅南道・光州）、済州農林学校（全羅南道・済州）、春川実業学校（江原道・春川）、公州農林学校（忠清南道・公州）、平壌農学校（平安南道・平壌）、定州実業学校（平安北道・定州）、咸興農業学校（咸鏡南道・咸興）、北青実業学校（咸鏡北道・北青）である(72)。ほどなくして一一年六月には清州公立農業学校（忠清北道・清州）が、同年一一月には海州公立農業学校（黄海道・海州）が設立され、これによって京畿道を除くすべての道に公立農業学校が設置されることになった。朝鮮教育令施行直後の一九一二年度には、朝鮮全体で一四校の公立農業学校が設置されていた(73)。

なお、一九一〇年四月には、韓国政府学部によって実業補習学校規程が制定されている。実業補習学校は、

「簡易ナル方法ニ依テ実業ニ従事スルニ須要ナル教育ヲ施スコト」を目的としていた。併合後は一一年の朝鮮教育令の施行によって簡易実業学校（農業に関するものは簡易農業学校）の名称に改められ朝鮮全土で設置が進められた。(74)

第七節　農業団体の設置――韓国中央農会

韓国中央農会は、一九〇六年（明治三九・光武一〇）一一月に朝鮮（韓国）に居留する日本人官吏、統監府勧業模範場の職員、農林学校の職員、穀物貿易商および農事経営者などの有志によって仁川穀物協会内に創立された。創立時の役員は、会頭は欠員、副会頭に本田幸介（勧業模範場長）、評議員に中村彦（統監府農務課長）、豊永真里（水原農林学校教授）、道家斉（農商工部技師林学士）、和田常市（京城実業家）、奥田貞次郎（仁川実業家）、若松兎三郎（木浦実業家）、影山秀樹（大邱実業家）、石川良道（仁川穀物協会理事）であった。会頭が欠員であったこともあり、本田が実質的に会の指導的役割を担っていたと見て間違いない。会員は当初日本人に限定していたが、翌年から朝鮮人の入会も認めた。また、同じく翌〇七年九月には事務所を漢城（後の京城）に移転し、一〇月三一日には韓国中央農会第一回総会を開催している。(75)

ちなみに、この時点での会員数は賛助・特別・通常会員を合わせて三一五名、会員以外の『韓国中央農会報』購読者を加えると五三一名と報告されている。(76)会員数はその後も増加を続け、一九一〇年には二四〇〇名余りに達した。

さて、会の目的についてであるが、規約には「本会ハ韓国ニ於ケル農業ノ改良発達ヲ図ルヲ以テ目的トス」としか明記されていない。(77)しかし、創立の翌月に発行された『韓国中央農会報』創刊号には「韓国中央農会設立の趣旨」が掲載され、そこで本田幸介が会の目的をより明確に表明している。その要点のみ抜粋して引用すると以下の通りである。

　韓国中央農会設立の趣旨

日韓両国の関係一新し、今や我国は韓国を扶掖開発するの責を負ふに当り、吾人は熱誠以てその国利民福の増進を計るは我祖国に対するが如くならざるべからず。……惟ふに農業は韓国産業の首位を占め、国家の経済と至大の関係を有するものなれば、之れが振興を図るは国富の増殖上殊に急務なりと謂ふべし。是れ勧業模範場、農林学校等の如き農業改良に必要なる機関の設立されたる所以なり。然れども農業の改良は単に此等の施設のみに依りて実現せらるゝものにあらず、必ずや各種の方面より農民を誘導し以て改良の実行を促がさざるべからず。……而して其法は固《もと》より多々ありと雖も、最も捷径にして有効なるべきは、篤実にして経験ある我農民を韓国内地に移し自ら耒耜《らいきょ》〔すき―筆者註〕を執りて韓国農民に改良の実例を示し、併て勤倹貯蓄の美風を養成せしむるにあり。……今や我邦人の韓国農事の経営に志あるもの日に多きを加ふるに際し、適当の機関を設け韓国農業振興の方策を講究し、併せて農業の現状を審《つまびらか》にすること極めて肝要なりと信ず。本会設立の趣旨亦実に茲《ここ》に存す。[78]

図13　平壌支会第一回総会出席者（1909年５月）（『韓国中央農会報』３巻５号、1909年５月）

要するに、会の目的は、日本人農民の朝鮮移住を促進し、朝鮮人農民に模範を示して彼らの覚醒を促すこと、また、朝鮮農業に関する調査・研究、会員相互の意見交換を活発に行うことで朝鮮の農事改良を進展させること、の以上二点であった。

さらに注目すべきは、引用の前半部分で本田が、単に勧業模範場や農林学校などの勧農施設を作るだけではなく、これらの施設と農会などの団体や行政官庁などが有機的に結合して、各方面から農民を指導することによってこそ初めて朝鮮の農事改良が実現できる、という自らの考えを明示していることである。つまり、本田自身、朝鮮に来た一九〇六年当初から、日本に見られるような勧農機構を朝鮮に移植・整備することを念頭に置いていたのであり、こうした観点から韓国中央農会の設立に動いたものと判断できるのである。

ところで、韓国中央農会では、会員一〇〇名以上を有する地方に支会を設置することができた。併合直後の一九一〇年八月末現在で全部で一三の支会が設置されていた。すなわち、三浪津支会（慶尚南道・三浪津）、鎮南浦支会（平安南道・鎮南浦）、開城支会（京畿道・開城）、黄州支会（黄海道・黄州）、平北支会（平安北道・義州）、平壌支会（平安南道・平壌）、水原支会（京畿道・水原）、清州支会（忠清北道・清州）、慶北支会（慶尚北道・大邱）、全北西部支会（全羅北道・群山）、全州支会（全羅北道・全州）、全南支会（全羅南道・光州）、慶南支会（慶尚南道・晋州）である[79]（図13・14）。なお、韓国中央農会は、併合後、朝鮮農会と改称しその活動を継続した。

図14　慶北支会第一回農産物品評会（1909年11月）（『韓国中央農会報』3巻12号、1909年12月）

小括

最後に、本章の内容をまとめると次のようになる。

本章全体を通じて登場する農学者本田幸介が、初めて朝鮮と関わりをもつことになったのは、一九〇三年（明治三六）の清韓両国への農事調査であった。翌年には日露戦争下で行われた農商務省による「韓国土地農産調査」でも中心的な役割を果たし、こうした経歴を買われて一九〇六年五月には朝鮮（韓国）に渡ることになった。朝鮮では、勧業模範場の初代場長をはじめとして水原農林学校長や韓国中央農会副会頭にも就任し、朝鮮での勧農政策の立案や実施に当たってその要の位置を担うことになったのである。最終的には、一九一九年（大正八）一二月に朝鮮を離れることになるが、その経歴や活動から見て、本田幸介は、朝鮮における勧農政策の形成に多大な影響を与えた人物の一人であるといってよいだろう。

本章では、本田と合わせて酒勾常明や吉川祐輝など駒場農学校系統の農学者たちについても取り上げた。彼らは駒場農学校などでフェスカやケルネルといった御雇外国人教師から欧米の近代的科学的農学の教えを受け、明治期を通じて日本の近代農学を確立していった人物たちでもあった。そうした彼ら農学者たちの目には、日露戦争前後の時期に視察や調査で訪れた中国や朝鮮の農業はきわめて幼稚かつ粗雑で非科学的なもののように映った。さらに、それと同時に、彼らは農業技術の面を中心に日本の農業の先進性や優秀性に大いなる自信を抱くことになった。

日清戦争以降、朝鮮が日本の勢力拡張の対象として浮上してくると、農学者たちは、人口密度の希薄さや未墾地の多さなどの理由から、朝鮮を最も有望な日本人の農業移住先として提起するようになる。その出発点を作ったのは、当時第一級の農学者であり農政官僚であった酒勾常明であった。さらに、この議論の延長線上で、日本の農業を模範として朝鮮の農事改良を進めるためには、すでに日本内地で確立していた農事試験場や農業学校などの勧農機関を朝鮮に移植・設置することが必要であるとの主張も繰り広げられた。

そののち、日本政府農商務省は一九〇四・〇五年に本田幸介らを中心に大規模な「韓国土地農産調査」を実施し、〇五年末には農務局内でその概要をまず『韓国農業要項』としてまとめるに至った。そのなかには、それまでの農学者たちの意見や要望を色濃く反映する形で、日韓両国政府の手によって農事試験場や農学校などの設置を目指す勧農機関設置構想が含まれていた。こうして朝鮮では、この構想を土台として一九〇六年中に勧業模範場、水原農林学校、韓国中央農会が設立され、いずれも翌〇七年から実質的な活動を開始することになったのである。

（1）一八七八年（明治一一）一月創立の駒場農学校は、八六年七月に東京山林学校と合わせて東京農林学校に改編され、九〇年六月には帝国大学農科大学となって東京帝国大学農科大学（後の農学部）へとつながっていく。本章ではこの系統を指して「駒場農学校系統」と呼ぶことにする。

（2）高橋昇は、勧業模範場西鮮支場（黄海道・沙里院）の支場長を務めた人物である。彼が残した膨大な量のフィールドノート・遺稿・写真資料は近年以下のような形で出版されている。高橋昇著、飯沼二郎・高橋甲四郎・宮嶋博史編集『朝鮮半島の農法と農民』（未来社、一九九八年）、徳永光俊・高光敏・高橋甲四郎編『写真でみる　朝鮮半島の農法と農民――元朝鮮農試・高橋昇写真集』（未来社、二〇〇二年）、高橋昇著、新納豊・高橋甲四郎編『朝鮮の犂』（日本経済評論社、二〇〇三年）。その他では、河田宏『朝鮮全土を歩いた日本人――農学者・高橋昇の生涯』（日本評論社、二〇〇七年）がある。

久間健一は、朝鮮小作官を務めた人物である。過去に飯沼二郎氏は、植民地農政に対する批判を行った代表的人物として久間健一に言及している（飯沼二郎『朝鮮総督府の米穀検査制度』未来社、一九九三年、七三～八〇頁）。

（3）『朝鮮人名資料事典』五巻（日本図書センター、二〇〇二年）八一三～八一四頁。原本は阿部薫編『朝鮮功労者銘鑑』（民衆時論社朝鮮功労者銘鑑刊行会、一九三五年）。

（4）一八八六年七月卒業の農学科同期には、岡田鴻三郎、吉川寛次郎、陸原貞一郎、伊地知徳之助、岡田眞一郎、楠原正三、知識四郎、片田豊太郎、舟木文次郎、田原休之丞、福家梅太郎、松崎祇能、橘彪四郎がいる。また、同時期の農芸化学科卒業生には、古在由直、石井新太郎、吉田彦松、鴨下松次郎、早川元次郎がいる（『東京帝国大学卒業生氏名録』東京帝国大学、一九三三年、三四七・三五九頁）。

（5）一八九九年三・六月に日本最初の農学博士となったのは、次の一〇名である。澤野淳、古在由直、恒藤規隆、横井時敬、玉利喜造、本田幸介、酒勾常明（以上、駒場農学校系統）、新渡戸稲造、佐藤昌介、南鷹次郎（以上、札幌農学校系統）（三好信浩『日本農業教育成立史の研究』風間書房、一九八二年、三三五頁）。

（6）「東京帝国大学農科大学教授農学博士本田幸介以下二名清韓両国へ被差遣ノ件」（『任免裁可書』明治三六年・任免巻一四）。

（7）本田幸介「朝鮮を去るに臨んで」（『朝鮮農会報』一四巻一一号、一九一九年一一月）三頁。

（8）「故宮中顧問官本田幸介叙勲ノ件」（『叙勲裁可書』昭和五年・叙勲巻一・内国人一）。

（9）本田幸介前掲「朝鮮を去るに臨んで」三～四頁。

（10）「故本田幸介君略伝」（『農学会報』三二四号、一九三〇年七月）。

（11）本田幸介「韓国の牧畜」（『農事雑報』七三号、一九〇四年六月）、〔時重初熊〕『韓国牛疫其他獣疫ニ関スル事項調査復命書』（農商務省農務局、一九〇七年）、山脇圭吉『日本帝国家畜伝染病予防史　明治篇』（獣疫調査所、一九三五年）、三木栄「朝鮮牛疫史考」（『朝鮮学報』三四輯、一九六五年）、山内一也『史上最大の伝染病　牛疫』（岩波書店、二〇〇九年）。

（12）前掲「故宮中顧問官本田幸介叙勲ノ件」。

（13）「朝鮮総督府勧業模範場技師農学博士本田幸介米国へ出張ノ件」（『任免裁可書』大正五年・任免巻一六）。

（14）併合前までに刊行された朝鮮に関する調査報告書類に関しては以下の研究がある。山口宗雄「荒蕪地開拓問題をめぐる対韓イメージの形成、流布過程について」（『史学雑誌』八七編一〇号、一九七八年）、鶴園裕「調査の時代――明治期・日本における朝鮮研究の一点描」（『千葉史学』七号、一九八五年）、木村健二「明治期日本の調査報告書にみる朝

鮮認識」（宮嶋博史・金容徳編『近代交流史と相互認識』慶應義塾大学出版会、二〇〇一年）。
(15) 山口宗雄前掲論文。
(16) 酒勾常明は、一八八〇年六月に駒場農学校農学科を、八三年二月には同校農芸化学科を卒業している。そのほか酒勾に関しては、『明治農書全集』一巻（農山漁村文化協会、一九八三年）所収の須々田黎吉「解題」に詳しい。
(17) ここでは主な資料として、酒勾常明『清韓実業観』（農商務省農務局、一九〇二年）を利用した。同書はその後、酒勾常明『日清韓実業論』（実業之日本社、一九〇三年）として公にされたが、中国・朝鮮の部分の記述内容はほとんど同じである。また、〇三年を中心に、『中央農事報』『大日本農会報』などの農業関係雑誌には、上記二つの著作内容に沿った酒勾の講演・論説が掲載されている。
(18) 酒勾は中国に関して「支那本部」と満洲とに分けて分析を行っている。「支那本部」のほかに「清国本部」と表記している箇所も見られる。以下では、原文の酒勾の表現に従い、基本的に「支那本部」（本文では括弧とる）の用語をそのまま用いることにする。
(19) 酒勾常明「東亜の農業（上）」（『中央農事報』四〇号、一九〇三年七月）一四頁。実際の講演は一九〇三年四月の全国農事大集会（大阪）で行われた。講演の翌月には酒勾は農商務省農務局長に昇格している。
(20) 同右。
(21) 酒勾常明前掲『清韓実業観』一～二頁。
(22) 同右、六～七頁。
(23) 同右、一二～一三頁。
(24) 前掲「東亜の農業（上）」一六～一七頁。
(25) 前掲『清韓実業観』一四頁。
(26) 同右、一〇九・一一七頁。
(27) 同右、一一八～一一九頁。
(28) 同右、一一九～一二一頁。
(29) 酒勾のこうした言説から、農学者の中にある朝鮮人に対する偏見や差別・蔑視意識を端的に見てとることができる。

ただし、ここでは本章の目的からいささか外れるため詳しい検討は行わない。
(30) 前掲『清韓実業観』一一五頁。
(31) 酒匂常明「東亜の農業（中）」（『中央農事報』四一号、一九〇三年八月）一六頁。
(32) 加藤末郎『韓国出張復命書』（農商務省農務局、一九〇一年）。
(33) 山口宗雄前掲論文、五五～六八頁。
(34) 前掲『清韓実業観』一一六頁。
(35) 前掲「東亜の農業（中）」一七頁。
(36) 前掲『清韓実業観』一一六頁。
(37) 吉川祐輝『韓国農業経営論』（大日本農会、一九〇四年）。吉川祐輝は東京農林学校農学科に入学し一八九二年七月に帝国大学農科大学を卒業している。
(38) 吉川祐輝「韓国に於ける農業経営（承前）」（『大日本農会報』二七九号、一九〇四年一〇月）一六～一七頁。この記事は、『大日本農会報』二七七号（同年八月）掲載の前半部分と合わせて、大日本農会第二二回大集会における吉川祐輝の講演を記録したものである。なお、前掲『韓国農業経営論』の「自序」にもほぼ同じ内容が記されている。
(39) 吉川祐輝「韓国農業振興論」（『中央農事報』四八号、一九〇四年三月）一〇頁。なお、「韓国諸般の事情」の具体的内容については記述されていないが、主に財政的問題ではないかと推測される。
(40) 吉川祐輝前掲書一二七頁。
(41) 同右、一二八頁。
(42) 同右、一三〇頁。
(43) 同右、二頁。
(44) 同右、二五～二八頁。なお、本田幸介も「日本は極く大体云ふと……千万人に付ては百万町歩になるのです。然るに朝鮮は千万人に対して二百万町歩と云ふのですから、現今の耕作反別でも若し諸般の事情が日本と同じやうならばまだ千万人を入れることが出来る筈になつて居るのです。現在の既耕地さへも其通り、外に原野だとか或は荒蕪地等も少なくはないから、人を入れる余地は無論十分にあると思ふて居ります」と述べており、ここにも酒匂以降の「未開地」イメージの影響を見ることができる（本田幸介「朝鮮移住に就て（上）」『中央農事報』八六号、一九〇七年五月、四六頁）。

(45) 吉川祐輝「韓国農業教育論」（『中央農事報』七五号、一九〇六年六月）。

(46) 実業教育（農業教育）の重視がなぜ日韓両国にとって弊害が最も少なくかつ有益なのかについて、吉川は記事の中で具体的に説明していない。

(47) 前掲「韓国農業教育論」一頁。

(48) 同右、一～二頁。

(49) 同右、二頁。

(50) 吉川祐輝「韓国の農作物一班」（『中央農事報』四八号、一九〇四年三月）四七頁。

(51) 安藤圓秀編纂『古在由直博士』（古在博士伝記編纂会、一九三八年）六一頁。古在由直は一八八六年七月に駒場農学校農芸化学科卒業、本田幸介と同期である。

(52) 農商務省農務局『韓国農業要項』（農商務省、一九〇五年一二月、国立国会図書館所蔵）。

(53) 同右、二二一～二二五頁。

(54) 川島右次「韓国農業経営者に対する注意（承前）」（『大日本農会報』二九五号、一九〇六年一月）二四頁。

(55) 「事項一八　韓国学部顧問傭聘並学政改革ノ件　附農事試験場設置ノ件」（外務省編纂『日本外交文書』三八巻一冊、日本国際連合協会、一九五八年）八七四～八七九頁。そのほか先行研究として、禹大亨「일제하 조선에서의 미곡기술정책의 전개（日帝下朝鮮における米穀技術政策の展開）」（『한국근현사연구（韓国近現代史研究）』三八、二〇〇六年）参照。

(56) 「農事施設ニ関スル目賀田顧問上申書進達ノ件」（同右資料に収録）八七六頁。なお、この資料には、一九〇五年一一月に日本の農事試験場長古在由直が来韓し、目賀田種太郎財政顧問に朝鮮での農事試験場設置について二つの案を提示して意見をもとめたこと、また、これに対して目賀田が韓国政府の農商工学校附属農事試験場も統合する形ならば新たな試験場設置に同意すると伝えたこと、などが記されている。

(57) 同右、八七七頁。

(58) 「韓国勧業模範場開場式（再）」（『大日本農会報』三一三号、一九〇七年七月）二一頁。なお、勧業模範場長には農商

務省農事試験場長の古在由直が任命される可能性もあったが、最終的に伊藤統監が本田幸介に決定したという（貝沼彌蔵「朝鮮農業の回顧」『朝鮮農会報』一一巻八号、一九三七年八月、三七～四一頁）。
(59) 酒勾常明は農商務省退職後、大日本製糖株式会社社長に就任、一九〇九年の日糖疑獄事件の最中にピストル自殺を遂げている。
(60) 『第一次韓国施政年報』明治三九・四〇年版（統監官房、一九〇八年）二二九～二三一頁および小早川九郎『朝鮮農業発達史　政策篇』（朝鮮農会、一九四四年）四八～四九頁。
(61) 「韓国勧業模範場の開場式」（『大日本農会報』三一二号、一九〇七年六月）二四頁。
(62) 前掲「韓国勧業模範場開場式（再）」二二・二三頁。
(63) 『第三次韓国施政年報』明治四二年版（朝鮮総督府、一九一一年）一七九頁。
(64) 前掲『第一次韓国施政年報』二二八・二三一～二三二頁および『第二次韓国施政年報』明治四一年版（朝鮮総督府、一九一〇年）一〇七・一〇九頁。
(65) 前掲『第二次韓国施政年報』一〇九～一一〇頁、前掲『第三次韓国施政年報』一八三頁および『朝鮮総督府施政年報』明治四三年版（朝鮮総督府、一九一二年）二七七～二七八頁。
(66) 前掲『第三次韓国施政年報』一八三頁。
(67) 佐藤由美「韓国近代における実業教育の導入と日本の関与」（『国立教育研究所研究集録』三〇号、一九九五年）四～五頁、『創立二十五周年　朝鮮総督府水原高等農林学校一覧』（朝鮮総督府水原高等農林学校、一九三一年）参照。
(68) 佐藤由美前掲論文、五～六頁。
(69) 小早川九郎前掲書、六二～六四頁。
(70) 同右、三一六～三一七頁。
(71) 佐藤由美前掲論文、七～九頁および小早川九郎前掲書、六六～六七頁。
(72) 『朝鮮総督府統計年報』明治四三年度（朝鮮総督府、一九一二年）六四八～六四九頁。なお、私立の農業学校としては、会寧実業学校（咸鏡北道・会寧）、咸一実業学校（咸鏡北道・鏡城）、其昌農林学校（平安北道・昌城）、吉州農林学校（咸鏡北道・吉州）があったが、すべてまもなく廃校された模様である。

(73)『朝鮮総督府統計年報』大正元年度（朝鮮総督府、一九一四年）六九三〜六九四頁。
(74) 小早川九郎前掲書、六七頁。
(75)『朝鮮農会の沿革と事業』（朝鮮農会、一九三五年）一〜一三・八七頁、文定昌『朝鮮農村団体史』（日本評論社、一九四二年）一〇〜一三頁。なお、同〇六年一〇月には、朝鮮人によって大韓農会が創立されている。創立時の役員は、会長に閔丙奭、副会長に趙重應、総務に金東完、徐相勉、權輔相、評議員の議長に鄭鎭弘などで、韓国政府農商工部や統監府勧業模範場の官吏がその中心となっていた。「会綱之三大項」によると、会の目的は、「（一）本会は全国農民の代表となり凡そ農事に関する諸学識と事業とは一切改良発達せしむる事。（二）本会は全国農民を保護するを以て主意となし、務めて安堵業を楽ましめ以て邦本を鞏固にし民産を富足せしむる事。（三）本会成立の主意は亶に農業の一事に在りて確立不動なる実業の大本たるを期す故に政治関係には一切與からざる事」というものであった。すでに入会した特別会員は二〇〇名余りに上るとされ、農商工大臣權重顯、度支部大臣閔泳綺、学部大臣李完用、農務局長徐丙肅なども名誉会員就任を承諾したとされている。創立時期から考えて、大韓農会と韓国中央農会との間に何らかの対抗関係があったのではないかと疑われるが、詳しいことは不明である。また、この大韓農会がその後どうなったのかについてもほとんど分からない（김용달『일제의 농업정책과 조선농회（日帝の農業政策と朝鮮農会）』혜안、二〇〇三年、四三〜四六頁および「大韓農会の宣言」『大日本農会報』三〇五号、一九〇六年一一月）。
(76)『韓国中央農会報総会号』（韓国中央農会、一九〇七年一一月）四頁。
(77)「韓国中央農会規約」第四条。
(78) 前掲『朝鮮農会の沿革と事業』二〜三頁。
(79) 文定昌前掲書、一三〜一四頁。

表2　本田幸介著作・調査報告書

①	本田幸介寄贈『明治廿四年五月廿八日　苧麻裁製　天』一八九一年（明治二四） 和装本、「農商務省」名の原稿用紙使用。日本・中国の農書類や明治期の報告書・雑誌等から関連箇所を引用して解説。

②	本田幸介寄贈『明治廿四年五月廿八日 苧麻裁製 地』一八九一年（明治二四）	和装本、「農商務省」名の原稿用紙使用。日本・中国の農書類や明治期の報告書・雑誌等から関連箇所を引用して解説。
③	本田幸介寄贈『明治二十四年五月三十日 大麻叢説』一八九一年（明治二四）	和装本、「農商務省」名の原稿用紙使用。日本・中国の農書類や明治期の報告書・雑誌等から関連箇所を引用して解説。
④	本田幸介編著『製紙料植物叢説 楮樹 三椏』一八九一年（明治二四）	和装本、「農商務省」名と「内務省」名の原稿用紙使用。「明治廿四年六月十三日本田幸介寄贈」の記載あり。日本・中国の農書類や明治期の報告書・雑誌等から関連箇所を引用して解説。
⑤	本田幸介編著『綿圃要務』一八九一年（明治二四）	和装本、「農商務省」名の原稿用紙使用。「明治廿四年六月十三日本田幸介寄贈」の記載あり。日本・中国の農書類や明治期の報告書・雑誌等から関連箇所を引用して解説。
⑥	本田幸介著『特用作物論』編輯兼発行人・大野正道、一八九二年（明治二五）六月	
⑦	本田幸介講述『普通作物論』東京・岡本活版所、一八九二年（明治二五）一一月	
⑧	本田幸介講述『特用作物論』発行兼編輯者・見山慶二郎、一八九八年（明治三一）五月	一八九二年（明治二五）発行『特用作物論』の再版。
⑨	本田幸介講述『普通作物論』発行兼編輯者・見山慶二郎、一八九八年（明治三一）五月	一八九二年（明治二五）発行『普通作物論』の再版。
⑩	本田幸介講述『養鶏養蜂論』東京・大日本実業学会、発行年月不明	名古屋大学中央図書館所蔵本に一八九九年（明治三二）三月三一日農科大学受入れ印あり。
⑪	本田幸介先生講述『特用作物論』発行兼編輯者・中込茂作、一九〇一年（明治三四）四月	一八九二年（明治二五）発行『特用作物論』の三版。
⑫	本田幸介著『実業叢書 養鶏学』東京・大日本実業学会、一九〇二年（明治三五）六月	一九〇一年（明治三四）五月発行の初版の増補改訂版。

⑬ 『実業図画第一号 各種家禽写生図』東京・国本館、一九〇三年(明治三六)一一月
掛図(縦一三四・五cm×横四九・一一cm)。「農科大学教授農学博士本田幸介先生図案並ニ説明」の記載あり。

⑭ 本田幸介先生講述『養鶏学講義』東京・平民書房、一九〇六年(明治三九)一一月

⑮ 農商務省農務局編『韓国土地農産調査報告 京畿道忠清道江原道』『同 慶尚道全羅道』『同 平安道』『同 黄海道』『同 咸鏡道』東京・農商務省、一九〇七年(明治四〇)
このうち本田幸介が自ら調査したのは平安道、黄海道、咸鏡道である。

⑯ 本田幸介・原凞著『重要作物分布概察図 黄海道及平安道』『同 咸鏡道』東京・農商務省、一九〇七年(明治四〇)

表3　本田幸介関係雑誌記事

著者名	項目名	記事名	雑誌名	巻号	発行年月		
本田幸介	論説	静岡地方三椏ノ病害	農学会会報	一三号	一八九一	明治二四	六
本田幸介	論説	畜色ノ単純ナルハ畜産ノ発達幼稚ナル徴ナリ	農学会会報	三一号	一八九七	明治三〇	一
	雑録	農科大学本田教授ノ特用作物論及普通作物論	農学会会報	三五号	一八九七	明治三〇	一二
	論説	農林学博士及獣医学博士	農事雑報	一〇号	一八九九	明治三二	四
本田幸介	畜産	日本の畜産	農事雑報	二〇号	一九〇〇	明治三三	二
本田幸介談	実務	農家の副業(其一)畜産　(一)豚	実業之日本	四巻一号	一九〇一	明治三四	一
本田幸介	論説	牧畜不振の原因及其将来	実業之日本	四巻二号	一九〇一	明治三四	一
本田農学博士寄贈	口絵	乳牛ホルスタイン種牝牡の図	農事雑報	三一号	一九〇一	明治三四	一
本田幸介	蚕業及畜産	牛の話	農事雑報	三一号	一九〇一	明治三四	一
本田幸介談	実務	農家の副業　畜産　豚(二)	実業之日本	四巻三号	一九〇一	明治三四	二
本田幸介談	実務	農家の副業　養豚(三)	実業之日本	四巻六号	一九〇一	明治三四	三
本田幸介談	実務	畜産　養豚(四)	実業之日本	四巻一〇号	一九〇一	明治三四	五

本田幸介	論説	農法変革論（農業労力の節減）	実業之日本	四巻一三号	一九〇一	明治三四	七
	雑録	農法変革論	大日本農会報	二三九号	一九〇一	明治三四	八
本田幸介	論説	牧羊論	実業之日本	五巻一号	一九〇二	明治三五	一
本田幸介	実務	畜産片言	実業之日本	五巻一九号	一九〇二	明治三五	一〇
本田幸介	論説	種畜場増設の要	実業之日本	六巻一号	一九〇三	明治三六	一
本田幸介		養鶏談	農事雑報	五五号	一九〇三	明治三六	一
本田幸介談	実務	養鶏瑣談（上）	実業之日本	六巻四号	一九〇三	明治三六	二
本田幸介談	実務	養鶏瑣談（下）	実業之日本	六巻五号	一九〇三	明治三六	三
本田幸介	時論	種畜場増設の要	中央農事報	三六号	一九〇三	明治三六	三
本田博士	時論	畜産論	中央農事報	三九号	一九〇三	明治三六	六
	雑報	清韓両国の農事調査嘱托	中央農事報	四〇号	一九〇三	明治三六	七
本田幸介氏談	雑録	清国牧畜談	実業之日本	六巻一八号	一九〇三	明治三六	九
	雑報	本田博士一行の帰朝	中央農事報	四二号	一九〇三	明治三六	九
本田幸介君	訪問	支那視察所感　其一	中央農事報	四四号	一九〇三	明治三六	一一
本田幸介君	訪問	支那視察所感　二	中央農事報	四五号	一九〇三	明治三六	一二
本田幸介君	訪問	支那畜産概観（上）	中央農事報	四六号	一九〇四	明治三七	一
本田幸介君	訪問	支那畜産概観（下）	中央農事報	四七号	一九〇四	明治三七	二
		韓国の牧畜（本田農学博士の視察談）	農事雑報	七三号	一九〇四	明治三七	六
本田幸介	論壇	家畜改良の一端	実業之日本	七巻一三号	一九〇四	明治三七	一一
本田幸介		韓国の畜産に就て	農事雑報	七八号	一九〇四	明治三七	一一
本田幸介		韓国の畜産に就て（承前）	農事雑報	七九号	一九〇四	明治三七	一二
本田幸介談		畜産談	農事雑報	八一号	一九〇五	明治三八	二

本田幸介		和牛に就て	農事雑報	九〇号	一九〇五	明治三八	一〇
本田幸介氏談	論説	韓国農業経営論	農業世界	一巻二号	一九〇六	明治三九	五
	雑報	韓国の勧業模範場	農事雑報	九七号	一九〇六	明治三九	五
本田幸介	論説	対清国産業経営策	農業世界	一巻三号	一九〇六	明治三九	六
特派員	海外農事	韓国事情(二)	農事雑報	一〇〇号	一九〇六	明治三九	八
本田幸介		韓国中央農会設立の趣旨	韓国中央農会報	一号	一九〇六	明治三九	一二
本田幸介君	訪問	朝鮮移住に就て(上)	中央農事報	八六号	一九〇七	明治四〇	五
〔町田咲吉〕	海外農事	韓国勧業模範場	農事雑報	一〇九号	一九〇七	明治四〇	五
本田幸介	論説	韓国に於ける農業の経営に就て	大日本農会報	三一二号	一九〇七	明治四〇	六
町田咲吉	海外農事	韓国勧業模範場	大日本農会報	三一二号	一九〇七	明治四〇	六
	海外農事	韓国勧業模範場の開場式	大日本農会報	三一二号	一九〇七	明治四〇	六
本田幸介君	訪問	朝鮮移住に就て(下)	中央農事報	八七号	一九〇七	明治四〇	六
	海外農事	韓国勧業模範場開場式(再)	大日本農会報	三一三号	一九〇七	明治四〇	七
	海外農事	韓国勧業模範場開場式	農事雑報	一一一号	一九〇七	明治四〇	七
本田幸介	海外	韓国農業事情	農業世界	二巻九号	一九〇七	明治四〇	八
本田幸介	論説	畜産の蕃殖方針	韓国中央農会報	四号	一九〇七	明治四〇	一〇
本田幸介	海外農事	韓国に於ける農業の経営に就て	大日本農会報	三一六号	一九〇七	明治四〇	一〇
	雑報	韓国中央農会	中央農事報	九二号	一九〇七	明治四〇	一一
	雑報	韓国中央農会発会式	中央農事報	九三号	一九〇七	明治四〇	一二
本田幸介	論説	農業改良の第一歩	韓国中央農会報	二巻一号	一九〇八	明治四一	一
		名士の朝鮮観	朝鮮	二巻一号	一九〇八	明治四一	九
旭邦	文芸	水原行の記	朝鮮	二巻一号	一九〇八	明治四一	九

本田幸介	論説	韓国農業の改良に就て	朝鮮	二巻二号	一九〇八	明治四一	一〇
本田幸介	論説	韓国の農業改良に就て	韓国中央農会報	三巻二号	一九〇九	明治四二	二
	韓文	本田博士의韓国農業改良談	韓国中央農会報	三巻二号	一九〇九	明治四二	二
本田幸介	論説	農業上より観たる満洲と日韓との関係(上)	韓国中央農会報	四巻一号	一九一〇	明治四三	一
本田幸介	論説	農業上より観たる満洲と日韓との関係(下)	韓国中央農会報	四巻二号	一九一〇	明治四三	二
本田幸介	論説	朝鮮農業に対する所感	農業国	五巻五号	一九一一	明治四四	五
川端源太郎	雑纂	水原勧業模範場を視る	朝鮮	四〇号	一九一一	明治四四	六
本田幸介	論説	朝鮮農業論	大日本農会報	三六七号	一九一二	明治四五	一
	雑報	女子蚕業講習所第二回卒業式	朝鮮農会報	七巻二号	一九一二	明治四五	二
本田幸介	時事	朝鮮の農法	帝国農会報	二巻二号	一九一二	明治四五	二
本田幸介氏談	談叢	経済的革命時代に於ける朝鮮農業界	朝鮮及満洲	四九号	一九一二	明治四五	三
	雑報	農林学校卒業式	朝鮮農会報	七巻四号	一九一二	明治四五	四
	農界逸話	本田博士のチヨンガ生活	農業国	六巻一〇号	一九一二	大正元	一〇
本田幸介	農業	朝鮮の農業	農業世界	七巻一三号	一九一二	大正元	一〇
本田幸介	論説	朝鮮牛の特長に就て	朝鮮農会報	八巻一号	一九一三	大正二	一
	雑報	女子蚕業講習所第三回卒業式	朝鮮農会報	八巻二号	一九一三	大正二	二
	雑報	水原農林学校卒業式	朝鮮農会報	八巻四号	一九一三	大正二	四
本田幸介	論説	農業技術者としての覚悟に就て	朝鮮農会報	八巻六号	一九一三	大正二	六
本田幸介		朝鮮に於ける農事改良問題の根本義	朝鮮及満洲	七五号	一九一三	大正二	一〇
突兀生	訪問印象記	如何にも博士らしい本田農学博士	朝鮮及満洲	七五号	一九一三	大正二	一〇
本田幸介	論説	農業教育者の責務	朝鮮農会報	九巻一号	一九一四	大正三	一
篤農山人	農界人物	東大農科卒業者(農学科)	農業世界	九巻五号	一九一四	大正三	四

本田幸介		勧業模範場と半島産業の開発	朝鮮公論	二巻八号	一九一四	大正三	八
本田幸介		農家の副業	朝鮮総督府月報	五巻一号	一九一五	大正四	一
本田幸介	論説	農家の副業採択の標準	朝鮮農会報	一〇巻一号	一九一五	大正四	一
本田幸介		朝鮮牛の良性美質助長	朝鮮彙報		一九一五	大正四	七
本田幸介	論説	始政五年記念朝鮮物産共進会の開催に際し希望を述ぶ	朝鮮農会報	一〇巻一〇号	一九一五	大正四	一〇
本田幸介	論説	大嘗祭供御新穀耕作者	大日本農会報	四一三号	一九一五	大正四	一一
本田幸介	論説	会員諸君に告ぐ	朝鮮農会報	一〇巻一一号	一九一五	大正四	一一
本田幸介		農作物の改良	朝鮮彙報		一九一六	大正五	一
	農界時事	女子蚕業講習所第六回卒業式	朝鮮農会報	一一巻三号	一九一六	大正五	三
本田幸介	論説	米国農業視察談	朝鮮農会報	一二巻四号	一九一七	大正六	四
本田幸介	要纂	米国の農業	朝鮮教育研究会雑誌	二〇号	一九一七	大正六	五
	農界時事	朝鮮総督府農林学校第十回卒業式	朝鮮農会報	一二巻五号	一九一七	大正六	五
本田幸介		米大陸視察談	半島時論	一巻二号	一九一七	大正六	五
本田幸介		北米視察雑感	朝鮮彙報		一九一七	大正六	六
本田幸介氏談		朝鮮農業의改良할만한二大要点	半島時論	一巻四号	一九一七	大正六	七
本田幸介		国家的事業として奨めたき緬羊の飼育	朝鮮公論	五巻八号	一九一七	大正六	八
本田幸介		朝鮮の棉と煙草と甜菜の栽培成績に就て	朝鮮公論	五巻一一号	一九一七	大正六	一一
本田幸介	論説	送中村評議員告会員各位辞	朝鮮農会報	一二巻一一号	一九一七	大正六	一一
本田幸介	論説	朝鮮と牧馬	朝鮮農会報	一三巻一号	一九一八	大正七	一
	農界時事	女子蚕業講習所第八回卒業式	朝鮮農会報	一三巻三号	一九一八	大正七	三
	農界時事	朝鮮総督府農林学校第十一回卒業式	朝鮮農会報	一三巻五号	一九一八	大正七	五

	農界時事	水原農林専門学校開校式	朝鮮農会報	一三巻五号	一九一八	大正七	五
	農界時事	朝鮮総督府農林学校長在職十年謝恩式	朝鮮農会報	一三巻五号	一九一八	大正七	五
本田幸介		朝鮮の牧羊	朝鮮彙報		一九一九	大正八	一
本田幸介	論説	朝鮮の牧羊	朝鮮農会報	一四巻一号	一九一九	大正八	一
	農界時事	女子蚕業講習所第九回卒業式状況	朝鮮農会報	一四巻三号	一九一九	大正八	三
本田幸介		朝鮮의牧羊	半島時論	三巻三号	一九一九	大正八	三
本田幸介		朝鮮の農業改善策	朝鮮及満洲	一四九号	一九一九	大正八	一一
本田幸介	論説	朝鮮を去るに臨んで	朝鮮農会報	一四巻一一号	一九一九	大正八	一一
本田幸介		朝鮮農業の既往を顧みて	朝鮮彙報		一九一九	大正八	一二
	巻頭	本田副会頭を送る	朝鮮農会報	一四巻一二号	一九一九	大正八	一二
本田幸介	巻頭	告別之辞	朝鮮農会報	一四巻一二号	一九一九	大正八	一二
本田幸介	論説	新春を迎へて	朝鮮農会報	一七巻一号	一九二二	大正一一	一
本田幸介	巻頭	朝鮮農業の改良に対する私見	朝鮮農会報	一九巻六号	一九二四	大正一三	六
		本田博士記念事業概況 (本田博士記念事業経過) (銅像除幕式の状況) (除幕式に於ける祝辞) (向坂幾三郎「胸像の前に跪きて」)	朝鮮農会報	一九巻六号	一九二四	大正一三	六
一記者	論説及彙纂	朝鮮農界の恩人本田博士を偲びて	朝鮮農会報	四巻五号	一九三〇	昭和五	五
賀田直治	論説及彙纂	本田博士の御面影	朝鮮農会報	四巻五号	一九三〇	昭和五	五
	本会記事	本田農学博士の薨去に弔意	朝鮮農会報	四巻五号	一九三〇	昭和五	五
	雑報	故渡部、横井、本田三君略伝	農学会報	三二四号	一九三〇	昭和五	七
		始政二十五周年記念朝鮮農事回顧座談会速記録	朝鮮農会報	九巻一一号	一九三五	昭和一〇	一一

第二章　朝鮮における勧農政策の本格的開始

本章では、併合後の一九一二年（明治四五・大正元）をもって本格的に開始される植民地朝鮮の勧農政策が、どのような勧農方針の下で行われたのか、また同時期の勧農機関の整備やその活動内容とあいまって、どのような実態と特徴をもって進められたのかについて解明する。

前半では、勧業模範場初代場長の本田幸介によって策定された朝鮮の勧農方針が、当時の日本人農学者たちの朝鮮農業認識を背景に登場してくる過程を明らかにする。その上で、実際の農事改良が、一〇年代に農業技術の面から見てどのような問題意識と解決策をもって実施されたのか、米（主に水稲）を事例として分析する。

後半では、併合を機に成立する朝鮮総督府勧業模範場、水原農林学校、朝鮮農会などがどのような変遷をたどったのかを整理することで、一九一〇年代における勧農機構全体の特徴を検討する。

第一節　併合前後期における勧農方針の確立

◆本田幸介の朝鮮農業認識

日露戦争前後期における日本人農学者の朝鮮農業認識に関しては、第一章で日本内地の勧農機構の朝鮮への移植と関連して、酒匂常明・吉川祐輝という二人の農学者を取り上げた。そこで、今度は農業技術の観点から、当時の農学者たちが朝鮮農業をどのように認識していたのか、またその認識に立って併合前後期にどのような勧農方針が立案されたのかについて検討する。

では、勧業模範場初代場長に就任した本田幸介は、朝鮮の農業と今後の農事改良について、どのような認識をもっていたのであろうか。例えば、彼はこれについて次のような表現で率直に語っている。

> 大体から云へば朝鮮の農業は日本の農業と異なる所はない。米が最も重要な作物であるので、それから麦とか豆だとか粟だとか云ふ物が之に次ぐ。外の方面で云へば養蚕です。それから家畜で云へば牛・鶏・豚・馬等で、日本と些《いささか》とも変つたことはないのです。さうして其牛を除いての外の総てといふものは、米でも何でもですが、日本から見ると遙に劣つて居つて、改良の余地といふものは非常に多い。日本人が朝鮮に行つて仕事をするのは、白い紙に字を書くやうなものでマルで一から十まで改良してやらねばならぬのです。私は日本人の農業経営と云ふものは、やはり日本に居つた時の様な農業経営をやるが宜いと思ふ。それが一番宜からうと考へる。朝鮮のが現に同じであるから特に妙なことをせずとも宜いのです。[1]

この本田の発言からは、明治以降、欧米農学を受容することで日本の近代的科学的農学を築き上げてきたという強烈なまでの自負心と、朝鮮農業に対する日本農業の絶対的な優秀性・先進性への確固たる自信を感じとることができる。その反対に、日本と気候・風土が異なる環境のなかで、朝鮮の人々が永く蓄積してきた農業に関する知識や技術（在地・在来農法）（図1）から何か優れたものを学びとろうという姿勢はほとんど感じられない。[2]そこにあるのは、日本の農業をモデルとして朝鮮にそのまま適用し、朝鮮の農業を全面的に「改良」しなければならない、という何の躊躇もない単純な使命感であった。こうした姿勢は、先に見た酒匂常明や吉川祐輝とも共通するものである。

図1　江原道春川附近の牛耕（『朝鮮農会報』7巻12号、1912年12月）

さらに、本田幸介は、朝鮮で農事改良を実施していくうえでの苦労や問題点について以下のように述べている。

> 朝鮮の農民に農業の改革で都合好く間違なく行ふことの出来る人があるかと云ふと、それは迚《とて》もありはせぬ。第一彼処の監察府だとか郡衙だとかに往つて、農業のことを調べたいが、役人でも又人民でも宜いが、誰か農業に精い人を指名して貰ひたいと頼んで御覧なさい。何処へ往つたつて決して居らぬのです。日本などであれば、村で聞いても郡で聞いても老農があつて事情が直ぐに分るが、朝鮮では分らぬです。ソンなやうな所ですからどうしたつて之を導いてやらねばならぬ。(3)

また、本田のほかにも、例えば、韓国政府農商工部技師兼農務局長を務めた中村彦なども、統監府設置以降、農事改良を実施した際の障害として、「朝鮮に於ては、農業改良奨励の当局者たるべき地方官は大概農業改良の思想に乏しきこと、民間には農業改良に篤志なる者極めて稀なること、農業改良の実行者たる農民は、啻《ただ》に貧窮なるのみならず多年の悪政に懲り容易に官憲の奨励信を置かざること」の三点を挙げている。(4)

つまり、本田や中村の発言からも明らかなように、当時の農学者たちの間には、朝鮮社会は農事改良の意識が極めて乏しく、日本人の指導なしに朝鮮人自らが農事改良を行うことなど到底不可能である、との共通認識が存在していたのである。

◆勧農政策の基本方針

このような認識を背景として、朝鮮で勧農政策を立ち上げるに当たり、本田幸介がまず最初に作成したのが、以下に挙げる九項目にわたる基本方針である。

一、当国の農業は、未だ個人経済を免れずして物産共通の途発達せざるが故に、作物の分配適当ならず、従て生産上損失少なからず。将来交通機関の発達に伴ひ、気候土質の適否に鑑み適所に適応作物を配置して生産力を増加せんとす。

二、農作物の種類善良ならざるが故に、産額従て多からざるのみならず品質亦劣等なり。之が改良を図らざるべからず。

三、気候と土質とに鑑み新作物を輸入して新物産を増加せんことを期す。古来新作物の物産として固定する迄には、多大の困難と幾多の歳月とを要するは歴史の示す所なり。希《こいねがわ》くは勧業模範場は其適否を考究し以て当事者に蹉跌なからしめ、又早く其固定を見せしむることを得ん。

四、農産の豊ならざる一大原因は肥料の欠乏にあり。今其供給の方法を探究して之が普及を図るは焦眉の急なり。

五、水利の施設全からざるため生産力は大に阻碍《そがい》せられ、又不時の災害を被り生産減少するを見る。若し夫れ適宜の度に於て漸次改良を加ふる所あらば、生産の安固と増加とを来すべきは蓋し疑を容れざるなり。

六、土地利用の途完からず有用の地にして放棄せられたるものあるが故に、之が利用方法を講ぜば生産の増加を来すや必要なり。

七、家畜家禽並に其製品に関する事業も改良増殖の余地頗る多し。其一般の改良は多くの歳月と資本とを要するを以て俄に実行すべきにあらずと雖《いえど》も、養鶏養豚の改良の如きは比較的容易なるべし。

八、養蚕は気候の関係上適当なりと認むるも従来殆んど見るべきものなし。若し其普及宜しきを得ば、生産著しく増殖せらるべし。

九、農業の副業は生産上重要なる関係を有するものなるに係らず、韓国に於ては毫《すこし》も注意せられざるなり。是亦将来大に奨励を加ふるの要あるべし。(5)

この基本方針は、一九〇七年（明治四〇・隆熙元）五月一五日の勧業模範場開場式に当たって、統監伊藤博文の指示を受けて本田幸介が作成したものとされている。本来は朝鮮（韓国）における勧農政策の出発を前にして、その中枢機関たる勧業模範場の事業方針を披露したものであるが、それと同時に、今後の勧農政策の基本方針を提示したものと見てよいだろう。

ちなみに、この勧農方針は、その後も戦時体制期まで朝鮮植民地農政の基本方針として継承されていく。例えば、一九二〇年（大正九年）以降、朝鮮総督府殖産局あるいは農林局が毎年発行した『朝鮮の農業』の「総説」冒頭では、次にあるように本田作成の勧農方針の内容を簡潔に表現したものが常時掲載されつづけていった。

一、気候土質の適否に鑑み適所に適応作物を分布すること
二、在来作物の品種を改良すること
三、有利なる新作物を輸移入して栽培の普及を図ること
四、肥料の増施を図ること
五、水利灌漑の設備を改善すること
六、未墾地の利用を増進すること
七、家畜家禽並其の製品の改良増殖を行ふこと
八、養蚕其の他の副業の奨励を行ふこと(6)

また、同じく『朝鮮の農業』の「総説」には、農村現場での農事改良の実行に際して、「当時農民の知識程度低く農法頗る幼稚にして農家経済亦貧弱なりし等の実情」に鑑みて、次の四大要綱を根本方針としたと記載され

ているが、これも同じ時期に本田が作成したものといわれている。

一、奨励事項の多岐に渉らざること
二、其の実行簡易にして費用の支出は皆無又は少額なるべきこと
三、其の効果の的確なること
四、実地に就き具体的に指導を為すこと(7)

この四大要綱も、本来はおそらく朝鮮の勧農政策の形成時期である併合前後期から一九一〇年代にかけて農事改良を実施する農村現場で強く意識されていたものと想像されるが、結果的には戦時体制期まで長く受け継がれていくことになったのである。

◆寺内総督の訓令

寺内正毅統監（併合まもなく初代総督に就任）（図2）は、一九一〇年（明治四三）八月二九日に発せられた韓国併合に関する諭告の中で、朝鮮の産業について、「今朝鮮ノ地勢ヲ通観スルニ、其ノ南土ハ肥沃ニシテ農桑ニ適シ、其ノ北地ハ概ネ鉱物ニ富ミ、内河外海亦魚介多シ。遺利餘沢ノ獲収スヘキモノ鮮少ナリトセス。其ノ開発ノ方法宜シキヲ得ハ産業ノ振作期シテ待ツヘシ」(8)と述べ、その開発の可能性に大きな期待感をにじませていた。

図2　寺内正毅総督（『施政二十五年史』朝鮮総督府、1935年）

ただし、植民地朝鮮で勧農政策が本格的に開始されるのは、併合の時点ではなく、一九一二年度（明治四五）のことであった。なぜならば、この年に勧業模範場・種苗場、農業学校、朝鮮農会などの勧農機関・団体が不十分ながらも朝鮮の各道にまでひと通り設置されたからである。それを受けて、同年

三月には、寺内正毅総督から各道長官および勧業模範場長に対して「棉作改良普及及奨励ノ方針」「畜牛改良増殖奨励ノ方針」「米作改良増殖奨励ノ方針」「蚕業改良発達ニ関スル奨励ノ方針」という四つの訓令が発せられた。ここに植民地朝鮮における勧農政策の本格的な開始が宣言されたのである。

このうち米（米穀）に関する農事改良方針を示した朝鮮総督府訓令第一〇号の全文を挙げると次の通りである。

米作ハ朝鮮ニ於ケル農業ノ首位ヲ占メ、其ノ産額ノ多量ナル本土一般ノ需要ヲ充タスノ外、内地ニ移出シ及外国ニ輸出スル量額亦尠カラス。然ルニ農民ハ古来単ニ天恵ニ依頼シテ人力ニ由ル利用ノ方法ヲ閑却シタル結果、品質ハ劣悪ニ流レ収穫ノ成績良好ナラス。曩《さき》ニ農業改善ノ急務ナルヲ認メ、之カ為必要ナル殖林水利等各種ノ施設ヲ為スト同時ニ、米作改良上直接ニ須要ナル措置トシテ、優良品種ノ配与、収穫後ノ乾燥調製ノ方法及肥料ノ使用等ニ関シ従来屢《しばしば》奨励指導ノ方針ヲ示シタリト雖、尚未タ充分ニ民心ニ徹底スルニ至ラサルノ遺憾ナシトセス。米穀ハ日常ノ必須品ナルト共ニ重要ナル輸移出品トシテ、他ノ雑穀ニ比シ一層其ノ改良ヲ促進スルニ勉メサルヘカラス。而シテ之カ輸移出税ヲ全廃セムトスルノ趣旨亦之ニ外ナラス。依テ左ノ改良要項ニ依リ励精力ヲ農民ノ指導ニ竭《つく》シ実効ヲ挙ケシムルコトヲ期スヘシ。

明治四十五年三月十二日　朝鮮総督　伯爵　寺内正毅

一　優良米種ノ普及　米作ノ改良上、最行ハレ易ク且効果ヲ見ルコト確実ニシテ迅速ナルハ品種ノ選択ニ在リ。勧業模範場及種苗場等ノ実験ニ徴スルニ、風土ニ依リ必スシモ品種ヲ一定シ能ハスト雖、例セハ水稲ニ在リテハ日ノ出ハ北部ニ、早神力ハ中部ニ、穀良都ハ南部ニ適シ、又陸稲ニ在リテハ「ヲイラン」ノ如キ其ノ成績最良好ニシテ在来種ニ優ルコト数等ナリ。故ニ之等成績顕著ナルモノハ宜シク速ニ之カ普及ヲ図リ、以テ雑駁ナル劣等品種ハ之ヲ排除スルニ勉ムルコト。

一　乾燥調製ノ改良　従来ノ米穀調製法ハ、徒《いたずら》ニ米質ヲ損シ且土砂其ノ他ノ夾雑《きょうざつ》物ヲ混スルコト多ク、又其ノ乾燥ハ極メテ不充分ナルヲ以テ輸移出米トシテ適当ナラス。現ニ群山ニ於ケル実例ニ徴スルニ、早神力等ノ調製完全ニシテ乾燥充分ナルモノハ、在来稲ノ在来調製法ニ拠リタルモノニ比シ、常ニ一石二円以上ノ高価ニ在リ。依テ調製上ニハ宜シク筵《むしろ》及稲扱器《いねこきき》ヲ使用セシメ、又稲収穫ノ際能ク平乾ヲ為シ、籾ノ乾燥ニハ筵ヲ用ヒ以テ漸次其ノ改良ヲ図ラシメ、殊ニ輸移出米産出ノ地方ニ於テハ最速ニ之カ実行ヲ期スルコト。

一　灌漑水ノ供給　水稲作ハ灌漑水ヲ以テ其ノ生命トスルコト論ナキニモ拘ハラス、朝鮮ノ畓〔水田―筆者註〕ハ、之カ適当量以上ノ供給ヲ有スルモノハ僅ニ全畓面積ノ一割以内ニシテ、之ヲ内地ノ適当量以上ノ灌漑水ヲ有スル畓カ、全畓面積ノ八割強ヲ占ムルニ比シ、実ニ非常ノ相違アリ。如斯クムハ如何ニ気候上ノ天恵多大ナルモノアルモ、其ノ真価ヲ発揮セシムルニ由ナシ。故ニ荒廃セル溜池ノ復旧工事ニ関シテハ、従来別ニ国庫ヨリ補助金ヲ支出シテ之ヲ修理セシメシカ、来年度以降ニ於テハ一層国庫補助金ヲ増加シ、大ニ之ヲ奨励スルノ計画ナルニヨリ、該復旧工事中其ノ夫役ヲ以テ為シ得ル部分ハ、関係地主及小作人ニ於テ自ラ進テ其ノ労ニ服シ、以テ迅速ニ之カ復旧ヲ遂ケシメ、長ク灌漑ノ便ヲ開キ安全ニ稲作ノ利ヲ享ケシムルコト。

一　施肥ノ奨励　優良品種ノ栽培ハ、其ノ収穫ノ多額ナルト共ニ肥料ヲ要スルコト亦多キヲ以テ、従前ニ比シ宜シク之カ施肥量ヲ増加セサルヘカラス。朝鮮ノ農家ハ未タ肥料ヲ重要視セ

図3　農業技術官会議（1914年12月）（『朝鮮農会報』10巻1号、1915年1月）

サルノ弊習存スルカ故ニ、自今著著之ヲ覚醒セシメ、苟モ農家各自ノ力ニ由リテ製造シ得ヘキ厩肥、堆肥、緑肥等ノ類ハ勉メテ多量ニ製造施用セシメ、尚農契若ハ地方金融機関ヲ善用シ又ハ大地主ヲ勧誘シ、適宜ニ販売肥料購入施用ノ方法ヲ講セシメ、頼リテ以テ優良品種栽培ノ効果ヲ挙クルニ遺憾ナカラシムルコト。(9)

これは朝鮮の最重要農産物である米（主に水稲）の改良増殖に関して、近代農学を基盤とする日本内地の明治農法を判断基準に、当面優良品種の普及、乾燥調製の改良、灌漑の供給改善、施肥の奨励を技術面から指示した内容である。

しかしながら、一二年の時点で朝鮮総督府は、明治農法の内容すべてをただちに朝鮮で実現しよう、もしくは実現できるとは考えていなかった。そこで明治農法のうち、経費が少なくて済み、かつ効果も出やすい個別技術要素に限定して最初の勧農政策に着手したのである。

第二節　農事改良の開始――米を中心に

◆朝鮮産米の改良点

植民地朝鮮では、米（米穀）は日本と同様に最も重要な農産物の一つであった。また、すでに植民地化以前から日本に向けて大量の米が輸出されており、その意味で米は朝鮮最大の輸移出産品の一つであった。そのため朝鮮総督府は、自らの農業政策の中心に水稲の改良・増産を据え、日本内地の水稲生産技術体系である明治農法を朝鮮農村に移植し、それを普及・定着させることを目標としたのである。ここでは米（主に水稲）を例に、一九一〇年代の朝鮮において農業技術の面から具体的にどのような点を改良、つまり近代農学（学理農法）の導入によって生産力の向上を図ろうとしたのかについて検討する。

朝鮮における米の生産過程のなかで、日本人農学者たちが真っ先に改良すべき点として指摘したのは主に次の四点であった。すなわち、灌漑の改良、品種の改良、肥料の改良、調製方法の改良である。すでに見た一九一二年三月の「米作改良増殖奨励ノ方針」の指示内容もおおむねそれを反映したものとなっている。

しかし、植民地朝鮮で勧農政策が開始されて間もない一九一〇年代において、これらすべての課題に着手することは、人員・経費の面からいって事実上不可能であった。(10) そこで、やむなく総督府は、勧業模範場・農業学校・農会といった勧農機構の整備を進め、朝鮮人農民に対して新たな農業技術の指導・普及を徐々に図りながら、当面は対応策の一部である日本内地の水稲改良品種、いわゆる「優良品種」の普及と米の調製方法の改善という二点に絞って優先的に取り組むことになったのである。

これら二点の農事改良事項が優先された理由としては、総督府農商工部農務課長であった中村彦が、「朝鮮農業の現状に於て比較的実行し易く利益多きものは稲種子及米穀調製の改良なり」(11) と述べていることからも分かる通り、朝鮮人農民に近代農学の知識がなくても実行しやすく、また、農民自身が比較的早くその改良の効果を実感できることが挙げられる。

ただし、他方では、移出先である日本内地の米市場における朝鮮産米の評価を少しでも早く向上させることがより大きな動機として存在していた。そこで、この時期の朝鮮産米の問題点に関して、『朝鮮農会報』に掲載された天日《てんにち》常次郎の「朝鮮米の改良」(12) と題する論説を材料に、生産過程まで含めてより詳しく考察することにしよう。

天日常次郎は、もともと北海道で精米業・醤油醸造業を経営していたが、一九〇六年（明治三九）八月に朝鮮（韓国）に渡り漢城（後の京城）に精米所を建設し、朝鮮産米に深くたずさわることになった人物である。その後、朝鮮米協会会長にも就任して、朝鮮産米の声価を向上させた民間における功労者の筆頭との評価を受けている。(13)

さて、この論説の中で、天日常次郎は「朝鮮米改良の要点」として以下の五項目を掲げている。

一、種子の改良。
二、砂礫混入を防止せしむべきこと。
三、適当に乾燥せしむべきこと。
四、稗、其の他雑草の種実の混入を防止すること。
五、籾の混在せざる様摺り上ること。(14)

まず、第一の種子の改良について、天日は、朝鮮の在来品種は赤米の混入が見られ、そのせいで朝鮮産米の評判を失墜させることが少なくないと指摘している。具体的には、仮に赤米が混入していると、脱穀の際に非常な障害となり、籾摺・精米の過程で品質良好な他の玄米・精白米まで損なうことになるという。赤米の混入について、朝鮮在住の日本人はそれほど嫌悪感を示さないが、ひとたび日本内地に移出されると、特に京阪地方（京都・大阪）では少量の赤米が混入しているだけでも取引価格が大きく下落し、さらには今後の信用にまで大きく関わることになると指摘している。そこで、この赤米を防止するために種子の改良、すなわち朝鮮に日本内地の「優良品種」を普及させることが早急に必要であると主張する。(15)

第二の砂礫混入の防止について、天日は、「朝鮮米の改良中最も重大なる要点にして、若し完全に防止せられたらんには、今日朝鮮農業家の利する所蓋し尠少にてはあらざるべし」と述べ、その重要性を強調している。それというのも、米に砂礫が混入すると砂礫を除去するための経費が余分に必要になり、また米市場からも低い評価を下されることになるからである。

そこで、その解決策として、天日は次に挙げるような四つの方法を提示する。

一つめは、「秋期稲を刈りたる時、地上に置かずして草の上にす」ることである。すなわち、朝鮮人農民は稲を刈り取った後、稲架を用いず畔の上に直に置いて乾燥させるのが習慣であった。その結果、どうしても稲穂に小石や砂などが入りこんでしまうことになったのである。対策としては、もちろん稲架を利用するのが最も理想的であったが、設置にはそれなりの費用が必要でもあるので、次善の策として少なくとも草の上に置き小石や砂の混入を防ぐことを提案している。

二つめは、「籾を落す時は内地にて使用せる稲扱を用ふこと」であった。ただし、朝鮮在来品種は稲稈の質が脆弱で稲扱器を使用しにくいので、稲稈が健剛な内地の「優良品種」を導入するように勧めている。

三つめは、「籾落しを為すに当り蓆《むしろ》を敷物として使用すべきこと」であって、稲扱器を使用した脱穀作業の時に筵《むしろ》を敷くことで小石や砂の混入を防止しようとするものである。

四つめは、「作業中土足のまゝ蓆上を出入せざること」で、これも作業中に土足で筵の上にあがらないようにすることで小石や砂の混入を未然に防ぐねらいがあった(16)。

続いて、第三の適当な乾燥について、天日は、乾燥が不十分だと籾摺り時に破砕米が生じたり、貯蔵中に米質の劣化が起こると指摘している。特に、内地産品種の場合その傾向が顕著であり、一層注意するように求めている。

第四の稗などの種実の混入防止については、砂礫混入の防止と同じくその根絶を呼びかけている。具体的な対策としては、本田での成育時に稗抜作業を行うことなどを提案している。

そして、最後の第五の玄米中への籾の混入防止について、天日は、籾摺り作業時の丁寧な選別はもちろんのことであるが、籾の乾燥の良否も大きく影響していると指摘して、乾燥調製の徹底を主張するのである(17)。

以上の内容からも明らかなように、朝鮮産米の改良に関しては、日本内地の米市場における評価が非常に大きな影響を及ぼしていた。天日常次郎の指摘をもう一度整理するならば、この時期朝鮮産米の評価を落とす原因は、赤米・砂礫・稗などの混入と米の乾燥不良の二点であった。そして、その具体的な解決策として「優良品種」の

図４　全州種苗場の早神力（『韓国中央農会報』３巻９号、1909年９月）

図５　普通学校農業書（『普通学校農業書』巻一、朝鮮総督府、1914年）

普及と米の調製方法の改善という二つが提案されることになったのである。

それではここから、一九一〇年代の朝鮮で重点的に実施された日本内地産「優良品種」の普及と米の調製方法の改善について、その状況を具体的に見ていくことにしよう。

◆「優良品種」の普及

まず「優良品種」の普及に関しては、先の訓令「米作改良増殖奨励ノ方針」（一九一二年三月）でも改良事項の筆頭に掲げられていた。さらに、翌一三年（大正二）一二月四〜一〇日に総督府で開催された各道農業技術官会議でも、以下のように「優良品種」の普及に関する指示が寺内正毅総督から出されている。

（一）　優良水稲種子の普及に関する注意

優良水稲種子の本年に於ける作付反別は十三万餘町歩にして、本年の水稲総作付反別に対照し一割三分餘に過きされとも、其の作付増加の歩合は昨年に比し二十七割餘、一昨年に比し約百七十九割の増加なれは、優良種普及の速なること洵に顕著なるものありと謂ふへきなり。此の時に当り指導者の最注意を要するは、優良品種の異なるに従ひ農民をして能く作付地の選定に意を用ゐしめ、且つ施肥管理を誤らさらしむるにあり。若し夫れ指導不充分にして優良品種作付の為損失を蒙らしむるか如きことあらんか、優良品種普及上の障害は勿論、将来農業改良上諸般の事項に及ほす悪影響は蓋し意外に大なるものあるへし。深く留意するを要す。(18)

このように総督府は、一〇年代当初から「優良品種」の普及を最も重要な農事改良事項の一つと位置づけ、朝鮮全土で指導・奨励を実施していったのである。

具体的には、水原に設置された勧業模範場で数年間にわたって日本産品種の栽培試験が行われ、併合前後の時期には、品質・収量ともに優秀で朝鮮南部の気候・風土に適応する水稲品種として「早神力《わせしんりき》」(図4)が選定されている。実際の栽培成績で見ると、一反歩の玄米収量が朝鮮在来品種一石五斗七升五合なのに対して、早神力は二石一斗四合と五斗二升九合の増収になったとされている。この「早神力」を中心とする「優良品種」への置き換えは、勧業模範場や種苗場からの無料配布などの方法を駆使して実施された。(19)

また、朝鮮農村への「優良品種」の普及は、農業教育機関である公立農業学校、公立簡易農業学校、公立普通学校を通じても行われた。なかでも公立普通学校は、本来日本内地の尋常小学校に該当する初等普通教育機関であったが、農業科(「農業初歩」)を準必修科目として教授するなど、朝鮮では農事改良を支援する勧農機関としても機能することになった。詳細は第三章で述べるが、ここではその一端を紹介しておく。

例えば、普通学校第三学年での「農業初歩」の授業で使用された朝鮮総督府編纂『普通学校農業書　巻一』(図5)では、「第三課　稲」の項目で「優良品種」が次のように紹介されている。

第三課　稲

稲ハ最モ大切ナ作物デ、吾々ノ食ウ米ハコレカラトルノデス。……

稲ハ実入ル時ノ早イカ遅イカデ早生・中生・晩生ニ分ケマス。又、色々ナ品種ガアッテ、収量ノ多イノヤ少ナイノガアリマス。ソレデ、農家ハヨク其ノ品種ヲ選ンデ作ラナケレバナリマセン。朝鮮デハ、多々租・錦糯ナドハ収穫ノ多イ品種デアリマスガ、近頃、北部ニハ日ノ出、中部ニハ早神力・多摩錦・石白、南部ニハ穀良都・高千穂ナドガ一層ヨク適シテ居ルノデ、多ク作ラレル様ニナリマシタ(20)。

右の記述からも明らかなように、普通学校では朝鮮人児童に対して、「早神力」「多摩錦」など品種名まではっきりと示して「優良品種」のことについて教えていたのである。

では、次頁に示す表1と表2で朝鮮における水稲優良品種の普及状況を見ておこう。

朝鮮全体での「優良品種」の普及率は、一〇年代に大いに上昇し、一九一二年で二・八%に過ぎなかったものが、一九年には半分以上の五二・八%に達している。二〇年代以降も普及は順調に進み、二四年には六九・四%、三四年には八一・〇%にまで拡大したのである。

また、二三年時点の普及状況を見ると、朝鮮全体では「優良品種」として穀良都、早神力、多摩錦が普及していたが、道によって普及品種に違いが見られた(図6)。普及率も全体では六七・三%であったが、やはり全羅道・慶尚道など朝鮮南部地域では七〇~八〇%と高い普及率を示している。

図6　平安北道奨励品種・関山(『朝鮮農会報』12巻2号、1917年2月)

朝鮮に日本内地の「優良品種」が導入されるに至った当初の理由は、日本内地の米市場からの要望に応え、日本人の嗜好に合った米を生産することであった。しかし、一旦朝鮮で「優良品種」が栽培されるようになれば、その生産に不可欠である明治農法といわれる一連の体系

表1　水稲優良品種の普及状況の推移

年	作付面積	優良品種普及面積	優良品種普及率
1912	1,402,493	38,880	2.8
1913	1,439,530	108,732	7.6
1914	1,467,160	178,782	12.2
1915	1,480,342	323,172	21.8
1916	1,501,125	495,922	33.0
1917	1,510,034	590,087	39.1
1918	1,529,824	731,253	47.8
1919	1,519,223	802,706	52.8
1920	1,537,616	883,396	57.5
1921	1,513,177	931,572	61.6
1922	1,539,508	979,358	63.6
1923	1,530,353	1,030,372	67.3
1924	1,547,888	1,073,594	69.4
1929	1,593,792	1,159,969	72.8
1934	1,674,357	1,373,343	82.0
1937	1,604,820	1,353,703	84.4
1938	1,624,176	1,399,268	86.2

（単位　面積：町　率：％）

（出典）『朝鮮ニ於ケル稲ノ優良品種分布普及ノ状況』（朝鮮総督府勧業模範場、1924年）32頁、『朝鮮の農業』昭和17年版（朝鮮総督府農林局農政課、1942年）85頁、『農業統計表』昭和13年版（朝鮮総督府、1940年）９～10頁より作成。

表2　水稲優良品種の作付分布状況（1923年）

道　名	主な水稲優良品種（作付面積順）	優良品種普及率
京畿道	多摩錦、穀良都、早神力、日ノ出、石白	77.0
忠清北道	錦、早神力、多摩錦	72.5
忠清南道	早神力、多摩錦、穀良都、錦	80.8
全羅北道	穀良都、石山租、早神力、高千穂、多摩錦、倭租、石白	79.2
全羅南道	雄町、穀良都、多摩錦、早神力、高千穂	75.9
慶尚北道	穀良都、早神力	86.1
慶尚南道	穀良都、都、早神力、中神力、多摩錦	82.9
黄海道	日ノ出	16.0
平安南道	日ノ出	16.2
平安北道	亀ノ尾、大邱、京租、関山、愛達	54.5
江原道	日ノ出、関山、多摩錦、錦、伊勢珍子	45.7
咸鏡南道	亀ノ尾、早生大野、日ノ出	26.7
咸鏡北道	小田代	37.2
朝鮮全体	穀良都、早神力、多摩錦	67.3

（単位　％）

（出典）『朝鮮ニ於ケル稲ノ優良品種分布普及ノ状況』（朝鮮総督府勧業模範場、1924年）33～34・40～41頁。

的技術の導入が必要となってくるのは必然であった。「優良品種」の普及は、まさに近代農学の朝鮮への移植を誘導する極めて重要な手段であったのである。また、その拡大は、朝鮮への近代農学の浸透を明確に証明しているといえよう。

◆稲扱器の普及

次に、米の調製方法の改善について見ていく。

これに関しては、「米作改良増殖奨励ノ方針」（一九一二年三月）でも、「優良品種」の普及に続く二番目の改良事項として掲げられていた。調製方法の改善には、収穫後の適度な乾燥（乾燥調製）、稲架などの利用、脱穀時の稲扱器の使用、作業中の筵の利用（筵敷調製）などが要素として含まれている。このうちここでは稲扱器の使用とその普及に焦点を当てて検討を進める。

実は、もともと朝鮮には併合前後期まで稲扱器という農具は存在していなかった。従来の朝鮮における脱穀作業にはいくつかの方法が見られたが、一つは、婦人が二本の扱箸《こきばし》を用いて稲穂二、三本ずつから順に籾を扱き落とすというものであった。この日本の扱箸のような農具について、勧業模範場編纂『朝鮮の在来農具』（一九二五年）では「クネー（그네）」という名称で紹介している(21)（図7・8・9）。

もう一つの方法は、男性が木臼・飼槽・石に稲束を打ちつけて脱穀する方法で、打稲法などと呼ばれた。ただし、この方法では稲穂に籾が残ることになるので、その後冬季農閑期に農家の婦人が一尺内外の扱箸で扱き落とすか、もしくは束を解いて地面に広げ連枷を用いて扱き落とすかしていた(22)。

ちなみに日本でも江戸時代には朝鮮の「クネー」に類似した前記の扱箸という農具を用いて脱穀作業が行われていた。例えば、宮崎安貞『農業全書』（一六九七年）の中にも扱箸を使った脱穀作業が描かれている図がある（図10）。しかし、日本では、江戸時代中期に入って新しく「千歯扱《せんばこき》」と呼ばれる稲扱器が発明され、その結果、

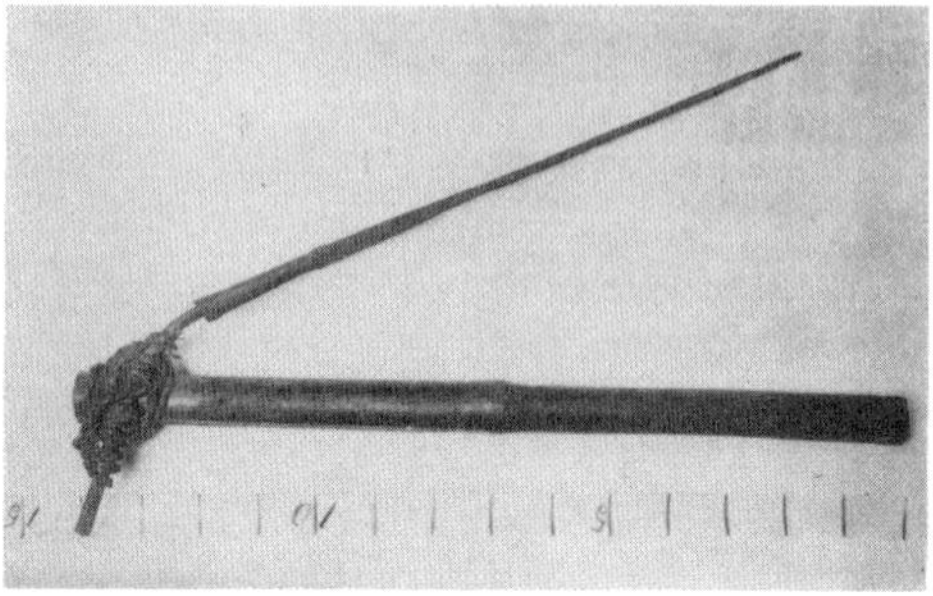

図8　クネー（籾扱器）（『復刻 朝鮮の在来農具』慶友社、1991年）

図7　クネー（籾扱器）（『復刻 朝鮮の在来農具』慶友社、1991年）

図10　宮崎安貞『農業全書』（『日本農書全集』12巻、農山漁村文化協会、1978年）

図9　クネーの作業風景（『復刻 朝鮮の在来農具』慶友社、1991年）

図11　土屋又三郎『農業図絵』（『日本農書全集』26巻、1983年）

作業の能率は飛躍的に向上することになった。絵農書である土屋又三郎『農業図絵』（一七一七年）にも千歯扱を利用した脱穀の様子が描かれている（図11）。

さて、この稲扱器を総督府があえて普及させようとした理由は、米への土砂や小石などの混入を防止するためであった。従来の朝鮮で広く行われた打稲法では、稲扱器の使用に比べ確かに籾を落とす量は多かったが、いささか乱暴な方法であったために稲穂に籾が多く残り、そして、何よりも打ち落とした籾が地面に散らばって土砂や小石が交じることになったのである。また、朝鮮人農民は打稲法を行いやすくするために、わざと収穫期を遅らせ過熟状態にする傾向があり、その結果、米や藁の品質が損なわれることにもつながったのである。そこで、総督府は、適当な時期に刈り取りを行い十分に乾燥させてのち、地面に筵を敷き、その上で稲扱器を使用し脱穀作業を行うことによって、土砂や小石などの混入を防ぎ良質な米を生産させようとしたのである。(23)

例えば、前出の『普通学校農業書　巻二』では、「第二十二課　稲ノ収穫」の項目で稲扱器の使用を含む収穫・脱穀作業について以下のように説明している。

第二十二課　稲ノ収穫

稲ノ花ガ咲イテカラ、稲穂ガ実入リ始メルト、一日一日ト重クナツテ垂レテ来マス。稲ノ穂ガマダ青イ時ニ、実ヲ一粒取ツテツブシテ見ルト、中カラ白イ乳ノ様ナ液ガ出ルガ、穂ガ黄色ニナツテカラ実ノ内ヲ見ルト、固クテ蠟ノ様ニナツテ居マス。此ノ時ヲ黄熟期ト云イマス。ソレカラハ実入ルコトガ止ミ、段々ト水分ガ無クナツテ、固クナルバカリデス。ソレデスカラ、稲ハ穂ガ黄色ニナツタラ、早ク刈リ取ルノガヨイノデス。

黄熟期ヨリ早ク刈ルト、未ダ十分実入ツテ居ナイカラ米ノ質ガ悪ク、又青米ガ多クテ収量モ少ナクナリマス。

黄熟期ヨリ遅クナレバ、籾ガ落チ易クナツテ、刈ツタリ、運ンダリスル時ニ不便デス。其ノ上、畓ニ長クアルカラ、多ク雀ニ喰イ減サレマス。又、藁モ折レ易クナツテ、色々ナ藁細工ヲスルノニヨクアリマセン。ソレニ米ノ質ガ砕ケ易クナリマスカラ、大層、損ニナリマス。

稲ハ鎌デ稲株ノ下ノ方カラ刈リマス。刈ツタ稲ハ、コレヲ束ニシテ稲架ニ懸ケタリ、又ハ束ニシナイデ、稲穂ヲバ刈ツタ根元ノ上ニノセル様ニシテ、畓ニ拡ゲテ干シタリスルコトモアリマス。

藁ガヨク乾イタナラバ籾ヲ落シマス。ソレニハ、土ノ上デ打チ落スト、米ニ砂ガ交ツテ米ガ高ク売レマセンカラ、筵ノ上デ稲扱器ヲ使ウテ扱キ落ス方ガヨイノデス[24]。


こうして朝鮮で稲扱器は、日本内地からの「改良農具」としてその普及が図られていくことになった。

実際に朝鮮で稲扱器の奨励が開始されたのは、併合前の保護国期のことであった。勧業模範場技師の向坂《さきさか》幾三郎が一九〇六年（明治三九）一一月に日本内地から稲扱器五台を取り寄せ、翌〇七年一〇月に模範場小作人に、直営田で生産した稲を全部稲扱器で扱き落とさせたのが最初であったといわれている（図12）。

しかし、朝鮮人農民たちからは予期せぬ不満の声が聞かれることになった。その一つは、稲扱器は打稲法に比べ作業が遅いことであった。稲扱器では一人一日の扱高が二石程度で打稲法の半分にもならないというのである。もう一つは、小作人の副収入が失われるというものである。というのも、打稲法では藁に籾が多く残ったので、地主に小作料を納めたあと、農家の婦人が冬の暖かな日に南向きの所に座って籾を扱き落とし、一日四升程度の所得を得ていたからである。もし稲扱器で完全に脱穀ができてしまうとその収入が得られなくなるというものであった。

図12　模範場小作人の稲扱作業（『勧業模範場報告』6号、1912年3月）

図13　全羅北道益山郡の稲扱伝習（『韓国中央農会報』4巻3号、1910年3月）

図14　忠清北道忠州郡の稲扱伝習会（『朝鮮農会報』7巻3号、1912年3月）

図15　黄海道海州郡の稲扱伝習会（『朝鮮農会報』7巻3号、1912年3月）

ただその一方で、稲扱器の奨励を進める中で、打稲法に比べ労力や疲労が軽く婦人・老人・子供でも作業が行えること、籾を完全に脱穀できるので藁をすぐに屋根葺などに利用できること、などその長所も朝鮮人農民たちに次第に理解されるようになっていった[25]。

　その後、植民地期に入ると、稲扱器は比較的はやい速度で朝鮮の農村現場に普及していった。その普及状況を具体的な数字で見ると、朝鮮全体で一九一三年（大正二）に四万九八六四台であったものが、一四年に八万六六五五一台、一五年に一〇万五一七五台、一六年に一二万五九八二台、一七年に一五万〇〇二七台と年々増加し、一八年には一九万〇五三一台と二〇万台近くにまで達している[26]。一八年現在の朝鮮人農家戸数が二六四万一七五二戸であったから、単純にいえば、一三・九戸に一台の割合で稲扱器が広まっていたことになる（図13・14・15）。[27]

総督府の勧農方針の下、道・郡および勧業模範場などの勧農機関が指導・奨励を行っても、日本の明治農法の技術要素のうち実際に普及が進んだもの、あまり進まなかったものなどさまざまであったと推測されるが、少なくとも稲扱器に限っていえば、この一九一〇年代に広く普及し、その後朝鮮農村に完全に定着することになったのである（図16）。

なお、残りの灌漑の改良と肥料の改良についてであるが、特に前者は朝鮮の稲作がかかえる最大の欠陥であるとして早くから問題視されていた。[28]農学者たちは、朝鮮の水田には灌漑設備が整っているものが少なく、むしろ

図16　朝鮮農村の調製作業（『日本地理風俗大系』16巻・朝鮮（上）、新光社、1930年）

図17　黄海道鳳山郡の洑（於之洑）工事（『朝鮮総督府月報』2巻9号、1912年9月）

自然の降雨に頼るいわゆる天水田が非常に多い状況にあると考えていた。また、朝鮮にはもともと灌漑設備として堤堰（溜池）や洑（堰）などが設けられていたが、「悪政の結果」荒廃が進んでしまったとされた。そこで、併合後、当面の対策としてこれら堤堰・洑の修繕が進められることになった(29)（図17）。

一方、肥料について見ると、これまで朝鮮では堆肥・厩肥・人糞尿などが肥料として用いられてきたが施用量が絶対的に不足していた。加えて、日本で見られたような購入肥料（金肥）の使用は、朝鮮ではほとんど見られなかった。そこで、併合後は当面の対策として堆肥・緑肥などといった自給肥料の改良と施用量の増加が奨励されることになった(30)。

朝鮮の水稲作にとって以上二点は、先に述べた品種や調製方法の改良に比べるとはるかに根本的かつ重要な課題であり、解決できた際の増収効果も極めて大きいと考えられていた。しかしながら、これらの課題に取り組むためには大量かつ低利で長期にわたる資金の確保・投入がどうしても不可欠であった。結局、これらの改良が本格的に実施されることになるのは、一九二〇年（大正九）からの「産米増殖計画」以降においてであった。

◆消える未開地イメージ

併合以前、朝鮮の農業に関しては、未開地・荒蕪地が多く存在しており、開拓を容易に行うことができるという「未開地」イメージが農業関係者の間で広く共有されていた。そのため朝鮮は日本人農民にとって最適の移住地であると見なされた。加えて、移住した日本人農民が朝鮮人農民に対して農業経営の模範を示すことで、朝鮮農業の発展に大きく寄与することが期待されたのである。

しかし、こうした「未開地」イメージは、併合早々にして単なる幻想に過ぎなかったことが明白となった。

勧業模範場長の本田幸介は、一九一二年（明治四五）の段階で、朝鮮の未開地について、次のように自らの見解を率直に述べている。

今朝鮮の全面積は一万四千平方里、之れに対する耕地二百三十九万餘町歩なり。故に内地の夫れに比較する時は、尚多くの餘裕を示すが如きも、能く其の地勢を案ずる時は、山岳到る処に起伏するを以て傾斜地多く、為めに其の耕地の増加は或る程度迄に限られ、甚しく拡張せしむること能はざるべし。……之れを西比利亜、北満洲、蒙古、遠くは南亜米利加或は亜非利加又は濠洲等の土地にて、未墾地の饒多なるとは同一に論すること能はず。(31)

すなわち、朝鮮に未開地があるといってもそれは限定的なものであって、シベリアや北満洲、南米などとは全く異なると結論づけているのである。

さらに、本田は、朝鮮の未開地について、その多くは水害、土地の劣悪さ、人口の希薄さなどの原因があるからこそ未開地として放棄されているのであって、仮にそれを開墾する場合には、事前に十分に技術面からの調査を行い、かつ相当の資本を投じる必要があると指摘している。(32)

結局、当初流布していた「未開地」イメージは、併合前後の時期に朝鮮農業の現実に直面する中で、一〇年代前半にはほぼ消え去ることになったのである。また、この「未開地」イメージを前提とした日本人農民の朝鮮移住も当然思うようには進まず、例えば、東洋拓殖株式会社（東拓）の移住事業などは停滞と挫折を余儀なくされた。(33)その結果、朝鮮の農事改良は、日本人農民が模範を示すという方法ではなく、体系的な勧農機構を順次整備して、それを通じて朝鮮人農民を指導奨励するという方法を主軸として推進されることになったのである。

第三節　勧農機構の整備

（1）勧業模範場・種苗場

◆勧業模範場

図19　監督田の収穫(『勧業模範場報告』5号、1911年3月)

図18　勧業模範場本場庁舎(1912年)(『朝鮮総督府農事試験場二拾五周年記念誌』上巻、朝鮮総督府農事試験場、1931年)

表3　勧業模範場組織・人事構成(1910年)

勧業模範場本場			大邱支場			木浦支場		
技師	場長	本田幸介	技師	支場長	三浦直次郎	技師	支場長	山本小源太
		豊永真里			宮本政蔵	技手		金允玉
		宮原忠正						姜大賛
		向坂幾三郎	平壌支場					朴宗奎
		戸来秀太郎	技師	支場長	花井藤一郎			安喜永
		野木伝三	技手		住吉正喜			李康烈
技手		長岡哲三						康大翼
		東野稔	龍山支場					元洪九
		貴島一	技師	支場長	岩田次良			所寛吉
		権錫圭	技手		恩田経次郎			繁野秀介
		福田文六			朴勝運			三輪操
		岸良小次郎						福田明次郎
		三浦若明	纛島支場					上田熊太郎
			技師	支場長	久次米邦蔵			羽場鶴三
			技手		呉仁東			永見錬造
					松田敏勝			河村亥三
								荒枚唯彦
						勧業模範場附属農林学校		

(出典)『朝鮮総督府及所属官署職員録』明治43年版(朝鮮総督府、1911年)127〜129頁。

植民地朝鮮における農事試験研究機関の中枢施設である勧業模範場（図18）に関しては、併合直後の一九一〇年（明治四三）九月三〇日に勅令第三七〇号「朝鮮総督府勧業模範場官制」が公布された（同年一〇月一日施行）。その事業内容については、第一条で、朝鮮総督の管理に属し、「一　産業ノ発達改良ニ資スル調査及試験」「二　物産ノ調査並産業上必要ナル物料ノ分析及鑑定」「三　種子、種苗、蚕種、種禽及種畜ノ配布」「四　産業上ノ指導、講習及通信」を掌るものと定められた[34]。具体的には、水稲および畑作物の配布用種子の育成、優良種の模範栽培、品種比較試験や肥料効果調査、牛・豚・羊などの飼養試験や種付などを行ったほか、小作田を設置して模範場監督の下に朝鮮人小作農に農業経営を行わせ、農事改良の模範を示すことも行われた[35]（図19）。場長は、一〇年代を通じて引き続き本田幸介が務めた（表3）。

官制制定時、勧業模範場には、京畿道・水原の本場以外に、大邱・平壌・龍山・木浦・纛島《とうとう》の五つの支場が置

図20　龍山支場蚕業講習所第二回卒業式（『朝鮮農会報』7巻3号、1912年3月）

図21　徳源支場（『朝鮮農会報』10巻4号、1915年4月）

図22　洗浦出張所の蒙古牛放牧（『朝鮮農会報』11巻12号、1916年12月）

図23　原蚕種製造所（『勧業模範場報告』8号、1914年3月）

かれていた。

このうち慶尚北道の大邱支場と平安南道の平壌支場は、それぞれ併合前の出張所を改称したものである。両支場は、普通農事に関して当該地方の状況に合わせた模範を示すとともに、試験調査を行うことを目的としたが、これに加えて、大邱支場では、農業水利および朝鮮南部の畜牛に関する調査、平壌支場では、朝鮮北部の畜産に関する調査や仔豚・種禽・種卵の配布などが行われた(36)。

残る京城府の龍山支場、全羅南道の木浦支場、京畿道の纛島支場は、それぞれ韓国政府農商工部所管の龍山女子蚕業講習所、木浦臨時棉花栽培所、纛島園芸模範場を合併したものである。龍山支場は、蚕業に関する模範を示し諸種の試験調査を実施したほか、一二年三月からは原蚕種の製造・配布も開始した。また、附属の女子蚕業講習所（図20）では、学科として国語・算術・栽桑・養蚕・製糸を教授し、実習として春夏秋蚕の飼育、簇の製造、蚕種検査や製糸・蚕室・蚕具の洗浄などを行い、養蚕技術を習得した朝鮮人女性を輩出していった。木浦支場は、棉花に関する試験調査および種子の馴化を行い、纛島支場は、果樹・蔬菜に関する模範栽培・品種試験・貯蔵試験などを行った(37)。

これ以外に、韓国政府農商工部所管の農林学校も、勧業模範場に附置されることになったが、これについては次項で扱う。

続いて、一〇年代における勧業模範場の組織の変遷を整理すると以下の通りである（表4）。

一九一二年四月、朝鮮北部地方における園芸事業の啓発指導を目的として、江原道に元山出張所を設置し、果樹・蔬菜の品種比較および模範栽培を行った。元山出張所は、その後拡張され、一四年に徳源支場（図21）、一

表４　勧業模範場組織・人事構成（1919年）

<table>
<tr><th>勧業模範場本場</th><th>木浦棉作支場</th><th>蘭谷牧馬支場</th></tr>
<tr><td rowspan="8">技師　場長　本田幸介
鏡保之助
武田総七郎
向坂幾三郎
高見長恒
永岡堯
菊池為行
上杉綱雄
中田覚五郎
技手　岸良小次郎
山本尋巳
高橋宇一
小早川九郎</td><td>技師　支場長　三原新三
技手　吉永良一</td><td>技師　支場長　野口次郎三
技手　澤　正方</td></tr>
<tr><td>纛島園芸支場</td><td>蚕業試験所</td></tr>
<tr><td>技師　支場長　久次米邦蔵
技手　牛尾軍太郎
松田敏勝
永嶋昶</td><td rowspan="3">技師　所長　宮原忠正
岩崎行高
技手　住吉正喜
西川久
進藤省吾
西村敬之助</td></tr>
<tr><td>徳源園芸支場</td></tr>
<tr><td>技師　支場長　久次米邦蔵
技手　小森園清治</td></tr>
<tr><td>洗浦牧羊支場</td><td>女子蚕業講習所</td></tr>
<tr><td rowspan="2">技師　支場長　菊池為行
技手　細田範二郎</td><td rowspan="2">技師　所長　宮原忠正
岩田次郎
技手　林漢龍</td></tr>
<tr></tr>
</table>

（出典）『朝鮮総督府及所属官署職員録』大正８年版（朝鮮総督府、1919年）149〜150頁。

七年に徳源園芸支場と改称された[38]。一九一三年には、朝鮮緬羊業の発達を図るために、江原道平康郡洗浦に牧羊場が設けられ、蒙古羊を輸入し飼養試験を行った。この洗浦牧羊場は、翌年には洗浦出張所（図22）に改称され、やがて一七年に洗浦牧羊支場となった[39]。一九一六年には、朝鮮の風土に適した馬種を作るために、江原道淮陽郡蘭谷面で牧馬事業を開始し、蒙古種と日本産洋種の交配による産馬改良の試験に着手した。蘭谷牧馬事業地は、設備の完成を受けて、翌年蘭谷牧馬支場と命名された[40]。

その一方で、蚕業を専門とする龍山支場は、水原の本場に原蚕種製造所（図23）が創設され、まもなく女子蚕業講習所もその接続地に移転したことから、一四年に廃止された。原蚕種製造所は、一七年に蚕業試験所と改称された[41]。同じ年には、大邱支場・平壌支場も廃止されたが、設備をそのまま道に移管することで、道種苗場が開設された[42]。残る木浦支場と纛島支場は、一〇年代を通じて事業を継続し、一七年にそれぞれ木浦棉作支場、纛島園芸支場と改称された[43]。

◆道種苗場

次に、朝鮮各道に設置された道種苗場に関しては、一九一二年（明治四五）三月三〇日に、朝鮮総督府訓令第三四号「道種苗場設置並道種苗場補助費交付規程」が公布された（同年四月一日施行）。この法令では、道種苗場は、一道につき一ヶ所に限って設立するものとされ（ただし、支場または出張所の設置は妨げず）、その業務は、「一　種苗、蚕種、種卵、種禽及種豚ノ配付又ハ種畜ノ種付ヲ為スコト」「二　農事ニ関スル模範ヲ示スコト」「三　農産ノ改良増殖ニ関シ試験及調査ヲ行フコト」「四　農用器具器械ノ貸与ヲ為スコト」「五　農事ニ関スル講話、講習、伝習及実地指導ヲ為スコト」と定められていた(44)。また、従来道種苗場は、国費により経営され道は事業の管理のみを行っていたところを、一二年度から道の地方費に移し、毎年予算の範囲内で相当の補助金を交付することに改められた(45)。

一〇年の併合時点で、道種苗場は、京畿道・忠清北道・慶尚北道・平安南道を除く九道九ヶ所に設置されていた。まず一二年五月に、忠清北道・清州にあった忠清北道模範農場（一九一〇年設置）が道種苗場に改称され(46)、勧業模範場の本場・支場を含めれば、朝鮮各道に何らかの農事試験研究機関が存在するという態勢がひとまず整えられた。続いて、一四年度には、勧業模範場大邱支場・平壌支場が慶尚北道・平安南道に移管され、両道に道種苗場が設置された。最後に、一七年度になって、これまで勧業模範場があることから設置が見送られてきた京畿道にも新たな種苗場が開設され(47)、ここに朝鮮の全一三道に種苗場が設置されることになった。

道種苗場は、道の勧農機関として、勧業方針に基づき各地方の実情に適応した農事改良の指導奨励を実施した。例えば、一九一六年には、次のような業務内容が報告されている。

本年中ニ施行セル道種苗場ノ業務ハ概シテ前年ト大差ナク、大要各種田畑作物栽培並肥料種類及施用等ニ関スル調査試験、優良作物ノ模範栽培等ヲ行ヒ、採種田畑又ハ監督田畑ヲ設ケテ配付用種子ノ育成ニ努メ、南鮮地方ノ道種苗場ニ於テハ別ニ水稲裏作ノ試験トシテ緑肥作物・馬鈴薯ノ栽培ヲ行ヘリ。蚕業ニ関シテハ主

図24　海州種苗場（『朝鮮農会報』5巻4号、1910年12月）

図25　鏡城種苗場（『朝鮮農会報』5巻4号、1910年12月）

図26　咸鏡北道種苗場桑園（『朝鮮農会報』9巻5号、1914年5月）

トシテ桑苗ノ育成配付ヲ為シ、又模範桑園ヲ設置シテ桑樹栽培ノ範ヲ示シ、地方ニ依リテハ蚕種ノ製造配付ヲ行ヘルモノアリ。

畜産ニ付テハ、種牛・種豚・種鶏等ヲ飼育シ生産種畜・種鶏・種卵ヲ配付シ又種畜ノ種付ヲ行ヘリ。其ノ他農事ニ関スル講習・講話・伝習又ハ実地ノ指導、改良農具ノ貸与等ヲ行ヒ、鋭意各地方ニ適応スル農業改良ノ施設ニ努メタル結果、地方当業者トノ関係益《ますます》密接ト為リ参観人亦年年増加シ斯業開発上裨益セシ所尠カラス。(48)

なお、一九一九年時点で道種苗場は、京畿道・京城、忠清北道・清州、忠清南道・公州、全羅北道・全州、全羅南道・光州、慶尚北道・大邱、慶尚南道・晋州、黄海道・海州（図24）、平安南道・平壌、平安北道・義州、江原道・春川、咸鏡南道・咸興、咸鏡北道・鏡城（図25・26）に設置されていた。

（2）水原農林学校・農業学校

◆水原農林学校

植民地朝鮮における農業教育機関の中心である水原農林学校（正式には朝鮮総督府農林学校）は、併合直後の朝鮮総督府勧業模範場官制（一九一〇年九月）によって、勧業模範場に附置されることになった（表5）。

農林学校の目的は、「農林業ニ須要ナル智識及技能ヲ教授シ兼テ徳性ヲ涵養スル」[49]こととされ、本科および速成科が設けられた[50]。本科は修業年限を三年とし[51]、入学志願者の資格は、満一五歳以上二五歳以下の者で普通学校卒業以上の学力を有する者であって、かつ身体強健にして品行端正であり、在学中に家事の係累がない者であった[52]。朝鮮人を対象とする初等普通教育機関である普通学校卒業以上の学力をもとめていることから明らかなように、農林学校は、朝鮮人生徒のみを収容する農業教育機関であった。

本科の教科目としては、「修身」「国語（日本語）」「数学」「理科」「博物」「土壌学」「土地改良論」「肥料学」「農具論」「作物論」「畜産学」「蚕糸学」「農産製造学」「作物病虫学」「林学通論」「森林生産学」「森林経営学」「獣医学大意」「測量」「経済法規」が教授されたが[53]、それ以上に実習地や演習林での農業実習に教育活動の重点が置かれた[54]（図27）。

水原農林学校は、もちろん植民地朝鮮の最上位の農業教育機関ではあったが、朝鮮人対象の教育機関の整備がようやくはじまった時期ということもあり、一〇年代前半は、実質的には中等程度の農業学校の色彩を帯びていたと考えられる。

さて、水原農林学校は、併合当初から朝鮮人の入学希望者が殺到し活況を呈した。一九一二年度（明治四五・大正元）には、本科募集人員四〇名に対して五七八名の志願者を集め、翌一三年度には、さらに多い六四八名の志願者を集めたのである[55]。それまで農林学校の生徒には、一ヶ月につき五円の学費が支給されていたが[56]、入学希

表５　朝鮮総督府農林学校の人事構成（1910年）

校長	本田幸介		
教諭	豊永真里	助教諭	澤富四郎
	宮原忠正		東野稔
	八田吉平		李容勳
	戸来秀太郎		李貞圭
	野木伝三		林漢龍
	植木秀幹		

（出典）『朝鮮総督府及所属官署職員録』明治43年版（朝鮮総督府、1911年）128～129頁。

図27　水原農林学校生徒の田植実習（『朝鮮農会報』10巻7号、1915年7月）

望者の毎年の増加を受けて、学資支給を制限し、入学志願者の資格に、田畑二町歩以上を所有する者またはその子弟という項目を加える学校規則の改正（一九一三年一二月）が行われた(57)。しかし、一四年度の入学志願者も八六八名に達した。そのためもはや生徒を給費養成する必要はないと判断し、一五年二月に給費制度を全廃する規則改正を実施した。その結果、一五年度（大正四）の入学志願者は一八九名と大きく減少した(58)。

◆水原農林専門学校

一〇年代も後半に入り、朝鮮各道に農業学校や簡易農業学校の設置が徐々に進むと、水原農林学校を高等の農業専門教育機関に昇格させ、「高等専門ノ学芸ヲ修メタル農業指導者」を養成する機関に改編することになった。すでに一九一六年度（大正五）に朝鮮総督府専門学校官制が制定され、京城専修学校（法律経済）、京城医学専門学校（医学）、京城工業専門学校（工業）の三校が設置されていたことから、翌年度に農林学校を組織変更し、農林専門学校を設置する計画であった。ところが、一七年度予算が帝国議会で不成立となったことから、一七年三

表6　水原農林専門学校の人事構成（1919年）

校長	本田幸介		
教授	鏡保之助	助教授	宇留島喜六
	向坂幾三郎		岸良小次郎
	永岡堯		鈴木小代一
	岩田次郎		前田末喜
	植木秀幹		尹泰重
	上杉綱雄		李允載
	岩崎行高		
	中田覚五郎		

（出典）『朝鮮総督府及所属官署職員録』大正８年版（朝鮮総督府、1919年）157～158頁。

月に朝鮮総督府農林学校専門科規程を制定し、過渡的措置として専門科が設置された。専門科は修業年限を三年とし、入学資格を中学校または高等普通学校卒業以上としたことから、初めて日本人（内地人）が入学可能となった(59)。

一九一八年三月三〇日、勅令第四八号「朝鮮総督府専門学校官制中改正」が公布され（同日施行）、農林学校は、朝鮮総督府水原農林専門学校に改編された（表6）。校長は引き続き勧業模範場長（本田幸介）が務めたが、従来の農商工部所管から内務部学務局所管に移されたことにより、勧業模範場の所属を離れ、学務行政の中に位置づけられることになった(60)。

水原農林専門学校は、朝鮮で唯一の高等農業教育機関として、「農林業ニ関スル智識技能ヲ授」けることを目的としたが(61)、より具体的には次の五項目を教育の綱領とした。

一、本校ハ朝鮮教育令ニ基キ農林業ニ関スル専門教育ヲ為ス所ニシテ、朝鮮ニ於ケル農林業ノ開発進歩ニ必要ナル技術者又ハ経営者ヲ養成スルヲ本旨トス。

二、農林業ハ各種産業ノ源泉ニシテ国運発展ノ基礎タリ。故ニ其ノ成績ノ挙否ハ、啻ニ一身一家ノ福利ニ関スルノミナラス邦家隆替ニ影響スルヲ以テ、須《すべか》ラク従来ノ経験ト日新ノ学理トニ依リ実地ニ適切ナル智識技能ヲ授ケ、以テ斯業ノ改良進歩ニ資益セムコトヲ期スヘシ。

三、農林業ニ於テ最尊重スヘキハ実利実益ヲ収ムルニ在ルヲ以テ、之カ教授ニ当リテハ学理ヲ基礎トシ時勢ノ進運ニ伴フヘキハ勿論ナルモ、徒ラニ理想ニ馳スルカ如キハ特ニ之ヲ戒メ常ニ技能ノ習熟内容ノ充実ヲ図リ、苟モ実際上ノ経験ヲ忽《ゆるがせ》ニスルカ如キコトアルヘカラス。

四、忠実能ク業ニ服シ勤倹以テ産ヲ治ムルハ国民ノ当《まさ》ニ務ムヘキ所ニシテ、実業ニ従事スル者ニアリテハ特ニ其ノ然ルヲ見ル。是故ニ訓育上常ニ之ニ留意シ生徒ヲシテ華ヲ去リ實ニ就カシメ、以テ将来真摯ナル実業家タルヘキ素質ヲ養フヲ要ス。

五、専門学校ハ高等ノ学術及技芸ヲ教授スル所ナリ。故ニ生徒ヲシテ克ク其ノ本分ヲ守リ言行ヲ慎ミ恪勤《かっきん》自重セシメ、以テ一般国民ノ儀表タラシメムコトヲ期スヘシ(62)。

すなわち、水原農林専門学校は、朝鮮で最も高度な近代農学に基づく農林業の知識と技能を教授する学校であり、高い専門性を身につけた農業技術者や農業経営者などの育成を目的としたのである。

ちなみに、修業年限は三年(63)、入学資格は、朝鮮人の場合、年齢一六年以上で高等普通学校を卒業した者または同等の学力を有する者、日本人（内地人）の場合は、年齢一七年以上で中学校を卒業した者または同等の学力を有する者と定められ(64)、日本人・朝鮮人共学であった。教科目としては、「修身」「国語」「朝鮮語」「英語」「数学」「物理及気象」「化学」「作物」「園芸」「肥料」「畜産」「蚕糸」「農業工学」「農業経済及法規」「造林及森林保護」「森林数学及森林経理」「森林利用及林産製造」「測量及製図」「地質及土壌」「農産製造」「植物及植物病理」「動物及昆虫」「植物生理化学」「家畜飼養学」「細菌学」「実習及実験」「体操」が設けられた(65)。

◆農業学校の整備

次に、朝鮮各道に設置された農業学校に関して見ることにしよう。

朝鮮総督府は、併合から約一年後の一九一一年（明治四四）八月二四日、勅令第二二九号「朝鮮教育令」を公布し、植民地朝鮮の教育制度を確立した。この法令は、朝鮮における朝鮮人教育のみを対象とする法令であり、同時に「普通学校規則」「高等普通学校規則」「実業学校規則」など各学校別の規程も制定された。総督府の教育政策がもつ特徴の一つとして実業教育の重視を指摘できるが、これについては第三章で考察する。

図28　春川公立農業学校の校舎と実習（『朝鮮人教育実業学校要覧』朝鮮総督府内務部学務局、1914年）

農業学校は、朝鮮教育令と朝鮮総督府令第一一三号「実業学校規則」（一九一一年一〇月二〇日公布、同年一一月一日施行）に依拠する実業学校の一種である。すなわち、教育令の中で、実業教育は、「農業、商業、工業等ニ関スル知識技能ヲ授クルコトヲ目的トス」[66]と定義され、また、実業学校は、「農業、商業、工業等ノ実業ニ従事セムトスル者ニ須要ナル教育ヲ為ス所トス」[67]と規定されている。ただし、当時の朝鮮の主要産業は農業であったことから、中等程度の実業教育機関の主力は、農業学校であった（図28）。

実業学校の修業年限は二年ないし三年、[68]入学資格は年齢一二年以上にして修業年限四年ノ普通学校を卒業したる者、またはこれと同等以上の学力を有する者とされていた。[69]教科目には、必須科目（必設必修科目）として「修身」「実業に関する科目及実習（農業学校では農業に関するもの）」「国語（日本語）」「朝鮮語及漢文」「数学」「理科」が設けられ、それ以外に「地理」「図画」または「体操」を加えることができた。[70]

ところで、農業学校については、教育令施行後まもなくして、農業に関する教科目の内容を朝鮮の気候・風土に適合させることが早急に求められた。そこで、本田幸介以下勧業模範場の技師らが中心となって、一九一三年（大正二）二月一五日に「農業学校・簡易農業学校教授要目」が制定されることになり、翌一四年三月には農業の各科目に対応した各種教科書が朝鮮総督府より編纂・発行されることになった。[71]また、これにともなって、一三年二月一五日に実業学校規則中改正が公布された（同年四月一日施行）。

教授要目の制定と規則中改正に当たって、総督府は道・府郡に対して訓令「実業学校規則中改正ニ関スル件」を発し、その中で農業教育の目的を次のように表現している。

朝鮮刻下ノ急務ハ、上下克ク其ノ職ニ励ミ勤倹産ヲ治メ、産業ノ発達ヲ図リ生産ノ充実ヲ来シ、敢テ供給ヲ外来ノ物資ニ待ツコトナク進ンテ他ノ需要ニ供スルノ域ニ至ラシムルニ在リ。是レ実ニ朝鮮民人ノ福祉ヲ増進スル所以ニシテ実業教育ノ本義亦茲《ここ》ニ存ス。(72)

ここでは「実業教育」との表現が用いられているが、教授要目や規則改正に際して出された訓令であることを考えれば、実質的に農業教育を指していると見て差し支えない。訓令の内容から解釈すれば、朝鮮総督府は、教授要目制定などで農業教育の充実を図ることによって、米・綿花・蚕繭・朝鮮牛などの農産物の改良増殖を進め、朝鮮内の需要を満たすことはもちろんのこと、日本内地やその他の地域への輸移出も活発にし、朝鮮農業を発展させることを目指していたといえる。

◆農業学校の教育内容

農業学校での教育活動は、学科教授を中心とする教室内での活動と、農業実習を中心とする教室外での活動に分けることができる（図29・30・31・32）。

教室内での教育内容に関しては、一般的な教科目である「修身」「国語」「朝鮮語及漢文」「数学」「理科」「体操」と、農業に関する専門的な教科目として「作物」「作物病虫害」「肥料」「土壌及農具」「養蚕」「畜産」「農産製造」「森林」「測量」「経済及法規」が教授された。(73) 各学年の授業は、「農業学校・簡易農業学校教授要目」に則って進められた。

ただし、農業学校では、教室外での農業実習により一層重きが置かれた。総督府も一九一二年一二月の農業学校長会同で、「実習ハ農業学校ノ主要科目ナルヲ以テ特ニ重キヲ此ニ置キ、各科ノ教授ニ連絡セシメ其ノ効果ヲ

図29　晋州公立農業学校の田植え（『朝鮮人教育実業学校要覧』朝鮮総督府内務部学務局、1914年）

図30　大邱公立農業学校の果樹園（『朝鮮人教育実業学校要覧』朝鮮総督府内務部学務局、1914年）

図31　海州公立農業学校の記念植樹（『朝鮮人教育実業学校要覧』朝鮮総督府内務部学務局、1914年）

図32　光州公立農業学校の春繭飼育（『朝鮮人教育実業学校要覧』朝鮮総督府内務部学務局、1914年）

現実ナラシムルコトニ努ムヘシ」と指示しており、実習重視の方針は明確であった[74]。農業学校には、農業実習[75]を行う施設として、学校園・実習地・実習林（学校林）[76]が設けられ、毎週九時間以上実習を課すことになっていた。また、農業の性質上、一年の内でも特に夏季に農業実習を精力的に行う必要があった。そこで、一三年の改正では、農業学校のみ、これまで七月二一日から八月三一日に設定されていた夏季休業を全面廃止し、その代わりに冬季休業を若干延長して一二月二九日から翌年の一月一八日までとする措置がとられた[77]。

それでは、現場の農業学校では、朝鮮人生徒に対する農業実習について、どのような目的をもち、どのような教育効果を期待していたのであろうか。

これに関しては、平安北道・義州公立農業学校が作成した研究報告の中で以下のようにまとめられている。

一　学科にて学びたる知識を実地に応用し得るの技術を充分に習熟せしむること。

一　教場にて説明困難なるか又は長時間を要する学科を実習により容易に了解せしめ、且つ短時間にて確実なる知識を与ふること。

一　農事の趣味を解し農業を好愛する人物を養成すること。

一　口舌の人たることを防ぎ実行の人たらしむること。

一　勤労を苦とせざる習慣を養成すべきこと。

一　責任を全ふするの習慣を養成すべきこと。

一　作物に忠実なれば忠実の報として充分なる結果を呈し不忠実なれば不忠実の応報ある理を悟らしむること。

一　粒粒辛苦の賜なることを知らしめ浪費を厳に戒むべきこと。

一　互助協同の必要を覚らしめ公益を図るべき思想を養成すべきこと(78)。

つまり、農業実習の目的は、教室内で学んだ近代農学の知識を確認・理解し、日々の反復練習を経て技能を徹底して習得することにあった。また、実習を通じて農業に対する興味や愛情、また勤労や経済観念といった農事経営上不可欠な習慣や精神を身につけさせ、全体として実践的能力を育成することに力点が置かれていたのである。ちなみに、農業実習で生産した農産物の一部や種苗・種卵など

図33　春川公立農業学校の蔬菜品評会(『朝鮮農会報』7巻2号、1912年2月)

は生徒・父兄に配付され、朝鮮農村での農事改良を促進する役割を果たした[79]（図33）。

◆農業学校の入学者動向

農業学校は、近代農学（学理農法）の知識・技能を習得し、一般朝鮮人農民の模範として朝鮮農村の中心的人物となるような朝鮮人農事経営者を育成することを目的とした。そこで、この目的を着実に達成するために、各農業学校では法令上の入学資格よりもさらに細かい選考基準をそれぞれ設定して、朝鮮人生徒の募集および入学者の選考を行っていた。

この農業学校における生徒募集や選考基準に関しては、一九一二年（大正元）一二月開催の農業学校長会同で、総督府から次のような具体的な指示が各学校長に出されている。

五　生徒募集等ニ関スル件

本年度入学者ノ状況ヲ見ルニ、学校数十四校ニ対シテ入学者総数五百四十八人、内普通学校ヲ卒業シタル者三百四十八人、其ノ否ラサル者二百八人ニシテ、晋州、全州、光州ノ各農業学校ニ於テ普通学校卒業者其ノ大半ヲ占ムルノ外、他ハ概ネ其ノ数相半ハシ若クハ普通学校卒業者ハ極メテ少数ナルモノナリトス。農業学校ハ規定上普通学校卒業者ノ外、之ト同等以上ノ学力ヲ有スル者ヲ以テ其ノ入学資格ト為スト雖、普通学校卒業以外ノ者ニ在リテハ概ネ完全ノ教育ヲ受ケタルモノト謂フコトヲ得ス、教授ノ統一不便ナルノミナラス、教科ノ進度ニ障害ヲ来スヲ免レサルヘシ。故ニ今後ニ於テハ、募集上特ニ意ヲ用ヒテ成ルヘク普通学校卒業者ヲ入学セシムルコトニ注意スヘシ。

以上ノ外、入学ニ際シ注意スヘキ点ハ生徒父兄ノ資力ナリトス。農業学校ノ教育ハ主トシテ農業従事者ノ養成ニアルヲ以テ、卒業後相当資力ナキ者ニ在リテハ、自然俸給ニ衣食セムトスルノ希望ヲ懐カシムルノ結果トナルヘシ。斯ノ如キハ学校教育ノ本旨ニアラサルヲ以テ、事情ノ許ス限リ相当資力アル者ヲ入学セシムルノ方針ヲ採ルヘシ(80)。

すなわち、ここでは、普通学校卒業者と相当な資力のある朝鮮人の子弟を入学者選考の際に重視することが指示されているのである。

しかし、実際の学校現場では、総督府の指示よりもさらに詳細な選考基準を取り決めて入学者選考に当たっていた。例えば、忠清北道・清州公立農業学校の教諭であった渋田市造などは、選考基準に関して次のように言及している。

朝鮮習慣は身分年齢を尊重すること深く、譬令《たとい》身分賤しき者にして言行の賞すべきものあるとも、身分の低き故を以て殆んど之を顧みる者なく、従て他人を指導誘導する等の感化的成績を挙ぐる事等は実に思ひも寄らざるなり。故に農業学校に於ては、先づ身分高く年齢長じ且つ資産を有するもの又は其の子弟を入学せしめ、卒業後自営せしめて附近農家に範を示し、農業の改良発達を計ると共に国家的観念の移植に努めしめざるべからざるなり(81)。

そして、具体的な選考基準として渋田は、「可成両班又は其の子弟」「年齢は十七、八歳以上」「卒業後自ら経営するに足る資産を有するもの」「可成農業家の子弟」の四点を列挙しているのである(82)。

事実、例えば、平安南道・平壌公立農業学校は、『朝鮮総督府官報』掲載の「生徒募集広告」の中で入学志願者資格を「1、年齢十七年以上ノ男子ニシテ修業年限四年ノ普通学校ヲ卒業シタル者又ハ之ト同等以上ノ学力ヲ有スル者」「2、身体健全ニシテ志望鞏《きょう》固《こ》ナル者」「3、在学中学資ヲ自弁シ得ル者ニシテ父兄ニ於テ相当ノ資産ヲ有スル者」とし、必要書類として「入学志願書ニ履歴書及居住地面長ノ証明シタル父兄身分財産証明書」の提出を求めているのである(83)。

これらの選考基準から判断して、農業学校に入学できた朝鮮人生徒の多くは、「両班」階層を含む地主・資本家や自作農などの子弟であったと考えられる。

これに加えてもう一つ、農業学校の生徒募集の上で留意されたのが、学校の近隣地域からだけではなく道内の各郡から広範に生徒を募集・入学させることであった。すなわち、朝鮮総督府は、一九一三年一二月の農業学校長会同で「生徒募集ニ関スル件」として、「現在生徒ノ殆ント半数ハ学校所在府郡ノ出身ナルノミナラス、各府郡ニ渉リテ之ヲ収容セルモノハ極メテ少数ナルカ如シ。募集上意ヲ用キテ汎ク生徒ヲ各府郡ニ求メ、卒業者ノ分布普及ヲ図ルヘシ」との指示を各学校長に向けて発しているのである(84)。

そのためにすべての農業学校には、自宅が遠方で通学困難な朝鮮人生徒向けに寄宿舎が併設された。ちなみに、一九一六年の平安北道・義州公立農業学校からの報告によれば、生徒約八〇名中寄宿生は約六〇名、自宅もしくは近親者の家庭からの通学生は約二〇名であったということである(85)。

一九一九年（大正八）現在で、農業学校は、京城公立農業学校（京畿道・高陽）、清州公立農業学校（忠清北道・清州）、公州公立農業学校（忠清南道・公州）、全州公立農業学校（全羅北道・全州）、群山公立農業学校（全羅北道・沃溝）、光州公立農業学校（全羅南道・光州）、大邱公立農業学校（慶尚北道・達城）、晋州公立農業学校（慶尚南道・晋州）、海州公立農業学校（黄海道・海州）、平壌公立農業学校（平安南道・大同）、安州公立農業学校（平安南道・安州）、義州公立農業学校（平安北道・義州）、寧辺公立農業学校（平安北道・寧辺）、春川公立農業学校（江原道・春川）、咸興公立農業学校（咸鏡南道・咸興）、北青公立農業学校（咸鏡南道・北青）、鏡城公立農業学校（咸鏡北道・鏡城）の一七校であり、修業年限はすべて二年であった(86)。

◆卒業生の進路

以上、水原農林学校と農業学校について見てきたが、植民地朝鮮ではそのどちらもが近代農学の知識・技能を身につけた朝鮮人農業エリートを育成する教育機関であった。日本内地の尋常小学校に相当する普通学校の就学率が極めて低い水準にとどまっていた朝鮮において、これらの学校に就学した朝鮮人はほんの一握りの人たちに過ぎなかった。日本内地では、地方農業の発展を支える農村の中心的指導者・実践者の育成を担った農業学校も、朝鮮では専門性をもった農業技術系官吏・会社員・団体職員を輩出する機関となったのである。

例えば、一九一八年（大正七）一一月開催の農業技術官会同では、卒業生の動向について慶尚北道と平安南道からそれぞれ次のような報告がなされている。

慶尚北道

本道ニ於ケル下級技術員ハ大部分本道公立農業学校卒業生ヲ採用シ、其ノ数郡技手七名、農業技手十二名、農業助手六名、林業技手十五名、助手六名、畜産組合二十二名、棉作技術員二十九名、計六十七名ノ多キニ達セルカ、是等技術員ハ何レモ学校ニ於テ修得シタル技能ヲ応用シ以テ農事ノ改善ニ努メツツアリ。(87)

平安南道

本道ニハ平壌、安州ニ二校アリテ、是等ノ卒業生カ地方勧業団体ニ奉職シ活動シ居ルノ状況ハ平壌公立農業学校ニ於テ五十一名、安州公立農業学校ハ四十五名トス。即チ面農会、地主会、畜産組合、蚕絲業組合等ノ技術員トナリテ地方農事ノ指導奨励ノ任ニ当リツツアルヲ以テ、農事改善上効果多大ナリト認ム。(88)

また、同じ会議では慶尚南道から次のような報告もなされている。

慶尚南道

農業学校本来ノ目的トシテ、卒業ノ上ハ農業ニ従事シ一般鮮農ノ模範タルニ在ルモ、現在ニ於テハ卒業生ハ判任文官トシテ、技術員トシテ、学校教師トシテ、将タ組合、農業ニ於ケル技術員若ハ事務員トシテ、其ノ他官公吏トシテ需用甚多ク、殊ニ近来ハ卒業生ヲ面書記トシテ採用スルノ便宜ナルヲ認メ、続続卒業生ノ推薦ヲ乞ヒ来レルモ、卒業生ノ供給不足シ何レモ中止スルノ外ナキ実況ニアリ。(89)

これらの報告を総合すると、農業学校の卒業生に対しては、道・郡・面や組合・農場などの農業技術員だけではなく、面書記など地方行政機関の下級官吏としての需要が多く寄せられていたことが推測される。その意味で、農業学校は、実態としては地方行政機関に対する下級官吏供給機関として機能する側面が濃厚であったといえるだろう。

その結果、植民地朝鮮では、朝鮮人農民への近代農学の普及、農事改良の中核となる朝鮮人の「担い手」の育成の場として、本来初等普通教育機関であるはずの普通学校が、その役割を果たすことになるのである。これに関しては、次の第三章で詳しい検討を行うことにする。

(3) 朝鮮農会・部門別農業団体

◆朝鮮農会の活動

植民地朝鮮において農事改良を担う農業団体としては、まず朝鮮農会を挙げることができる。

朝鮮農会は、併合を機に韓国中央農会を改称した農業団体である。朝鮮農会は、韓国中央農会が地方に設置していた支会をそのまま引き継いだ。併合直後の一九一〇年八月末現在で、全部で一三の支会が設置されていた。すなわち、水原支会（京畿道・水原）、開城支会（京畿道・開城）、清州支会（忠清北道・清州）、全州支会（全羅北道・全州）、全北西部支会（全羅北道・群山）、全南支会（全羅南道・光州）、慶北支会（慶尚北道・大邱）、慶南支会（慶尚南道・晋州）、三浪津支会（慶尚南道・三浪津）、黄州支会（黄海道・黄州）、平壌支会（平安南道・平壌）、鎮南浦支会（平安南道・鎮南浦）、平北支会（平安北道・義州）である。京畿道、全羅北道、慶尚南道、平安南道にはそれぞれ二つの支会が置かれていた。やがて忠清南道・公州に忠南支会が設置されたことから、一〇年代には、会員数一〇〇名未満であった江原道、咸鏡南道、咸鏡北道を除く一〇道に朝鮮農会の支会が設けられた(90)。

表7　朝鮮農会の事業一覧

年　月	事　業　名	開　催　地	主　催
1910年9月	園芸品評会	京城黄金町元農商工部庁舎跡	本会
1910年11月	農産品評会第2回稲扱伝習会	清州	清州支会
1911年4月	農産物、農具、肥料陳列	京城中部	本会
1911年10月	畜牛組合組織	開城	開城支会
1911年10月	第3回稲扱伝習会	忠清北道一円	清州支会
1911年11月	第2回農産品評会	清州	清州支会
1912年4月	農業技術員養成(見習生養成)	水原	本会
1912年5月	稚蚕共同飼育	鎮南浦	鎮南浦支会
1912年5月	農産物陳列館開設	京城東大門通	本会
1912年5月	水稲優良種採種畓経営	平安南道江西郡	平壌支会
1912年4月	機業伝習会	鎮南浦	鎮南浦支会
1912年11月	農産品評会	平壌	平壌支会
1912年12月	果樹栽培講習会	開城	開城支会
1913年9月	畜牛組合種牛品評会	開城	開城支会
1913年11月	生産品評会	平壌	平壌支会
1913年11月	畜牛預託事業	平安北道一円	平北支会
1913年11月	西鮮物産共進会	鎮南浦	鎮南浦支会
1914年9月	改良種鶏奨励	忠清北道一円	清州支会
1914年11月	物産品評会	公州	忠南支会
1916年11月	農産品評会	晋州	慶南支会
1916年11月	産業講演会	大邱	慶北支会
1917年5月	産業講演会	大邱	慶北支会
1917年11月	農事講演会	全州	全北支会
1917年11月	農事講演会	晋州	慶南支会
1918年3月	農学校優等卒業者表彰	各道	本会
1918年3月	農事に関する懸賞論文募集		本会
1918年6月	産業講演会	清州	清州支会
1918年10月	産業講演会	慶尚南道一円	慶南支会
1922年4月	全鮮輸移出穀物共進会	京城	本会
1923年10月	朝鮮副業品共進会	景福宮	本会

(出典)『朝鮮農会の沿革と事業』(朝鮮農会、1935年)20〜23頁。

図35　清州支会第二回農産品評会（『朝鮮農会報』7巻2号、1912年2月）

図34　朝鮮農会農産物陳列館（『朝鮮農会報』7巻5号、1912年5月）

図37　朝鮮農会第二回総会（下）寺内総督祝辞（『朝鮮農会報』10巻11号、1915年11月）

図36　慶北支会産業講演会（1916年11月）慶尚北道の安東（上）、尚州（下）、清道の3ヶ所で開催（『朝鮮農会報』12巻2号、1917年2月）

朝鮮農会は、会報として『朝鮮農会報』（『韓国中央農会報』から改称）を発行するとともに、本会・支会を通じて農産物の改良増殖、新しい農業技術の普及のために各種の勧農事業を実施した（表7、図34・35・36）。一三年（大正二）四月には、事務所を勧業模範場がある水原に移転している。一五年一〇月には、始政五年記念朝鮮物産共進会を契機として、朝鮮農会第二回総会を開催し、それまで欠員であった会頭に李完《イワ》用《ニョン》(91)をすえ、副会頭の本田幸介以下新たな役員を決定した(92)（図37、表8）。

◆部門別農業団体の設置

その一方で、併合後の朝鮮では、農村現場で農事改良を推進するための農業団体として、朝鮮農会とは別に、部門別の農業団体が設置された。

併合間もない一九一〇年（明治四三）一〇月、寺内正毅総督は、各道長官に対する施政一般に関する訓示の中で、農業団体に関して次のような指示を行っている。

十一　農業団体の利用に関する件

円満なる産業行政の進捗は、主として各種組合団体の発展に待つべきもの多し。朝鮮に在りては朝鮮農会なるものあり。其の本部は京城に之を置き、支部は概ね之を各道に設置せり。又別に従来各郡に存在せる所謂契なるものは、其の組織恰も産業組合に貌似せり。是等は当局者に於て其の利用宜しきを得ば、農事改良上に裨益せしむべきこと難からざるべきを以て、適当に之を助長して以て産業発展上に利用せられむことを

表8　朝鮮農会の役員構成（1915年）

会頭	李完用	（伯爵、中枢院副議長）
副会頭	本田幸介	（勧業模範場長）
評議員	中村彦	（総督府技師）
	豊永真里	（総督府中央試験所長）
	斎藤音作	（総督府技師）
	鏡保之助	（勧業模範場技師）
	上林敬次郎	（総督府山林課長）
	人見次郎	（総督府農務課長）
	和田常市	（実業家）
	富田儀作	（実業家）
	奥田貞次郎	（実業家）
	韓相龍	（実業家）
理事	小早川九郎	
	山本尚郷	
	山根清一	

（出典）『朝鮮農会の沿革と事業』（朝鮮農会、1935年）89～90頁。

要す。(93)

これはすなわち、総督府の勧農政策の本格的開始を目前に控え、既存の朝鮮農会（旧韓国中央農会）や朝鮮の伝統的な相互扶助組織である「契」を利用することを指示したものである。しかし、ほどなくして、朝鮮農村の現場で農事改良を担う団体としては、朝鮮農会も契も不適当であるとの結論に達した。

一九一二年三月、すでに見たように朝鮮総督府は、各道長官および勧業模範場長に対して米作・棉作・養蚕・畜牛の改良増殖に関する訓令を発し、四大部門に絞り込む形で勧農政策を本格的に開始することを表明した。そして、これに連動する形で、総督府は同年以降、各種の農業団体の設置に関する指示・訓示等を連発し、地方行政官庁も命令・勧奨・助成等の形でその設置に努めた。その結果、総督府の勧農方針に合わせて、米（普通農事）・綿花（棉花）・蚕繭・畜牛（朝鮮牛）を中心に部門別の農業団体が設置されたのである。(94)

朝鮮の最重要農産物である米（普通農事）については、地主を会員とする地主会・農事奨励会・勧農会・農友会・勧業会が朝鮮各地に設置された。地主会の会員資格は、耕地一町歩以上を有する地主、あるいは一〇町歩以上を有する者などさまざまであった。地主会は、事務所を郡庁内に置き、おおむね郡守を会長とし、郡庶務主任もしくは郡内大地主を副会長、郡普通農事技手を理事または幹事とした（後述の他の部門別団体も、ほぼ同様の形で設置・組織された）。地主会の事業としては、主に（一）試作畓・採種苗圃及び採種田の設置、（二）種苗の配付・貸付・交換及び共同購入、（三）肥料・農器具の貸与及びその購入資金の貸付、（四）農事の講習・講話・小作米及び立稲品評会の開催、（五）優良小作人の表彰、などが行われた（図38）。地主会は二〇年現在、団体数一二四、会員数九万三五〇三人に達していた。(95)

日本内地の紡績業の原料として期待された綿花（棉花）については、棉作組合が設置され、陸地棉の栽培奨励や棉花の共同販売などの事業を行った。(96)

図38　忠清南道瑞山郡の小作米品評会（1918年3月）瑞山郡地主会の決議に基づき地主李基奭が率先して開催（『朝鮮彙報』大正7年6月号、1918年6月）

蚕繭は、製糸業の原料として総督府によって朝鮮農民に養蚕が奨励された。朝鮮各地に養蚕組合が設置され、植桑の奨励、蚕繭の共同販売などの事業を行った(97)。

畜牛（朝鮮牛）は、日本内地の食肉用として総督府によって奨励されるが、朝鮮ではむしろ農家の労働力として飼育された。畜牛については、当初畜産組合が設置されるが、一九一五年（大正四）七月に制定された朝鮮重要物産同業組合令によって、そのほとんどが畜産同業組合に改組された。その結果、畜産同業組合は、部門別団体の中で唯一の法認団体となった。組合の事業としては、牛の飼育奨励、種牝牛の設置などを行った(98)（図39）。

これらの部門別農業団体は、一〇年代の朝鮮農村で農事改良を担うことになったが、同時に深刻な問題も抱えていた。第一に、部門別に団体が設置されたことで乱立状態に陥り、朝鮮人農民に対する指導奨励の統一性の欠如、団体間での事業摩擦、農民個人への数種類の会費の重複といった事態が発生したことである。第二に、部門別団体が、行政官庁により上から組織された任意団体であったために、会費の徴収不良に陥り、団体本来の勧農事業の停滞を招いたことである(99)。

加えて、これらの団体は、朝鮮人農民に対する農事改良の強制的実施という「サーベル農政」的性格を表面化させることになった。例えば、棉作組合では、次のような暴力的な指導が行われたと伝えられている。

> 棉作組合はその創設後僅々十四年の間、当局との緊密なる協力の下に驚く可き成績を挙げた。……併しその性急なる歩調は遂に蹉跌を来さずにはおかなかつた。実に郡島技術員の無遠慮な振舞は組合員の不興を買つ

たばかりでなく、彼等は栽培面積の拡張強行の為には、播種済の畠を鋤返へして棉の播種を強制することを敢てし、又棉花共同販売数量の増大を図る為に、農家の自家消費を防止する手段として在来棉機を捜索して破毀することもあつた。かくして一般農民の反感を買ひ、識者の顰蹙する所となつたが、大正八年以来その反動漸く表面化し、各種産業団体中不評な存在となつてゐたのである。(100)

このような農業団体、あるいは団体を通じた農業技術員の強制的指導は、朝鮮人農民から反感を買い、朝鮮農村に先鋭な対立をもたらすことになったのである。

図39　平安南道順川郡畜産組合主催の第一回畜産品評会（『朝鮮農会報』13巻9号、1918年9月）

小括

以上、本章の内容をまとめると次の通りである。

植民地朝鮮の勧農政策は、一九一二年三月に寺内正毅総督から発せられた米作・棉作・養蚕・畜牛の改良増殖に関する四つの訓令をもって本格的に開始された。

一九一〇年代は勧農政策の形成期であった。日本で近代農学（学理農法）を確立した農学者たちは、朝鮮への単純な移植を図ったが、勧農機関が整わないこの時期にそのすべてを実現することは不可能であった。初代場長の本田幸介によって朝鮮の勧農方針が策定されたが、その実行方針（四大要綱）では、農事改良の対象を絞り込み、経費をかけず、かつ朝鮮人農民に近代農学の効果を実感させることが何よりも優先された。(101)例えば、朝鮮の最重要農産物である米（米穀）でも、日本の明治農法の完全な適用は当面見送られ、主に「優良品種」の普及と調製方法の改善に指導奨励は限定されたのである。

勧業模範場・道種苗場などの農事試験研究機関、水原農林学校（後に水原農林専門学校）・農業学校などの農業教育機関、朝鮮農会・部門別農業団体などの農業団体など、勧農政策を支える体系的な機構も一〇年代を通じて徐々に整備されていった。ただし、農業団体の乱立に象徴される通り、一九一〇年代は依然として勧農機関の過渡期に当たり、全体としての勧農機構も極めて未成熟な状態であった。その結果、一〇年代のいわゆる武断統治の下では、農村現場で憲兵や警察を用いた「サーベル農政」に類する農事改良の強制的実施がしばしば見られることになったのである。

（1）本田幸介「朝鮮の移住に就て（下）」（『中央農事報』八七号、一九〇七年六月）四七頁。

（2）ただし、朝鮮の農業のなかで農学者たちが高い評価を与えているものもいくつかある。特に、朝鮮牛に対する評価は非常に高く、「家畜にありて牛畜は尤も韓国の風土に適応す。初めて韓国の内地を見たるの人は、韓国在来種の牛畜を見て洋種牛の雑種ならむかと思ふ程に優れて居る」とまで賞賛している（「韓国の農業と移民（中村統監府技師談）」『大日本農会報』三二四号、一九〇七年八月、一九頁）。また、朝鮮で犂が盛んにかつ巧みに使用されていることにも注目が集まっていた。例えば、「土地を耕鋤するに、日本国の関東方面に行はる、如く単に鍬を以て土地を耕鋤するが如きは殆ど之を見ること難く、牛一頭曳の犂は韓国到る処盛んに行はれ、江原道の如きは牛二頭曳の犂を普通とし稀に三頭曳を見ることあり。犂の外に粗笨なれども把撈、筋立器、覆土器などありて盛に使用せられ、畜力と機械との応用は日本国よりも遥かに広く且多し」といった記述が見られる（中村彦「韓国に於ける農事の経営」『大日本農会報』三〇六号、一九〇六年一二月、一三頁）。これなどは明治期に日本国内で牛馬耕、短床犂による深耕が指導・奨励されたことを前提とした評価であると考えられる。

（3）本田幸介「朝鮮の移住に就て（上）」（『中央農事報』八六号、一九〇七年五月）四七頁。

（4）中村彦「朝鮮農業改良の効果」（『中央農事報』一二八号、一九一〇年一一月）六頁。なお、中村彦は、一八六八年生まれ、九一年（明治二四）に東京帝国大学農科大学農学科卒業、同期には後に勧業模範場長となる加藤茂苞がいる。卒業後は佐賀県農学校長、福岡県農事試験場長、農商務省農産課長などを歴任。農商務省在勤中にアメリカ、清国、韓国などに派遣される。一九〇六年（明治三九）に統監府農務課長となり朝鮮に渡り、翌〇七年に韓国政府農務局長となる。併合後は朝鮮総督府勅任技師（農商工部農務課専任）となる（『在朝鮮内地人紳士名鑑』朝鮮公論社、一九一七年、『日本人物情報大系』七二巻朝鮮編二収録、二五三頁）。

（5）本田幸介「朝鮮を去るに臨んで」（『朝鮮農会報』一四巻一一号、一九一九年一一月）五～七頁。

（6）『朝鮮の農業』昭和八年版（朝鮮総督府農林局、一九三五年）一～二頁。

（7）同右、二頁。

（8）『朝鮮統治三年間成績』（朝鮮総督府、一九一四年）附録三頁。

（9）「米作改良増殖奨励ノ方針」（『朝鮮総督府官報』四六〇号、一九一二年三月一二日付）一〇五頁。なお、綿花（棉作）については、陸地棉栽培の奨励、陸地棉種子の保存、陸地棉栽培の指導、陸地棉栽培の拡張、朝鮮在来棉の栽培改良の五項目が、朝鮮牛（畜牛）については、種牝牛の選択、種牝牛の保護、牝牛の貸付、畜牛預託の奨励、飼料の供給、去勢の奨励、妊牛屠殺の取締、獣疫の予防の九項目が、養蚕（蚕業）については、優良蚕種の普及、稚蚕共同飼育所の設置、女子の蚕業奨励、産繭販売の斡旋の四項目が指示されている（「棉作改良普及奨励ノ方針」「畜牛改良増殖奨励ノ方針」『朝鮮総督府官報』四五九号、一九一二年三月一一日付、八七～八八頁および「蚕業改良発達ニ関スル奨励ノ方針」『朝鮮総督府官報』四六〇号、一九一二年三月一二日付、一〇五～一〇六頁）。

（10）一九三五年（昭和一〇）九月三〇日に開催された朝鮮農会主催朝鮮農事回顧座談会では、一九一〇年代当時黄海道で勧業係を務めた安岡荘蔵が、当時を振り返って次のように語っている。「何分にも実情に疎く経費亦潤沢でなく、技術員の如き二郡に一名と云ふやうな配置に加へて、農民に自覚発奮の念薄く治績を挙ぐる事容易でなかつたのであります」（「始政二十五周年記念朝鮮農事回顧座談会速記録」『朝鮮農会報』九巻一号、一九三五年一一月、一〇〇頁）。

（11）中村彦前掲「朝鮮農業改良の効果」六頁。

（12）天日常次郎「朝鮮米の改良」（『朝鮮農会報』九巻一〇号、一九一四年一〇月）一三～二〇頁。

(13)『朝鮮在住内地人実業家人名辞典　第一編』(朝鮮実業新聞社、一九一三年、『日本人物情報体系』七二巻朝鮮編二収録) 一九九頁および『朝鮮の人物と事業』(京城新聞社出版部、一九三〇年、『日本人物情報体系』七三巻朝鮮編三収録) 九七～九八頁。
(14) 天日常次郎前掲「朝鮮米の改良」一四頁。
(15) 同右、一四～一六頁。
(16) 同右、一六～一七頁。
(17) 同右、一七～一八頁。
(18)「各道農業技術官会議概況」(『朝鮮総督府月報』四巻二号、一九一四年二月) 九二頁。
(19) 中村彦前掲「朝鮮農業改良の効果」六～七頁。
(20) 朝鮮総督府編纂『普通学校農業書　巻二』(朝鮮総督府、一九一四年三月) 五～六頁。
(21)『朝鮮の在来農具』(朝鮮総督府勧業模範場、一九二五年) 六一頁。
(22) 向坂幾三郎「稲扱使用奨励の実験」(『朝鮮農会報』五巻三号、一九一〇年一一月) 三二頁および「稲扱器使用ノ成績(朝鮮総督府勧業模範場報告)」(『朝鮮総督府月報』一巻七号、一九一一年一二月) 一〇頁。
(23) 吉川祐輝「韓国の農作物一班」(『中央農事報』四八号、一九〇四年三月) 四七頁および向坂幾三郎前掲「稲扱使用奨励の実験」三二頁、前掲「稲扱器使用ノ成績」一〇頁。
(24) 前掲『普通学校農業書　巻二』五九～六二頁。
(25) 向坂幾三郎前掲「稲扱使用奨励の実験」三二～三三頁、前掲「稲扱器使用ノ成績」一〇～一二頁。
(26) 一九一三・一四年の数値は、「稲扱器普及状況」(『朝鮮彙報』大正四年一〇月号、一九一五年一〇月、一一二～一一三頁)、一九一五・一六・一七・一八年は、「昨年改良農具普及状況」(『朝鮮農会報』一一巻一一号、一九一六年一一月、五一～五二頁)、「昨年改良農具普及状況」(『朝鮮農会報』一二巻九号、一九一七年九月、五五～五六頁)、「昨年改良農具普及状況」(『朝鮮農会報』一三巻八号、一九一八年八月、六〇頁)、「改良農具普及状況」(『朝鮮農会報』一四巻一二号、一九一九年一二月、三二～三三頁)。
(27)『朝鮮の農業』大正九年版(朝鮮総督府殖産局、一九二二年) 附表第五表。

(28) 吉川祐輝前掲「韓国の農作物一班」四七頁。
(29) 中村彦「朝鮮の農業一斑（承前）」（『大日本農会報』三六八号、一九一二年二月）一四頁。
(30) 同右、一四～一五頁。
(31) 本田幸介「朝鮮農業論」（『大日本農会報』三六七号、一九一二年一月）二頁。
(32) 同右、四頁。
(33) 東洋拓殖株式会社（以下、東拓と略）は、一九〇八年一二月に朝鮮における農業拓殖事業を営むことを目的に設立された日本のいわゆる国策会社である。東拓は、設立直後から移民事業に必要な土地取得を積極的に進め、一九一〇年から移住民の募集を開始した。しかし、土地取得に対する朝鮮人農民の抵抗や荒蕪地開拓の停滞により、移民を収容する土地を確保できない事態に陥った。また、日本人農民の移住募集も当初から不振を極め、一〇年代前半には計画は完全に挫折することになった（移民募集は一九二七年に中止）。その後、東拓は、朝鮮における地主経営を主とする土地経営を中核としながら融資事業や投資事業も展開し、事業地域も満洲や東南アジアへと拡大していった（河合和男・金早雪・羽鳥敬彦・松永達『国策会社・東拓の研究』不二出版、二〇〇〇年、七～五六・一四三～一七〇頁参照）。
(34) 「朝鮮総督府勧業模範場官制」（『朝鮮総督府官報』二八号、一九一〇年九月三〇日付）一三三頁。
(35) 『朝鮮総督府施政年報』明治四五・大正元年版（朝鮮総督府、一九一四年）二八六～二八八頁。
(36) 同右、二八八～二八九頁。
(37) 同右、二八九～二九〇頁および『朝鮮総督府農事試験場二拾五周年記念誌』上巻（朝鮮総督府農事試験場、一九三一年）三～五頁。
(38) 前掲『農事試験場二拾五周年記念誌』上巻、五～六頁および『朝鮮総督府施政年報』大正二年版（朝鮮総督府、一九一五年）一七三頁。
(39) 前掲『農事試験場二拾五周年記念誌』上巻、六頁および小早川九郎編『朝鮮農業発達史　政策篇』（朝鮮農会、一九四四年）二九四～二九六頁。
(40) 前掲『農事試験場二拾五周年記念誌』上巻、六頁および小早川九郎前掲書、二九八～三〇〇頁。
(41) 前掲『農事試験場二拾五周年記念誌』上巻、六頁および小早川九郎前掲書、二三三・二六六頁。

(42) 小早川九郎前掲書、二六六頁。
(43) 前掲『農事試験場二拾五周年記念誌』上巻、六頁。
(44)「道種苗場設置並道種苗場補助費交付規程」(『朝鮮総督府官報』四七五号、一九一二年三月三〇日付)二七六頁。
(45) 前掲「道種苗場設置並道種苗場補助費交付規程」二七六頁および前掲『施政年報』明治四五・大正元年版、二九〇頁。
(46) 小早川九郎前掲書、五八頁。
(47) 同右、二六六頁および『朝鮮総督府施政年報』大正五年版(朝鮮総督府、一九一八年)一四一頁。
(48) 前掲『施政年報』大正五年版、一四一〜一四二頁。
(49) 朝鮮総督府農林学校規則第一条。なお、条文は、『創立二十五周年記念　朝鮮総督府水原高等農林学校一覧』(朝鮮総督府水原高等農林学校、一九三一年)附録二〇〜二六頁参照。
(50) 農林学校規則第一条。
(51) 農林学校規則第三条。
(52) 農林学校規則第一七条。なお、速成科の入学志願者の主な資格については、「満二十歳以上満三十歳以下ノモノニシテ其学力ハ募集ノ都度学校長之レヲ定ム」とある(第一七条第一項)。
(53) 農林学校規則第一四条。
(54) 一九一二年時点での農業実習の具体的な内容は、次の通りであった。「実習ハ共同・組別及分担ノ三種ニ分チ、共同実習ハ同級又ハ全校生徒ヲシテ同一作業ニ従事セシメ、組別実習ハ各級生徒ヲ数組ニ分チ組毎ニ協同作業ヲ行ハシム。又分担実習ハ一人ニ対シ十坪乃至二十坪ノ耕地ヲ割当テ、一定ノ作業ヲ終始独力ヲ以テ経営セシメ、其ノ分担地ノ生産物品評会ヲ開キ、職員生徒中ヨリ審査員及事務員ヲ選任シ、成績審査ノ上優秀ナルモノニ賞状ヲ授ケ、以テ実習ニ対スル生徒ノ趣味ヲ深カラシムルト共ニ事務及審査方法ノ一端ヲモ修得セシム。実習事項ハ普通作物・工芸作物・果樹及蔬菜ノ栽培、春夏秋蚕ノ飼育、家畜家禽ノ飼養管理及養蜂酪農、苗木ノ育成、造林手入等ニシテ、又冬季中ハ更ニ醤油・味噌・澱粉・飴等ノ製造、莚織・縄・蚕箔・蚕網・簇等ノ実習ニ従ハシム」(前掲『施政年報』明治四五・大正元年版、四〇六〜四〇七頁)。
(55) 前掲『水原高等農林学校一覧』一五五頁。

(56) 農林学校規則第七条。
(57) 『朝鮮総督府施政年報』大正三年版（朝鮮総督府、一九一六年）二六八頁および前掲『水原高等農林学校一覧』一二頁。
(58) 前掲『水原高等農林学校一覧』一二～一三・一五五頁。
(59) 前掲『施政年報』大正五年版、二六九～二七〇・二七五頁、『同』大正六年版（朝鮮総督府、一九一九年）二七七～二七八・二八〇頁および前掲『水原高等農林学校一覧』一四～一五頁。なお、一九一七年度は、専門科に二二名が入学したが、そのうち七名が日本人であった。
(60) 小早川九郎前掲書、三一六頁および前掲『水原高等農林学校一覧』一五頁。
(61) 朝鮮総督府専門学校官制第五条。なお、条文は、前掲『水原高等農林学校一覧』附録三～四頁参照。
(62) 水原農林専門学校規程第一条。なお、条文は、前掲『水原高等農林学校一覧』附録二六～三一頁参照。
(63) 水原農林専門学校規程第二条。
(64) 水原農林専門学校規程第六条。なお、日本人と朝鮮人の入学年齢の相違は、日本人対象の中学校の修業年限が五年、朝鮮人対象の高等普通学校の修業年限が四年であったことに由来する。
(65) 水原農林専門学校規程第三条、水原農林専門学校教科課程及毎週教授時数表。なお、朝鮮人生徒には「国語（日本語）」、日本人生徒には「朝鮮語」が三年間課されたほか、「英語」は随意科目であった。
(66) 朝鮮教育令第六条。
(67) 朝鮮教育令第二〇条。
(68) 朝鮮教育令第二二条。
(69) 朝鮮教育令第二三条。
(70) 実業学校規則第八条。
(71) 小早川九郎前掲書、三一八～三一九頁。
(72) 「実業学校規則改正ニ関スル件」（『朝鮮人教育　実業学校要覧』朝鮮総督府内務部学務局、一九一四年）附録三二頁。
(73) 「実業学校規則中改正」（『朝鮮総督府官報』号外、一九一三年一月一五日付）一～二頁。

(74) 前掲『朝鮮人教育　実業学校要覧』附録五二頁。
(75) 忠清北道・清州公立農業学校の渋田市造によれば、実習地は大きく水田と畑地の二つから成り、畑地には普通作物区・特用作物区・蔬菜園・果樹園・桑園・見本及実験器区・練習区・苗圃などが設置された。また、附属施設として収納舎兼作業室・農具舎・貯蔵室・養蚕室・堆肥舎・畜舎・鶏舎などの建物も設けられていた（渋田市造「農業学校の経営法」『朝鮮彙報』大正五年三月号、一九一六年三月、一〇八〜一〇九頁）。
(76) 平安北道・義州公立農業学校によれば、実習林の中心はクヌギ・ナラ・アカマツなどの薪炭林であったが、そのほかに落葉松・ケヤキなどの用材林や栗・胡桃・漆・銀杏などの有用樹林も設けられていた（義州公立農業学校「実習教授」『朝鮮彙報』大正五年二月号、一九一六年二月、一一六〜一一七頁）。
(77) 小早川九郎前掲書、三一八頁。
(78) 義州公立農業学校前掲「実習教授」一一四〜一一五頁。
(79) 例えば、平壌・安州両公立農業学校を擁する平安南道からの報告によれば、学校の実習地で栽培・生産した粟・小麦の優良品種、蔬菜、改良種雞「プリマスロック」の種卵、春蚕種「又昔」などを地方農民や学校の在校生・卒業生らに少なからず配布し、優良品種の普及の上で相当な効果を上げることにつながったという（『大正七年十一月　農業技術官会同諮問事項答申書』朝鮮総督府、一九一八年一一月、一五九頁）。
(80) 前掲『朝鮮人教育　実業学校要覧』附録五五〜五六頁。
(81) 渋田市造前掲「農業学校の経営法」一〇四頁。
(82) 同右、一〇四〜一〇五頁。
(83) 「平壌公立農業学校生徒募集広告」（『朝鮮総督府官報』四六〇号、一九一二年三月一二日付）一一三頁。なお、咸鏡南道・北青公立農業学校でも、「入学願書ニ府郡面長ノ不動産証明書ヲ添付セシメ財産ノ基礎確実ナルモノニ入学ヲ許可スル」という同様の方法がとられていた（『大正五年十二月　農業学校長会同聴取事項答申書』朝鮮総督府、一九一六年一一月、三七頁）。
(84) 前掲『朝鮮人教育　実業学校要覧』附録六二〜六三頁。
(85) 前掲『大正五年十二月　農業学校長会同聴取事項答申書』二〇頁。

(86)『朝鮮諸学校一覧』大正八年版（朝鮮総督府学務局、一九二〇年）一八七～一九〇頁。一九一九年時点で私立農業学校は存在していなかった。なお、この時期の農業学校は、朝鮮人のみを収容する学校であったため、地方では逆に日本人が通学可能な中等農業教育機関が存在しない事態となった。そのため全州・公州・群山の各公立農業学校では、日本人生徒を収容し、朝鮮人生徒と合同で教育を行った。また、大邱公立農業学校では、日本人生徒を別科生として学級を特設し教育に当たった（『朝鮮総督府施政年報』大正六年版、朝鮮総督府、一九一九年、二七五～二七六頁）。

(87) 前掲『大正七年十一月　農業技術官会同諮問事項答申書』一五四頁。

(88) 同右、一五九頁。

(89) 同右、一五六頁。

(90) 文定昌『朝鮮農村団体史』（日本評論社、一九四二年）一三～一四頁および『朝鮮農会の沿革と事業』（朝鮮農会、一九三五年）二〇頁。

(91) 李完用は、元韓国政府総理大臣で、併合後は朝鮮貴族に列せられ、朝鮮農会会頭就任時には伯爵、中枢院副議長も務めていた。第二次日韓協約締結（一九〇五年）に賛成し、「乙巳五賊」の一人に数えられるなど、その経歴から親日派官僚との評価を受ける人物である（『朝鮮功労者銘鑑』民衆時論社、一九三五年、四六頁および『新訂増補　朝鮮を知る事典』平凡社、二〇〇〇年、四二六頁参照）。

(92) 前掲『朝鮮農会の沿革と事業』一三～一四・二〇～二二頁。

(93) 文定昌前掲書、二二～二三頁。

(94) 同右、二四頁。

(95) 同右、六〇～六八頁。

(96) 同右、二五～三七頁。

(97) 同右、三七～四八頁。

(98) 同右、四八～六〇頁。

(99) 同右、六八頁。

(100) 同右、三六～三七頁。そのほか養蚕組合でも、以下のように同様の指導が行われていた。「養蚕組合がその事業執行上最も力を致したものは、植桑奨励の為の桑苗の共同購入、並に蚕の飼育枚数を殖す為の蚕種の購入配付であつた。即ち毎年度郡島当局の計画に依つて、配付（名目上は共同購入）さるべき桑苗及び蚕種は、養蚕組合の名に於て郡在勧蚕業技手、養蚕組合職員、面職員及び区長等の手に依つて半ば強制的に配付するのである。ところが、農民は之が植付や掃立を厭うて、或は苗木を薪にしたり、或は又種紙を棚に上げて置いたまゝ発蛾せしむる様なことが多かつた。又其の代金は、一種の理由なき税金の如く思つて容易に支払はなかつた為、大正十三年末には桑苗代金のみの未納額二十万円に上り、養蚕組合は此の代金の取立ての為に奔命是れ疲るゝの状態であつた」（文定昌前掲書、四七頁）。

(101)　一九一〇年代に総督府技師を務めた三井栄長は、当時の勧農方針について次のように回想している。「それでその実行が、またその当時の無智な百姓に向つてやらせるのに極く簡易で、遣つたならば必らず間違のない、決して多岐に亙らない、而して極めて確実な筋の立つたものでなくてはならぬと言ふのであつて、その指導の如きも具体的に手を取つて教へるやうにした。〔中略〕米に就いて言へば、どこの道にはどの品種、どこの道には何んの品種といふ風に極めたが最後、その外の品種は絶対にやつてはいけない。即ち決定事項以外のことはやつては断じていけないことに極めてあつたものだ。〔中略〕このやうに奨励事項をきめて奨励をすれば、それ以外はやらせないのだから、技術者側から見れば非常に窮屈でならなかつたものだ」（前掲「始政二十五周年記念朝鮮農事回顧座談会速記録」五～六頁）。

第三章　朝鮮における普通学校の農業科と勧農政策

本章では、一九一〇年代の朝鮮において、近代農学（学理農法）を理解し新たな農業技術を習得した朝鮮人農民を、植民地農政の「担い手」としてどのように育成しようと試みたのか（人材育成）という課題を追究する。そこで、ここでは、日本内地の尋常小学校に該当する朝鮮の普通学校で一九一〇年代を中心に広範に実施された、農業科(1)を核とする農業教育に着目した。具体的には次の三つの段階を踏んで考察を進めていく。

まず最初に、日本内地の教育政策の動向、とりわけ高等小学校での農業科の普及・定着や戊申詔書発布に焦点を当て、朝鮮の普通学校における農業科の準必修科目化について整理する。次に、普通学校の農業科の教育内容について、学校内と学校外に区別してその実態を明らかにする。学校内の活動では、教科書を軸として主にことばを介して教授される学科と、学校園・実習地・学校林を使用して実施される農業実習について、また学校外の活動では、生産物配布、「一坪農業」や卒業生指導など学校周辺地域への勧農活動の側面について取り上げる。そして最後に、普通学校農業科のもつ限界性と有効性の両面について検討し、一〇年代における朝鮮人農民の「担い手」育成の試みに若干の考察を加えることにしたい。なお、朝鮮人児童を対象とする普通学校には、官立・公立・私立の三種が存在したが、その大多数は公立普通学校であった(2)。よって本章では、基本的に公立普通学校を研究対象として設定している。

それでは、本論に入る前に、植民期朝鮮の普通学校における農業科および農業教育に関連する先行研究を簡単に紹介しておこう。

朝鮮の普通学校をめぐる従来の研究は、大きく分けて二つの方向から分析が進められてきた。一つは、「朝鮮教育令」「普通学校規則」などの関係法令や教育制度の内容あるいはその変遷に注目することで、朝鮮総督府の教育政策の特徴を把握しようとするものである。もう一つは、植民地教育政策がもつ同化主義的側面を究明するために、それと直結する「国語」や「修身」などの教科目の教授内容を教科書の記述などから考察しようとするものである。しかしその反面、本章で取り扱う農業科をはじめ商業科、手工科などの実業的教科目に関する研究は、日韓両国でこれまでほとんど行われてこなかった。

そのなかで普通学校の農業科もしくは実業科に関する数少ない先行研究として、呉成哲と稲葉継雄の研究を挙げることができる。呉成哲の「植民地朝鮮の普通学校における職業教育」（二〇〇〇年）[3]は、普通学校における一九二九年（昭和四）の職業科の必修科目化と三〇年代前半の「教育実際化」政策について、教育内容の実態も含めて整理・考察したものである。ただし、呉成哲の分析は、同じ時期に朝鮮全土で展開された農村振興運動の一環として位置づける傾向が強く、二〇年代以前の実業科の動向については十分な注意が払われていない嫌いがある[4]。次に、稲葉継雄の『朝鮮植民地教育政策史の再検討』（二〇一〇年）[5]では、「寺内が初等普通教育に次いで重視したのは実業教育であった」と述べ、その具体例として「普通学校における実業科目（農業初歩、商業初歩）の準必修化」を指摘しているが、より踏み込んだ実態解明までは行われていない[6]。

そこで、本章の考察にとって大いに参考となるのが、日本内地の高等小学校における農業科に関する研究である。残念ながら近代日本教育史研究の中でもこの領域に関する研究は比較的少ないが、明治後期から大正期における実業科の実施状況とその内容を丁寧に分析した森下一期の研究、(7)「一坪農業」の実態や教科書編纂発行状況の整理から農業科の教育実態の一端を明らかにした大河内信夫の研究、(8)戦前の高等小学校制度を歴史的・実証的に考察した三羽光彦の研究(9)は、極めて重要な先行研究であると位置づけられる。

なお、本章の第五節では、一九二六年以降、朝鮮で増設が進む実業補習学校（第五章・第六章で詳述）の前史として、簡易農業学校に関する若干の整理・考察を行うことにした。

第一節　農業科の普及

(1) 農業科の準必修科目化

◆法令上の位置

まず初めに、一九一〇年代の朝鮮の普通学校において農業科、正確にいえば「農業初歩」が法令上どのように規定されていたのかを確認することにしたい。

朝鮮総督府は、併合の翌年一九一一年（明治四四）八月二四日に勅令第二二九号「朝鮮教育令」、いわゆる第一次朝鮮教育令を公布し、植民地朝鮮の教育制度を確立した（図1）。この法令は、朝鮮人教育のみを対象とした法令であり、同年一一月一日に施行されたが、同時に普通学校・高等普通学校・実業学校など各学校別の規程も制定された。したがって、一〇年代の普通学校の法的内容に関しては、「朝鮮教育令」と「普通学校規則」（一九一一年一〇月二〇日公布、同年一一月一日施行）という主に二つの法令の条文等をもって把握することができる。

教育令では、教育の種類を普通教育・実業教育・専門教育に区別しているが、(10)このうち普通教育に関しては、「普通ノ知識技能ヲ授ケ特ニ国民タルノ性格ヲ涵養シ国語ヲ普及スルコトヲ目的トス」と定義されている。(11)そして、初等普通教育機関である普通学校に関しては、「児童ニ国民教育ノ基礎タル普通教育ヲ為ス所ニシテ、身体

図2　錦山公立普通学校の授業風景（全羅北道）（『アジア写真集6　写真帖朝鮮』大空社、2008年）

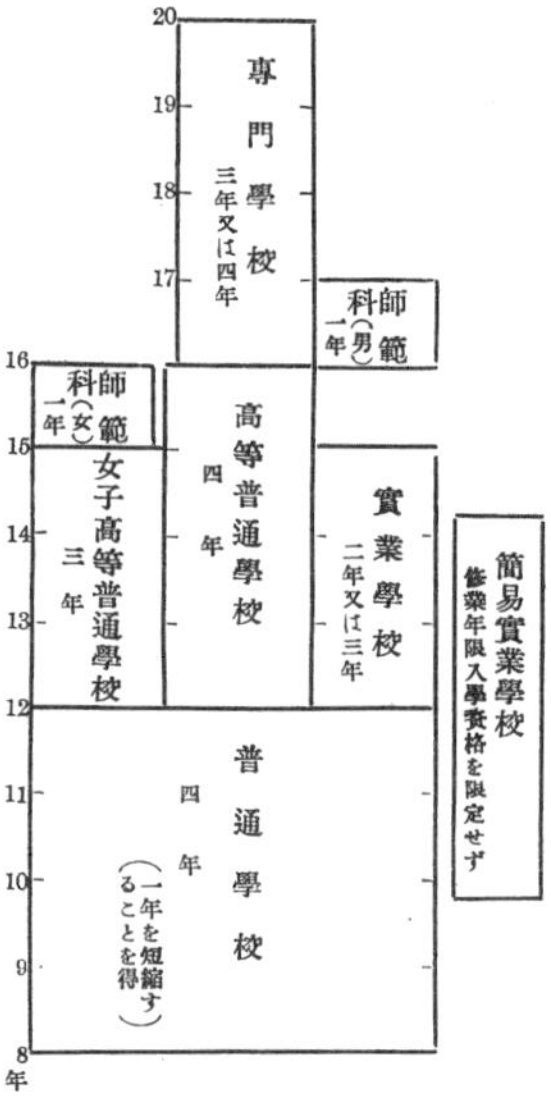

図1　朝鮮教育令の学制（大野謙一『朝鮮教育問題管見』朝鮮教育会、1936年）

表1　普通学校教科課程および毎週教授時数表

教科目	第1学年		第2学年		第3学年		第4学年	
	時数	課程	時数	課程	時数	課程	時数	課程
修身	1	修身ノ要旨	1	同左	1	同左	1	同左
国語	10	読方、解釈、会話、暗誦、書取、作文、習字	10	同左	10	同左	10	同左
朝鮮語及漢文	6	読方、解釈、暗誦、書取、作文	6	同左	5	同左	5	同左
算術	6	整数	6	同左	6	同左、小数、諸等数、珠算	6	分数、比例、歩合算、求積、珠算
理科					2	自然界ノ事物現象及其ノ利用	2	同左、人身生理及衛生ノ大要
唱歌	3	単音唱歌	3	同左	3	同左	3	同左
体操		遊戯、普通体操		同左		同左		同左
図画		自在画		同左		同左		同左
手工		簡易ナル細工		同左		同左		同左
裁縫及手芸		運針法、普通衣類ノ縫ヒ方、簡易ナル手芸		普通衣類ノ縫ヒ方、裁チ方、簡易ナル手芸		同左及衣類ノ繕ヒ方		同左
農業初歩						農業ノ初歩及実習		同左
商業初歩						商業ノ初歩		同左
計	26		26		27		27	

（出典）「普通学校規則」（『朝鮮総督府官報』号外、1911年10月20日付）附属の別表より作成。

ノ発達ニ留意シ国語ヲ教ヘ徳育ヲ施シ国民タルノ性格ヲ養成シ、其ノ生活ニ必須ナル普通ノ知識技能ヲ授ク」るものと規定されている[12]。

普通学校（図2）の修業年限は本則四年とし、土地の状況によって一年短縮することができた[13]。入学資格は年齢八年以上の者であったから[14]、年齢八～一一年の朝鮮人児童の就学が原則であった。普通学校の教科目には、必須科目（必設必修科目）として「修身」「国語（日本語）」「朝鮮語及漢文」「算術」の四科目があり、それ以外に土地の状況により当分欠くことができる随意科目（加設随意科目）として「理科」「唱歌」「体操」「図画」「手工」「裁縫及手芸」「農業初歩」「商業初歩」が設けられた。これらのうち「手工」は男子のみ、「裁縫及手芸」は女子のみを対象とした。また、「農業初歩」「商業初歩」は男子のみを対象とし、どちらか一方のみを課すことが定められていた[15]。表1で学年別の各教科目の毎週教授時数を見ると、必須科目と「理科」「唱歌」「体操」で教授時数が明記されているのに対して、「農業初歩」を含むそれ以外の教科目では教授時数が全く示されていないことが分かる。

このように「普通学校規則」ほか法令の解釈のみからいえば、農業科（「農業初歩」）は、加設随意科目にとどまり、実習を含めた毎週教授時数も明示されていないことから、普通学校の教科目中、相対的に下位に位置づけられるものと判断できよう。

◆加設状況

しかし、実際の普通学校では、法令から受ける印象とは大きく異なり、農業科は積極的かつ広範囲にわたって実施されていた。

例えば、一九一〇年代に朝鮮総督府学務課長を長期間務め当時の教育政策全般を熟知していた弓削《ゆげ》幸太郎[16]は、農業科の実施状況について次のように記述している。

普通学校の教科目に農業初歩並に商業初歩と云ふものがある。此の二科目は生徒には其の一つを課する。又

> 土地状況によりて二者とも之を欠くことを得るの規定である。此の二科を欠くことを得る教科目とした所以は、教師を得ることの困難等を顧慮したのであつたが、教師は講習其の他の方法により極力準備を急ぎ、教育令実施後間もなく殆んど総ての学校に之を課することを得るやうになつた。特に農業初歩を課する学校が多かつた。全朝鮮の普通公立学校は、恰《あた》かも農学校であるかの如く農業実習を盛んに行なつたのである。之れは総督の熱心なる奨励の結果である。之れを以て農業初歩商業初歩は当分の間土地の事情に依り之を欠くことを得と云ふ規定は、実際に於ては空文同様になつた[17]。

この弓削幸太郎の記述は、現場の実態として農業科が大多数の普通学校で設けられ、農業実習を精力的に行うことで、あたかも農学校であるかのような様相を呈していたことを如実に物語っている。

こうした学務官僚からの証言のみならず、現場の日本人教員たちも、普通学校の教科目中に占める農業科の重要性を明言している。なかでも平安南道・鎮南浦公立普通学校の南庄之助は、一九一六年（大正五）五月の公立普通学校内地人教員講習会で次のような講話を行っている。

> 私は農村普通学校に於ては国語科並に農業科を中心として他の教科を取扱ひ、教授も此の二科を中心として行はなければならない。換言すれば、此の二科に他の教科を結び付けて教授上の施設経営をしなければならないものと思ふのであります[18]。

彼の講話の内容は、その年の三月まで五年余り勤めた平安南道・順安公立普通学校での経験をもとにしたものであるが、朝鮮総督府主催の講習会での講話であることから推測して、この時点の総督府の政策方針とほぼ一致したものと見なすことができる。つまり、農村部の普通学校では、「忠良ナル国民」の精神を涵養する国語科（「国語」）と並んで、農業科（「農業初歩」）が学校教育の基軸となっていたのである。

それでは、ここで統計数値から農業科の加設状況を見ておくことにしよう。

一九一五年度（大正四）現在の調査によると、普通学校三八三校中、農業科を課すものは二六一校で六八・一％、商業科を課すものは八校で二・一％、手工科を課すものは四〇校で一〇・四％であった[19]。数値だけを見ると、農業科を課す学校が商業科や手工科を課す学校に比べ圧倒的に多かったものの、大部分の学校で加設されていたとまでは必ずしもいい難い状況である。しかしながら、都市部あるいは山間過疎地の普通学校では、農業科を設けない、もしくは設けられない学校もあったと見られるので、標準的な農村部の普通学校に限定すれば、大多数の普通学校で農業科が加設されたのではないかと推測される[20]。

ここまでの分析の結果から、一九一〇年代の朝鮮の普通学校で、法令上加設随意科目であった農業科が、実際には必須科目に迫る準必修科目として実施されていたことが明確となってきた。では、なぜ尋常小学校に当たる朝鮮の普通学校で農業科が準必修科目化されたのであろうか。次に、その背景を日本内地の教育政策の動向から探ることにしたい。

（2）日本内地の高等小学校における農業科の定着

朝鮮の普通学校における農業科の準必修科目化の背景には、日本内地の教育政策のうち次の二つが大きな影響を及ぼしていたと考えられる。

第一は、高等小学校における農業科の普及・定着である。

そもそも高等小学校に農業科を含む実業科が設置されたのは、一八八六年（明治一九）四月の小学校令（第一次小学校令）制定時に遡る。すなわち、修業年限四年の高等小学校で、「土地ノ情況ニ因テハ英語農業手工商業ノ一科若クハ二科ヲ加フルコトヲ得」として、「農業」「商業」「手工」が加設科目となったのである[21]。その後、九〇年一〇月の小学校令（第二次小学校令）では大きな変更は加えられず、続く一九〇〇年八月の小学校令（第三次小学校令）では、二年制高等小学校で「手工」のみ、三年制・四年制高等小学校で「農業」「商業」「手工」が加設随意科目となっている[22]。

第二次小学校令以降、全国で高等小学校の設置が急速に進展すると、高等小学校自体の性格も徐々に変化していった。明治前半期には、都市部を中心に単独で設置され、中等教育の代替としての性格を有していたものが、明治末頃には、農村部を中心に尋常小学校の延長として設置され、初等教育の補習的な性格を帯びるようになったのである。それにともなって教科目の面では、農業科を中心とした実業的な教科目が重視されることになった[23]。

法令上で見れば、その最初の転機は、一九〇三年（明治三六）三月の小学校令中改正である。この改正で、三年制・四年制高等小学校の男子について「手工、農業、商業ノ一科目若ハ数科目ヲ加フ」として、実業科（「手工」「農業」「商業」）が加設を原則とする加設必修科目と定められ、第三・四学年で毎週三時間が配当された（二年制高等小学校や女子対象の「手工」では随意科目とする）[24]。さらに〇七年三月の改正によって義務教育年限六年制が実施されると、高等小学校は二年制が基本となったが、ここでは「手工」が加設必修科目、「農業」「商業」が加設随意科目と規定された[25]。そして、実業科の普及・定着が確定したのが一九一一年七月の改正である。この改正で「手工」「農業」「商業」という実業科はすべて加設必修科目となったほか、毎週教授時数も男子で二時間から六時間へと大幅に増加された（男子は四時間に減ずること可、女子はすべて二時間配当）[26]。

改正の結果、高等小学校において実業科の設置が一段と進み、なかでも農業科は設置校数、設置比率ともに増加することになった。表2を見ると、義務教育六年制実施直後の一九〇八年度に実業科設置率八一・七％、農業科の設置校数五四八五校、設置比率六七・四％であったものが、一二年度には実業科設置率九四・五％、農業科の設置校数七七五八校、設置比率八一・五％、一八年度には実業科設置率九六・八％、農業科の設置校数九三三三校、設置比率八七・二％にまでなっているのである。

表2　高等小学校実業科の加設数・加設率の推移

年度	学校数	手工科		農業科		商業科		実業科設置率
		校数	比率	校数	比率	校数	比率	
1900	5119	9	0.2	424	8.3	27	0.5	8.8
1901	6354	23	0.4	681	10.7	58	0.9	11.9
1902	6998	33	0.5	1141	16.3	77	1.1	17.7
1903	7408	102	1.4	1533	20.7	108	1.5	23.0
1904	7705	528	6.9	4135	53.7	388	5	62.0
1905	8143	1002	12.3	4776	58.7	510	6.3	70.8
1906	8673	1253	14.5	5043	58.2	530	6.1	71.0
1907	9242	1546	16.7	5321	57.6	538	5.8	71.8
1908	8137	2219	27.3	5485	67.4	533	6.6	82.7
1909	8350	3104	37.2	6100	73.1	552	6.6	88.8
1910	8803	3972	45.1	6700	76.1	576	6.5	91.1
1911	9140	4039	44.2	7235	79.2	624	6.8	93.3
1912	9515	2457	25.8	7758	81.5	745	7.8	94.5
1913	9689	2134	22.0	8167	84.3	809	8.4	96.3
1914	9896	1935	19.6	8430	85.2	774	7.8	96.4
1915	10072	1778	17.7	8628	85.7	811	8.1	96.9
1916	10267	1711	16.7	8859	86.3	821	8.0	97.1
1917	10439	1552	14.9	9111	87.3	841	8.1	97.0
1918	10709	1454	13.6	9333	87.2	861	8.0	96.8

（比率単位　%）

（出典）森下一期「普通教育における職業教育に関する一考察——1911（M44）年小学校令改正後の高等小学校の実業科を中心に」（『名古屋大学教育学部紀要　教育学科』35巻、1989年３月）230頁。

（備考）年度の二重線は小学校令改正年度を表す。

なお、教授時数の大幅増加にともなって、農業科ではそれまでの「農業ニ関スル普通ノ知識」を教授する学科に加えて実習が広く実施されるようになり、そのために実習地の設置も急激に進められていった。また反対に、手工科は、従来男子では製図や木金工などを実施していたが、教授時数増加に対応できるような内容に乏しく、その後次第に不振に陥ることになった(27)。

こうした日本内地の高等小学校における農業科の普及・定着は、併合前後期に進行していた朝鮮の教育政策の検討・立案作業に少なからぬ影響を与えたものと考えられる。

（3）併合前後期の実業教育重視方針と戊申詔書

◆戊申詔書の発布

第二として、朝鮮における新たな教育政策の立案過程に対する戊申詔書の影響が挙げられる。

戊申詔書は、第二次桂太郎内閣の平田東助内相の強い要請によって一九〇八年（明治四一）一〇月一三日に発布された。この詔書は、日露戦後帝国主義国家として国力の増進が強調される反面、資本主義の浸透にともなって都市や農村で矛盾が顕在化するという錯綜した国内情勢の中で、その対応策の一つとして作成されたものである。その内容は、国運の発展のために、「忠実業ニ服シ勤倹産ヲ治メ惟レ信惟レ義醇厚俗ヲ成シ華ヲ去リ実ニ就キ荒怠相誡メ自彊息マサルヘシ」という七項目の徳の実践を求めたものであり、平田東助の言葉を借りれば「経済と道徳の調和」が基本的なモチーフであった。戊申詔書は、発布後一般には広く「勤倹詔書」と理解されたほか、内務省を中心に地方改良運動の思想的支柱として全国で宣伝・普及が図られた(28)。

さらに、この戊申詔書の趣旨は、小松原英太郎文相の教育政策にも色濃く反映された。例えば、詔書発布直後の一五日に、地方長官会議で小松原文相が「蓋し忠孝を重じ、信義を尚《たっと》び、勤倹事に従ひ、忠実業に服し、華を去りて実に就くは、我日本民族固有の特性にして、実に国民の性格たり。……今日の国民が国家に対する重大なる責任を尽さんと欲せば、将来に於ても尚一層此の性格を涵養せざるべからず。而して此の国民の性格を涵養するもの、主として之を教育に待たずんばあらず[29]」と述べ、道徳教育の振興と実業教育の奨励を訓示したことなどは、平田東助のモチーフとの完全な一致であった。

具体的な政策としては、小松原文相の下で実業教育の振興が図られ、特に普通教育中への実業教育的要素の導入が推進された。先に見た一九一一年の小学校令改正による高等小学校での実業科の加設必修科目化や教授時数の大幅増加といった措置は、こうした施策のうちの一つであった[30]。

◆実業教育重視方針の確立

併合前後の時期、折しも新たな教育政策の立案途上にあった朝鮮でも、戊申詔書は重要な政策理念の一つとして取り入れられることになった。

この時期の朝鮮では、朝鮮人に対する教育方針の中に教育勅語をどのように位置づけるかが重大な問題となっていた。しかし、教育勅語は、「皇祖皇宗ノ遺訓」であることに道徳的な正当性の根拠を求める内容であり、日本内地はともかく「外地」朝鮮ではたちどころに矛盾を露呈し安易に導入することはできないと考えられた。

そこで、教育勅語に代わる朝鮮の教育方針の機軸に据えられることになったのが戊申詔書であった。それというのも、戊申詔書は教育勅語とは異なり、「文明ノ恵沢」という普遍主義的な理念を掲げており、またその趣旨である「勤倹」は朝鮮人学生・児童に教育すべきものであると考えられたからである[31]。

こうして一九一〇年八月二九日の併合時に寺内正毅統監が発した「韓国併合ニ関スル諭告」にも、戊申詔書の趣旨が次のように反映される結果となったのである。

顧フニ人文ノ発達ハ後進ノ教育ニ俟《ま》タサルヘカラス。而シテ教育ノ要ハ、智ヲ進メ徳ヲ磨キ以テ修身斉家ニ資スルニ在リ。然ルニ諸生動《やや》モスレハ労ヲ厭ヒ逸ニ就キ徒《いたずら》ニ空理ヲ談シテ放漫ニ流レ、終ニ無為徒食ノ遊民タル者往々ニシテ之レ有リ。自今宜シク其ノ弊ヲ矯メ、華ヲ去リ実ニ就キ瀬惰《らんだ》ノ陋習《ろうしゅう》ヲ一洗シテ勤倹ノ美風ヲ涵養スルコトニ努ムヘシ(32)。

朝鮮への戊申詔書の導入は、普通教育と合わせて実業教育を重視するという形で個別の政策に反映されていった。

ちなみに時期を溯れば、韓国政府学部が一九〇六年（明治三九・光武一〇）八月二七日に公布した「普通学校令」（同年九月一日施行）に、すでに普通学校への実業教育の導入が明記されている。

この法令は、韓国（朝鮮）の初等普通教育機関である普通学校について、入学年齢を八～一二歳（当面は一四歳まで入学可能）、修業年限を四年と定め、日本内地の尋常小学校と高等小学校にまたがる年齢の児童を収容することとしていた。そして、教科目について、「修身」「国語」「漢文」「日語」「算術」「地理歴史」「理科」「図画」「体操」、女子対象の「手芸」のほかに、「時宜ニ依リ唱歌、手工、農業、商業中一科目或ハ幾科目ヲ加フルコトヲ得」と規定して、実業科を加設科目として組み入れていたのである(33)。

やがて朝鮮総督府で朝鮮の新しい学制、すなわち「朝鮮教育令」の立案・制定作業が進められていく中で、実業教育重視の方針は一層確固としたものとなっていく。例えば、教育令の制定過程を示す資料には、寺内正毅総督の次のような諭告が残されている。

二、朝鮮人学校ニ対シテハ国語ノ学習ト実業ニ関スル知識技能ノ修得ニ留意セシメ、且ツ従来ノ習慣風俗ヲ斟酌《しんしゃく》スルト共ニ、順良、誠実、勤労ノ民タラシムルヲ期シ、学校ノ主脳タル内地人教官ヲシテ常ニ其職責ニ顧ミ、各教師ヲ指導シテ教化学校内外ニ及ヒ、地方父老ヲシテ信頼寄託スル所アルニ至ラシムヘキ旨記述スルコト(34)。

要するに、寺内総督は、朝鮮人対象の学校において国語（日本語）の学習および実業に関する知識技能の習得を中心とするよう指示しているのである。

また、正確な作成時期は不明だが、学部事務官澤誠太郎の『農業教育ニ関スル私見』には、「大都会以外ノ各普通学校三四学年級ニハ、必須科トシテ農業科ヲ課スルノ必要アリ。……実業ノ趣味ト勤労ノ習慣ヲ養ヒ、出テヽ着実勤労ノ民タラシムルコトヲ要ス。斯ノ如クシテ汎ク地方ノ各普通学校ニ課シ、全土ヲ挙ゲテ実業及勤労ノ美風ヲ興サシムルハ最モ緊要ナル事項ニ属ス」とあり、普通学校における農業科の必須科目化を主張する意見も披露されている[35]。

植民地朝鮮の教育政策における戊申詔書の導入と実業教育の重視は、朝鮮教育令制定をもってひとまず確定するが[36]、こうした方針は一〇年代を通じて堅持されることになった。

◆人材育成の目標

さらに、この実業教育重視方針を土台として、総督府が作り出したいと願う理想的な朝鮮人像が当局者からしばしば語られることになった。

教育令公布と重なる一九一一年八月七〜二六日に開催された普通学校教監講習会では、開会に際して関屋貞三郎学務局長から次のような訓示が行われている。

第二、普通学校教育ノ方針〔中略〕

次ニ教育ノ要ハ、民度ノ実際ニ適ヒ時勢ノ要求ニ応セサル可カラス。時勢ニ伴ハサル旧時ノ教育ヲ施スノ不可ナルハ勿論、徒ラニ高遠ニ走リ社会ノ実際ト遠カルカ如キハ、寧ロ教育アル遊民ヲ作ル所以ニシテ深ク戒メサル可カラス。要ハ実用ニ適スル人物ヲ作ルニ在リ。従テ卒業生ノ方針ニ就テモ財力、体力、能力等ノ点ニ鑑ミ適当ニ指導スルヲ要ス。徒ニ上級ノ学校ニ入学スルコトヲ奨励スルカ如キハ不可ナリ。普通学校ハ階級教育ノ機関ニアラス。夫レ自身教養ノ目的アルヲ忘ル可カラス。
之ヲ要スルニ、普通学校ハ著實穏健ニシテ勤勉ナル国民ヲ養成スルヲ主要トス。近ク発布セラルヘキ新学制亦此主旨ニ基キ立案セラレタルヲ以テ、諸君ハ常ニ此趣旨ニ則リ教養ニ力メラレムコトヲ望ム(37)。

つまり、ここでは理想的な朝鮮人像が、「実用ニ適スル人物」や「著実穏健ニシテ勤勉ナル国民」という言葉で表現されているのである。

もう一つ同種の資料として、一九一三年（大正二）二月六日、各道内務部長会議における寺内正毅総督の訓示の一部を挙げておこう。

今日ノ朝鮮デハ、高尚ナ学問ハ先ヅ朝鮮人ニハ未ダサウ急イデ為サシメル迄ノ程度ニ行ツテ居ナイノデ、今日ハ卑近ナル所ノ普通教育ヲ施シ、一人前トシテ働キ得ル人間ヲ作ルコトニ眼目ヲ置カネバナラヌ。随テ学校ハ此ノ目的デ教育ノコトヲ進メテ行キ、卒業者ガ家ニ帰ツテ先進者トシテ同胞ヲ指導シ得ル知識ヲ与ヘルコトヲ忘レテハナラヌ。故ニ普通学校教育ノ傍ニ於テモ実業上ノ知識ヲ注入スル必要ガアル(38)。

以上の資料を総合すると、朝鮮総督府は、朝鮮人児童を収容する普通学校において、単なる学問的知識の習得や上級学校への進学を目的とする教育ではなく、日常生活に直結するような簡便で実用的な教育を施し、いちはやく社会の実務に従事できるような人物を短期間に養成する教育を目指していたと要約することができる。そのために総督府は、高等小学校での農業科の定着や戊申詔書の発布といった日本内地の教育政策の動向を強く反映する形で、普通学校で農業科の準必修科目化を実施することになったのである。

加えて、全体として見れば、一九一〇年代の朝鮮の普通学校は、尋常小学校と高等小学校の教育内容を半分の修業年限（八年から四年に）で圧縮して教授すると同時に、高等小学校と同様に上級学校への接続を前提としない「終結教育」を施す学校として想定されていたと考えられるのである。

第二節　農業科の内容——学校内での農業教育

◆学科教育

朝鮮の普通学校で農業科（「農業初歩」）は、法令とは異なり準必修科目として農村部を中心に広く実施された。ここでは、学校内での農業科の教育活動がどのような内容や方法で実施されたのか、教育・農業関係雑誌の掲載記事を中心に出来得る限り具体的に見ていく。

ちなみに、農業科の教科内容に関しては、普通学校規則第一八条で次のように規定されていた。

農業初歩ハ農業ニ関スル近易ナル知識技能ヲ授ケ、農業ノ趣味ヲ与へ、勤労ヲ尚フノ習慣ヲ養フコトヲ要旨トス。

農業初歩ハ耕耘、栽培、養蚕、植樹等ニ付其ノ土地ニ適切ニシテ児童ノ理解シ易キ事項ヲ授クヘシ。

土地ノ状況ニ依リ農業ニ代ヘ水産業ニ関スル近易ナル知識技能ヲ授ケ、又ハ農業ニ併セ授クルコトアルヘシ。

農業初歩ヲ授クルニハ、特ニ理科等ノ教授事項ト連絡シテ補益セシメ、成ルヘク実習ヲ課スヘシ。

規定内容を整理すると、農業科の教育活動は、教授方法によって大きく二つに大別することができる。一つは、教室内で主にことばを介して農業の新しい知識や情報を学習する学科であり、もう一つは、教室外で体を動かして農作物の栽培方法や農機具の操作方法を習熟する農業実習である。そして、全体を通じて農業に関する知識や技術だけでなく、勤労を尊ぶ精神を身につけさせる精神教化、道徳教育が重要視された。

まず最初に、教室内での学科から見ておこう。普通学校規則によれば、農業科は第三・四学年の男子を対象に実施されたが、前で見た通り毎週教授時数は空欄で何も記載されていなかった。朝鮮教育令制定に関する資料を見ても、唯一『朝鮮学制案ノ要旨』に第三学年以上の男子に実業科二時間以上という記載があるだけで、そのほかの資料ではすべて空欄となっている(39)。

それでは、学校現場で農業科は何時間程度教授されていたのだろうか。ここで、具体的な事例として、咸鏡南道の「普通学校農業施設標準」を参照してみると、農業科の毎週教授時間は正科時間内二時間と記されており、ここから実際の普通学校では週二時間を基本に運営されていたと推測できる(40)。

ところで、同資料によれば、農業科の学科授業は、基本的には教科書である朝鮮総督府編纂『普通学校農業書』に準拠して行われたという。ただし、その一方で、道の勧業方針である五大必行事項や奨励事項に対応することも要求され、その内容が仮に教科書にない場合は、別に時間を設けて教授することになっていた(41)。

こうした教科書を中心とした教育活動のほかにも、学校内での行事や集会などさまざまな機会をとらえて学科の内容を補完する試みもなされていた。

例えば、京畿道・汶山公立普通学校では、国語講習会や生産物試食会など児童が集合する機会を利用して、「本道郡の気候及一般的土質」「全人口に対する農業者数及耕地面積等」「其地方に適する作物の種類及改良すべき点等」「其地方の勧業方針の大要」「二宮尊徳翁の事蹟」「篤農家の事蹟」「農林業改良発達に関係ある諸機関」「朝鮮農林業改良発達の趨勢」などの講演を行い、「教科書を補充し農業上の常識を補ひ趣味を一層深からしめる努力がなされていた(42)。

◆農業実習

次に、教室外での農業実習について見てみよう。前述した平安南道・鎮南浦公立普通学校長の南庄之助は、農村部の普通学校における農業教育の要点として「農業に関する施設を充分にすること。殊に実習に重きを置くこと(43)」を指摘し、さらにその理由として以下のような説明を行っている。

農業上の知識は単に教科書の上ばかりで授け得らるゝものでない。況んや技能や勤労を尚ぶ習慣に於てをや

図３　長興公立普通学校の農業実習（全羅南道）（『朝鮮総督府月報』２巻12号、1912年12月）

です。即ち実習によつて確実なる農業上の知識技能を授け、且つ其の趣味を附与し勤労を好愛するの習慣を養ふことが出来るのでございます。これ即ち実習中心主義を主張する所以でございます(44)。

すなわち、農業実習は、農業に関する知識や技術、また勤労の精神を確実に身につけていくための必須の手段であると認識されていたのである。その結果、農業実習は、農業科の中でも最も重要な教育活動として精力的に実施されることになった（図３・４・５）。

さて、農業実習は、農業科が課された第三・四学年はもちろんのこと、多くの学校では第一・二学年でも実施されていた。先の咸鏡南道の「普通学校農業施設標準」によれば、第三・四学年では放課後毎週四時間の農業実習を行い、第一・二学年では農業実習の準備期間ととらえ「作業」と称する実習を放課後毎週二時間行うことになっていた。ただし、この実習時間はあくまで目安にすぎず、天候や農繁期・農閑期に合わせて時間数の増減など柔軟な対応がとられていた(45)。

これ以外でも、例えば、忠清南道・江景公立普通学

図４　沔川公立普通学校の製莚実習（全羅南道）（『朝鮮彙報』大正６年３月号、1917年３月）

図５　黄州公立普通学校の手工科杞柳細工（黄海道）（『朝鮮彙報』大正６年５月号、1917年５月）

校では、「農科を教授するは三学年以上なれども、以下の学年に於ても勤倹力行の習慣を養成し、且つ農業の趣味を養し、又は農業の学理を教授する前に幾分経験と実地上の知識を得しめん目的」をもって、第一・二学年の児童に対して一週一時間ないし二時間程度の課外作業に従事させることにしていた。その作業の内容は、「担当したる学園の耕耘整地播種施肥其の他一般の手入収穫及収穫物の処理」「校庭の全部及び門外道路の除草」「学校構内土坡の草刈並に校庭の小破修理」「門外道路の小破修繕」「簡易なる手芸」などであった[46]。

◆実習施設

加えて、施設面では、農業実習を行うために学校園・実習地・学校林が各普通学校に設置された[47]。こうした施設は、教育令制定前の普通学校でもすでに設置されはじめていたが[48]、教育令施行日の一九一一年（明治四四）一一月一日には、道・官立学校（朝鮮総督府中学校を除く）に対する訓令「学制実施ニ関スル件」で改めて次のような指示が出されている。

図画、手工、裁縫及手芸、農業初歩等ニ至リテハ、男女各其ノ賦性ニ応シテ必要ナル技能ヲ得シメ、併セテ労作ノ趣味ト勤勉ノ習慣トヲ養ハシムルヲ要シ、其ノ農業ヲ課スル学校ニ在リテハ、成ルヘク郷校財産ニ属

表3　公立普通学校・公立小学校の学校園・実習地設置状況

	公立普通学校			公立小学校		
	学校数	総面積	1学校平均	学校数	総面積	1学校平均
1914年	376	131・6・4・25・00	3・5・00・00	188	13・5・0・29・00	7・08・00
1915年	395	183・7・9・22・00	4・6・16・00	233	20・6・6・23・00	8・26・00
1916年	412	193・7・2・21・00	4・7・01・00	281	28・7・4・09・00	1・0・07・00
1917年	440	208・6・5・22・00	4・7・13・00	313	32・5・7・01・00	1・0・12・00
1918年	457	222・2・9・01・00	4・8・25・00	332	33・3・1・27・00	1・0・01・00
1919年	497	222・0・7・13・95	4・4・20・00	367	40・0・6・10・05	1・0・27・00

（面積単位　町・反・畝・歩・勺）

（出典）「公立学校学校園実習地調」（『朝鮮総督府官報』2370号、1920年7月5日付）42〜43頁。

スル学田等ヲ利用シテ耕耘ノ実習ヲ為サシムヘク、手工ヲ授クル場合ニ在リテハ、適宜其ノ地方ニ産スル材料ヲ採択シテ利用ノ方法ヲ知ラシメ、以テ其ノ教授ヲシテ生活ノ実際ニ裨益セシムルコトヲ努ムヘシ(49)。

この時期の普通学校には、朝鮮時代の郷校を引き継ぐ形で設立されたものが多く見られた。そこで、総督府はこの訓令によって、郷校財産に含まれる学田などを活用することで農業実習に必要な学校園や実習地を確保・整備することを指示したのである。

学校園あるいは実習地の規模であるが、咸鏡南道「普通学校農業施設標準」によれば、児童数二〇〇人未満の学校では第一・二学年の児童一人につき三坪、第三・四学年の児童一人につき一五坪の割合で、児童数二〇〇人以上の学校では第一・二学年の児童一人につき三坪、第三・四学年児童一人につき一二坪の割合で定めることになっていた(50)。

そこで、表3によって公立普通学校における実際の学校園・実習地の面積を確認してみると、一九一九年（大正八）の時点で一学校平均四反四畝二〇歩であった。ちなみに、同時期の公立小学校における実習地の面積は一学校平均一反二七歩であった。つまり、公立普通学校は公立小学校と比較して、平均すると約四・一倍の学校園・実習地を所有していたのであり、このことは朝鮮人児童を対象とする普通学校で農業教育がいかに積極的に実施されていたのかを証明するものといえよう。

図６　晋州公立普通学校の記念竹林（慶尚南道）（『朝鮮彙報』大正５年７月号、1916年７月）

なお、学校園・実習地には、苗圃・桑園・果樹園・蔬菜園・穀菽園・水田などが含まれていたが(51)、それ以外にも養蚕・養鶏・養蜂・養畜の施設や堆肥舎・農具舎が設置された(52)。

残る学校林（実習林）に関しても、一一年一〇月一〇日に各道長官に対して通牒「学校林設営ニ関スル件」を発し、普通学校を中心とした学校林の整備（図６）を次のように指示している。

学校林設営ニ関スル件

公私立学校ニ学校林ヲ設ケ生徒ヲ指導シテ植樹栽培ヲ自ラセシムルハ、森林愛護ノ思想ヲ涵養シ兼テ勤労ノ習慣ヲ養成シ教育ノ効果ヲシテ顕著ナラシムルト共ニ、久シク荒廃ニ委セラレタル森林ノ回復ヲ速ナラシムル所以ニ有之。最時宜ニ適スル必要事項タルノミナラス、一面学校基本財産ノ造成ニ就テモ亦有利確実ノ方法ト認メラレ候ニ付、貴管下学校ニ於テハ既ニ著手ノ向モ可有之ト被存候処、本年六月制令第一〇号ヲ以テ森林令ヲ、同月総督府令第七四号ヲ以テ森林令施行規則ヲ、客月総督府訓令第七三号ヲ以テ森林令施行手続ヲ夫夫公布セラレ、右等公益事業ニ供スヘキ国有森林ノ貸付及譲与ニ就テハ、本府ニ於テモ十分便宜ヲ可被与候得者、此際貴管内公私立学校（私立学校ハ基礎確実ニシテ永久維持ノ見込アルモノナルヲ要ス）ヲシテ左記ノ事項ヲ参酌シ、附近ニ適当ノ地ヲ相シ相当計画セシメラレ度依命此段及通牒候也。

記

一　普通学校及之ト同等程度ト認ムヘキ学校ニ在リテハ、生徒一人ニ付一箇年約拾本宛ヲ植栽スルコト。

表4　公立普通学校・公立小学校の学校林設置状況

	公立普通学校			公立小学校		
	学校数	総面積	1学校平均	学校数	総面積	1学校平均
1912年	—	2819・3・4・09	—	—	371・6・2・09	—
1913年	311	3554・7・3・18	11・4・3・01	76	685・2・4・02	9・0・1・19
1914年	347	4339・8・6・05	11・5・0・20	128	1225・4・2・05	9・5・7・11
1915年	369	4862・8・4・04	13・1・7・25	190	1769・8・2・16	9・3・1・15
1916年	393	5717・2・4・27	14・5・4・23	229	2132・4・9・21	9・3・1・07
1917年	414	6429・0・5・19	15・5・2・26	255	2520・0・0・00	9・8・8・07
1918年	436	6951・1・7・26	15・9・4・09	280	2876・2・8・03	10・2・7・07
1919年	508	7769・2・7・10	15・2・9・11	339	3013・2・3・20	8・8・8・25

（面積単位　町・反・畝・歩）

（出典）「学校林調」（『朝鮮総督府官報』2380号、1920年7月6日付）156〜158頁。

二　中等程度ノ学校ニ在リテハ、生徒一人ニ付一箇年約弐拾本宛ヲ植栽スルコト。

三　植栽地ノ面積ハ苗木壹本ニ付約壹坪ノ割合ヲ以テ算出シ、事業継続年限ニ応シテ積算スルコト。

四　可成五箇年以上輪伐期以内ノ継続事業ト為スコト。但シ実力ニ伴ハサル過大ノ計画ヲ避クルコト。(53)

学校林の規模については、例えば、京城高等普通学校教諭の福島百蔵がその適正規模の算出方法について言及している。彼によると、学校林の規模は、平均一人当たり一二〇坪ないし二四〇坪として、これに栽植生徒数（全校児童数）をかけた面積が適当であるとしている。すなわち、栽植生徒数が一六〇人の場合、六町四反（一万九二〇〇坪）ないし一二町八反（三万八四〇〇坪）程度の面積が適正規模ということになる。ただし、将来の収入を目的に基本財産を作る場合はこの四、五倍以上は必要であるとしている。(54)

では、ここでも表4によって公立普通学校における実際の学校林の面積を確認すると、一九一九年の時点で一学校平均一五町二反九畝一一歩であった。ちなみに同時期の公立小学校の学校林は一学校平均八町八反八畝二五歩であったので、公立普通学校は公立小学校と比較して平均約一・七倍の学校林を所有していたことになるのである。

◆教員と児童

以上、実際の事例を交えながら見た通り、朝鮮の普通学校では農業科を核とする農業教育が積極的かつ広範に実施されていた。しかし、ここで注意しなければならないことは、このような農業科の教育内容は、元来日本内地では高等小学校で実施されていたという点である。法令上の就学年齢から見て尋常小学校に該当する朝鮮の普通学校で、なぜこのような農業科の実施が可能であったのか。その要因を教員および児童の両面から分析しておく必要がある。

まず前者の教員に関していうと、普通学校で実習指導を含むような農業科を実践するためには、一般的な教科目とは違い農業に関する専門的な知識はもちろんのこと、児童に実地指導ができる程度にまで教員自身の技能を高めておかなければならなかった。そこで、普通学校の日本人教員を対象にして、農業科の学科や農業実習に関する講習会が定期的に開催された。例えば、一九一四年（大正三）七月二二日～八月四日に京城高等普通学校附属臨時教員養成所で開催された公立普通学校内地人教員夏季講習会では、農業科専修の八一名と手工科専修の四八名に分けて講習が実施され、それぞれに講義と実習が行われた[55]。

これに加えて、普通学校教員は実業学校教員講習会にも参加している。例えば、一六年八月には水原農林学校（一～二二日）と京城高等普通学校附属臨時教員養成所（二三～三〇日）で実業学校教員講習会が開催されたが、ここには農業学校教員一五名、簡易農業学校教員二〇名に加えて聴講生として普通学校教員一三名、小学校教員一三名が参加している。講習会は学科が午前八～一二時、実習が午後一～四時に実施され、実習は勧業模範場および農林学校の田畓〔畑・水田―筆者註〕や山林などを利用して炎天下の屋外で行われたという[56]。

このように、時には相当本格的かつ長期間にわたる講習を教員に課すことによって、普通学校で農業科を実施することが可能となったのである。

表5　公立普通学校生徒の平均年齢

		第1学年	第2学年	第3学年	第4学年
1918年3月末日	平均	11·07	13·01	14·02	15·05
	最高	24·05	27·05	27·02	27·11
	最低	7·01	7·06	8·07	10·00
1919年3月末日	平均	11·04	12·11	14·01	15·03
	最高	12·07	13·08	15·03	19·09
	最低	10·04	11·07	13·01	12·07

（単位　年・月）

（出典）『朝鮮総督府統計年報』大正6年度（朝鮮総督府、1919年3月）892～893頁。
『朝鮮総督府統計年報』大正7年度（朝鮮総督府、1920年3月）980～981頁。

次に、後者の児童に関していうと、就学する朝鮮人児童の年齢の高さを指摘しなければならない。すでに見たように、普通学校は年齢八年以上の者から入学できたので、本来は第一学年の八年から第四学年の一一年まで就学するのが原則であった。しかし、現実には表5に明らかなように、平均年齢でいうと三～五歳程度年齢の高い児童が就学していたのである。

時期が下るにしたがって年々最高年齢と最低年齢の差が縮まる傾向があったとはいえ、一〇年代を通じて就学児童の年齢のばらつきはことのほか大きく、二〇歳代の「青年」の児童も決して珍しくない状況であった(57)。これは日本内地に置き換えれば、高等小学校・中学校・実業学校などに相当する年齢であった。しかし、だからこそ朝鮮の普通学校では、卒業後すぐに実際の生活に役立つ農業教育が重視されたのであり、農業実習を含む農業科の教育活動を実施することが可能であったのである(58)。

第三節　勧農機関としての普通学校――学校外での農業教育

◆生産物の配布

普通学校における農業教育は、学校内にとどまらず学校外でも積極的に展開された。そもそも普通学校自体が、朝鮮人児童に対する学校内での教育活動だけではなく、学校を拠点として周辺地域に国語（日本語）の普及などといった教育効果を波及させること、そして最終的には朝鮮総督府の支配そのものを朝鮮人社会の内部に深く浸透させるという役割まで期待されていたのである。

例えば、一九一二年（明治四五）七月に開催された公立普通学校長講習会の席上で、宇佐美勝夫内務部長官は以下のような訓示を残している。

一　普通学校ノ影響ヲ全部ニ及ホスヘシ

普通学校ハ大部分其郡ニ於テ唯一ノ学校ナレハ、其ノ影響ヲ全郡ニ及ホサンコトヲ努ムヘシ。例ヘハ郡内私立学校ノ如キモ普通学校ヲ中心トセシメ、或ハ児童就学ニ於テモ単ニ学校附近ノ者ニ限ラスシテナルヘク各面ヨリ志望者ヲ募リ、或ハ国語普及会ノ如キモナルヘク広キ範囲ニ於テ之ヲ行ヒ、或ハ各面洞長ノ如キニモ時時普通学校ニ参観セシメ、或ハ普通学校ニ於テ試作シタル種物苗木ヲ各面ニ配布スルカ如キ、或ハ普通学校児童ノ成績品ヲ各面事務所私立学校書房ニ分与スルカ如キ、其他普通学校ノ影響ヲ全部ニ及ホスヘキ方法多多ナリト信ス。諸子ハ宜シク是等ノ点ニ留意シ、彼等ヲシテ好意ヲ表セシムルト共ニ普通学校ノ真価ヲ知《ち》悉《しっ》セシムルコトニ努力スヘキナリ(59)。

こうして普通学校の農業教育に関しても、学校外の周辺地域にまでその効果を波及させるべくさまざまな手段・方法が講じられることになった。

このうち最も一般的な方法として大部分の普通学校で実施されたのが、農業実習などで生産した農産物の一部や種苗・種卵・苗木などを児童や父兄に配布するという形式の活動であった（図7）。その目的は、朝鮮人児童・父兄に農事改良の効果や改良品種の優秀性を実感させ、それをきっかけとして学校周辺地域における農事改良を促進させることであった。

ここで、この活動に関する実例を雑誌記事から二例挙げておく。

まず、慶尚北道・眞寶公立普通学校では、農業実習として秋蒔蔬菜種子の中から良質なものを選んで各種の蔬

図７　密陽公立普通学校の豚鶏飼育（慶尚南道）（『朝鮮農会報』７巻10号、1912年10月）

菜栽培を実施させていた。児童たちは実習時間や放課後に喜んで農具を手にし、中耕・採草・害虫駆除等の作業に従事したという。そのおかげで農場は整頓され作物は繁茂し、児童たちも朝夕や休憩時間に農場に入ってはある種の快感を覚えるようなありさまであった。収穫物の大部分は児童に配布し、残りの一部は販売して収益金を得ることになったが、その収益金も分配して生徒の郵便貯金とする計画であった。

その一方で、児童の父兄たちの中には、時々子弟が持参する蔬菜に快味を感じて、自らしばしば登校してはその栽培方法を学校側に問い、種子を請求するものまで現れたというのである(60)。

もう一つ、忠清北道・報恩公立普通学校では、一九一二年度（明治四五・大正元）に実習地に畓（水田—筆者註）七畝歩を設け、道から配布を受けた水稲改良品種・多摩錦の試作を実施した。試作の成績は大変良好で、朝鮮在来品種と比較して品種も優良でかつ収穫量も多量にのぼり、このことは児童・父兄はもちろんその他一般の朝鮮人も広く認めるところとなった。その結果、児童から学校に対して改良品種種子の貸付交換の申し出がなされ、学校としても喜んでその希望を受け入れて種子の大部分を児童に貸付け、翌年度の収穫を待ってそれを返納させることにしたのであった。以来この方法を二年間実行してきたが、おかげで学校周辺に改良品種が次第に普及することになった。

また、当時一般の朝鮮人農民は、在来品種を尊び改良品種を好まず、そのため農事改良の奨励に非常な困難を来たす状況であったが、報恩公立普通学校における生産物の成績や品種の優秀さを直に目撃するや、彼らもついに自ら進んで水稲改良品種を栽培するようになったという。こうして普通学校の活動と郡当局者の奨励があいまって、郡内における水稲改良品種の普及が大いに進んだという(61)。

◆自宅実習

このような方法のほかに、学校の外にさらに教育活動の範囲を広げ、朝鮮人児童の家庭や周辺地域社会に深く入り込むような形式での農業教育の取り組みも行われた。

例えば、前述の南庄之助などは、平安南道・順安公立普通学校で「自宅実習」と総称する一坪農業、十個養蚕、養鶏といった教育活動を実践していた。

一坪農業とは、普通学校の児童に父兄から一坪以上の田あるいは畑を借りさせて自ら栽培・耕作に当たらせるものである。一坪農業では耕耘・下種・栽培・除草・中耕・補肥その他一切の作業を児童自身が行い、他人の手を全く借りないのが決まりであった。一坪農業用の種苗は基本的に学校指定のものを使用し、収穫物は貯金の財源とすることになっていた。児童は、全作業期間にわたって「イ　種苗の品種及名称　ロ　気象　ハ　下種移植　ニ　除草中耕施肥等の手入　ホ　肥料及其の種類　へ　収穫量　ト　収穫物の処分（売上金）其の他必要なる事項」を記録した一坪農業日誌を作成することになっていた(62)。

ちなみに、この一坪農業は、もともと静岡県浜松町農会長であった織田利三郎が始めたものである。織田は、アメリカ・セントルイスでの万国博覧会を視察した際、ルイジアナ州の小学校児童の自作玉蜀黍《とうもろこし》を見て大いに刺激を受け、帰国後の一九〇八年に一坪農業を創案した。その後一一年から静岡県志太郡内の小学校で大規模に実施され、やがて高等小学校の農業科と結びつくことによって二〇年代前半まで全国で実施されたものである(63)。

なお、残りの十個養蚕や養鶏でも実習のやり方自体は一坪農業とさほど変わりはない。十個養蚕は、学校から蚕児の配布を受け、児童が家庭で一〇匹以上の蚕児を飼育するというものであり、養鶏は、児童が父兄から二羽ないし三羽の鶏をもらい自ら飼育するというものである。どちらの場合もすべての作業を児童が一人で行い、養蚕日誌や母鶏産卵日誌を記録・作成することになっていた。

その一方で、教師は、毎月二回各家庭を訪問して一坪農業の経営、養蚕・養鶏の方法、桑の手入れなどについて指導を行ったほか、合わせて児童の家庭における予習・復習の状況や家庭そのものの状況についてまでその把握に努めた。また、「自宅実習」の生産物は、年一回学校で開かれる児童農芸品展覧会に出品させ、そのうち優秀なものには褒状ならびに賞品が授与されたのである。(64)

このような朝鮮人家庭にまで入り込んだ「自宅実習」がもつ効果や有効性について、南庄之助は次のように語っている。

朝鮮に於ては一層児童父兄と接近するの必要があります。然るに今日普通に行はるゝところの家庭訪問なるものを見るに、只だ形式的に訪問して形式的に迎えるに過ぎないで、少しも曲折ある訪問が行はれないやうに認めます。然るに自宅実習を行ひますと大いに訪問者の感興と期待心とを惹起し、こゝに初めて意義あり趣味ある訪問が行はれます。即ち家人は大いに其の誠意に動され歓待至らざるなく、遂には膝相交へ歓笑談話するやうになりまして、真に教育上最も価値ある要求をするやうに至ります。これは私の実験によりまして明かであります。例へば一坪農業の実際を見て発育手入施肥除草の行届けるものは褒め、然らざるものは其の尽さゞる点を懇切に指摘指導し、養蚕、養鶏も其の通りで、指摘指導する間に父も来る母も来る兄も来ると云ふやうな様にて、知らず識らず家人と接近し遂に情味掬《きく》す〔すくう—筆者註〕べきに至ります。斯の如く自宅実習は一面には農業上の知識技能を授くると共に、家庭作業に趣味を有せしめ、一面には有効なる学

校と家庭との唯一連鎖になります。(65)

つまり、南庄之助の体験談からも分かる通り、朝鮮人児童に家庭での「自宅実習」を課すことによって、農業教育を糸口として学校の影響力を朝鮮人家庭により一層深く及ぼすことにつながったのである。

また、別の事例としては、忠清南道・燕岐公立普通学校で行われた地方実習地や生徒組合小作というものもある。

地方実習地とは、普通学校の通学児童が五、六名集まっている地域に実習地を設置するというものである。その目的は、「学校教育を単に学校内にのみ止めず、進んで之を家庭及地方に及ぼ」すこと、「産業奨励の一助として地方民に模範たらしめんとす」ること、「卒業後尚学校に於て受けたる実際上の趣味を保留せしめ、尚学校との関係を保たしめむとす」ることの三点であった。

実習地の面積は一〇坪以上三〇坪以内で、その位置は学校が適当な部落を指定して決定された。実習地の設置に当たっては、同じ部落内の児童が自ら交渉を行い、交渉が困難な場合は学校が手助けを行った。実習地の管理は、その地域内の上級生が中心となって行い、生産物は各家庭に分配するかもしくは売却された。

また、学校では生産物を集めて品評会が開催された。なお、父兄もこうした活動に興味を示し、土地の選定などについて尽力したものも多かったという。一九一五年度（大正四）には全部で九ヶ所の実習地が設置され、ポプラ苗木・アカシア苗木・桑苗木・馬鈴薯が栽培された。(66)

もう一方の生徒組合小作とは、第四学年の児童を組合員として学校の指導によって小作を行うものである。小作を行う際の労力・資金・損失などはすべて組合員の負担であった。組合小作の耕作方法はなるべく改良法、すなわち日本内地の近代的農業技術を採用することとし、生産物から小作料および経費を支払った残りはすべて組合員の所得となった。一九一五年度には二五〇坪の畓〔水田〕で組合小作が行われ、水稲改良品種・早神力《わせしんりき》が栽培された。

なお、一五年度の組合小作では作物の成育も良好で、一般の朝鮮人農民に十分な模範を示すことができたが、これを見た附近の有志から、来年度は自己の所有地を提供するので、休日その他を利用して学校児童の手で試験的に耕作し、一層地方民に模範を示されたい、との申し出が寄せられ、学校もその申し出を受け入れたという[67]。

◆卒業生指導

さて、ここまではすべて普通学校に就学する朝鮮人児童を対象とした農業教育であったが、普通学校による教育や指導は卒業後もさまざまな形式をとって継続的に実施された。

ちなみに、本節冒頭で取り上げた一九一二年七月の公立普通学校長講習会における宇佐美内務部長の訓示の中には、実は次のような指示も合わせて行われている。

一　卒業生ノ指導ニ努ムヘシ

普通学校ヲ卒業セシムル目的ハ、言フマテモナク高等ノ学校ニ対スル予備教育ニアラスシテ、国民トシテ具フヘキ普通ノ知識ト国民的性格トヲ養成スルニアルヲ以テ、卒業後ハ主トシテ家庭ニ入ツテ父祖ノ業ヲ継承シ、之ヲ改良シテ忠良ナル文化ノ民タラシムルヲ要ス。

然ルニ現今卒業生ニ関スル情況報告ヲ見ルニ、其ノ大半ハ上級学校ニ入学ヲ志望シ、殊ニ貧家ノ子弟ニシテ然モ其ノ資質進ンテ高等ノ学ヲ修ムルニ適セサル者モ、尚家庭ノ人トナルヲ屑《いさぎよ》シトセス、各地ニ放浪シテ徒ラニ高等ナル修学ヲ夢想スルモノサヘアリ。是等ハ実ニ憂慮スヘキ事柄ニシテ、深ク諸子ノ考慮ヲ請ハムト欲スル所ナリ。本官ハ今後ノ卒業生カ諸子ノ懇篤ナル指導ニ由リ喜ンテ鋤鍬ヲ執リ好ンテ商売、工作ノ業ニ就キ、以テ朝鮮ノ殖産興業ノ上ニ有力ナル活動者トナリテ努力スルニ至ランコト最モ切望ニ堪ヘサルナリ[68]。

すなわち、普通学校の目的は、上級学校に進学させることではなく、卒業後家業や実業に従事し「忠良ナル国民」となるように養成することであると確認した上で、卒業後、いたずらに進学を希望したりあるいは無為徒食の生活に陥ったりすることなく、ただちに農業などの実業に従事するよう卒業生を十分指導することを集まった学校長に指示したものである。

このような総督府の方針に基づいて、一九一〇年代の普通学校は、さまざまな手段・方法を通じて卒業生に対する教育や指導を行った。なかでも農業教育や農業指導はその中心であった。

一〇年代の普通学校で実際に行われた卒業生指導の内容を具体的に挙げてみると、定期召集、個人召喚、登校奨励、講習会の開催、卒業生同窓会、卒業生父兄会などであった。これらはいずれも普通学校と朝鮮人児童との間の関係を卒業後も維持し、学校からの教育効果を出来る限り持続させようという意図から行われたものである。これに加えて、農業教育に関するものとしては、農業指導、家庭訪問、通信指導などが実施された。

まず、農業指導の具体的な事例をいくつか紹介すると、例えば、学校近隣の卒業生に学校農園の一部を無償貸付し、学校長の指導の下に普通作物の栽培を行わせるというものがあった。あるいは、学校指導の下に共同農園を経営させたり、卒業生で耕地のないものに対して郷校の所有地を貸付け小作させたりするというものもあった。また、農業に従事する卒業生に対して学校園の生産物の種子を分配したり、卒業生の生産品を学校の品評会や郡農産品評会などに出品させたりといった活動も見られた(69)。

次に、家庭訪問というのは、学校教職員が手分けして定期的または臨時に卒業生の家庭を訪問し、平素の行動の状況を視察・調査するとともに適当な指導・注意を行うものであった。その際合わせて一般農業および養蚕・養鶏などについて実地指導することも少なくなかったという。

また、通信指導は、学校所在地以外に居住するものに対して、時々処世上必要な事項または従事する職業の改良啓発に必要な事項などを謄写して、本人や保護者などに送付するものであった。なかには、毎月学校で作成する農業年中行事表を各卒業生に配布し、農業上の指導を行う場合もあったのである(70)。

以上見てきた通り、一九一〇年代の普通学校は、学校外でも広範に農業教育を実施し、教育機関であると同時に勧農機関としての役割も果たしていたのである。

◆勧農機関との連携

普通学校は、道単位で見た場合、各道の勧農政策の拠点である農業学校および種苗場と緊密に連携することによって朝鮮農村で勧農政策全般を推進していくことになった。

道内での農業学校と普通学校の連携について具体例を挙げてみると、まずほとんどすべての道で、農業学校の職員が出張した際には必ず附近の普通学校や小学校を視察し、農業科の教授や実習地の状況、また実習の方法について意見を述べ実地に指導を行っていた。また、それと合わせて、農業学校編製の実習手帳や実習暦の配布、学校園・実習地の設計、農業学校生産の種苗・種卵等の配布による改良品種の普及なども行われていた(71)。

それ以外では、例えば、全羅南道・光州公立農業学校では、教諭一名を近隣の光州公立普通学校との兼務とし週一日教授と実地指導を行わせることで、光州公立普通学校の農場を道内の学校の模範とする事業が行われた(72)。あるいは、平安南道・平壌公立農業学校では、管内二〇ヶ所の普通学校で通俗農談会を開催し、普通学校上級生、児童・父兄および教員に聴講させ、一般農事の改良や普通学校の実習を奨励し、また教員に対して農業科教授上の参考資料を提供することが行われていた(73)。

こうして朝鮮各地の普通学校は、朝鮮の勧農機構の枠組みに組み込まれ、種苗場、農業学校、道・郡などの行政官庁、朝鮮農会・地主会などの農業団体と密接に連携することによって、朝鮮人農民にとって比較的近い位置に存在する勧農機関の一つとして重要な役割を担うことになったのである。

第四節　植民地農政の「担い手」育成のはじまり

最後に、一九一〇年代に展開された普通学校での農業科を核とする農業教育について、その限界性と有効性の両面から検討を加え、それを踏まえて普通学校を介した植民地農政の「担い手」育成について若干の考察を行うことにしたい。

まず前者の限界性に関していえば、一〇年代の普通学校は設置数の少なさ、就学率の低さから朝鮮人社会に対して非常に限られた影響力しか発揮できなかったと推測される。

◆普通学校の限界

設置数を見ると、一〇年代末の一九一九年（大正八）五月現在で、公立普通学校は四八二校設置されていた。当時の行政区分で府が一二、郡が二二〇であったことや、都市部の府に比較的多くの普通学校が設置されたことを勘案すると、各郡には多くても二校ほどしか公立普通学校が設置されていなかったことになる。

また、表6で公立普通学校の就学率を見ると、一九一二年で男子三・四％、女子〇・三％、一九年でも男子五・四％、女子〇・七％に過ぎなかった。植民地期全体を通してみると、二〇年代半ば頃から就学率が少しずつ上がりはじめ、その後三二・三三年頃を境に急激に上昇し、最終的には男子六〇％前後、女子三〇％近くにまで達する。その中でいえば一〇年代は際立って就学率が低い時期であった。

これに加えて、農業科を含めた普通学校の教育内容についても、朝鮮総督府や学校側が期待した通りには、朝鮮人父兄や児童から受け入れられなかったと想像される。

残念ながら、一九一〇年代の普通学校に対する朝鮮人側の認識に関しては、極めて限られた資料しか残されていない。例えば、『朝鮮総督府月報』には「授業時間ノ短キコト、漢文科ノ少キコト、作業ヲ課スルコト、（農業

表6　公立普通学校の生徒数・就学率

年度	朝鮮人推定学齢人口		公立普通学校				
			学校数	生徒数		就学率	
	男	女		男	女	男	女
1910	1,022,551	885,846	100	18,920	1,274	1.9	0.1
1911	1,069,324	941,151	234	29,982	2,402	2.8	0.3
1912	1,115,521	1,001,437	341	37,948	3,115	3.4	0.3
1913	1,157,462	1,047,045	366	43,447	3,619	3.8	0.3
1914	1,189,179	1,080,772	382	46,711	4,042	3.9	0.4
1915	1,204,775	1,113,888	410	53,564	5,193	4.4	0.5
1916	1,233,412	1,136,383	426	59,527	6,126	4.8	0.5
1917	1,257,683	1,156,926	435	65,553	7,604	5.2	0.7
1918	1,263,164	1,162,996	469	67,616	8,445	5.4	0.7
1919	1,269,479	1,169,243	535	68,628	8,290	5.4	0.7
1920	1,279,682	1,178,307	641	90,815	11,209	7.1	1.0
1921	1,290,987	1,187,833	755	134,719	17,586	10.4	1.5
1922	1,302,260	1,198,178	900	197,691	30,983	15.2	2.6
1923	1,319,214	1,215,892	1,040	254,774	38,544	19.3	3.2
1924	1,33,0218	1,229,922	1,152	286,300	45,922	21.5	3.7
1925	1,392,181	1,301,995	1,242	313,702	52,039	22.5	4.0
1926	1,398,406	1,306,210	1,309	331,245	56,502	23.7	4.3
1927	1,398,872	1,308,116	1,395	340,602	59,435	24.3	4.5
1928	1,400,170	1,311,992	1,463	346,610	62,974	24.8	4.8
1929	1,407,285	1,321,849	1,620	354,502	66,106	25.2	5.0
1930	1,471,010	1,388,956	1,750	364,315	72,160	24.8	5.2
1931	1,486,215	1,398,804	1,860	368,925	76,888	24.8	5.5
1932	1,522,207	1,432,469	1,980	385,354	84,720	25.3	5.9
1933	1,547,495	1,453,991	2,020	435,796	99,751	28.2	6.9
1934	1,582,231	1,487,317	2,133	491,602	116,092	31.1	7.8
1935	1,649,037	1,553,528	2,274	548,070	137,092	33.2	8.8
1936	1,673,227	1,571,431	2,417	604,053	161,653	36.1	10.3
1937	1,710,526	1,604,666	2,503	665,927	191,457	38.9	11.9
1938	1,744,330	1,635,653	2,599	765,501	234,588	43.9	14.3
1939	1,764,581	1,661,997	2,727	872,454	284,907	49.4	17.1
1940	1,841,966	1,742,153	2,851	977,727	343,223	53.1	19.7
1941	1,938,066	1,836,657	2,973	1,073,419	426,745	55.4	23.2
1942	2,086,428	1,986,384	3,110	1,197,727	503,460	57.4	25.3
1943	2,124,406	2,040,453	3,717	1,312,228	600,400	61.8	29.4

（就学率単位　%）

（出典）古川宣子「植民地近代社会における初等教育構造――朝鮮における非義務制と学校「普及」問題」（駒込武・橋本伸也編『帝国と学校』、2007年）155頁。

実習ノ如キ）等ニ就キテハ今猶多少平ナラサル者アリ(74)」とごく短く報告されているのみである。

ここにもあるように、植民地統治が始まって間もないこの時期、朝鮮人父兄にとって子弟への教育とは、漢文の読み書きを中心とした朝鮮の伝統的な教育であった(75)。そのため朝鮮人父兄が自らの子弟を普通学校に通学させる場合でも、漢文教育に期待を寄せる状況であったと思われる。次に挙げる記述は、こうした事情の一端を克明に伝える資料である。

漢文については右に述べた様に人々の思想が捕はれて居るので、現に普通学校卒業生の漢文程度が低いと批難をするものが多いやうである。……故に普通教育を受けたものが、更に書堂に通つて漢文教授を受けるものが多い。これは一に補習教育機関がないことも一つの原因だろうが、兎に角漢文をしなければ出世ができないと云ふ程漢文を重要視する思想からであらうと思ふ。〔中略〕

普通学校の児童の父兄は田舎には無学なものが大半である。それでも自分の無学を嘆いて、自分の子には是非教育を施して、人と往復する日常の用を弁ずる手紙でも書くやうにさせやうと云ふ考へで学校へ送るものもあるやうである。故に卒業すればもうそんなことは立派に出来るだろうと思つて、他人から来た手紙を読ませるか、又は何処其処の誰にどう云ふ事を認めよと言ふも四年間勉強したものが出来ない。すると之れが人の口から廻つて、普通教育を受けても手紙一枚書けないと批難する。実際普通学校卒業生の漢文力の足らんと云ふ批難はここに存すると思ふ(76)。

当時朝鮮の伝統的教育を担っていたのは、右の資料にも登場する書堂であった（図8）。書堂は朝鮮時代から連綿と続く漢文教授を中心とした私設の伝統的教育機関であった。植民地統治下の一九一九年三月でもその数は二万三五五六と朝鮮全体にまさに無数に存在しており、生徒数も二六万二五六四人に達していたのである(77)。これに加えて、書堂そのものも、日本人が観察して、「先生は固《もとより》、儒生なれば、社会の上流に位し、且つ学童及其の

図８　書堂（『アジア写真集６　写真帖朝鮮』大空社、2008年）

父兄は勿論、近隣の人士の尊敬を受け、其の地位依然として尚旧時の如きものあり[78]」と形容するほど、朝鮮人社会から尊敬と支持を集める存在であったのである。

そして、普通学校では、漢文教授の不十分さの上に、農業実習の実施がさらに加わってくることになった。

農業実習に対する朝鮮人側の反発を直接示す資料はほとんど残されていない。ただし、実習をめぐって「作業の強制は、必竟之を厭忌せしむる原因となるにあるを以て、最も避くべき事である。……若し徒に之を強制し、或は厳格に過ぎたる方法にて、一時的労作を要求したる結果、反情を起し実に面白からざる結果を現出したる事例もありたるを以て、十分に考慮を費さねばならぬ[79]」と、実習の無理な強制を戒める記事が散見されるところを見ると、朝鮮人児童からの拒否反応は決して小さくなかったのではないかと推察される。

その対策として、普通学校では、第一学年から花卉樹木の植栽などの作業を実施して「視覚により美的感情を惹起し、勤労に対する精神の快感を覚り、農業趣味の一端を解せしめ[80]」るよう努め、事前に農業実習の準備を行わせるなどしていた。

しかし、だからといって、農業実習に対する拒否反応を回避したり除去したりすることは非常に困難であったと考えられる。農業教育をめぐる学校側と朝鮮人側の認識の相違は、一〇年代以降も学校現場の重要な懸案として残り続けていくのである[81]。

◆人材育成の有効性

以上述べた一〇年代の普通学校が抱えていた限界性は確かに深刻な問題ではあったが、そのことが即普通学校の教育活動の有効性をすべて否定するわけではない。

朝鮮の普通学校が、併合前に日本側の教育行政介入の下でいかなる意図と方式をもって設置されたのか、また一〇年代の普通学校が設置場所や分布密度から見てどの程度朝鮮人社会に浸透していたのか、という点に関しては、古川宣子の研究が詳細な分析を行っている。

古川宣子は、まず併合前の普通学校について、義務教育制不採用方針がとられ、学校経営方法や教育方法、また校舎や器具など施設・設備面で「近代学校」様式を採用した「模範教育」を展開したこと、道や府行政官庁所在地から設置され数的な著しい劣位性にもかかわらず階梯的学校制度の初段階として別の優位性を担保していたこと、などを指摘している。次に、一〇年代の普通学校については、郡庁所在地を中心に設置が進むことで、その存在は植民地学校制度上正式の初等学校として、朝鮮人の生活圏内に入ったといえるのではないか、と分析している(82)。

したがって、古川宣子の研究成果を踏まえたとき、一〇年代の普通学校は、設置数・就学率や教育内容の面で限界性をはらみつつも、一方で着実に有効性を確保し、さらに時期を経るにしたがってその影響力を徐々に増していったというべきであろう。

さらに、ここまで見た農業科の教育活動に結びつけるならば、一〇年代の普通学校は、就学する極めて貴重な朝鮮人児童に近代農学（学理農法）を身につけさせ「模範」的な農民に育成すると同時に、彼らを突破口にして周辺社会に農事改良を普及させる勧農機関の役割を果たしていたのである。

それでは、普通学校の農業科は、朝鮮農村でどの程度の有効性を発揮していたのであろうか。それを判定するためには、より一層実証的な検討が必要となってくるが、管見の限りでは十分な資料が残されていない。そこで、間接的な分析にはなるが、普通学校の入学者および卒業者に関する統計資料を利用して、「担い手」育成の視点から若干の考察を試みることにしたい。

まず普通学校の入学者について、どのような階層の朝鮮人子弟が入学していたのかを正確に示す資料は皆無に等しい。幾分関連する資料としては、『朝鮮総督府官報』掲載の公立普通学校入学状況に関する統計資料があり、ここから入学者父兄の身分別の割合を知ることができる。

これによると、一九一二年度は入学者のうち、貴族三名、両班三三五〇名、常民一万四一三八名で、両班が一九・二％、常民が八〇・八％であった。また、六年後の一八年度では、貴族四名、両班四一二六名、常民二万〇六三四名で、両班が一六・七％、常民が八三・三％であった(83)。一応父兄の身分を「貴族」「両班」「常民」に整理してはいるものの、その具体的な実態については不明である。例えば、「常民」はおそらく大部分は農民を指しているものと思われるが、それが中小地主なのか、自作農なのか、小作農なのかは全く分からない。

確かに、設置数が限られていた一〇年代にあって、普通学校に入学できたのは、農村部では朝鮮人地主や自作農など上層の子弟であったとの推測が成り立つ。ただし、学校側が入学児童を意識的に選別して農政の「担い手」に育成することは現実には難しく、むしろ農業教育を積極的に施すことを通じて、朝鮮人児童や父兄の変化や自覚を引き出そうとしたのではないかと考えられる。

次に、教育の成果としての普通学校の卒業者について見ていく。表7は『朝鮮総督府官報』掲載の公立普通学校卒業者進路状況を整理したものである。このうち一九一九年の卒業者進路状況を見ると、卒業者総数一万一五九二名に対して最も多いのが家業従事者で七五五八名（六五・二％）、次いで官立学校・実業学校などの上級学校進学者で一四三八名（一二・八％）、以下官公署就職者一〇二三名（八・八％）、銀行会社就職者が一一二名（一・

表7　公立普通学校の卒業者進路状況

<table>
<tr><th colspan="3">卒　業　年</th><th>1912年</th><th>1913年</th><th>1914年</th><th>1917年</th><th>1918年</th><th>1919年</th></tr>
<tr><td colspan="3">家業従事者</td><td>1542</td><td>2400</td><td>3146</td><td>5930</td><td>6897</td><td>7558</td></tr>
<tr><td colspan="3">官公署就職者</td><td rowspan="2">562</td><td rowspan="2">629</td><td rowspan="2">302</td><td rowspan="2">1014</td><td>924</td><td>1023</td></tr>
<tr><td colspan="3">銀行会社就職者</td><td>172</td><td>212</td></tr>
<tr><td colspan="3">学校教員</td><td>—</td><td>—</td><td>—</td><td>—</td><td>48</td><td>26</td></tr>
<tr><td rowspan="12">学校入学者</td><td rowspan="4">官立学校</td><td>京城専修学校</td><td>14</td><td>5</td><td>2</td><td>—</td><td>—</td><td>—</td></tr>
<tr><td>医学講習所</td><td>17</td><td>15</td><td>2</td><td>—</td><td>—</td><td>—</td></tr>
<tr><td>高等普通学校</td><td rowspan="2">199</td><td rowspan="2">252</td><td rowspan="2">272</td><td>289</td><td>350</td><td>427</td></tr>
<tr><td>女子高等普通学校</td><td>40</td><td>40</td><td>17</td></tr>
<tr><td rowspan="4">実業学校</td><td>農　業</td><td>181</td><td>484</td><td>873</td><td>454</td><td>497</td><td>456</td></tr>
<tr><td>商　業</td><td>75</td><td>146</td><td>189</td><td>166</td><td>153</td><td>161</td></tr>
<tr><td>工　業</td><td>21</td><td>29</td><td>25</td><td>36</td><td>30</td><td>36</td></tr>
<tr><td>簡易実業学校</td><td>—</td><td>—</td><td>—</td><td>554</td><td>375</td><td>341</td></tr>
<tr><td rowspan="2">私立学校</td><td>一　般</td><td>152</td><td>219</td><td>305</td><td>381</td><td>265</td><td>354</td></tr>
<tr><td>宗　教</td><td>26</td><td>55</td><td>57</td><td>106</td><td>79</td><td>111</td></tr>
<tr><td colspan="3">留　学</td><td>11</td><td>16</td><td>4</td><td>17</td><td>4</td><td>17</td></tr>
<tr><td colspan="3">その他</td><td rowspan="2">107</td><td rowspan="2">115</td><td rowspan="2">380</td><td>385</td><td>612</td><td>822</td></tr>
<tr><td colspan="3">死　亡</td><td>23</td><td>42</td><td>31</td></tr>
<tr><td colspan="3">計</td><td>2907</td><td>4365</td><td>5557</td><td>9395</td><td>10488</td><td>11592</td></tr>
</table>

（出典）「普通学校卒業者状況」（『朝鮮総督府官報』580号、1914年7月8日付）112～113頁。
「学校卒業者状況」（『朝鮮総督府官報』1941号、1919年1月29日付）328～329頁。
「学校卒業者状況表」（『朝鮮総督府官報』2224号、1920年1月14日付）107～109頁。
「諸学校卒業者状況表」（『朝鮮総督府官報』2480号、1920年11月16日付）181頁。

八％）となっている。

この数字から普通学校の農業教育の効果を直ちに評価することは難しいが、家業従事者中の相当数は卒業後農業に従事したと見られるので、学校で得た農業に関する知識や技能が農村現場に一部持ち込まれる契機になったと考えられる。また、上級学校進学者が一二％余りに上り、総督府の方針に反して普通学校が進学のための初段階として朝鮮人児童に利用されている側面が垣間見えるが、他方で農業学校や簡易農業学校への進学者が比較的多く、進学後に近代農学のさらなる上乗せがなされたとも解釈できる。そのほか官公署および銀行会社就職者については個別の就職先は不明であるが、面官吏などの形で実地で農業指導に当たることになった者も一定数出現したと推定される。

このように資料的制約が大きく実証性にいささか問題があるとはいえ、普通学校での農業教育によって朝鮮人児童を媒介にして朝鮮農村に近代的科学的農業技術が浸透しはじめたことは間違いないのではないかと思われる。一九一〇年代の普通学校の農業科は、以上見たように、大きな限界性を抱えつつも植民地農政の「担い手」を育成すべく積極的に展開された。しかし、その試みは植民地統治の初期ということもあり、学校教員にとっては模索の連続であったことは想像に難くない。以下の資料にはそうした彼らの心情が切実に表れている。

本校所在地にありては新教育の真価も稍《ようやく》理解せられ就学児童は少くないが、遠隔の地に於ては通学の不便と父兄の頑冥なる見解の為に入学するものは極めて少数である。……されば両班はその子弟をして入学せしめず、一門集りて勉学をせしめて居る。本校にては百方手を尽せどもその効が少ない。目下時勢の進歩と共に彼等の自覚を待つより外に施すべき術がない。然れども近き将来知識の発達と生活の向上に伴ひ、農耕に学理の必要を感じ、商業に機敏なる策を廻さざる可らざる時期の来るべきは必然の理である。(84)

朝鮮人農民の中に日本内地の近代農学（学理農法）を習得した植民地農政の「担い手」を育成すること、その成否は一九一〇年代という短い期間だけでは評価することができない。しかしながら、そうした試みがこの一〇年代に政策的に開始されたことは、二〇年代以降の勧農政策の展開に多大な影響を及ぼす結果になったのである。

第五節　簡易農業学校の設置——朝鮮の実業補習学校前史

本節では、一九一〇年代の簡易農業学校に関して、その教育内容や活動実態などを簡潔に整理することで、第五章・第六章で登場する実業補習学校の前史を確認しておく(85)。

(1)　法令上の位置

では最初に、一九一〇年代の簡易農業学校が法令上どのように規定されていたのかを見ておこう。

簡易農業学校は、法令上、簡易実業学校の一種である。簡易実業学校の内容を法的に規定しているのは、「朝鮮教育令」と朝鮮総督府令第一一三号「実業学校規則」（一九一一年一〇月二〇日公布、同年一一月一日施行）という主に二つの法令であった。

ただし、簡易農業学校については、農業学校同様、教育令施行後まもなくして、農業に関する教科目の内容を朝鮮の気候・風土に適合させることが至急求められることになった。そこで、朝鮮総督府勧業模範場の技師らが中心となって、一九一三年（大正二）二月一五日に「農業学校・簡易農業学校教授要目」が制定され、それに対応する形で「実業学校規則」中の「簡易農業学校教科課程および毎週教授時数表」の改正が実施されている(86)。

簡易農業学校は、「最モ簡易ナル方法ニ依リ実業教育ヲ普及セシメントスルノ旨趣ニ出テタルモノ(87)」とされ、「成ルヘク之ヲ普通学校、農業学校、商業学校、工業学校等ノ学校ニ附設」するものと規定されていた(88)。修業年限や授業期間については、「土地ノ状況ニ依リ児童ノ修業ニ便宜ナル時間及季節ヲ選ヒテ之ヲ為シ其ノ修業年限、教科課程及毎週教授時数ハ適宜之ヲ定ムヘシ(89)」として明確な規定は設けられていなかったが、夜間・日曜日・夏

表8　簡易農業学校教科課程および毎週教授時数表（1）

教科目		1年 時数	1年 課程
修身、国語		5	修身訓話及国語 読方、解釈、書取、作文、習字
農業	作物	8	作物、気象、病蟲害及農業経済
	土壌及肥料	1	土壌ノ種類、性質、土地改良 肥料ノ種類、性質、用法
	養蚕	2	栽桑、飼育、製種
	畜産	2	家禽、家畜ノ種類、管理、繁殖、飼養及養蜂
	森林	3	造林、保護
朝鮮語及漢文		2	読方、解釈、書取、作文
算術		3	初等算術、珠算
計		26	

備考
一　土地ノ状況ニ依リ毎週教授時数三十時迄課スルコトヲ得
一　本表ノ外農業実習ハ毎週六時間以上ヲ課ス
一　測量ハ算術ノ内ニ於テ之ヲ授クルコトヲ得
一　養蚕、畜産又ハ森林ヲ主トシテ教授スルトキハ適宜農業各分科ノ毎週教授時数ヲ変更スルコトヲ得

（出典）「実業学校規則中改正」（『朝鮮総督府官報』号外、1913年2月15日付）附属の別表より作成。

（備考）本表は、普通学校卒業者またはこれと同等以上の学力ある者を収容し昼間4、5時間ずつ教授する場合の標準規定である（政務総監通牒第422号「実業学校規則中改正並教授要目編製ニ関スル件」1913年2月19日）。

表9　簡易農業学校教科課程および毎週教授時数表（2）

教科目		1年 時数	1年 課程
国語		4	読方、解釈、書取、作文、習字
農業	作物	3	作物、土壌、肥料、気象、病蟲害及農業経済
	養蚕	1	栽桑、飼育、製種
	畜産	1	家禽、家畜ノ種類、管理、繁殖、飼養
	森林	1	造林、保護
算術		2	初等算術、珠算
計		12	

備考
一　本表ノ外農業実習ハ土地ノ状況ニ依リ左ノ方法ニ依リ之ヲ課ス
　イ　毎週一回以上適当ノ時ヲ選ヒ実地指導ヲ為ス
　ロ　家庭ニ於テ小区画ノ耕地ヲ設ケシメ又ハ家禽等ヲ養飼セシメ教員巡回シテ之カ指導ヲ為ス
一　養蚕、畜産又ハ森林ヲ主トシテ教授スルトキハ適宜農業各分科ノ毎週教授時数ヲ変更スルコトヲ得

（出典）表8と同じ。

（備考）本表は、普通学校卒業者またはこれと同等以上の学力ある者を収容し夜学のような端数時を利用して教授する場合の標準規定である（政務総監通牒第422号「実業学校規則中改正並教授要目編製ニ関スル件」）。

季冬季休業日や特定の期間に限定するなどして朝鮮人生徒に対する授業を行うものとされた。

入学資格についても、「土地ノ状況及実業ノ種類ニ依リ適宜之ヲ定ムヘシ」とあるだけで具体的な年齢や条件などは規定されていなかった。(90) ただし、訓令の中では、「実地業務ニ従事スル子弟又ハ其ノ他ノ者ニシテ就学ノ希望アラハ、普通学校ノ卒業者タルト否トヲ問ハス総テ入学スルコトヲ許シ」と述べられており(91)、普通学校卒業生はもちろんのこと、そうでなくても希望すれば入学することができたと考えられる。教科目については、「実業ニ関スル科目及国語、朝鮮語及漢文、算術等ニ付之ヲ定ムヘシ(92)」と規定されていたほか、農業学校と同様に教科目以外に農業実習が課されることになった（表8・9）。

(2) 設置状況と入学者動向

◆設置数と設置内容

続いて、簡易農業学校が実際にどのような内容で設置されていたのかを見ていく。

表10は、簡易実業学校と実業補習学校の設置数を整理したものである。表にある簡易実業専修学校は、「内地人」すなわち日本人を対象にした簡易実業学校と同種の学校であり、ほぼ同じ時期に設置されていた(93)。また、実業補習学校は、一九二二年（大正一一）四月一日施行の勅令第一九号「朝鮮教育令」、いわゆる第二次朝鮮教育令によって設置された学校であり、朝鮮人向けの簡易実業学校と日本人向けの簡易実業専修学校を統合・改編したものである(94)。

さて、この表を見ると、簡易実業学校は、教育令施行初年度の一九一一年度に一七校設置されたあと徐々に増設され、一九一六年度に七四校、翌一七年度に七五校とピークを迎えている。ところが、一八年度以降は減少に転じ、とりわけ三・一独立運動にともなう植民地統治体制の見直しが進められた一九二〇年度以降は激減し、最

表10　簡易実業学校・実業補習学校の設置数

年度	簡易実業学校	簡易実業専修学校
1911	17	1
1912	36	2
1913	61	3
1914	61	2
1915	68	2
1916	74	3
1917	75	4
1918	69	6
1919	66	6
1920	41	5
1921	27	5
	実業補習学校	
1922	24	
1923	22	
1924	21	
1925	23	
1926	33	
1927	47	
1928	63	
1929	69	
1930	83	
1931	86	
1932	94	
1933	97	
1934	92	
1935	98	
1936	115	
1937	125	
1938	132	
1939	137	
1940	139	
1941	136	
1942	137	
1943	142	

(出典)1911年度～1942年度は、朝鮮総督府編纂『朝鮮総督府統計年報』大正元・9・10・11年度、昭和6・11・17年度(朝鮮総督府)、1943年度のみ『朝鮮諸学校一覧』昭和18年度(朝鮮総督府学務局)より作成。

終的には二七校にまで縮小されている。なお、実業補習学校へ改編後も、しばらくの間は二〇校余りしか設置されていなかったが、一九二六年度から増加に転じ、三六年度には一〇〇校を超え一一五校に、三九年度以降は一四〇校前後にまで急速に増加する傾向を見せている。(95)

次に、表11を見てもらいたい。この表は、簡易実業学校の公私立別・専門別設置数をまとめたものである。残念ながら資料上の制約からすべての時期の内訳を明らかにすることはできなかったが、全体から見て簡易実業学校の主力が公立簡易農業学校であったことは明白であろう。例えば、一九一八年三月末現在でいえば、簡易実業学校全七五校のうち七六%に当たる五七校が公立簡易農業学校であった。

それでは、個々の簡易農業学校はどこに設置され、また修業年限・入学資格・教科目を実際どのように定めていたのであろうか。これらの点については、前述の通り「実業学校規則」では明確な規定がなされていなかった。

まず一つめの設置場所について、簡易農業学校は、ごく少数を除いて基本的にはすべて公立普通学校に附設さ

表11　簡易実業学校の公私立別・専門別設置数

	学校数	公立						私立
		農業	水産	商業	工業	実業	計	工業
1912年3月末	17	—	—	—	—	—	17	0
1913年3月末	36	30	0	4	1	1	36	0
1914年3月末	61	—	—	—	—	—	59	2
1915年3月末	61	—	—	—	—	—	59	2
1916年3月末	68	56	1	7	2	0	66	2
1917年3月末	74	57	1	7	7	0	72	2
1918年3月末	75	57	2	7	7	0	73	2
1918年5月末	68	49	2	7	9	0	67	1
1919年3月末	69	50	2	7	10	0	69	0
1919年5月末	67	49	2	6	10	0	67	0
1920年3月末	66	—	—	—	—	—	66	0
1921年3月末	41	—	—	—	—	—	41	0
1922年3月末	27	—	—	—	—	—	27	0

（出典）1918年5月末・1919年5月末のみ『朝鮮諸学校一覧』大正7・8年度（朝鮮総督府学務局）、それ以外は『朝鮮総督府統計年報』大正元・4・5・6・7・10年度（朝鮮総督府）より作成。

れた。法令に見られるような農業学校・商業学校・工業学校などに附設されたものは全くなかった。

二つめの修業年限については、大部分の学校が修業年限を一年と定めていた。一九一八年（大正七）一月一日現在の統計で見ると、全五六校中、修業年限一年の学校が五一校、修業年限二年の学校が五校となっている(96)。

三つめの入学資格については、比較的初期に当たる一九一三年八月の資料でしか知ることができないが、各簡易農業学校あるいは道によって年齢、普通学校就学経験、農業への就業意志といった項目を、一つまたは複数組み合わせて入学資格としていたと見られる(97)。年齢について見れば、一二年以上の者と規定しているのが三二校と最も多く、次に一〇年以上の者が八校、一三年以上の者、一四年以上の者、一五年以上の者はそれぞれ一校であった。それ以外では、「学力修業年限四年ノ普通学校卒業者又ハ之ト同等以上ノ者」といった条件を規定する学校が二四校、「農業ニ従事セムトスル意志確実ナル者」といった条件を規定する学校が一三校見られた(98)。

四つめの教科目について、これも一九一三年の資料しか残されていないが、「修身」「国語」、農業に関する科目のうち「作物」「養蚕」「畜産」「森林」、および「算術」はすべての学校で教授されていた。その一方で、「朝鮮語及漢文」は五八校中二〇校のみ、また農業に関する科目中「土壌及肥料」は一部の学校でのみ教授されていた(99)。

◆入学者の特徴

こうして簡易農業学校は、以上見たような設置数と内容で朝鮮農村に整備されていったが、そこに入学した朝鮮人生徒たちは、どういった特徴をもった人たちであったのだろうか。残された数少ない統計資料からその一部を明らかにすることにしたい。

一九一三年（大正二）八月現在の統計によると、簡易農業学校入学者の年齢別構成は、総数一〇四一名中、年齢一二年が二三名（二・二％）、一三年が四九名（四・七％）、一四年が七一名（六・八％）、一五年が一二五名（一二・〇％）、一六年が一六二名（一五・六％）、一七年が一五二名（一四・六％）、一八年が一五六名（一五・〇％）、一九年が八五名（八・二％）、二〇年以上が二一八名（二〇・九％）であった(100)。一〇代後半の生徒が全体の六五・四％を占めており、二〇代以上の生徒も二〇・九％と全体の約五分の一に達していた。その結果、年齢構成を反映して入学者の中には既婚者も多く見られた。同じ統計によると、入学者総数一〇四一名のうち、既婚者が五七五名、五五・二％と全体の半数以上を占めており、未婚者は四六六名、四四・八％であった(101)。

加えて、入学資格の基準の一つにもなっていた普通学校の就学経験について見てみよう。一九一三年の入学者調査では、公立普通学校の卒業生もしくは就学経験者を指す「公普ヲ経タル者」が六一六名（五五・八％）であったのに対して、公立普通学校の就学経験がない者を指す「公普ヲ経サル者」が四八七名（四四・二％）であった[102]。また、そこから約五年経過した一九一八年度初めの調査では、前者が七四三名（七六・八％）、後者が二二四名（二三・二％）となっている[103]。

これら二つの数値から、簡易農業学校では普通学校に全く通学したことがない生徒を時には四割以上も入学させていたが、時期が下るにしたがって次第に普通学校卒業生あるいは就学経験をもつ生徒を多く入学させるようになったと推測される。

ここまでの三種類の統計資料を合わせて考えると、簡易農業学校に入学した朝鮮人生徒たちは、年齢構成や既婚率から見て「青年」に近い人々であったと結論づけることができる。そして、朝鮮総督府は、かれら「青年」たちに、「作物」「養蚕」などの農業に関する科目を軸にして、そこに「修身」「国語」「算術」と農業実習を組み合わせた教育を一年程度実施することによって、近代農学に基づく新たな農業技術の基本を身につけさせようと意図したのである。

（3）　農業教育の内容

ここでは、まず初めに、咸鏡南道・定平公立簡易農業学校を事例として、簡易農業学校における農業教育の実際の状況について見ていくことにする[104]（図9・10）。

定平公立簡易農業学校は、定平公立普通学校に附属して設置されていた。入学資格に関しては、定平簡易農業学校の場合、普通学校卒業生もしくは年齢一五歳以上の者であり、かつ朝鮮語及漢文や算術初歩の素養がある者で、加えて卒業後農業に従事しようとする者と決められていた。

生徒は通例四月入学であったが、入学志望者はいつでも入学することができ、在学期間満一年を過ぎて学科・

図９　会寧公立簡易農業学校の秋蚕収繭（咸鏡北道）（『朝鮮人教育実業学校要覧』朝鮮総督府内務部学務局、1914年）

図10　済州公立簡易農業学校の圃場実習（全羅南道）（『朝鮮人教育実業学校要覧』朝鮮総督府内務部学務局、1914年）

実習を予定通り修了した者は随時卒業することができた。一九一四年（大正三）の時点での在校生は全部で三五名で、学校設立以来常に三五名内外の生徒が在学していたという。生徒の年齢は一四歳から三六歳であった(105)。

定平簡易農業学校での農業教育の内容は、農業学校や普通学校農業科の場合と同じく教室内での学科教授と教室外での農業実習の大きく二つに分かれていた。

学科教授については、「理論に偏することなく、常に実習と相俟て効果の多からんことを期す」ことが求められ、農業学科一六時間、普通学科一〇時間の毎週計二六時間の授業が行われた。また、農業学校同様、ここでも農業実習が特に重視され、生徒には毎週一〇時間以上の実習が課された。実習地としては水田三〇〇坪（一反）、

表12　簡易農業学校実習地種類別調査
（1918年1月現在）

	設置学校数	総面積	1学校平均
田	53	35·4·8·0	6·6·28
畓	39	6·4·5·0	1·6·16
山林	28	275·8·1·0	9·8·5·1

（面積単位　町・反・畝・歩）
（出典）『実業教育要覧』（朝鮮総督府、1919年8月）45〜49頁。

畑一一五〇坪（三反八畝一〇歩）、植林地六〇〇〇坪（二町）が設けられ、生徒の農業実習に利用されたほか、筵織・草鞋作などの室内実習、堆肥製造、果樹栽培、養蚕も合わせて行われた。なお、定平簡易農業学校では、これらの教育活動はすべて昼間に行われた[106]。

こうして定平簡易農業学校は、以上のような農業教育を通じて「多智多能の人を養成せんよりは、寧ろ勤労の神聖なることを自覚せしめ、着実にして尤も地方適切の素朴なる人格を養ふ即ち学校の教旨を徹底せしめ、以て忠良なる農民を養成する」ことを目指したのであった[107]。

ちなみに、表12は、一九一八年一月現在の簡易農業学校における種類別の実習地設置状況である。農業教育の場としての実習地という点を考慮しても、水田を意味する「田」のほうが設置数、一学校当たり平均面積ともに上回っている点は注目される。おそらく米・麦・大豆などの穀物類や蔬菜類について品目ごとに均等に実習地を設けたためか、あるいは朝鮮半島全体の畑作傾向の強さを反映したために、水田よりも畑の比率が高くなるという結果になったのではないかと想像される。

ところで、上記のような事例の一方で、簡易農業学校の全体的な活動状況は、一九一〇年代を通じてきわめて低調であったといわざるを得ない。例えば、全羅北道・古阜簡易農業学校長であった曾田斧治郎などは、当時の簡易農業学校の実状について次のように率直に語っている。

簡易農業学校の本旨は、朝鮮教育令施行に関する訓令並に校則に示されたる如く、最も簡易なる方法によりて実業教育を普及せしめんとする旨趣に出てたる者にして、産業の改良発達上、極めて切要の施設たるは、論を俟たざる所なり。然るに全道五十有餘の簡農校中よくこの目的に副ふものに至つては其の数あまりに多からざる如く、露骨にいはば法令の期待に反し、僅々十名内外の生徒を以て、辛うじて学校の餘喘《よぜん》を保てるが如き境遇にあるもの、独り我校のみならざる如し。(108)

それでは、なぜこのように簡易農業学校の活動が行き詰まることになったのであろうか。残された資料から検討すると、その理由として主に次の二点が浮かび上がってくる。

まず第一は、生徒募集の困難さである。例えば、前記の曾田斧治郎は、「地方農民の脳中産業の改良発達に関して未だ其必要を感知せざるを卜《ぼく》すべし。乃ち何の必要を感じてか自ら簡農校に学び、若くは其子弟をして学に就かしめんや」(109)と述べ、朝鮮人農民の農事改良に対する関心の低さが生徒募集の困難を招いていると分析している。それ以外にも「簡易」という名称が朝鮮人に嫌忌されたこと、普通学校に隷属し建物が立派でないことも生徒募集の難しさを助長したという指摘もあった。(110)

第二は、教育内容や授業時間などで学校の独自性を十分に発揮できなかったことである。そもそも簡易農業学校は、夜間や農閑期などを利用して教科目や教授時数を柔軟に設定し、朝鮮人農民に対して簡便かつ実践的な農業教育を行うことが当初のねらいであった。にもかかわらず、実際には総督府が定めた「教授要目」に固執したり、農繁期・農閑期を考慮せずに一年間終日学校に収容したりするなどしたために、「純農業学校ノ初学年ノ教課ヲ一箇年学習セシムルカ如キ弊」に陥り、簡易農業学校の独自性を全く発揮することができなかったのである。(111)

結局、以上のような問題点を受けて、簡易農業学校に関しては一九二〇年頃から学校の制度自体や他の農業教育機関との差別化も含めて根本的見直しが議論されることになったのである。

（4）卒業生動向

最後に、簡易農業学校の卒業生動向について考察する。

表13は、一九一三年（大正二）八月現在における簡易農業学校における生徒父兄の職業と卒業生の職業を比較・対照したものである。これを見ると、生徒父兄の職業は、農業が圧倒的に多く七五・四%、次に商業が一五・四%、官公吏は二・七%であった。これに対して卒業生の進路は、農業が三二・九%にとどまる一方で、上級学校への入学が二四・四%、官公吏が一一・七%を占めていた。

こうした事態を引き起こした原因は、学校側と朝鮮人生徒の間の目的意識の相違であった。もともと学校側は、「中産階級の農家子弟」に農業教育を授け、「郷党ノ模範トナリ農事改良ノ先駆者タラシメル」[112]ことを意図していた。しかし、実際に入学してきた朝鮮人生徒たちは、「卒業後実際農業ニ従事スル希望ニ非スシテ国語、算術等ノ学習ヲ為シ上級学校入学ノ準備トセムトスルカ巡査補、憲兵補助員、面吏員等低級ノ俸給生活志望者」であった[113]。その結果、この時期の簡易農業学校は、学校側の意図に反して、実態としては上級学校への進学や官公吏等への就職を準備する教育機関として朝鮮人に利用されることになったのである。

ただし、ここから四年半ほど経過した一九一八年一月時点の調査を見ると、卒業生の動向に微妙な変化が起こっていたことが確認できる。

表14によると、この間に新たに卒業生が加算されることによって、上級学校入学が二四・四%から九・三%へと大きく減少する一方で、官公署（官公吏）が一一・七%から二一・九%に、農業が三二・九%から四五・〇%へと増加しているのである。これらの数値の変化から、卒業生の動向について次の二つのことが指摘できるのではないかと思われる。

一つめは、農業以外に転出する場合、当初は農業学校や高等普通学校など上級学校に進学する生徒が多かったが、しだいにその傾向が薄れ、面吏員や警察官などの下級官吏に就職する生徒が増加していったことである。その意味で簡易農業学校は、就職を有利に運ぶために「国語」「算術」などを短期間学習する教育機関となってい

表13　公立簡易農業学校の生徒父兄および卒業者の職業別統計(1913年8月現在)

	上級学校への入学	官公吏	会社銀行員	農業	商業	工業	その他	計
生徒父兄職業別		28	0	785	161	11	56	1041
		(2.7)	(0.0)	(75.4)	(15.4)	(1.1)	(5.4)	(100)
卒業者職業別	159	76	4	214	73	3	122	651
	(24.4)	(11.7)	(0.6)	(32.9)	(11.2)	(0.5)	(18.7)	(100)

(単位　上段：人　下段：%)

(出典)『朝鮮人教育　実業学校要覧』(朝鮮総督府内務部学務局、1914年5月)42～43頁。

表14　公立簡易農業学校の卒業者就職状況(1918年1月1日現在)

上級学校入学	官公署	会社銀行	農業	商業	工業	その他	卒業者総数
293	690	72	1423	308	36	334	3156
(9.3)	(21.9)	(2.3)	(45.0)	(9.8)	(1.1)	(10.6)	(100)

(単位　上段：人　下段：%)

(出典)『実業教育要覧』(朝鮮総督府、1919年8月)33～39頁。

たと考えられる。

二つめは、当初と比べると卒業後農業に従事する生徒の割合が一定程度増加していることである。もちろん生徒父兄の職業に占める農業の割合からすれば大幅に減少していることは否定できないが、別の見方をすれば、近代農学の一端に触れた経験をもつ卒業生のうち、四五%を農村に送り出す結果になったともいえるだろう。また、前の面吏員や警察官などの下級官吏も、農村現場で農事改良の実施に深く関与していた事実を合わせて考えると、一九一〇年代の簡易農業学校は、朝鮮農村での勧農政策の推進にたとえ力強さはなくとも、地道な形で貢献することになったと評価することができるのである。

小　括

以上の考察を踏まえて、本章の内容をまとめると次のようになる。

植民地朝鮮の教育制度は、一九一一年(明治四四)八月制定の朝鮮教育令によって確立を見たが、朝鮮人対象の初等普通教育機関である普通学校において、国語科

（日本語）と並んで農業科が重要な教科目として位置づけられたことは極めて大きな特徴であった。その背景には、日本内地の高等小学校で一九〇八年以降農業科の設置が広く普及したこと、戊申詔書（〇八年一〇月）が朝鮮の新たな教育方針の機軸に据えられ、併合前後期に実業教育重視方針が採用されたこと、という二つの要因があった。その結果、農業科は法令上の規定とは異なり、準必修科目として取り扱われ、農村部の普通学校を中心に積極的かつ広範囲に実施されることになったのである。

確かに朝鮮の普通学校は、本来尋常小学校に該当する学校であったが、青年層を含む幅広い年齢の朝鮮人児童が就学する現実を踏まえ、むしろ高等小学校と同様の「終結教育」を施す学校として想定されていたと考えられる。

普通学校の農業科の教育内容は、教室内でことばを介して農業に関する知識・情報を学習する学科と、教室外で体を動かして農作物の栽培方法等を習熟する農業実習の二つに区別される。また教育全体を通じて勤労を尊ぶ道徳教育にも注意が払われた。なかでも教育の重点が置かれたのは農業実習である。普通学校では学校園・実習地・学校林などの施設が整備され、第三・四学年の児童を中心に農業実習が精力的に行われた。

加えて、普通学校は、農業教育活動を学校内に限定せず、学校外の父兄、卒業生、学校周辺地域にまで拡大させ、あたかも勧農機関であるかのような役割も果たしていた。最も多く見られたのは、朝鮮人児童・父兄に対して農業実習で主に近代的科学的農業技術に基づいて生産した農産物や種苗・種子などを配布する活動である。それ以外にも、児童に「一坪農業」などの自宅実習を行わせたり、卒業生に農業指導や家庭訪問を行ったりといった多彩な勧農活動を展開した。

こうした普通学校が実施した学校内外での農業教育は、各道の農業学校や種苗場などの指導・監督の下で行われており、それはまさに一九一〇年代を通じて朝鮮農村に勧農機構が整備され、農事改良を普及させる「装置」

として機能しはじめたことを意味するものであった。

もちろん一〇年代の普通学校の教育活動が、順調に推移していたとは認め難い。植民地統治の初期ということもあり、設置数の少なさ、就学率の低さのみならず、「近代学校」としての教育内容そのものも朝鮮人側に受け入れられない場面も多く見られ、その限界性は深刻なものであった。

しかし、その一方で、普通学校がこの時期次第にその有効性を確保しつつあったのも事実であろう。普通学校の農業科は、総督府によって初めて政策的に朝鮮人農民の中から近代農学を習得した植民地農政の「担い手」を育成しようとする試みであった。資料的制約からその成否を正確に評価することは難しいが、普通学校で近代農学に触れた朝鮮人が、一〇年代に農村現場に輩出されはじめたことは、二〇年代以降の勧農政策の展開に多大な影響を及ぼす結果となったと考えられるのである。

なお、簡易農業学校については、そのほとんどが普通学校に附設され修業年限は一年であった。入学者は一〇代後半から二〇代以上が多く、また半数以上が既婚者であって、これら朝鮮農村の青年層に農業実習などを通して近代農学の基本を短期間に習得させることを目指していた。

しかし、現実には簡易農業学校は、学校としての独自性を発揮できず朝鮮人生徒を十分に募集できないまま行き詰まる事態となった。また、卒業生の動向から見ても、上級学校へ進学したり官公吏として就職したりする生徒が多く、農事改良の模範を示す農民を養成するという本来の目的を満足に果たせたとはいい難い状況であった。

ただし、このような否定的な評価の裏で、簡易農業学校が一九一八年時点で卒業生の四五％を農村に送り出していたことは見過ごすことができない事実であろう。簡易農業学校は、短期間ながらも近代農学の経験をもった人材を農村に一定数輩出することによって、朝鮮農村での勧農政策の推進に陰ながら貢献することになったのである。

（1）法令では「農業」「農業初歩」と表記されているが、そのままでは教科目として把握しにくいことから、本章では法令の条文など正式な教科目を示す必要がある場合を除いて、農業科と表記している。「商業」「手工」「国語」など他の教科目についても同様である。また、実業科は、「農業」「商業」「手工」など実業的教科目の総称として用いる。

（2）一九一九年（大正八）五月末現在で官立普通学校は二校、公立普通学校は四八二校、私立普通学校は三三校であった。児童数は官立普通学校四六一名、公立普通学校八万四三〇六名、私立普通学校四五二一名であった。なお、官立普通学校の二校は京城高等普通学校附属普通学校と京城女子高等普通学校附属普通学校である（『朝鮮諸学校一覧』大正八年度、朝鮮総督府学務局、一九二〇年）。

（3）呉成哲「植民地朝鮮の普通学校における職業教育」（『植民地教育史研究年報』三号、二〇〇〇年）。

（4）呉成哲前掲論文と同様の視角からの研究として、李明實「日本統治期における朝鮮総督府の「卒業生指導」」（『筑波大学教育系論集』二二巻一号、一九九七年）、井上薫「日帝下朝鮮における実業教育政策――一九二〇年代の実科教育、補習教育の成立過程」（渡部宗助・竹中憲一編『教育における民族的相克　日本植民地教育史論Ⅰ』東方書店、二〇〇〇年）などがある。

（5）稲葉継雄『朝鮮植民地教育政策史の再検討』（九州大学出版会、二〇一〇年）。

（6）そのほか植民地朝鮮・台湾の初等教育機関における実業教育に言及したものとして、永田英治「実業的理科・作業理科の二重性――朝鮮総督府『初等理科書』『初等理科』と文部省『初等科理科』の教材観」（『植民地教育史研究年報』三号、二〇〇〇年）、高嶋朋子「大正期「在台内地人」教育に関する一考察――台湾高等小学校による中等教育機関の補完と実業教育路線への変更について」（『同志社女子大学大学院文学研究科紀要』九号、二〇〇九年）がある。

（7）森下一期「普通教育における職業教育に関する一考察――1911（M44）年小学校令改正後の高等小学校の実業科を中心に」（『名古屋大学教育学部　教育学科』三五巻、一九八九年）。

（8）大河内信夫「戦前小学校で実施された「一坪農業」についての一考察――高等小学校農業科の実習との関連において」（『技術教育学研究』六、一九九〇年）、同「文部省著作高等小学校農業科用教科書の変遷」（『静岡大学教育学部研究報告　教科教育学篇』二二号、一九九一年）。

（9）三羽光彦『高等小学校制度史研究』（法律文化社、一九九三年）。

(10) 朝鮮教育令第四条。
(11) 朝鮮教育令第五条。
(12) 朝鮮教育令第八条。
(13) 朝鮮教育令第九条。
(14) 朝鮮教育令第一〇条。
(15) 普通学校規則第六条。
(16) 弓削幸太郎に関しては、稲葉継雄前掲書、一九〇～一九一頁に詳しい。
(17) 弓削幸太郎『朝鮮の教育』(自由討究社、一九二三年)一三九頁。
(18) 南庄之助「農村に於ける普通学校の経営」(『朝鮮教育研究会雑誌』九号、一九一六年六月)二頁。
(19) 「始政五年共進会記念号　第四章　教育」(『朝鮮彙報』大正四年九月号、一九一五年九月)七五頁。
(20) ちなみに、日本人児童を対象とする朝鮮の小学校における農業科の加設状況を見ておくと、小学校三〇〇校中、農業科を課するものは五一校で一七%、商業科を課するものは数校、手工科を課するものは一一五校で三八・三%であった(同右、六二頁)。朝鮮の小学校の場合、普通学校と比較して実業科の加設率が低く、かつ農業科よりも手工科の加設が多いのが特徴であった。これは日本内地の尋常小学校が手工科のみ加設科目としていたことに起因する。ただし、朝鮮では、一九一五年(大正四)三月二五日の小学校令中改正により、尋常小学校第五・六学年に土地の状況によって「農業」もしくは「商業」を課することが可能となった。なお、これについて朝鮮総督府嘱託の本庄正雄は、「かく尋常小学校に農業科を課すると云ふことは、まだ内地でも実行されて居ないが、朝鮮総督府で先鞭をつけた事は、先づ大胆なる試みといふべきである」との評価を下している(本庄正雄「尋常小学校に於ける農業科に就いて」『朝鮮教育研究会雑誌』二四号、一九一七年九月、一頁)。
(21) 小学校ノ学科及其程度第三条(『明治以降教育制度発達史』三巻、教育資料調査会、一九三八年、三九頁)および森下一期前掲論文、二二五～二二七頁。
(22) 小学校令第二〇条(『明治以降教育制度発達史』四巻、教育資料調査会、一九三八年、四九頁)および三羽光彦前掲書、一五五～一五七頁。

(23) 三羽光彦前掲書、一五四～一五五頁。
(24) 『明治以降教育制度発達史』四巻、一三二頁および森下一期前掲論文、二二五～二二七頁、三羽光彦前掲書、一五九～一六〇頁。
(25) 『明治以降教育制度発達史』五巻（教育資料調査会、一九三九年）二八～二九頁および森下一期前掲論文、二二五～二二九頁。
(26) 『明治以降教育制度発達史』五巻、六七・七一～七四頁および森下一期前掲論文、二二五～二三四頁、三羽光彦前掲書、一五九～一六〇頁。
(27) 森下一期前掲論文、二三四～二四〇頁。
(28) 『明治以降教育制度発達史』五巻、八～九頁および尾崎ムゲン「戊申詔書と教育」（『季刊日本思想史』七号、一九七八年）九三～九七頁、千田栄美「戊申詔書の発布とその反響」（『日本の教育史学』四四集、二〇〇一年）四五～五一頁。
(29) 「詔書と文部大臣」（『教育時論』八四七号、一九〇八年一〇月二五日）三五頁。
(30) 尾崎ムゲン前掲論文、九六～九七・一〇一～一〇六頁。
(31) 本間千景『韓国「併合」前後の教育行政と日本』（思文閣出版、二〇一〇年）六三～六六頁。
(32) 「韓国併合ニ関スル諭告」（『朝鮮統治三年間成績』朝鮮総督府、一九一四年）附録四頁。
(33) 『官報』三五四六号（議政府官報課、一九〇六年八月三一日付）七〇～七二頁（『旧韓国官報』〔復刻版〕一三巻、亜細亜文化社、一九七三年）。
(34) （隈本繁吉）『学制及其他ニ関スル意見』（『日本植民地教育政策史料集成（朝鮮篇）』六九巻収録）八頁。
(35) 澤誠太郎『農業教育ニ関スル意見』（『日本植民地教育政策史料集成（朝鮮篇）』六九巻収録）四一頁。
(36) 朝鮮教育令制定が近づく中で、寺内正毅総督が「学科に於ては実業的科目を多くし、空理空論に走らしむる餘弊ある学科は課せざる方針を採るべし。……教育勅語は本土に於けるが如く、取扱はず寧ろ戊申詔書によりて、修身を説き之に多少儒教主義を加味すべし」との方針を確定したとある（「朝鮮の新教育制度」『教育時論』九二九号、一九一一年二月五日、三九頁）。
(37) 「普通学校教監講習会情況」（『朝鮮総督府官報』三二五号、一九一一年九月一四日付）九六頁。

(38)「各道内務部長ニ対スル訓示」（水野直樹編『朝鮮総督諭告・訓示集成』1、緑蔭書房、二〇〇一年）一三六頁。

(39)〔寺内正毅〕『朝鮮学制案ノ要旨』（『日本植民地教育政策史料集成（朝鮮篇）』六九巻収録）附表。一方で、隈本繁吉『朝鮮公立普通学校及官立諸学校整理案』や隈本事務官『普通学校教科課程改正要項案』（どちらも『史料集成』六九巻収録）では、農業科の毎週教授時数は空欄となっている。

(40)「咸鏡南道普通学校農業施設標準」（『朝鮮教育研究会雑誌』一九号、一九一七年四月）四一頁。

(41)同右、四一～四二頁。なお、ここでいう咸鏡南道の五大必行事項とは、一九一四年一月三一日公布の咸鏡南道諭告「農事改良必行事項」を指すと考えられる。具体的には、「第一、大豆粒種及品種混同防止」「第二、堆肥製造」「第三、人糞尿ノ使用」「第四、畜牛飼料乾草製造」「第五、畜牛ノ増殖」の五項目である（「農事改良必行事項」『朝鮮総督府官報』四六三号、一九一四年二月一七日付、一七四～一七七頁）。

(42)李軒求「農業科教授に就いて」（『朝鮮教育研究会雑誌』三五号、一九一八年八月）三七頁。なお、李軒求は京畿道・汶山公立普通学校訓導であった。

(43)南庄之助前掲「農村に於ける普通学校の経営」四頁。

(44)同右、五頁。

(45)前掲「咸鏡南道普通学校農業施設標準」四二～四三頁。

(46)「普通学校に於ける勤倹の徳性涵養」（『朝鮮彙報』大正五年一月号、一九一六年一月）一二八～一二九頁。

(47)先行研究として学校園に関しては、田中千賀子『近代日本における学校園の成立と展開』（風間書房、二〇一五年）、学校林に関しては、竹本太郎『学校林の研究』（農山漁村文化協会、二〇〇九年）がある。

(48)例えば、隈本繁吉は、教育令制定以前の普通学校について、「此等ノ普通学校ハ、何レモ卑近適切ヲ旨トシ実用ノ智識技能ヲ授クルニ力メ、当該地方ノ状況ニ応シテ農商等ノ実業科ヲ加ヘ、若クハ農圃、農園、学校林等ヲ設ケ学徒ヲシテ勤労ノ習慣ヲ養ハシメ、遊衣徒食ノ弊習ヲ一洗センコトヲ期セリ。此等ノ施設ハ地方民ノ歓迎スル所ニシテ、現ニ春川ノ如キ群山ノ如キ啻ニ学徒ニ対スル教育上奏効シツツアルノミナラズ、地方農民ヲ啓発シ彼等ヲシテ来リ倣ハシムルモノ尠カラズト云フ」と記述している（隈本繁吉『学政ニ関スル意見』二二一～二二三頁、一九一〇年、『日本植民地教育政策史料集成（朝鮮篇）』六九巻収録）。

(49)「学制実施ニ関スル件」(『朝鮮総督府官報』三五五号、一九一一年一一月一日付)一頁。
(50)前掲「咸鏡南道普通学校農業施設標準」四一頁。
(51)同右、四二頁。
(52)前掲「農村に於ける普通学校の経営」七〜八頁。
(53)「学校林設営ニ関スル件」(『朝鮮総督府官報』三三七号、一九一一年一〇月一〇日付)五五〜五六頁。
(54)福島百蔵「公立普通学校農業実習に関する意見」(『朝鮮彙報』大正四年七月号、一九一五年七月)一三六頁。福島百蔵は、一九一四年夏に西鮮地方、一五年夏に南鮮地方の各公立普通学校の農業実習状況を視察している。この記事はその視察報告であり、公立普通学校における農業実習の欠点と匡正案が一七項目列挙されている。ちなみに、実習地の適正規模に関しては、平均一人当たり八・七五坪ないしは一七・五坪が適当であるとし、実習生徒八〇人の場合は二反三畝一〇歩(七〇〇坪)ないしは四反六畝二〇歩(一四〇〇坪)程度が適正規模であると述べている。
(55)「公立普通学校内地人教員夏季講習会情況」(『朝鮮総督府月報』四巻九号、一九一四年一一月)一〇八〜一一一頁。
(56)「実業学校教員講習会」(『朝鮮彙報』大正五年一〇月号、一九一六年一〇月)一九八〜二〇〇頁。
(57)こうした普通学校の状況は以下の記述によく描写されている。「現今普通学校の児童の年齢を見たら、内地否朝鮮でももう専門学校を終へて実社会に活動する年齢のものが中には未だ多い。何処の普通学校へ行つて見ても丁度都会に高い煙突がボツボツ有るが如く、細まい十二三歳の児童中に太くて背の高い、而も鬚も先生より多く生やして、子女まで持つたやうなものが交つて居る」(趙炳奎「普通学校の漢文教授について」『朝鮮教育研究会雑誌』三七号、一九一八年一〇月、四〇頁)。
(58)大野謙一『朝鮮教育問題管見』でも、「農業初歩の如きは、教育令実施後日ならずして殆んど総ても農村学校に之れが実施を見、実習地の得易きこと、収容児童の年齢の長じ居ること等の好条件と相俟て、事実上重要なる必須科目の一つとして顕著なる成績を挙げることを得たことである」と記述されている(大野謙一『朝鮮教育問題管見』朝鮮教育会、一九三六年、六一頁)。
(59)「公立普通学校講習会状況」(『朝鮮総督府月報』二巻八号、一九一二年八月)九四〜九五頁。
(60)「普通学校に於ける勤倹の徳性涵養」(『朝鮮彙報』大正四年一二月号、一九一五年一二月)一〇二〜一〇三頁。

(61)「学校に於ける施設が地方の教化に好影響を与へし事例」(『朝鮮教育研究会雑誌』三〇号、一九一八年三月)二六～二七頁。
(62)南庄之助前掲「農村に於ける普通学校の経営」一三～一七頁。
(63)大河内信夫前掲「戦前小学校で実施された「一坪農業」についての一考察」参照。
(64)前掲「農村に於ける普通学校の経営」一三～一七頁。
(65)同右、一七～一八頁。
(66)前掲「普通学校に於ける勤倹の涵養」(『朝鮮彙報』大正五年一月号)一二七～一二八頁。
(67)同右、一二八頁。
(68)前掲「公立普通学校長講習会状況」九三～九四頁。
(69)「公立普通学校の卒業生指導」(『朝鮮彙報』大正四年一〇月号、一九一五年一〇月)一二七頁。
(70)同右、一二七～一二八頁。
(71)『大正五年十二月　農業学校長会同聴取事項答申書』(朝鮮総督府、一九一六年)八七～八九頁。
(72)同右、八八頁。
(73)同右、九〇頁。
(74)「新設公立普通学校ノ状況」(『朝鮮総督府月報』二巻一〇号、一九一二年一〇月)一二二頁。
(75)弓削幸太郎も一〇年代を回顧して、「万一普通学校で漢文を教へなかつたなら当時学校に生徒を送る父兄は殆んど絶無であつたと信ずる」と率直に述べている(弓削幸太郎前掲書、一三八頁)。
(76)前掲「普通学校の漢文教授について」三八～三九・四二頁。
(77)前掲『朝鮮諸学校一覧』大正八年度、二一七～二一八頁。
(78)高木善人「書堂に就て」(『朝鮮教育会雑誌』三二号、一九一四年九月)二三頁。
(79)大塚忠衛「普通学校に於ける作業訓練」(『朝鮮教育研究会雑誌』三〇号、一九一八年三月)九頁。
(80)前掲「咸鏡南道普通学校農業施設標準」四〇～四一頁。
(81)一九一〇年代の普通学校に対する朝鮮人側の認識を示す資料として以下のような記述もある。「然るに学校は書堂とは違ひ、農業実習をやつたり、体操をしたりして、彼等の不必要と考へる事をなす故に、一部分の人は子弟を学校に出さないのである。此の外学校には、遊ぶ時間が多いとか、或は漢文が足りないとか等種々雑多の非難を言ふ」（金漢奎「生徒募集四年間の所感」『朝鮮教育研究会雑誌』三五号、一九一八年八月、二八頁）。

(82) 古川宣子「植民地近代社会における初等教育構造――朝鮮における非義務制と学校「普及」問題」（駒込武・橋本伸也編『帝国と学校』四章、昭和堂、二〇〇七年）。なお、古川は、普通学校の通学可能範囲を半径四キロメートル（以下、キロと略）以内と考えた場合、一九一四年の時点で一郡（標準で六一七平方キロ）の面積の約七分の一をカバーしていたと推計している。

(83) 「公立普通学校入学状況」（『朝鮮総督府官報』一〇七号、一九一二年一二月七日付）五九～六〇頁および「公私立学校生徒入学状況表」（『同』一八六四号、一九一八年一〇月二四日付）二九五～二九六頁。なお、一九一八年度の公立普通学校入学者中、書堂を経た者は一万七三七四名で七〇・二%、書堂を経ない者は七三九〇名で二九・八%であった。

(84) 芳尾喜太郎「我校に於ける第一学年初期の取扱に就きて」（『朝鮮教育研究会雑誌』五四号、一九二〇年三月）四三～四四頁。

(85) 簡易農業学校に関する研究は、日韓両国でこれまでほとんど行われてこなかった。その理由は、簡易農業学校に関する資料が統計類や雑誌記事に散見される断片的なものしか残されていないためである。簡易農業学校について、実業補習学校と合わせて言及した研究には以下のものがある。金圭晟「韓國近代農業教育의 史的考察」（高麗大学校教育大学院碩士学位論文、一九七六年）、呉象均「日政時代學校教育에關한研究」（延世大学校教育大学院碩士学位論文、一九八三年）、李熙大「日帝時代의農業教育에관한考察」（嶺南大学校教育大学院碩士学位論文、一九八七年）、李正連『韓国社会教育の起源と展開』（大学教育出版、二〇〇八年）。また、同じく日本の植民地であった台湾の実業補習学校に関しては、王栄「日本統治時代台湾の実業補習学校について」（『東洋史訪』七号、二〇〇一年）がある。

(86) 小早川九郎『朝鮮農業発達史　政策篇』（朝鮮農会、一九四四年）三一八～三一九頁。

(87) 「朝鮮教育令施行ニ関スル件」（『朝鮮人教育　実業学校要覧』朝鮮総督府内務部学務局、一九一四年）附録二六頁。

(88) 実業学校規則第七条。

(89) 実業学校規則第一一条。

(90) 実業学校規則第二一条。
(91) 前掲「朝鮮教育令施行ニ関スル件」附録三〇頁。
(92) 実業学校規則第八条。
(93) なお、日本人向けの簡易実業専修学校は、実際にはすべて簡易商業専修学校であった。
(94) 実業補習学校設置にともなって『朝鮮総督府統計年報』大正一一年度より統計の形式が変更され、一九一一〜一九二一年度の数値については、簡易実業学校と簡易実業専修学校を合算した数値が記載されるようになった。なお、先行研究で挙げた李正連もすでに簡易実業学校と実業補習学校の設置数などについて整理しているが、同氏はこの点を見落としている（李正連前掲『韓国社会教育の起源と展開』一三一頁）。そこで、ここでは再調査のうえ改めて表を作成した。
(95) なお、簡易農業学校の前身は、一九〇九年（明治四二・隆熙三）に韓国政府が制定した勅令第五六条「実業学校令」に基づく実業補習学校であった。教育令施行直前の一九一一年度には、京畿道の公立水下洞実業補習学校（商業）、公立於義洞実業補習学校（農業）、公立渼洞実業補習学校（農商業）、慶尚北道の公立尚州実業補習学校（農業）の計四校が存在していた（『学事統計（明治四十三年度）』朝鮮総督府、一九一一年、七八頁）。
(96)『実業教育要覧』（朝鮮総督府、一九一九年）四〜八頁。
(97) 前掲『朝鮮人教育　実業学校要覧』八〜一五頁。なお、京畿道では年齢一〇〜一三年以上の範囲で年齢のみを規定していた。
(98) 同右、八〜一五頁。
(99) 同右、一八〜二二頁。
(100) 同右、四二〜四三頁。
(101) 同右、四二〜四三頁。
(102) 同右、四二〜四三頁。
(103)「公私立学校生徒入学状況表」（『朝鮮彙報』大正七年一二月号、一九一八年一二月）一六七頁。
(104) ここでは、河井軍次郎「簡易農業学校施設に就て」（『朝鮮教育会雑誌』三四号、一九一四年一一月）を利用した。河井軍次郎は、咸鏡南道・定平公立普通学校校長である。

(105) 同右、五八頁。
(106) 同右、五八～五九頁。
(107) 同右、五九頁。
(108) 曾田斧治郎「簡易農業学校に対する卑見」(『朝鮮教育会雑誌』三五号、一九一四年一二月)三七頁。
(109) 同右、三九頁。
(110) 一九一八年(大正七年)一二月の農業技術官会同において、忠清南道からは、「由来朝鮮人ニハ外観ヲ尊フノ風習アリサレハ、学校ノ良否ハ其ノ建築物ノ大小美醜ニ依リ定ムルヲ常トス。然ルニ簡易農学校ノ状況ヲ見ルニ、多クハ普通学校ニ隷属シ元ヨリ建築物ノ如キ人目ヲ惹クニ足ラス。之レ普通学校卒業生等カ簡易農業学校ヲ嫌悪スル所以ナリ」との報告が、また、慶尚南道からは、「現行ノ簡易農業学校ハ農業教育ノ程度ニ於テ事実簡易ナルニセヨ、簡易ノ名称ヲ附スルコトハ一般鮮人ノ最モ嫌忌スル処ナリ」との報告がなされている(『大正七年十一月　農業技術官会同諮問事項答申書』朝鮮総督府、一九一八年一一月、一四九・一五七頁)。
(111) 同右、一五一・一六二頁。
(112) 同右、一四八・一五三～一五四頁。
(113) 同右、一六二頁。

第二部
植民地朝鮮における勧農政策の展開
——一九二〇年代

延海水利組合第一貯水池（黄海道）（『日本地理風俗大系』17巻・朝鮮（下）、新光社、1930年）

時代背景

三・一独立運動は、日本政府・朝鮮総督府に大きな衝撃を与えた。原敬首相はただちに長谷川総督を更迭し、海軍大将の斎藤実を第三代総督に抜擢した。

これを機に、総督府の大規模な官制改革が実行される。まず武断政治の象徴である総督武官制と憲兵警察制度が廃止された。総督武官制廃止によって文官も総督に就任できるようになったが、これ以降も総督はすべて陸海軍大将であった。憲兵警察制度は普通警察制度へと転換された。ただし、警察官数が大幅に増員されるなど民族運動を取締り、朝鮮人の日常生活を監視する体制はむしろ強化された。加えて、地方制度改革も行われ、道・府・面のすべてに諮問機関（道評議会・府協議会・面協議会）が設置された。諮問委員の資格には納税額による制限があったので、朝鮮人の参加は一部の地主・資本家層に限られた。

斎藤総督の一連の新政策は、「文化政治」と呼ばれる。この表現は、着任直後の訓示で「文化的制度の革新」「文化の発達と民力の充実」を掲げ、「文明的政治の基礎」の確立を提唱したことに由来する。しかし、その本質は、朝鮮人に「内鮮融和」を説き「同化」へと導くことで、彼らの一部を総督府側に引き寄せることをねらったものであった。

三・一運動から世界恐慌に至る一九二〇年代には、斎藤実（一九一九年八月～二七年一二月、ただし二七年四～一〇月は宇垣一成臨時代理）、山梨半造（一九二七年一二月～二九年八月）、斎藤実（一九二九年八月～三一年六月）が順に総督を務めた。この時期の各分野の政策は、一〇年代からさらなる充実が図られた。農業では、産米増殖計画（二〇年）が代表的政策であったが、第二期棉作奨励計画（一九年）、産繭百万石増収計画（二五年）などさまざまな政策が推進された（朝鮮の工業化は、満洲事変後の三〇年代からである）。教育では、第二次朝鮮教育令（二二年）のほか、普通学校増設、京城帝国大学開設（二四年）が行われた。

二〇年代に入って、朝鮮人の活動に対する規制は一部ゆるめられた。言論・出版・集会・結社の取締りが緩和され、朝鮮人による朝鮮語新聞・雑誌の発行、団体の結成が認められた。これによって二〇年には、今日まで韓国の代表的な新聞である『東亜日報』『朝鮮日報』が創刊された。また、労働者・農民・青年の団体の組織化が進み、多様な民族運動・社会運動が展開されるようになった。

二〇年代前半は、愛国啓蒙運動の流れを引く物産奨励運動や民立大学期成運動など民族主義者の運動が活発化した。しかし、二〇年代半ばに入ると、朝鮮にも社会主義思想の影響が及び、二四年には朝鮮労農総同盟、朝鮮青年総同盟が、二五年には朝鮮共産党が結成された。二七年には非妥協派民族主義者（左派）と社会主義者が団結し、民族共同戦線組織である新幹会が結成された（三一年に解消）。これらの団体は総督府からたびたび弾圧を受けたが、その中で二九年には元山ゼネストや光州学生運動が勃発した。

一九二〇年代は、総督府が一〇年代の統治基盤を引き継ぎながら、その支配を精緻化させた時代である。一方で、朝鮮人の活動に一定の空間が確保されたことは、朝鮮の社会情勢を一層複雑化させることになったのである。

第四章　朝鮮農会令制定と勧農政策

三・一独立運動による動揺もさめやらぬ一九一九年（大正八）八月一二日、新たに朝鮮総督に斎藤実（図1）、政務総監に水野錬太郎（図2）が就任し、すぐさま朝鮮統治体制の全面的見直しに着手した。いわゆる「文化政治」の開始である。

そのなかで「産米増殖計画」は、朝鮮総督府の経済政策の中軸として立案・実施された。計画の実施に当たって、総督府はその第一目的を帝国食糧問題の解決であると説明しているが、その裏では米穀増産によって農民生活を改善し、治安の安定化を図ることも意図していた。また、この計画が結果として朝鮮人地主の一部を総督府農政に取り込む役割を果たし、「文化政治」下の朝鮮人懐柔政策の一翼を担ったという事実については、すでに従来の研究が指摘しているところである。

この「産米増殖計画」に関しては、戦前から現在に至るまで実に数多くの先行研究が存在するが、なかでも河合和男の研究はその代表的なものである(1)。計画自体の成立過程・内容・実績などについてはすでに河合が詳細な検討を行っている。しかし、同時にこれらの先行研究にはいくつかの問題点も含まれている。

第一は、従来の研究において、計画中での農事改良事業の重要性が全くといっていいほど評価されていない点

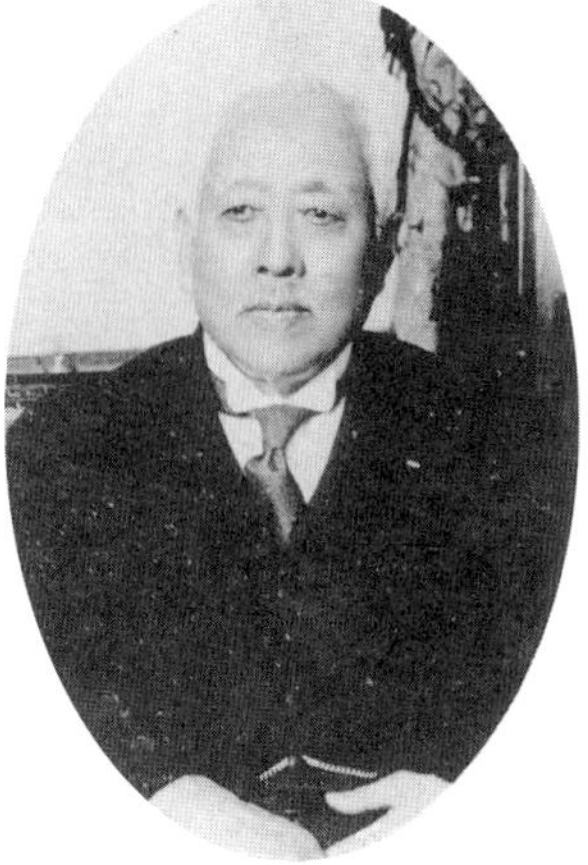

図1　斎藤実総督（『施政二十五年史』朝鮮総督府、1935年）

図2　水野錬太郎政務総監（『施政二十五年史』朝鮮総督府、1935年）

である(2)。もちろん植民地農政における「産米増殖計画」の意義が、灌漑施設の整備をはじめとする土地改良事業の本格的実施にあったことは否定しえない。しかし、日本の例に照らしてみても明らかなように、土地改良事業だけでなく農事改良事業、具体的には購入肥料（金肥）の導入などの農業技術の改善が行われてこそ、初めて計画目標の達成が可能であった。この点については当時の総督府官僚や農業関係者も等しく認めているところである(3)。

第二に、さらに根本的な問題として、「産米増殖計画」の開始が、一九一〇年代の勧農政策の形成過程から展開過程への転換を意味していることについてほとんど指摘されてこなかった点である。一〇年代に勧業模範場などの農事試験研究機関、水原農林専門学校などの農業教育機関、朝鮮農会・部門別団体などの農業団体が過渡的要素をはらみながらも組織されたことで、「産米増殖計画」を実施する素地が準備された。さらに、二〇年代に入ると、総督府は計画の実施に合わせて、朝鮮農会令・朝鮮産業組合令の制定（一九二六年一月）、金融組合令改正（一九二九年四月）に代表される農業団体の再編・整備を行った。なかでも、朝鮮農会令制定による農会の系統的組織の完成は、計画を農村現場から支援する態勢を整えるものであった。

そこで、本章では、一九二〇年代の勧農政策のうち、朝鮮農会令の制定に焦点を当て、植民地朝鮮で農業団体の系統的組織がどのような過程を経て整備されたのかを解明するとともに、「産米増殖計画」下でどのような事業活動を行ったのかについて明らかにする(4)。

なお、本章の第六節では、農事試験場や水原高等農林学校など農会以外の勧農機関について、二〇年代における動向も合わせて整理する。これらの検討を通じて、朝鮮における体系的勧農機構の確立と勧農政策の終了について考察を行っていく。

第一節　勧農政策の転換――朝鮮農会令立案審議の開始

◆勧農政策の転換

一九一九年八月の斎藤実総督就任を契機として「文化政治」が開始されると、朝鮮総督府は朝鮮半島内の治安維持のみならず、朝鮮の産業開発にも積極的に乗り出すことになった。その代表ともいえるのが一九二〇年（大正九）に着手される「産米増殖計画」であった。一九二〇年代に入ると、植民地朝鮮の勧農政策は、この「産米増殖計画」に牽引される形で、一九一〇年代と比較して量的にも質的にも充実することになり、いよいよ展開過程へ入っていくことになったのである。

まず、一九二〇年代の勧農政策の量的変化をうかがい知ることが出来る指標として、朝鮮総督府の農業関係費（勧農費・勧業費）の推移を挙げることができる。

表1で総督府歳出と農業関係費の推移を見ると、一九二〇年を境として農業関係費の支出が大幅に増加していることが分かる。勧業費では、一九一九年度の四一九万六三一七円から一九二〇年度の五八六万四六四〇円に三九・八％増、勧農費では九二万八四三二円から二〇〇万四四八六円に一一六％増となっており、特に勧農費は、

表1　朝鮮総督府特別会計歳出と総督府勧業費・勧農費

年度	総督府歳出	歳出指数	勧業費	勧業費指数	勧農費	勧農費指数
1910	18,257,384					
1911	46,172,310	100.0	2,469,420	100.0	442,267	100.0
1912	51,781,225	112.1	2,932,304	118.7	651,824	147.4
1913	53,454,484	115.8	2,284,181	92.5	672,357	152.0
1914	55,099,834	119.3	2,778,408	112.5	743,606	168.1
1915	56,869,947	123.2	3,006,353	121.7	743,175	168.0
1916	57,562,710	124.7	2,367,625	95.9	617,733	139.7
1917	51,171,826	110.8	2,351,404	95.2	622,869	140.8
1918	64,062,720	138.7	3,573,141	144.7	629,152	142.3
1919	93,026,893	201.5	4,196,317	169.9	928,432	209.9
1920	122,221,297	264.7	5,864,640	237.5	2,004,486	453.2
1921	148,414,003	321.4	8,797,904	356.3	2,512,842	568.2
1922	155,113,753	335.9	11,757,655	476.1	5,092,321	1,151.4
1923	144,768,149	313.5	10,627,456	430.4	4,236,202	957.8
1924	134,810,178	292.0	11,724,407	474.8	4,779,452	1,080.7
1925	171,763,081	372.0	13,645,702	552.6	5,261,087	1,189.6
1926	189,470,101	410.4	16,333,514	661.4	6,724,934	1,520.6
1927	210,852,949	456.7	17,660,372	715.2	7,941,543	1,795.6
1928	217,690,321	471.5	17,707,435	717.1	8,106,380	1,832.9
1929	224,740,305	486.7	20,541,312	831.8	7,831,714	1,770.8
1930	208,724,448	452.1	17,971,229	727.8	7,514,145	1,699.0
1931	207,782,798	450.0	17,773,633	719.7	7,227,717	1,634.2
1932	214,494,728	464.6	10,362,282	419.6	5,757,192	1,301.7
1933	229,224,139	496.5	14,766,765	598.0	8,043,307	1,818.7
1934	268,349,402	581.2	24,642,724	997.9	8,956,837	2,025.2
1935	283,958,943	615.0	17,860,819	723.3	8,748,297	1,978.1
1936	324,472,357	702.7	17,135,310	693.9	6,513,862	1,472.8
1937	407,027,104	881.5	26,162,069	1,059.4	7,489,529	1,693.4
1938	500,526,409	1,084.0	31,063,668	1,257.9		
1939	680,066,607	1,472.9	49,136,807	1,989.8		
1940	813,516,494	1,761.9	105,821,070	4,285.3	19,476,393	4,403.8
1941	931,809,629	2,018.1	97,499,737	3,948.3		
1942	1,155,791,188	2,503.2	92,697,035	3,753.8		
1943	1,531,982,---	3,318.0	292,596,---	11,848.8		
1944	2,441,706,---	5,288.2	493,862,---	19,999.1		
1945			582,648,---	23,594.5		

（単位　円）


（出典）本表は、以下の資料をもとに作成した。

水田直昌監修『総督府時代の財政』（友邦協会、1974年）117・190～191頁。

『朝鮮総督府施政年報』昭和16年度（朝鮮総督府、1943年）64～65頁。

『朝鮮の農業』昭和12年版（朝鮮総督府農林局、1939年）192～193頁。

『朝鮮の農業』昭和16年版（朝鮮総督府農林局、1941年）307～311頁。

（備考）総督府歳出は1944年のみ予算、それ以外は決算資料である。勧業費はすべて予算。勧農費は予算・決算の記載がなく不明である。

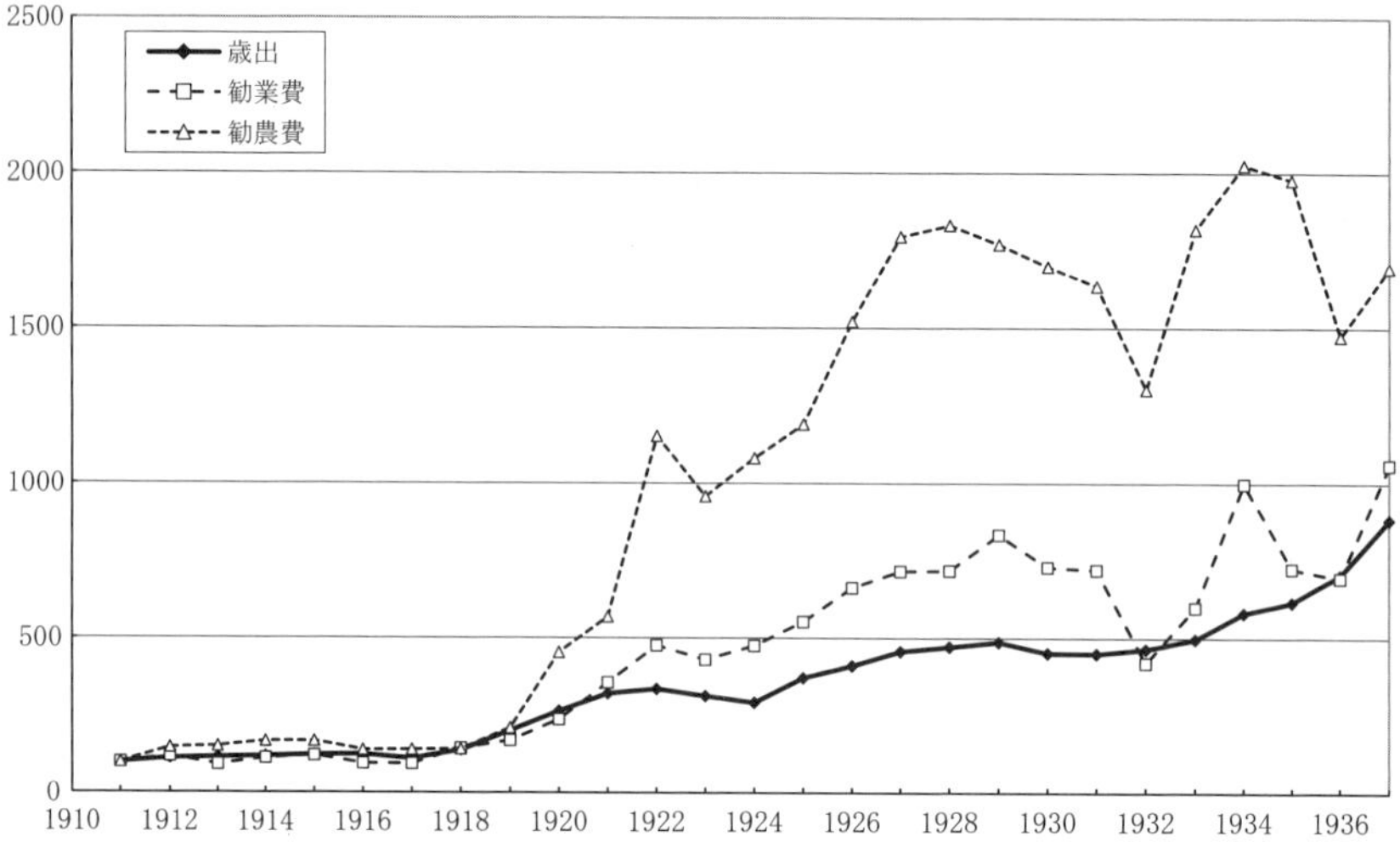

図3　朝鮮総督府歳出・勧業費・勧農費の推移
(出典)表1と同じ。

同じ時期の総督府歳出の伸び率三二・四%を大きく上回っている（図3参照）。また、この増加傾向は「更新計画」実施（一九二六年）前後の二八年まで範囲を広げても一貫して継続していることが分かる。

続いて、表2で、一九二〇～二八年の財政支出増加の内訳を見ると、やはり土地改良関連の急増ぶりが目につく。土地改良関連費は、一九一九年の一七万九六七八円から一九二〇年には九九万四六一五円に四五四%と大幅に増加している。これはいうまでもなく「産米増殖計画」実施にともなうものである。土地改良以外でも勧業模範場や普通農事（ただし大正八、九、一〇年は除く）、棉作でも一九二〇年代の財政支出は一九一〇年代と比較して明らかに増加している（図4）。

次に、一九二〇年代の勧農政策の質的変化に関しては、以下に挙げる農政関係者の発言からくみとることができる。

統監府時代より農政に深く関与し、勧業模範場長および朝鮮農会副会頭を歴任した本田幸介は、一九一九年一一月、朝鮮を離れるに当たって次のような発言を残している。

斯の如く技術方面に於いても、実は第一期の時代は終

表2　国費による農業奨励施設費

年度	勧業模範場	獣疫血清製造所	普通農事	棉　作	甜菜栽培	蚕　業	畜　産	土地改良	計
1911	206,416		10,400	14,034		17,775	83,672	109,970	442,267
1912	204,899		66,110	108,029		27,970	106,040	138,776	651,824
1913	215,531		74,410	142,438		27,978	108,028	103,972	672,357
1914	197,144		86,664	142,438		46,560	116,828	153,972	743,606
1915	195,662		88,164	141,276		47,660	116,828	153,585	743,175
1916	211,304		100,664	141,277		47,660	116,828		617,733
1917	216,440		100,664	141,277		47,660	116,828		622,869
1918	204,727	86,292	98,664	121,481	10,000	47,660	60,328		629,152
1919	316,247	118,254	2,000	166,041	87,692		58,520	179,678	928,432
1920	473,194	148,647	2,000	195,496	83,912		106,622	994,615	2,004,486
1921	590,468	186,820	2,000	261,557	83,912		133,500	1,254,585	2,512,842
1922	623,932	235,125	59,050	282,273	83,912		117,628	3,690,401	5,092,321
1923	542,399	278,918	128,950	253,183	83,912		181,308	2,767,532	4,236,202
1924	542,399	278,918	132,700	266,433	83,912		207,558	3,267,532	4,779,452
1925	396,882	217,136	106,160	213,147	60,000	285,000	113,308	3,869,454	5,261,087
1926	430,879	267,710	342,160	213,147	60,000	285,000	113,308	5,012,730	6,724,934
1927	483,777	274,810	402,753	239,647	60,000	364,350	123,388	5,992,818	7,941,543
1928	475,691	274,810	447,026	239,647	60,000	381,000	123,388	6,104,818	8,106,380
1929	517,156	284,337	547,718	176,500	93,500	381,000	173,388	5,658,105	7,831,714
1930	516,381	280,171	847,394	176,500	93,500	381,000	173,388	5,045,811	7,514,145
1931	505,099	257,961	961,810	167,659	144,708	289,560	137,063	4,763,857	7,227,717
1932	398,132	257,960	945,637	57,000		190,950	156,891	3,750,622	5,757,192
1933	398,132	249,928	1,599,462	275,900		190,950	181,691	5,147,244	8,043,307
1934	507,198	248,328	1,817,920	407,200		184,281	298,257	5,493,653	8,956,837
1935	648,648	249,013	1,780,500	414,400		147,992	368,493	5,139,251	8,748,297
1936	659,708	253,965	1,851,230	463,100		72,000	360,678	2,853,181	6,513,862
1937	694,313	253,965	1,877,936	576,300		82,290	636,244	3,368,481	7,489,529
計	11,372,758	4,703,068	14,480,156	5,997,380	1,088,860	3,546,296	6,590,001	75,014,643	122,793,162

（出典）『朝鮮の農業』 昭和12年版（朝鮮総督府農林局、1939年）192～193頁。　　（単位　円）

図4　群山港の米移出（全羅北道）（『日本地理風俗大系』17巻・朝鮮（下）、新光社、1930年）

へた積りであります。これからして第二期に入る所であります。第一期の時世は洵《まこと》に荒ごなしであつて所謂創業の時代でありまして、私のやうな粗放な性能を有つて居るものでも大体に其の事に干《かか》はることが出来たのであります。けれども第二期に入りましては事が緻密になつて来る。又第一期中に怎《ど》うしても解決しなかつた所の色々なる事件に対しても、これから研究、実験、調査を経なければなりますまいと思ひます。この研究なり、実験なり、調査なりは今迄に較れば二倍も三倍も緻密になつて往かなければならぬと思います。随つて然ういふものに関する所の機関も亦一層勘考を要する事でありませう。(5)

すなわち、本田幸介は、今まさに「創業の時代」である勧農政策の形成期から、「二倍も三倍も緻密」さが要求される展開期へと移行する時期であることを、くしくも離任に当たって明確に宣言しているのである。

さらに、この本田がいう「緻密さ」の中身と関連して、西村保吉殖産局長は、二〇年五月の農業技術官会同で次のように述べている。

朝鮮ニ於ケル産業諸般ノ計画ハ、時勢ノ変遷ニ応シテ其ノ宜シキヲ制スヘキノミナラス、之ヲ縦ニシテハ上下各機関間及官庁当業者間ニ一定ノ脈絡系統ヲ有スヘク、之ヲ横ニシテハ各種奨励事業相互ノ間ニ於テ亦一定ノ連絡及調和ヲ保ツコトヲ必要トス。(6)

残念ながらこの西村殖産局長の発言も具体性に乏しいものといわざるを得ないが、一〇年代に形成された各勧農機関を、二〇年以降、より体系的な機構へと昇華させ、そこに行政官庁や農業経営者を有機的に結合させて朝鮮で農事改良を強力に展開していかなければならないという趣旨の発言であると考えられる。

◆農会令の立案へ

まさにこうした一九一〇年代の勧農政策の形成期から二〇年代に展開期へと移っていく中で、朝鮮農会令の立案審議が開始されることになった。

まず斎藤実総督就任後初の道知事会議（一九一九年一〇月）の場で、全羅北道、慶尚北道、慶尚南道から部門別農業団体の不備を指摘し、朝鮮農会令の制定を求める意見が提出された(7)。翌一九二〇年の道知事会議でも全羅南道、慶尚北道、慶尚南道、黄海道、咸鏡北道から同様の意見が提出された(8)。

これら各道の意見は、「産米増殖計画」を軸とした勧農政策の転換期を迎えて、従来の各部門別農業団体に対する不満が噴出したものであり、朝鮮農会令の制定によって一九二〇年代の勧農政策を支えるより強固な農業団体組織を新たに整備するよう要求するものであった。その内容をまとめるとおおむね次の三点に集約することができる。

第一に、一九一〇年代の農業団体組織であった部門別団体の最大の弱点は、それらの団体が任意団体であり、組合員（地主から小作人までを含む）に対する強制力を何ら持ち合わせていなかったことである。各道ともこの点を次項の団体乱立の問題よりも重視している。そこで、各道からは農業団体に法人格を付与し、強制加入権や組合費の強制徴収権を与えることが強く要望された。これは農村レベルにおける農政遂行の要である地主層を法的強制力を持って農業団体の勧農活動に取り込み、それによって各種事業の指導奨励を効果的に実施しようとする意図から発したものである(9)。

第二は、部門別団体の乱立が生む種々の弊害である。その主なものは既述の組合費の重複と各種指導奨励の統一性の欠如であった。そこで、これらの団体を極力整理統合することで農村レベルにおける各奨励事業間の調和を図り、同時に総督府の行政機構に準じた系統的勧農組織を整備することで、総督府と末端農村との間の連絡を確保し、農村レベルでの政策の徹底を図ることが各道から提案された。

さらに、従来の部門別団体は任意団体といいつつも、現実には郡庁が運営事務全般を担当していた。ここでの団体の整理統合には、団体事務を簡素化して郡の事務負担を出来るだけ軽減し、かつ経費の節減を図る意味合いも多分に含まれていたと考えられる(10)。

第三に、農業団体の運営に若干の自治的要素を盛り込み、朝鮮人を運営に一部参加させることである。これは前述の法的強制力を背景とした地主層の取り込みとある意味で表裏の関係にあるといえよう。ただし、ここで道知事が提案した団体への自治的要素の導入が、一九二〇年七月の地方制度改正にともなう諮問機関（評議会・協議会）の設置と同様、きわめて制限的で欺瞞的なものを前提としていたことはいうまでもない(11)。

これら各道知事の要望に対して、総督府としてもその必要性を認めるに至り、その結果、一九一九年以降、農会法（日本内地）・台湾農会規則を参考に朝鮮独自の農会関係法令（後の朝鮮農会令）を制定するための立案審議が開始されることになったのである(12)。

第二節　産業調査委員会の開催

朝鮮総督府は、一九二一年（大正一〇）九月一五～二〇日の五日間、朝鮮の産業全般の「徹底的方針ヲ定メ其ノ基本ヲ確立スル」ために総督府庁舎内で第一回朝鮮産業調査委員会を開催した。委員会には、委員長水野錬太郎政務総監の下、内地在住の官吏および専門家九名、実業家一一名、総督府の官吏八名、朝鮮在住の日本人・朝鮮人実業家各一〇名の計四八名が参加、特別委員会を三部設置して討議を行ったのち、答申書を決議し、斎藤総督宛にこれを提出した。[13] すでに「産米増殖計画」が開始されていた中での産業調査委員会の開催は、総督府が農業を主軸とする産業政策について、農村現場までを見通した体系的な設計図を依然として十分に描きれていなかったことの表れといえよう。

さて、この産業調査委員会の答申書は、「本府〔総督府―筆者註〕ニ在リテモ朝鮮ニ於ケル産業計画上妥当ト認ムル所ニシテ、事情ノ許ス限リ其ノ趣旨ニ基キテ既定施設ノ拡充・新規計画ノ樹立ニ努メ、以テ成ルベク速ク之ヲ遂行センコトヲ期[14]」すものであり、総督府の今後の産業政策にとってきわめて重大な意義を有するものであった。

朝鮮農会令の制定を含めた農業団体の再編・整備に関しては、答申書に添附された第二部特別委員会報告書のなかで言及されている。

農業・林業・水産業を専門に討議を行った第二部特別委員会は、「産米ノ改良増殖ハ単ニ農業中ニ於ケル主要ノ事項タルニ止マラス、朝鮮産業中最重要ナルモノナルニ依リ、総督府ノ産米増殖ニ関スル第一期計画ハ、現在ノ予定ヲ最低限度ト看做シ徹底的ニ遂行ヲ期スルノ必要アリト思惟ス[15]」と「産米増殖計画」の実施を強調した上で、次に掲げる「産業全般ニ共通スル件」を決議した。

産業全般ニ共通スル件

一　産業技術員ノ数ヲ増加シ、其ノ配置ヲ周到ニスルト同時ニ、其ノ待遇ヲ改善スルコト。
二　産業思想ノ普及向上ヲ図ル為、一面当業者ノ智識啓発ニ努メ、他面実業教育機関ノ拡張及其ノ内容充実ヲ期スルコト。
三　産業上ニ関係アル当局者及実業家ヲ一層多数ニ内地又ハ海外ニ派遣シ、施設並技術ヲ調査研究スルコト。
四　産業団体ノ堅実ナル発達ヲ期スル為適当ノ施設ヲ講スルコト。

五　農業及林業ニ付テハ将来一層其ノ充実ヲ図ルト同時ニ其ノ利率ノ低減ニ努メ、又水産金融ニ付テハ漁業組合ノ設置ヲ奨励シ、之ヲ通シテ中産以下ノ漁民ニ対スル金融ヲ円滑ナラシメ、必要ノ場合ニハ政府ニ於テ金融上特別ノ援助ヲ与フルコト。(16)

一応、産業全般とはあるが、この方針は基本的に農業を対象としたものである。内容的には方向性を示すだけで具体性に欠ける嫌いはあるが、これは答申書の性格上やむをえまい。ただ少なくとも、委員会が「産米増殖計画」（ここでは「第一期計画」）の一層の推進を前提に、それを農村現場で支える農業団体の再編・整備や農業技術員の増置を総督府に要求していることだけは間違いなく、このなかに立案中の朝鮮農会令も当然含まれていたと見てよい。

ところで、一九二一年九月の産業調査委員会開催は、一方で朝鮮世論の注目を集める出来事でもあった。そのため産業調査委員会開催と相前後して朝鮮経済界を中心に各方面で大会・集会などが催され、種々の決議が行われた。そこで、次にこれら朝鮮民間団体から出された朝鮮農会令に関する意見・要望について見ることにしたい。まず、朝鮮人民間団体からの意見・要望の一例として、維民会の建議を取り上げる。

『東亜日報』によれば、維民会は当時、朝鮮人資本家・有力者を指導層としており、朝鮮産品の愛用や勤倹美風の養成など実力養成運動の系統をひく活動を展開していた。(17)一九二一年の産業調査委員会開催に当たっては、臨時朝鮮人産業大会とともに朝鮮人本位の産業政策の確立を要望し、委員会に対し建議を提出した。(18)

この際、維民会は、朝鮮産業振興策に関する六項目からなる問合状三千余通を会員である「地方実地の民情に比較的精通せる各面長、有数なる団体並に地方人士中有数と認むべき智識階級の個人に宛て、(19)」発送し、意見をとりまとめた。その結果、「一、農村を如何にして現状より一層繁栄ならしむるか」との問いに対し「農会又は矯風会の設置」という意見が多くの会員から寄せられた。具体的には、「農会一面一ヶ所づゝ設置し、事務は地主小作人間紛争に対する仲裁、労銀の調定、副業の奨励、労働夜学校の設立、天災地変に依る貧窮者の救済、勤倹貯蓄の奨励、優良なる小作人の表彰、地主横暴に対する制裁等を其重なるものとす[20]」というものであった。

続いて、日本人・朝鮮人を含めた朝鮮経済界からの意見についても紹介しておこう。

産業調査委員会終了直後の二一年九月二一〜二三日にかけて京城公会堂で開催された全鮮内鮮人実業家第二回懇話会では、各道代表者の意見をまとめた結果、朝鮮農会令に関しては「農会を改善し道、郡、面に普及せしむることを要す」との意見を総督府に提出している[21]。

これらの議論からいえることは、各団体・各界の思惑の違いがあったにせよ、朝鮮の民間側で朝鮮農会令制定の必要性が一定程度認識されていたことである。また、立場が若干異なるにもかかわらず、農会に関してともに面レベル（日本内地の村レベル）までの設置に言及していることは注目に値する。このことはつまり、朝鮮の民間側において、新たに農会を設置する場合、日本内地の農会が市町村に設置されていたのと同等に、面レベルまで設置しなければ、勧農組織としての役割を十分に発揮できないとの認識が広く存在していたことを証明しているのである。

第三節　「産米増殖計画」更新と朝鮮農会令

◆農会令制定の難航

朝鮮農会令の立案審議は、一九一九年の道知事会議以降、途中、産業調査委員会の開催（一九二一年九月）をはさみながら総督府内で続けられていた。しかし、その制定までの道程は、「第一期計画」の行き詰まりと計画更新の模索という総督府の苦悩を反映して、非常な難航を強いられることになった。

「文化政治」の一環として一九二〇年一二月から「第一期計画」が開始されたが、現実の計画内容は必ずしも総督府の原案通りとはならなかった。特に計画の進展に深刻な影響を及ぼしたのは、土地改良のための特殊会社が設立されなかったことであった。

総督府はこの特殊会社を「第一期計画」における土地改良事業の中心機関と位置付けていたが[22]、計画開始時には結局設立することができなかった。総督府はその後も朝鮮土地改良会社案の形で一九二一年度・一九二二年度（大正一〇・一一）予算案に続けて計上するも、帝国議会および日本政府の賛同を得ることができず、二三年度（大正一二）以降は計上されることもなくなってしまった。

また、その一方で「第一期計画」自体も物価・労賃の高騰に伴う工事費の増大によってしだいに行き詰まりを

図５　灌漑用具ヨンヅレ（『日本地理風俗大系』17巻・朝鮮（下）、新光社、1930年）

図６　益沃水利組合貯水池（全羅北道）（『日本地理風俗大系』17巻・朝鮮（下）、新光社、1930年）

示し始めた。つまり、補助金を予定以上に投入しているにもかかわらず、土地改良事業の実績は予定を大幅に下回ることになったのである。[23]

さらに、一九二三年度予算編成における加藤友三郎内閣の積極財政から財政緊縮方針への転換、関東大震災発生（一九二三年九月一日）、清浦奎吾内閣による帝国議会解散（一九二四年一月三一日）によって、かえって補助金額は計画よりも削減される事態となった。

実際の数字で見ると、一九二三年度予算では二二〇万円で計画の八二%におさえられ、二四年度（大正一三）も、議会解散のあおりを受けて当初は前年度予算二二〇万円を踏襲し、その後、追加予算が認められたが、それを加えても二七〇万円で計画の九二%にすぎなかった。[24]これによって「第一期計画」の行き詰まりはいよいよ決定的なものとなり、総督府としても「産米増殖計画」全体の抜本的見直しに着手せざるを得なくなったのである。

さて一方、朝鮮農会令の立案審議の方はというと、一九一九年以降、総督府内部、とりわけ殖産局を中心に、農会令を制定しないことまで含めて新たな農業団体組織の方向性について幅広く検討がなされていたものと考えられる。[25]『京城日報』『東亜日報』の関係記事を見ると、一九二二年終わり頃から農会令公布に関する記事が出始めており、おそらくこの頃には総督府内部で農会令を制定する方向で意見がまとまっていたのではないかと考えられる。[26]そして、一九二三年に入ると、朝鮮農会令公布の機運は漸次高まり、二四年初めには公布はかなり現実味を帯びたものとなってきた。[27]

例えば、一九二四年二月三日付の『京城日報』では農会令の内容について、「朝鮮では町村に対する面農会といふものゝ組織が諸種の点から困難である結果、郡農会を単位とし……会員は勿論現在の如く強制徴収の権能を有しないものでは到底会其ものゝ存立上の経費の出所がない為め、強制徴収の方法を設けらるゝ筈である。……役員評議員の如きは各会の選挙に依らするとしても、当分各会長理事者は官選となるであらう」とかなり具体的に報じており、また農会令公布については、「発令が今日迄遅延して居るのは、会費の強制徴収に関するものと及其他二三項目で尚研究の余地がある為めであつて……出来得れば十三年度初めに発令の運びに進めたいと思つて居る」と報道している(28)。

ここで報じられている朝鮮農会令の内容は、一九二六年一月に公布される実際の農会令のそれとほぼ同じものである。この事実から、二四年時点において実際の朝鮮農会令の具体的な内容は、農会費徴収の問題などを除いて、おおよそ固まっており、総督府側の意向によっては早期に制定公布することも十分可能な状況であったと判断できる。

ところが、一九二三年後半から総督府関係者のなかから、「是等の法令〔農会令と産業組合令―筆者註〕は、例へば予算とか事業とか云ふ様に、来年なら来年の四月から是非とも実行せねばならぬと云ふ様な性質のものではなく、更に発布の上は朝鮮の産業上に齎《もたら》す影響は非常に大きいものであるから、略《ほぼ》方針は樹つて居ても更に研究を重ね将来充分其活用の出来る様にせねばならぬのである(29)」といった農会令公布慎重論が上がりはじめる。そして、議会解散によって予算の前年度踏襲がきまった直後、有吉忠一政務総監は農会令について次のように述べている。

産業組合令にしろ、農会令にせよ、それは可成り久しい間の懸案で、朝鮮としてはまた実に大切なるものばかりである。然しながら即ち大切なるが故に一層詳細なる調査を行ふの必要があるもので、それに自分としても多少の意見も持つて居り、今直に発布すると云ふ処までは進んで居ない。これは研究の上にも研究して、然る後成立後充分の活動の出来るやうにしたいと思つて居るので、果して何時頃発布になるかは今明言する事は出来ないのである(30)。

有吉総監のこうした発言を受けて、これ以降、農会令公布は当分の間見送られることになってしまう。

この一九二四年時点での朝鮮農会令公布の見送りは、「第一期計画」の行き詰まりによるものであろう。朝鮮農会令に関して総督府は、農会を設置し農業団体を再編・整備することで「第一期計画」を農村現場から支援する意図をもって一九一九年以降その立案審議を進めてきていた。一九二四年二月以降の農会令の公布見送りについて、もちろん新聞記事にある通り、農会費徴収などいくつかの問題を今少し研究する必要があったからであるといえなくはない。しかし、これが公布見送りの積極的理由であるとは考えにくい。むしろ、特殊会社設立断念、工事費の増大、さらに補助金削減によって「第一期計画」が行き詰まるという総督府農政の閉塞状態の中で、計画を支援するための農会令を早急に制定公布するだけの財政的余裕と動機が総督府にはなかったことがその主な理由であったといえるのである。

◆農業団体の動向

農会令制定が進展しなかったこの時期、農村現場での勧農政策を実質的に指導していた道当局は、総督府による農業団体の再編・整備を前倒しする形で、暫定措置として部門別農業団体の整理・統合に着手していく。まず、慶尚北道が一九二〇年三月に訓令を発し、地主会、養蚕組合、棉作組合、縄叺組合などを整理・統合して府郡島農会を設置した。これに追随する形で慶尚南道、忠清北道、忠清南道、全羅南道、黄海道でも同様の措置がとられた。さらに一九二三・二四年には、慶尚北道、慶尚南道、忠清北道、忠清南道の四道において府郡島農会の上級農会に当たる道農会が設置された(31)。

この暫定措置によって設置された道・府郡島農会は、法的根拠のない任意団体ではあったが、部門別団体の整理・統合によってこれらの道では団体事務の簡素化による道・郡島の事務負担の軽減、農村現場での各種指導奨励方針の統一性の確保など一定の改善が図られた。これ以外では、忠清北道や平安南道で郡島農会の下部組織として面農会が設置され、郡島農会を設置した残りの道でも面に郡島農会の支会もしくは分区が設置された(32)。

このようにこの時期は、中央の総督府では朝鮮農会令制定を含めた農業団体再編に向けての模索期であったが、地方の道・府郡島では一九二六年以降の系統農会体制を先取りする動きがすでに始まっていたのである。

一方、朝鮮農会は、産業調査委員会開催直前の一九二一年八月に第三回総会を開き、規約の改正、会費額の改正、事務所の移転、地方支会の廃止などを決議し、副会長を二名とするなど役職員の刷新を行った。その結果、事務所は勧業模範場がある水原から再び京城（東拓社屋内）に移転した。地方支会の廃止は、農会令制定前の暫定措置として多くの道で道農会・府郡島農会が設置されたことによるものである。二三年一〇月には朝鮮農会主催の朝鮮副業品共進会を景福宮（京城）で開催し、それに合わせて第四回総会が開かれた。そこでは、「第一期計画」の停滞を受けて鮮米協会および土地改良会社の設立を要望することが決議された(33)。

◆下岡忠治政務総監と「更新計画」

こうした「産米増殖計画」の閉塞状況を打開する契機となったのは、下岡忠治《しもおかちゅうじ》政務総監の就任である（図7）。下岡は一九二四年（大正一三）七月四日、政務総監に就任すると、「文化政治」開始以降の産業開発路線を一層強化し、「産業第一主義」を提唱した。また、彼は前憲政会院内総務の経歴から、前任の有吉と比較すると日本政府（第一次加藤高明内閣）に対して格段に大きな発言力をもっていた。

まず、下岡総監は、加藤高明内閣の行財政整理方針に従い、朝鮮において徹底した行財政整理を断行し、総督府関係で約三二〇〇名の整理を行った(34)。

これと並行して、下岡総監は「第一期計画」の補助金として一九二五年度（大正一四）三三〇万五〇〇〇円、計画の一〇八％をとりあえず確保するとともに(35)、「産米増殖計画」の立て直しに着手し、計画実施方法として総督府による土地改良事業の直接経営、土地開墾会社の設立、東拓（東洋拓殖株式会社）の委任経営などさまざまな方法を検討し始めた(36)。

図８　大正水利組合貯水池（平安北道）（『日本地理風俗大系』17巻・朝鮮（下）、新光社、1930年）

図７　下岡忠治政務総監（『三峰下岡忠治伝』三峰会、1930年）

加えて、日本政府でも一九二五年六月に食糧問題解決策として植民地での増産政策に力点を置くことが決定されると、政府は一転して朝鮮の「産米増殖計画」を積極的に推進する姿勢を示すことになった(37)。

これによって「産米増殖計画」は、ついに抜本的見直しを見、新たに「更新計画」が立案されることになった。一九二五年九月八日、下岡総監は京城を出発し、同月一〇日、東京に到着、「更新計画」の実現のために政府との折衝に入った。まもなくして下岡総監は病に倒れ、同年一一月二二日に死去するが、一〇月には斎藤総督も東京に赴いて折衝にあたり、最終的には大蔵省預金部から一億九八六九万六〇〇〇円に及ぶ巨額の低利資金を取りつけることが可能になった。

その後、「更新計画」は一九二五年一一月二一日、大蔵省において承認され、一一月二七日には閣議決定し(38)、続く第五一回帝国議会（一九二五年一二月二六日～一九二六年三月二五日）での可決を経て実施に移されることになるのである。

下岡総監就任以降、一九二五年頃から「更新計画」が急速に具体化されていく中で、一九二四年に棚上げされた朝鮮農会令も一気に制定公布へと動き出した。例えば、貝沼彌藏はこのときの状況を

『朝鮮農会報』の中で次のように回顧している。

私が台湾から朝鮮に再び舞ひ戻つた時分には、既に本田博士等の首唱で私法人の朝鮮農会が出来て居り、農会報発刊の機関として存在して居つたのであります。爾後十余年間大した変化はなかつたが、下岡忠治氏政務総監として来鮮せらるゝや、嘗て農務局長としての経験に依り、農会令、産業組合令等一挙にして解決発令を見たることは誠に痛快でありました。(39)

下岡忠治は、一九〇八年（明治四一）一〇月から一一年一一月までの期間、農商務省農務局長を務め、第二六回帝国議会では帝国農会設置を目的とする農会法改正案に対応するなど、勧農機構および農会に関して熟知している人物であった。こうして朝鮮農会令はこの下岡忠治のもとで一気に制定公布へと向かうことになり、「更新計画」を農村現場で支援することを重大な使命の一つとして、朝鮮でも系統農会が整備されることになったのである。(40)

ところで、この際、問題となったのは、一九二四年時点でも指摘されていた農会費徴収の問題であった。例えば総督府官僚の一部からは、農会令制定によって当時住民から税金徴収機関と認識されていた面を通じて、新たに農会費を徴収することになれば、住民の更なる反発を招き、面事務所の行政機関としての発達や産業の発達に重大な影響を及ぼしかねないと危惧する発言も聞かれた。(41)総督府としても、地主から小作人までのほぼ全階層から強制徴収する農会費は、その取り扱い如何によっては農民運動などを誘発しかねない問題であり、農会令のなかでも最も神経をつかった事項であった。

そこで、この問題について実際の朝鮮農会令では、会費の額を帝国農会と比べ低く設定する措置がとられたほか、実際の運用上でも各道ごとに農会費をさらに低く設定し、零細農民からは徴収しないという措置を取ることで一応の問題解決が図られた。

こうして農会費徴収問題について解決のめどがたつと、農会令原案は一九二五年九月二四日には総督府から法制局に廻付され[42]、閣議での承認を経た上で、一九二六年一月二五日に公布される運びとなったのである。

第四節　朝鮮における系統農会の成立

◆系統農会体制の整備

一九二六年（大正一五）一月二五日、総督府長年の懸案であった「朝鮮農会令」（制令第一号）がついに公布され、同年三月一日に施行された[43]。

朝鮮総督府は農会令の実施に先立って、渡邊豊日子《とよひこ》農務課長ほか農務課職員を各道に出張させ、農会令の説明と同令に対する質問の答弁に当たらせた[44]。一九二六年三月四日には、総督府庁舎内で各道農務課長会議を開催し、農会令の実施および肥料奨励のための低利資金貸付方法について打ち合わせを行った[45]。続く三月一八日にも各道地方課長会議を三日間開催し、農会令の実施全般について打ち合わせを行った[46]。

その結果、六月二九日～七月三日に開催された道知事会議の席上において、湯浅倉平政務総監から各道知事に対して朝鮮農会令の実施に関する指示が出されることになった。

第二　農会令ノ実施

〔前略〕農業ハ朝鮮ニ於ケル産業ノ大宗デ、総戸口ノ約八割ガ之ニ従事シ、其ノ振否ハ直ニ民衆ノ利害休戚ニ深甚ナル影響ヲ及ボスノデアリマス。而シテ農業ノ発達ノ如キハ、独リ官庁ノ施設ノミニ依ツテ之ヲ期シ得ベキモノデハナク、主トシテ当業者ノ自発的活動ニ待タネバナラヌノデアリマス。是レ今回農会令ヲ発布シ、農業者ガ其ノ自治的機関ヲ組織シ、之ニ依ツテ農業ノ改良発達ヲ図ラントスルニ際シ、拠ルベキ準縄ヲ与ヘタノデアリマス。固《もと》ヨリ従来ト雖《いえども》農業ノ各種部門ニ亙ツテ多数ノ団体ガ組織セラレ、中ニハ事業成績ノ見ルベキモノモアツタガ、其ノ拠ルベキ法規ガナカツタ為ニ、此等団体間ノ連絡統一ヲ欠キ、事業ノ重複齟齬ヲ来タスガ如キコトアリ、官庁ノ指導モ意ノ如ク行ハレズ、当業者亦適従スルトコロニ迷ヒ、相当ノ経費ヲ投ジタルニ拘ラズ、尚且充分ナル成績ヲ挙ゲ得ナカツタノデアリマス。各位ハ克《よ》ク農会令制定ノ趣旨ヲ体シテ、既設農業団体ノ整理統一ヲ勧ムルト共ニ、本令ニ基ク鞏固《きょうこ》ナル団体ノ設置ヲ促シ、政府ノ施設誘掖ト相俟《ま》ツテ農業ノ振興ニ資セシムル様督励セラレンコトヲ望ミマス。(47)

その一方で、一九二六年三月以降、府郡島を区域とする府郡島農会、道を区域とする道農会、朝鮮全土を区域とする朝鮮農会が順次設置されていった（ただし、当面府農会は設立されず）。

府郡島農会は一九二六年三月一〇日の京畿道開城郡農会の設立にはじまり、六月一七日までに二二〇ヶ所に設置された。また、道農会は同年五月三一日の慶尚北道農会の設置にはじまり、一〇月一二日までに全一三道に設置された。(48)翌二七年二月二八日には、総督府庁舎で朝鮮農会創立総会が開催され、同年三月一四日付で朝鮮農会が設立された。(49)

これにより畜産同業組合・森林組合を除く地主会・棉作組合などの部門別農業団体や任意道・郡島農会、旧朝鮮農会は、すべて系統的組織をもった新しい朝鮮農会に整理・統合され（ゆえに系統農会と称される）、ここに朝鮮の勧農機構の中核としての朝鮮農会の組織網がついに完成を見たのである。

なお、この一九二六年には、朝鮮農会令と同時に「朝鮮産業組合令」も公布・施行された。これは総督府において「農会は農事の指導奨励に専念し、金融組合は金融事業を行ひ、産業組合は専ら販売購買事業を行はしむ」(50)との方針が決定されたことによるものであった。この両法令の公布によって朝鮮農会・金融組合・産業組合を軸とする朝鮮の農業団体組織全体もここに完成を見ることになったのである。(51)

◆朝鮮農会令の内容

それでは、まず新たに制定された朝鮮農会令の内容について確認しておくことにしよう。

ここでは朝鮮農会の性格を特徴づける会員の強制加入、会費の強制徴収、議員・役員の決定方法の三項目に絞って、朝鮮農会令の条文を軸に整理を行った。なお、朝鮮農会令は厳密にいうと朝鮮農会令、朝鮮農会令施行規則、朝鮮にも適用される農会法（日本内地）の一部から成り立っていた(52)。

初めに、会員の強制加入から見ていこう。

朝鮮農会の会員となる資格に関しては、朝鮮農会令第五条および施行規則第一条で触れられている。まず農会令第五条では、府郡島農会の会員は、「国、公共団体及朝鮮総督ノ定ムル者ヲ除クノ外其ノ地区内ノ耕地、牧場又ハ原野ヲ所有スル者及其ノ地区内ニ於テ農業ヲ営ム者」と規定している。また、施行規則第一条では、三反歩未満の他人の土地で耕作するもの、一年を通じて框製蚕種一枚未満またはこれに相当する蚕種によって養蚕を行うもの、以上二項目をともに行うもの、のいずれかに該当するものは会員から除外されると規定していた。つまり、以上二つの条項によって、地主から小作人までのほぼ全階層が農会の会員となる資格を有することになったのである。

一方、府郡島農会設立のためには、地区内の会員資格を有する者の三分の二以上の同意を得、かつ同意者の所有面積がその地区の全私有面積の二分の一以上となることが必要であったが(53)、これについては行政官庁の指導と地主の協力によって容易に達成することができたと思われる。

そして、一旦府郡島農会が設立されると、農会法第一六条「農会成立シタルトキハ其ノ地区内ノ会員タル資格ヲ有スル者ハ総テ之ニ加入シタルモノト看做ス」という規定によって、会員資格を有する農民はすべて強制的にその地区の農会に加入させられることになったのである。

次に、会費の強制徴収について見ると、農会員には朝鮮農会令第一〇条の規定によって農会費が課せられた。

その金額は施行規則第二四条で、会員割で平均一人に付き三〇銭以内、地税割で地税納額の一〇〇分の七以内と規定され、農産物または金銭によって徴収された(54)。もし農会費を滞納した場合は、「国税ノ例ニ依リ」差し押さえなどの強制手段が講じられた。この農会費の強制徴収によって、これまで組合費の徴収不良が顕著であった地主層から会費を徴収することが可能になったのである。

ちなみに以上の二項目に関しては、農会費の金額などに若干の違いがあるものの基本的には日本内地の帝国農会とも共通する内容であった。

最後に議員・役員の決定方法についてであるが、この項目に関して朝鮮農会令では農会法とは異なる独自の規定を設けていた。ここでは朝鮮農会を構成する基本単位である府郡島農会に話を絞って、そこでの議員・役員の決定方法について検討することにしたい。

まず府郡島農会には、意思決定機関として総会が設けられていた。この総会を構成するのは会長、副会長、通常議員、特別議員である(55)。

このうち議員の多数を占める通常議員については、議員定数が府農会の場合二〇名以下、郡島農会の場合はその地区内の面数の二倍以下と定められていた。加えて、郡島農会では各面に議員定数を配することも定められていたので、これと合わせて考えると各面には大体一、二名の議員が割り当てられていたことになる(56)。通常議員の決定に当たっては、会長の管理のもとで会員中から議員定数の二倍に相当する候補者を選出し、その中から府郡島の長（府尹・郡守・島司）が議員を任命するという方法がとられていた(57)。

もう一つの特別議員については、通常議員定数の三分の一を超えない範囲で、「農業ニ関スル学識経験アル者ノ中」から府郡島の長が任命するという形で決定された(58)。なお通常議員・特別議員の任期はどちらも四年である(59)。

一方、総会とは別に、農会には通常時の業務を担当する執行機関として役員が置かれていた。役員を構成するのは会長、副会長、評議員である。(60) 農会の代表である会長とその会長を補佐する副会長はどちらも道知事によって任命された。残る評議員は通常議員・特別議員の中から選挙で選ばれたが、その選任もしくは解任については道知事への届出が義務付けられていた。(61)

以上見たような議員・役員の決定方法で最も特徴的なことは、議員・役員が最終的には行政官庁の長によって任命される、任命主義（官選）が採用されていたという点である。そのため実際の府郡島農会では会長に府郡島の長が、副会長に官吏や府郡島内の有力者が任命されることになった。(62)

それでは、朝鮮農会の模範となった日本内地の帝国農会では、議員・役員はどのように決定されていたのであろうか。帝国農会の基本単位である市町村農会を中心に見てみることにしよう。

帝国農会では、朝鮮農会の場合とは異なり、議員および予備議員は会員中から選任された。特別議員についても朝鮮同様、行政官庁によって任命されたが、会長・副会長・評議員といった役員についてはこれも会員または議員中より選任されることになっていた。(63) つまり、帝国農会の場合、任命主義ではなく、むしろ認可主義（民選）ともいえる方法で議員・役員が決定されていたのである。そのため日本内地の市町村農会や郡農会などでは官吏よりも民間人の方が多く会長や副会長に就任することになった。(64)

そのうえ、日本内地では一九二二年四月に農会法が改正され、市町村農会において総会に代わる総代会の設置が認められることとなったが、これに参加する総代の選出では一八歳以上の男女による普通選挙まで採用されていたのである。(65)

こうして両者の議員・役員の決定方法を比較してみて分かることは、朝鮮農会の方が、日本内地の帝国農会よりもはるかに強く行政官庁から統制を受けていたということである。もちろん日本内地の帝国農会も行政官庁から一定程度の統制を受けてはいたが、(66) 朝鮮農会の場合、これに植民地という特殊な事情、具体的には、たとえ朝鮮人農民の反発・抵抗を受けたとしても、新たな農業技術を普及させ農産物の改良増殖を強力に押し進めなければならないという事情が加わったことで、より一層行政官庁からの統制が強化されることになったと考えられる。その結果、朝鮮農会は、地域の有力者をその活動に取り込みながら、総督府の勧農政策を忠実に実行する農事専門の準行政機関として朝鮮農村の現場に登場することになったのである(67)。

ところで、第一節において、農会令立案審議の開始時、道知事から団体運営に若干の自治的要素を盛り込み、朝鮮人を運営に一部参加させることが要望されたと述べたが、すでに分かる通り、実際の朝鮮農会ではこの点に関してはほとんど見送られる結果となった。確かに、郡島農会では多くの朝鮮人が議員ないしは役員に就任することになったが、会長に郡守・島司が就任し、道知事によって議員・役員が任命されるという状況の下では、朝鮮人の意見を農会運営に反映させたり、また総督府の勧農方針から離れて独自の活動を展開したりといったことなどは現実にはほとんど不可能であった。

すでに触れたように、一九二〇年代前半の時期、朝鮮人の間にはささやかとはいえ農会設置に対する期待感が存在していたが、いざ設置された農会が、結局このように自治を認めない行政官庁主導の団体となったことで、彼らの期待は一気に失望へと変わることになってしまった(68)。

また、こうした反応は何も朝鮮人に限ったことではなかった。というのも、日本人の実業家や農業関係者の間からも、新しい朝鮮農会に対する失望や不満の声が聞かれることとなったからである。

例えば、朝鮮農会（中央）理事であった足立丈次郎は、新しい朝鮮農会に対して次のように述べている。

〔前略〕新農会は経費も遥かに多大となり、専門の新幹部と技術者を置き歩武堂々として乗り出した以上、我朝鮮農業界に貢献すること多大なるものあることは申迄もない。然るに本会の形式より之を見れば、本会会長に政務総監を戴き、其会員たる各道農会会長には知事又は内務部長を仰ぎ、其下級農会たる郡農会は郡守を会長として居る。此形式より一見すれば、今回成立せし朝鮮に於ける系統的農会は忌憚なく之を言はしむれば官僚的農会である。……元来農会は農民協同の団体であらねばならぬ。民意を暢達民福を擁護する機関であらねばならぬ。此主旨より見て余りに官僚的色彩の濃厚なるを遺憾とするのである(69)。

つまり、日本内地における農会の活動をよく知る日本人の目から見ても、朝鮮農会は総督府からの統制があまりにも強く、民間側の意見がほとんど反映されない団体であると映っていたのである。

朝鮮農会はこのような朝鮮人・日本人双方の不満の声を浴びながら、朝鮮の勧農機構の中核としてその活動を開始することになったのである。

第五節　朝鮮農会の組織と事業

(1)　事業内容

◆購入肥料増投の促進

続いて、朝鮮農会が、一九二〇年代後半の勧農政策の中で主にどのような事業を行っていったのかについて順に見ていこう。

朝鮮農会の主要な活動は、当然のことながら総督府農政の宣伝・普及や勧農方針に基づく各種農業技術の指導奨励などといった勧農事業である。そのほか農会の法認によって、地主から小作人までほぼ全階層を新たに会員としたことで、小作争議や小作慣行など農村が抱える諸問題にも一部関与することになった。

なお、朝鮮農会は、農会令制定までの経緯を受けて、中央農会（朝鮮）と地方農会（道・府郡島）の間で活動に断絶・遊離が見られることになった。そのため朝鮮農会の事業内容を全体として一様に把握することは非常に困難であるといわざるを得ない。その点を踏まえた上で、敢えて農会全体の事業内容を、勧農事業の実施、小作問題への対応、共同販売事業の継続の三点で整理することにしたい。

第一に、農会の勧農事業について見ていく。

朝鮮農会は、勧農事業として農村各所で地主懇談会や講演会を開催し、総督府農政の宣伝・普及に努めたほか、農村現場では米穀・棉花・蚕繭などの各種農産物について農業技術の面から指導・奨励を行っていった。例えば、京畿道高陽郡農会では一九二七年度（昭和二）、技手三名のもとで農事講習会、蚕業講習会、叺伝習会、蚕具伝習会、堆肥品評会、篤農家・小作人・舎音の表彰、地主篤農家懇談会、各種農具購入補助などの事業を計画している[70]。このように農会は多種多様にわたる勧農事業を展開することによって、総督府農政全般を農村現場から支えていたのである。

こうした農会のさまざまな勧農事業のうち、ここでは朝鮮農会が主に担当した「更新計画」中の農事改良事業について特に言及することにしたい。

「更新計画」では土地改良事業とならんで農事改良事業が計画されたが、その主な目的は購入肥料（金肥）の奨励であった。すなわち、総督府は灌漑施設の整備などの土地改良と合わせて、肥料の増施、特に購入肥料の奨励を行うことによって米穀（主に水稲）の生産力向上を図り、計画目標の達成を目指したのである。

そこで、朝鮮総督府は購入肥料奨励の手段として農事改良低利資金の貸付を計画することになるが[71]、その際、総督府が最も頭を痛めたのは、この低利資金をどのような人物に如何にして貸付けるか、そしてそれを如何にして確実に回収するかという問題であった。

それというのも、以前の「第一期計画」時には東洋拓殖株式会社（以下、東拓と略）と朝鮮殖産銀行（以下、殖銀と略）から直接地主に対して肥料資金の貸付を行うことにしたものの、まもなく地主からの資金回収難に陥り、結局貸付事業が頓挫することになってしまったからである。そのため当時、東拓・殖銀側からは、「内地に於ても永年苦しんだ挙句、農会とか農村購買組合とかで取纏めて購入する事となつた如くに、朝鮮でも農会でも組織して共同購入の方法を取る様に指導する事が必要である[72]」との意見が総督府に寄せられることになった。

朝鮮総督府はこうした「第一期計画」時の経験から、新たに農事改良低利資金の貸付を実施するためには農会の設置とその利用が是非とも必要であるとの認識をもつようになったのである。

一九二六年一月二五日、「更新計画」に合わせて朝鮮農会令が公布されると、総督府はまず同年三月四日に各道農務課長会議を開催し低利資金の貸付方法について打ち合わせを行った。[73]そして、続く同年六月二九日～七月三日の道知事会議において以下のような指示を発し、農会を利用した形での農事改良低利資金の貸付方針を決定した。

第九、農事改良低利資金の貸付

産米増殖計画に伴ふ農事改良低利資金貸付の方法如何は、直に本計画の消長に至大の関係を有するを以て、之が貸付の当初に於ては地方当局並今回新設せられたる農会等の尽力に係り、該資金が本来の目的の為に使用せらるるを期すると共に、其の回収の如きも秋季収穫の時期を利用して返還の確実を図る等万全の策を講じ、之が用途並回収を独り貸付銀行会社のみに託するが如きことなき様留意すべく、尚資金は最初確実なる向に対してのみ貸付け之が利用の有利なるを知悉《ちしつ》せしめ、漸次本資金貸付の趣意を諒解せしむると同時に之が貸付の範囲を拡張し、以て本計画所期の目的達成に万《よろず》遺憾なきを期せらるべし。[74]

この方針に基づき、具体的には郡農会が貸付希望者に対して資金の回収が確実であることを示す証明書を発行することになり、この証明書は農事改良低利資金の貸付を受ける際の必須書類と位置付けられた。[75]これにより総督府は、農会が貸付希望者の信用を保証し、それを担保に農事改良低利資金の貸付を実施することによって、「更新計画」の下、これまで危険視されてきた購入肥料の本格的導入を図ろうとしたのである。[76]

ただし、この低利資金が実際の農村で大地主のほか、例えば中小地主や自作農層にまであまねく貸付けられることになったとは考えにくい。

湯浅倉平政務総監が「これ等の実際問題から考究して最初から農村に洩れなくといふ訳には行くまいと思ふ。従つて最初はまづ確実なるものよりといふことになるのはやむを得ないであらう[77]」と述べていることからも分かる通り、現実には農会として「最も信用を保証できる」道農会・郡農会の役員、つまり地域有数の大地主に限って低利資金の貸付が行われたものと推測される。

しかし、こうした限界があったにせよ、この農事改良低利資金の貸付によって朝鮮において初めて政策的に購入肥料の導入が図られたことは確かである。

実際朝鮮では、「産米増殖計画」の開始を機に肥料の増施が進み、特に二六年以降は低利資金の効果もあいまって、化学肥料の投入が促進された。

そこで、図9と図10で朝鮮における肥料投入高の推移を具体的に見ておこう（表3・4）。まず自給肥料に関しては、一〇年代からその増施が奨励されていたが、「産米増殖計画」下の一九二四年を境に急激な増加を見せ、三〇年代以降も一貫して増加を続けている。次に、購入肥料に関しては、二〇年代前半まではおおむね低調であるが、大豆油粕に消費量増加の兆しが見られる。二〇年代後半に入ると、当初は大豆油粕が主力であったが、硫酸アンモニア（硫安）や過燐酸石灰などの化学肥料が急速に増加し、三〇年前後以降には主力となっている。

こうして一〇年代の「優良品種」の普及に続いて、二〇年代に土地改良と肥料増投が進捗することによって、三〇年以降、植民地朝鮮で乾田牛馬耕に象徴される明治農法を体系的に実施する基盤が整い、水稲の生産力向上につながっていったのである。

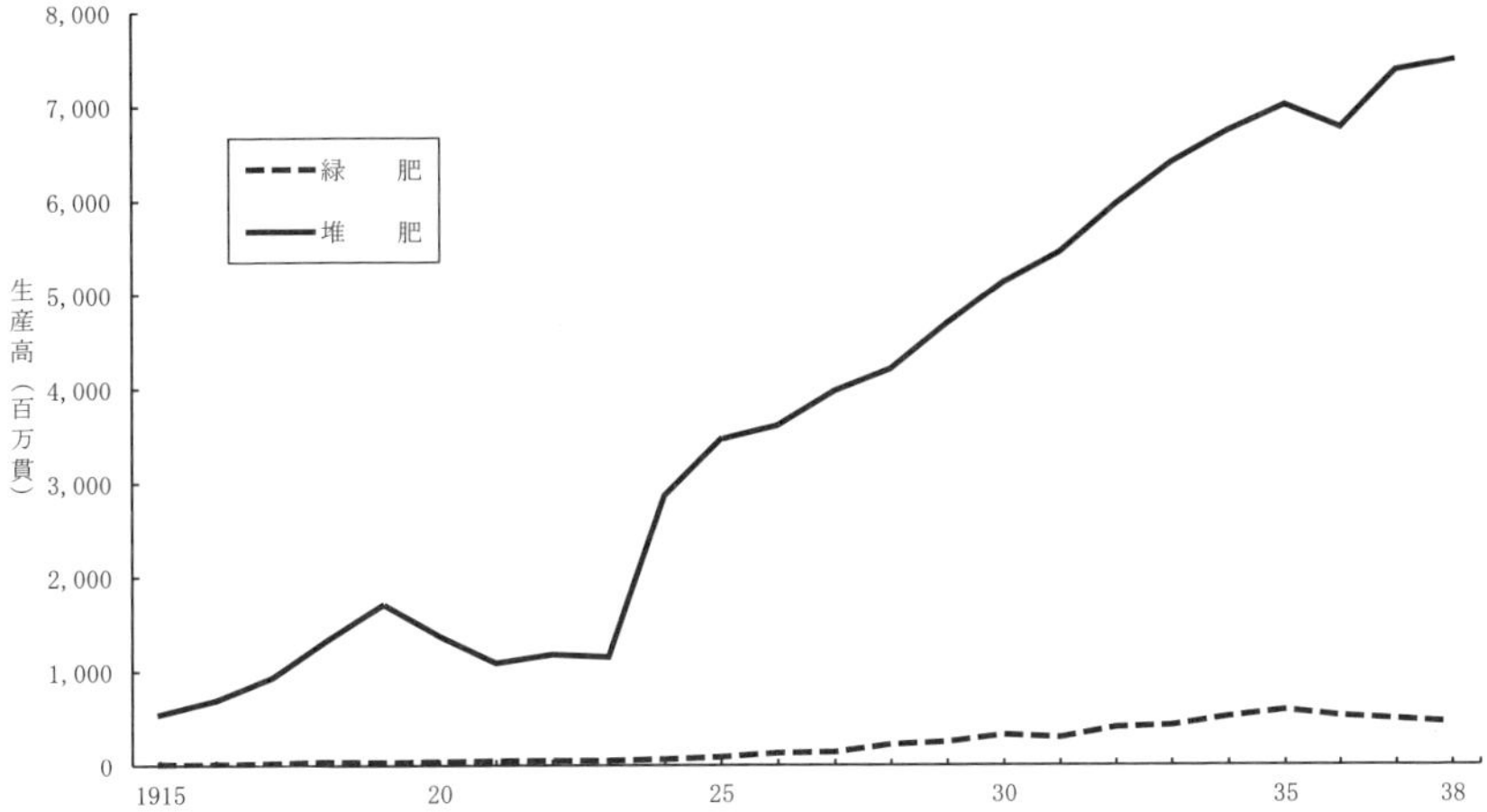

図９　自給肥料生産高の推移
(出典)表３と同じ。

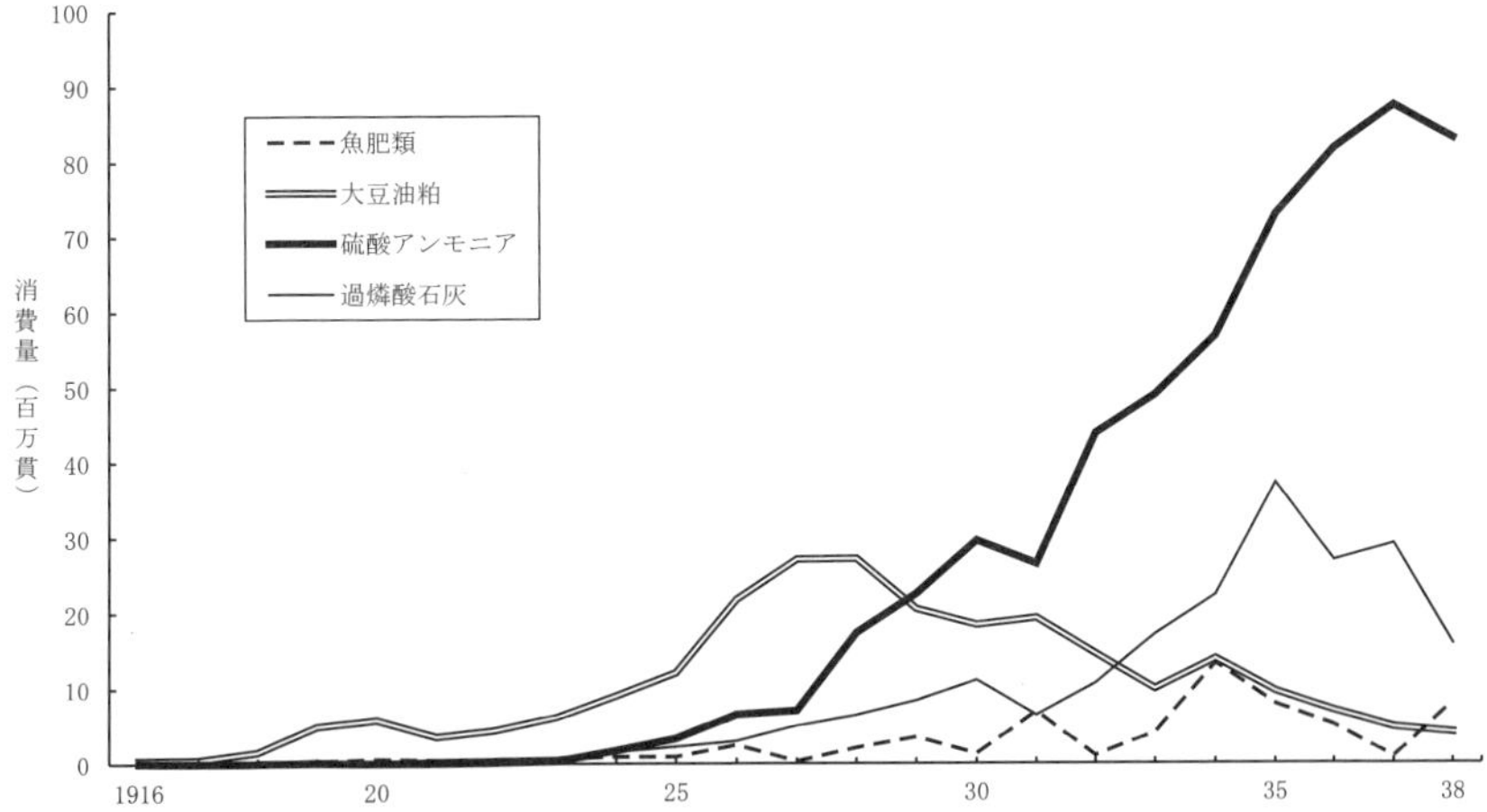

図10　購入肥料消費量の推移
(出典)表４と同じ。

表4　購入肥料消費量の推移

年	魚肥類	大豆油粕	硫酸アンモニア	過燐酸石灰
1916	206	416	16	113
1917	227	526	12	80
1918	229	1,568	16	250
1919	370	4,959	97	536
1920	592	5,788	22	243
1921	483	3,568	84	579
1922	510	4,442	162	660
1923	695	6,192	339	771
1924	920	9,044	1,726	1,558
1925	902	12,127	3,344	2,240
1926	2,454	21,814	6,569	3,007
1927	260	27,111	7,046	5,063
1928	2,093	27,222	17,389	6,471
1929	3,504	20,564	22,577	8,391
1930	1,264	18,439	29,614	11,100
1931	6,911	19,357	26,508	6,438
1932	1,029	14,577	43,895	10,697
1933	4,132	9,954	48,952	17,173
1934	13,341	13,918	56,805	22,401
1935	7,902	9,605	73,038	37,340
1936	5,122	7,014	81,706	26,956
1937	868	4,848	87,432	29,170
1938	8,104	4,125	83,063	15,883

（単位　千貫）

（出典）『農業統計表』昭和13年版（朝鮮総督府、1940年）107〜110頁。

表3　自給肥料生産高の推移

年	緑肥	堆肥
1915	11,607	547,179
1916	19,625	696,162
1917	26,227	930,881
1918	41,257	1,331,613
1919	34,073	1,707,129
1920	38,402	1,371,517
1921	46,907	1,084,448
1922	48,415	1,173,489
1923	48,823	1,147,351
1924	63,862	2,863,469
1925	86,118	3,457,424
1926	127,139	3,602,533
1927	137,490	3,970,135
1928	219,918	4,201,660
1929	245,800	4,684,256
1930	320,560	5,122,759
1931	292,265	5,445,424
1932	400,564	5,954,635
1933	419,798	6,396,699
1934	512,928	6,730,531
1935	581,207	7,006,742
1936	518,983	6,767,641
1937	485,462	7,373,836
1938	450,188	7,482,811

（単位　千貫）

（出典）『農業統計表』昭和13年版（朝鮮総督府、1940年）41〜42頁。

◆小作問題への対応

第二に、朝鮮農会は、勧農事業だけではなく、総督府農政の行方を左右しかねない朝鮮の小作問題、具体的には小作争議の防止・調停や小作慣行の改善についても一定の役割を果たすことが求められた。

そもそも朝鮮農会が本来の勧農事業とは別に小作問題にも関与することについては、農会令の立案審議段階から総督府内部で検討されていた。例えば、一九二三年の段階で、ある総督府当局者は次のように述べている。

当局としては、何れの意味からしても決して朝鮮の小作問題を等閑に附して居るものではない。然らば小作人保護に如何なる制度、如何なる施設を以てするかと言へば、小作制度を設定せずして朝鮮農会令を発布し全鮮各郡に郡単位の農会を設立し、之れで小作争議の調停、小作権の保護、小作料の公正その他に就き斡旋もし又指導もして行く方針である。(78)

要するに、朝鮮の小作問題に対して小作法の制定ではなく、朝鮮農会令の制定公布によって対処する方針であるというものだが、これは同時期の総督府における小作問題対策とも一致する内容であった。

朝鮮総督府では一九二四年五月五日～一一日の各道農務課長会議と、続く六月一〇日～一四日の道知事会議を経て、当面の小作争議対策を決定したが(79)、その際の総督府の方針は大体以下のようなものであった。

朝鮮農業の現状は、小作法を制定までの程度にまだ進んで居ない。……朝鮮の現在では小作争議は全然無いと謂へないが、さりとて内地の如くまだ頻発しては居らないのである。……寧ろ夫れよりは目下の急務としては、土地の改良、産米の増殖等に力を注ぐべきの時代である。而して僅に起る小作争議は、警察、郡庁、道庁等の手で調停して円満に解決がついて何等支障が無いから、遠き将来は別として目下の処は小作法の制定はその必要を認めないのである。(80)

まず注目すべきは、先程と同じく総督府が、現時点では朝鮮において小作法を制定する必要はないと考えていたことである。これはこの時期総督府が、朝鮮には「産米増殖計画」にともなう米穀増産の余地が多分に残されているので、日本内地と比較すると朝鮮の小作問題は現在それほど切迫した状況にはないと認識していたためであった。そこで、当面総督府としては、小作争議の根本的原因であり、また総督府農政の障害でもある朝鮮の小作慣行に対して改善を加えるとともに、実際の小作争議に対しては警察・郡庁・道庁等の調停によって解決を図ることとしたのである。

以上のような方針から、この時期の総督府が朝鮮の小作問題に対しかなり楽観的な見通しをもち、それをもとに当面の対策を決定していたことが見て取れる。結局、朝鮮農会も農会令制定以降、こうした総督府の方針に添う形で小作争議の防止・調停や小作慣行の改善に当たることになったのである(81)。

第三に、朝鮮農会は成立と同時に、これまで棉作組合や養蚕組合が行っていた棉花・蚕繭の共同販売事業を引き継ぐことになった。ただし、一九二六年に朝鮮農会・金融組合・産業組合間の事業分担が決定されたこともあり、農会の販売事業自体はむしろかなり限定されたものであった。朝鮮農会が販売事業を積極的に展開し、さらに購買事業や利用事業にまで事業拡大するようになるのは、農村振興運動下の一九三三年（昭和八）以降のことであり、これについては終章の後半で触れることにする。

（2）　中央農会と地方農会

◆中央農会

朝鮮農会は、成立当初からその活動実態において日本内地の系統農会には見られない問題点を抱え込んでいた。それは、中央の朝鮮農会と地方の道農会・郡島農会との間での事業活動の遊離である。そこで、ここでは中央農会と地方農会に区別して、その事業内容や性格について検討することにしたい。

表5　朝鮮農会の議員・役員（1927年成立直後）

旧朝鮮農会役員　1923年10月～1927年4月			
会　長		李完用	
副会長		富田儀作、韓相龍	
理　事		尹致昊、白寅基、賀田直治、韓翼教、中屋堯駿、熊本利平、松山常次郎、厳柱益、藤井寛太郎、天日常次郎、足立丈次郎、金漢奎、三井栄長、堀諫、渡邊豊日子	
監　事		白完赫、富家幸太郎、黒沢和雄	
朝鮮農会議員・役員　1927年成立直後			
会　長		湯浅倉平	政務総監、中枢院議長
副会長		朴泳孝	侯爵、中枢院顧問、同副議長、甲申政変で日本亡命
通常議員	京畿	井上清	道農会副会長、道内務部長、1928年退官し、朝鮮煙草元売捌（株）取締役社長就任
通常議員	忠北	礒野千太郎	道農会会長、道内務部長
通常議員	忠南	金甲淳	道農会副会長、中枢院参議、道評議会議員、沼沢地・荒廃地開墾、市場経営、自動車運輸業等経営、儒城温泉（株）取締役、牛城水利組合長、公州郡
通常議員	全北	野田鞆雄	道農会会長、道内務部長
通常議員	全南	黒住猪太郎	道農会副会長、羅州・栄山浦などで農業経営（515.1町歩）、道評議会議員、朝鮮縄叺（株）社長等、羅州郡
通常議員	慶北	張吉相	道農会副会長
通常議員	慶南	鄭淳賢	道農会副会長、中枢院参議、道評議会議員、咸陽郡
通常議員	黄海	今村武志	道農会会長、道知事、1928年3月より総督府殖産局長
通常議員	平北	谷多喜磨	道農会会長、道知事、1930年12月退官し、朝鮮火災海上保険（株）社長就任
通常議員	平南	関水武	道農会副会長、道内務部長
通常議員	江原	朴普陽	道農会副会長、朝鮮製糸（株）取締役、鉄原郡
通常議員	咸北	下国良之助	道農会評議員、道評議会議員、鏡城郡で下国農園（果樹栽培、3町歩）経営、鏡城郡
通常議員	咸南	桑原一郎	道農会会長、道内務部長
特別議員		池田秀雄	総督府殖産局長
特別議員		韓相龍	中枢院参議、京畿道評議会議員、漢城銀行顧問、朝鮮生命保険（株）社長、朝鮮火災海上保険（株）取締役、朝鮮紡績会社相談役、京城保険同業会顧問、朝鮮実業倶楽部会長、京城都市計画研究会経済部長などに就任
特別議員		中屋堯駿	東山農事（株）朝鮮支店代表者（1800.2町歩）、京畿道水原郡
特別議員		藤井寛太郎	不二興業（株）社長、朝鮮土地改良（株）専務取締役、臨益・益沃・大正・中央・於雲水利組合長
顧　問		尹致昊	（株）朝鮮基督教彰文社監査役
顧　問		白寅基	全北企業（株）代表取締役
顧　問		富田儀作	1897年3月台湾に渡り石炭樟脳寒天等の採取業経営、1899年朝鮮に渡り殷栗鉱山（黄海道）採掘、青磁の製造、農業経営を行う、三和銀行頭取、平壌銀行取締役、西鮮繰綿（株）取締役、東亜蚕糸（株）社長、戸田農具（株）取締役、東洋畜産（株）取締役、朝鮮水産（株）取締役、鎮南浦電気（株）監査役などに就任
顧　問		李圭完	1910年より江原道長官、1919～24年に咸鏡南道道知事、1924年の退官後、東洋拓殖（株）顧問、甲申政変で日本亡命
顧　問		加藤茂苞	総督府勧業模範場長、水原高等農林学校校長
顧　問		多木久米次郎	全羅北道金堤郡で多木農場（4016町歩）経営、多木製肥所（株）社長、多木農工具（株）社長、衆議院議員（政友会）、兵庫県農会会長、農政倶楽部会長
顧　問		熊本利平	全羅北道沃溝郡で熊本農場（3187.9町歩）経営
顧　問		松山常次郎	水利・開墾事業に従事、朝鮮土地改良（株）取締役、鮮満開拓（株）大株主、衆議院議員（政友会）
顧　問		天日常次郎	1905年朝鮮に渡る、京城で精米業経営、朝鮮実業銀行、朝鮮窯業、朝日醸造、朝鮮精米、仁川取引所、京城現物市場、京城証券信託各会社の監査役・取締役などに就任
顧　問		有賀光豊	朝鮮殖産銀行頭取、他に朝鮮貯蓄銀行取締役頭取、京城商業会議所特別評議員、京城穀物商組合連合会長、米穀調査会委員、朝鮮蚕糸会会長などに就任
顧　問		澤田豊丈	慶尚南道知事、慶尚北道知事歴任し、1926年5月退官、東洋拓殖（株）理事就任
顧　問		金漢奎	朝鮮殖産銀行相談役、朝鮮生命保険（株）監査役、京城家畜（株）取締役
理　事		渡邊豊日子	総督府殖産局農務課長
理　事		足立丈次郎	1895年東大農科大卒業後台湾各地を遊歴、1897～1906年まで岩手・埼玉・三重県で勧業課長・農事試験場長歴任、退官後藤田組で児島湾開墾事業担当、1913年東洋拓殖（株）殖産課長、1918年10月東洋畜産興業（株）専務取締役、1920年11月戸田農具（株）社長就任
理　事		三井栄長	総督府農務課技師、勧業模範場技師、1907年7月東大農科大卒業、1910年3月農商務省技師、1910年10月より総督府技師
評議員		このうち評議員には、黒住猪太郎、韓相龍、藤井寛太郎が就任した。	

図11　農民デー田植え行事（1929年6月14日）勧業模範場にて、（上）左から3人目は山梨総督、4人目は朴泳孝農会副会長（『朝鮮農会報』3巻7号、1929年7月）

まず、朝鮮農会は、朝鮮における系統農会の中央組織として旧朝鮮農会を継承する形で改めて設置された。創立時の朝鮮農会の役員・議員は表5の通りで、政務総監、殖産局長、殖産局農務課長、勧業模範場長などの総督府官吏、日本人・朝鮮人の地主・資本家などの民間農業関係者、および地方の官吏、有力地主・資本家からなる各道農会代表者から構成されていた。旧朝鮮農会の役員との重複も多く見られた。

運営面に関して見ると、「実際の業務執行者は民間人であつて、全く監督官庁の官吏を以て充当していないといふ点に於て、下級農会の場合とは全く相異つてをり、この限りに於て、民間団体としての様態を堅持して」いた[82]。

活動内容としては、旧朝鮮農会と同様、総督府の農政諮問機関としての役割のほか、各種の講習会・講話会および田作多収穫競作会・米穀貯蔵共進会の開催、活動写真の出張映写、農事宣伝用映画の作製、農民日の設定（図11）、『朝鮮農会報』の発行などの勧農事業を行った[83]（図12）。特に、この時期の朝鮮農会の性格を理解するうえで無視できないのが、全鮮農業者大会の開催である。

朝鮮農会主催の全鮮農業者大会は、「各道より代表的人物を集め、農業振興に関する諸問題に就き討議を行ひ、当局に実施方を要望」するとの趣旨の下、一九二八年（昭和三）から一九三三年（昭和八）まで毎年京城で開催された[84]。各年の全鮮農業者大会における討議事項および建議・陳情事項の概要は次の通りである。

（1）本府に於て決定せられた小作慣行改善要項の実行方を懇談した。（昭和三年）

（2）米穀政策は内鮮を通じ統一すべきことを決議し、委員を選び、中央政府に建議した。（昭和四年）

（3）中央政府に対し、籾六百万石の買上を要望し、又総督府に対しては粟の輸入制限、農業倉庫及米穀資金の拡張方を陳情した。（昭和五年）

（4）米穀法を朝鮮に適用し、且野積籾の金融を内閣要路に要望し、又水利組合費の低減、農会斡旋事業の国庫補助、米穀運賃の低減、農家負債整理等を総督府に陳情した。（昭和六年）

（5）内閣要路に鮮米差別反対を電請し、総督府に対し水利組合の救済、肥料統制等を陳情し、又農村自力更生運動促進に関する決議文を各関係方面に頒布した。（昭和七年）

（6）販売肥料市価安定策に就き中央政府に陳情すると共に朝鮮窒素肥料株式会社に警告文を発し、又農民負担軽減、叺検査手数料廃止方を総督府に陳情した。（昭和八年）[85]

図12　朝鮮博覧会における朝鮮農会館（『朝鮮農会報』3巻9号、1929年9月）

三〇年代以降は、農業恐慌の時期と重なっていたために、米価対策や米穀生産条件の改善に関連する事項が目立っている。それ以外では、一九三三年一一月二〇・二一日開催の全鮮農業者大会において、総督府が立案中の小作法（後の朝鮮農地令）に対し、「小作令ノ制定ハ朝鮮ノ現状ニ鑑ミ時期尚早ナリト認メ絶対反対ス」との決議を採択したりもしている[86]。つまり、全鮮農業者大会は、地主を中心とした朝鮮の民間農業関係者の農政に対する要望を取りまとめ、総督府ならびに日本政府に建議・陳情する役割を果たしていたのである。

その意味で、朝鮮農会は、日本内地の全国農事会や帝国農会が展開した農政運動ほどの力強さはなかったものの、朝鮮における農政運動団体としての性格も合わせもっていたと考えられる。

◆地方農会

これに対して、地方に設立された道農会・郡島農会は、大きく性格が異なっていた。

道農会・郡島農会の事務所は、それぞれ道庁内、郡島庁内に置かれた。郡島農会の下に面農会は設置されなかったが、その代わりに郡島農会の分区が設定された(87)。

道農会・郡島農会の活動については、「業務執行上の指導的位置は、全くそれ等当該官庁の官吏員を以て充当して、夫々その監督官庁の指令の下に、その意思の侭に行動せしむることとし、従つて農会にはその間法令の認むる農会独自の意思の存在が殆んど許されず、これ等監督官庁の農政実施の手段的位置を与へられてをる。謂はばこれ等監督官庁の特設機関の役目を果してをる状態に置かれ、従つて折角付与せられてをる法人資格も、殆んど名義的のものとなつてをる(88)」という状態であった。

要するに、道農会・郡島農会は、道・郡島当局下の農事改良専門の準行政機関、農政実施機関という色彩が濃厚であったのである。先に挙げた農会令制定時の失望や不満の声も、総じてこうした道農会・郡島農会のあり方に対して向けられたものであった。改めてその代表的なものを挙げると次のようである。

農会は言ふ迄もなく農民の相談相手であり、且つ農村の羅針盤である。如斯密接なる関係を有するにも拘らず、農会自体が存在を没却し、農民の利害を無視して居ることは、実に寒心に堪えない。今その事実を探見すると、会長は郡守、副会長は地方大地主、其の他の幹部は何れも皆有産的有力者のみである。尚万事を一々道の指揮に左右することは、自治体を無視したものと思ふ。農会員の内訳は小作、自作、地主を網羅し、其の大多数の会員が小作人でありとすれば、小作人中から当然農会の幹部を選出する必要があると思ふ。要するに農会の完全なる自治的機能を発揮せしめるには、農軍をして農会の存在を認識させ、自己と重大なる利益を有することを自覚せしめなければならぬ。事業の奨励も姑息的政策を打破し、根本問題を改善する必要がある。現在の如き放任したやり方では農会の廃止論を高唱せないとも限らない(89)。

ただし、これら農業関係者の声をもとに、ただちに道農会・郡島農会に対して、例えば、有名無実の農業団体であって、農村現場ではほとんど機能していなかった、といったような評価を下すことはあまりにも拙速であるといわざるを得ない。

なぜならば、第一に、日本内地における地方農会でも、成立初期には府県農会の会長を知事が、郡農会の会長を郡長が、町村農会の会長を町村長が兼職しており、その活動は行政官庁の統制下に置かれていたからである。そして、一九〇三年（明治三六）一〇月には、清浦奎吾農商務大臣から農会に対して「農事改良十四項目」の諭達が発せられ、それ以降、地方農会は、罰則規定を含んだ府県令や警察力を背景にして、米麦種子の塩水選や稲苗の正条植などといった農事改良の普及・徹底に当たったのである。朝鮮における道農会・郡島農会も、勧農政策の展開期においてこれにかなり近い状況にあったのではないかと思われる(90)。

第二に、この頃の日本内地の系統農会は、一九二二年（大正一一）四月の新農会法によって長年の懸案事項であった会費の強制徴収権が附与されたほか、市町村農会における普通選挙に基づく総代会の設置や農会技術員の整備、農産物販売斡旋事業の拡大などによって、政府および地方行政団体から相対的に自立する方向へと歩みはじめていた。朝鮮の農業関係者は、こうした内地の状況を横目に見ながら二〇年代前半、同様の農会の設置に期待をふくらませていたのであり、実際の朝鮮農会令を目にしたとき、その反動として彼らの間から「官製農会(91)」などといった批判が噴出することは容易に想像されるからである。

総督府としては、朝鮮において系統農会を整備するに当たって、地方行政機構の未発達、さらには朝鮮人の小作争議や民族運動の動向を考慮した結果、道農会・郡島農会に関しては、当面その運営を道庁・郡島庁の完全な統制の下に置かざるを得ないと判断したのであろう。

確かに同時期の日本内地を基準として見た場合、これら道農会・郡島農会に対して高い評価を与えることは難しいかもしれない。しかし、少なくとも植民地朝鮮における勧農政策の展開を考えた場合、道農会・郡島農会は農事改良を中心に一定以上の役割を果たしていたと見てよいのではないだろうか。

次に、この時期の地方農会における個別事業として農業倉庫事業について見ることにしたい。

日本内地および朝鮮では、一九二七年以降、米の良作によって米価の下落傾向が続いていた。これに対して日本内地では、朝鮮米の大量移入、とりわけその大半が一一月から翌年の二月頃までの期間に集中していることが問題視され、政府に対しその対策を早急に講じるよう要望が寄せられた。一方、朝鮮では、米価対策として米穀の大量貯蔵や平均売が奨励され、その一環として二八年一〇月には朝鮮農会主催による米穀貯蔵共進会の開催、一九二九年度（昭和四）には農業倉庫の試験的設置が行われた[92]。

一九二九年に入ると、内地において外地米の移入制限を求める声が上がるなど、朝鮮米をめぐる日本内地と朝鮮の間の利害対立は一層深刻なものとなった。こうした事態を受けて、政府から朝鮮米移出調節策の強化を求められた朝鮮総督府は、朝鮮米穀倉庫計画を樹立し、一九三〇年度から着手することにした。

この計画は、生産地に米穀の保管を目的とする農業倉庫を、開港地に移出米の調節を目的とする移出米穀倉庫を設置し、季節的過剰移出米数量の調節を図るというものであった。

第一期計画は、一九三〇年度（昭和五）より五年間で、農業倉庫として規模二五〇坪、収容力一万石の倉庫を毎年一〇ヶ所、計五〇ヶ所設置して五〇万石を収容し、移出米穀倉庫として借庫・新設・買収等によって総坪数一万二五〇〇坪の倉庫を設置し、五〇万石を収容するというものであった。そして、最終的には、第二期計画と合わせて二五〇万石の収容力を確保し、移出米の調節を行うこととされた。

なお、計画では、農業倉庫の経営は農会または産業組合が、移出米穀倉庫の経営は特殊会社が行うこととされたが、一九三一年一一月にはその特殊会社として朝鮮米穀倉庫株式会社が設立された(93)。

三一年七月には「朝鮮農業倉庫業令」、翌八月には「農業倉庫共同販売規程準則」などが公布され、農業倉庫に関わる法令の整備が進められた。法令では、農業倉庫業者として農会、産業組合および農業の発達を目的とする公益法人の三者を規定していたが、総督府は主として道農会・郡島農会に農業倉庫の設置・経営を担当させることにした。また、農業倉庫は米穀その他の穀物の保管業務だけでなく、米穀の調製・改装・荷造、籾の共同販売、小作米の受領代理、資金融通のための倉庫証券の発行などの業務も行うことになったのである(94)。

こうして農業倉庫の経営主体となった道農会・郡島農会は、従来からの米穀の生産指導のみならず、調製・包装・荷造等を通じた米穀の商品としての規格化や、内地向けを中心とした籾の共同販売をも手がけることになり、米穀の生産から保管、販売にいたるまでの全過程に関与していくことになったのである。

（3）朝鮮農会の力量——帝国農会との比較

では本節の終わりに、朝鮮農会が農業団体として朝鮮農村・農民をどの程度緻密に、逆にいえばどの程度粗雑に把握して農事改良の指導・奨励に当たっていたのかを分析する。ただし、朝鮮農会だけを分析したのではその力量を判定することが難しいので、ここでは日本内地の帝国農会と比較しながら朝鮮農会の力量について相対的に評価することにしたい。

それではまず、朝鮮農会と帝国農会における最下級農会の規模について比較することからはじめよう。

表6を見てもらいたい。朝鮮農会では郡島農会が最下級農会であったが、その数は成立当初の一九二七年（昭

表6　朝鮮農会と帝国農会における最下級農会の規模比較(1927年現在)

朝鮮農会	面積	14,312.00方里 木浦府を除く府の面積は8.968方里
	郡島農会数 1郡島農会当たり面積	220 (郡218、島2、ただし木浦府は務安郡農会に含まれる) 65.01方里
	面の数 1面当たり面積	2,503 5.72方里
帝国農会	面積	24,718.85方里
	郡農会数 ※郡の数	560 632
	市町村農会数 ※市町村数 1市町村農会当たり面積	11,563 11,918(市102、町1,590、村10,226) 2.14方里

(出典)本表は、以下の資料をもとに作成した。
臨時土地調査局編纂『朝鮮地誌資料』(朝鮮総督府、1919年)11～49頁。
内閣統計局編纂『第45回　日本帝国統計年鑑』(内閣統計局、1926年)3頁。
『第7次農林省統計表』昭和5年版(農林大臣官房統計課、1932年)736頁。
『内務省統計報告』40巻・大正15年版(日本図書センター、1990年)1頁。
(備考)1里は3.927km、1方里は約15.42㎢。

表7　朝鮮農会と帝国農会の財政規模比較(1927年度)

朝鮮農会		帝国農会	
朝鮮農会	49,504.00	帝国農会	425,725.00
道農会 1道農会当たり	386,219.00 29,709.15	道府県農会 1道府県農会当たり	3,260,446.00 69,371.19
郡島農会 1郡島農会当たり	5,486,079.00 24,936.72	郡農会 1郡農会当たり	8,645,314.00 15,438.06
		市町村農会 1市町村農会当たり	19,711,924.00 1,704.74

(単位　円)

(出典)本表は、以下の資料をもとに作成した。
「農会記事」(『朝鮮農会報』1巻2号、1927年5月)84～85頁。
「本会記事」(『朝鮮農会報』1巻9号、1927年12月)86頁。
「本会記事」(『朝鮮農会報』2巻5号、1928年5月)120頁。
『第7次農林省統計表』昭和5年版(農林大臣官房統計課、1932年)736頁。
(備考)帝国農会は決算、朝鮮農会は決算資料がないため予算を挙げてある。

和二）現在で二二〇、また一郡島農会当たりの面積は六五・〇一方里であった。一方、帝国農会では市町村農会が最下級農会であったが、一九二七年現在、その数は一万一五六三に上っており、一市町村農会当たりの面積は二・一四方里となっていた。つまり、最下級農会の規模で比較すると、朝鮮農会の方が帝国農会に比べ三〇・四倍の面積を有していたことになり、当然それだけ朝鮮農会の方が農村・農民を粗雑な形でしか把握できなかったものと推測される。

ところで、以前、農会令の立案審議の中で面農会を設置することが提案されていたが、もし仮に朝鮮で面農会が設置されていたならば、一面農会当たりの面積は五・七二方里となっていた計算になる。したがって、こうした数値から見ても、日本内地と同水準で朝鮮農村・農民を把握しようとすれば、やはり面農会まで設置する必要があったのではないかと思われる。

次に、朝鮮農会と帝国農会における財政規模について比較してみよう。表7は一九二七年度における両者の財政規模を各レベル別に整理したものである。

それによると、まず両者の中央農会に当たる朝鮮農会と帝国農会では、前者が四万九五〇四円、後者が四二万五七二五円となっており、帝国農会の財政規模は朝鮮農会の八・六倍であった。ただし、この数値に関しては、帝国農会の面積が朝鮮農会の面積のおよそ一・七倍であったことを考慮する必要があるが、その分を差し引いたとしても朝鮮農会の財政規模は帝国農会の四分の一以下であったと推測される。

次のレベルの農会に当たる朝鮮の道農会と日本内地の道府県農会でもこうした傾向にほとんど変化は見られない。朝鮮における一道農会当たりが二万九七〇九・一五円、日本内地における一道府県農会当たりが六万九三七一・一九円となっており、道府県農会の財政規模は道農会の二・三倍であった。

ところが、その下のレベルの農会に当たる朝鮮の郡島農会と日本内地の郡農会の間では、状況はやや異なってくる。このレベルでは、朝鮮における一郡島農会当たりが二万四九三六・七二円、日本内地における一郡農会当たりが一万五四三八・〇六円となっており、郡島農会の方が郡農会に対して一・六倍の財政規模を有していたのである。

ただし、ここで注意しなければならないのは、帝国農会の場合、郡農会の下にさらに市町村農会が存在していたという点である。そこで、郡農会の分と市町村農会の分を合計し、これを郡農会数五六〇で割ると、一郡農会当たりは五万六三七・九三円となり、結局このレベルでも帝国農会は朝鮮農会と比べ二・〇倍の財政規模を有していたことになってしまうのである。

全体的に見ると、中央から地方までどのレベルにおいても帝国農会の方が朝鮮農会より財政規模が大きかったが、敢えていえば朝鮮農会の場合、中央よりもむしろ最下級の郡島農会の方に事業費が重点的に配分されていたということができるだろう。

では最後に、朝鮮農会と帝国農会における農会技術員数について簡単に比較しておく。

まず朝鮮農会についてであるが、これに関しては資料が皆無なため正確な数字は分からない。一九四〇年前後の技術員数等から推測して専任・兼任合わせて約三〇〇〇人、一郡島農会当たり平均一〇人前後の農会技術員が配置されていたと思われる。ちなみに京畿道内の郡農会では二～八人の農会技手が配置されていた(95)。一方、帝国農会では一九二八年（昭和三）現在、道府県農会に四四六八人、一道府県農会当たり九・五人、郡農会に二五四五人、一郡農会当たり四・五人、市町村農会に八三三五人、一市町村農会当たり〇・七人の技術員が配置されていた(96)。

両者を比較すると、郡島農会では郡農会よりやや多くの技術員が配置されていたことになるが、財政規模の場合と同じく郡農会の分と市町村農会の分を合計して計算すると一郡農会当たり一九・四人の技術員が存在していたことになり、やはり朝鮮農会の農会技術員数は帝国農会に比べ絶対的に不足していたと判断することができる(97)。

表8　勧業模範場組織・人事構成(1921年)

勧業模範場本場	西鮮支場	徳源園芸支場
技師　場　長　橋本左五郎	技師　支場長　武田総七郎	技師　支場長　久次米邦蔵
武田総七郎	技手　木下辰一	技手　小森園清次
向坂幾三郎	木浦棉作支場	蘭谷牧馬支場
八田吉平		
岡本半次郎	技師　支場長　三原新三	技師　支場長　野口次郎三
鈴木真吉	技手　吉永良一	技手　澤正方
菊池為行	西野義行	蚕業試験所
技手　岸良小次郎	龍岡棉作出張所	技師　所　長　宮原忠正
中島友輔	技師　主　任　三原新三	技手　西川久
立山軍蔵	技手　河野龍三	進藤省吾
今村忠夫		高橋善吾
高橋昇	纛島園芸支場	
瀧元清透	技師　支場長　久次米邦蔵	女子蚕業講習所
大前巌	技手　松田敏勝	技師　所　長　宮原忠正
	永嶋昶	岩田次郎
		技手　金昌漢

(出典)『朝鮮総督府及所属官署職員録』大正10年版(朝鮮総督府、1921年)136～137頁。

第六節　一九二〇年代の勧農機関の動向

(1)勧業模範場から農事試験場へ

◆事業の変化

朝鮮総督府勧業模範場では、一九〇六年(明治三九)五月以来、場長として朝鮮における勧農政策全般を指揮してきた本田幸介が一九年(大正八)一二月に退官した。後任には、北海道帝国大学教授であった橋本左五郎が就任した(表8)。

二三年三月に橋本が退官すると、同年五月、九州帝国大学教授の大工原《だいくばら》銀太郎(図13)が場長に就任した。[98] 大工原は、酸性土壌に関する研究で広く知られており、当時日本における土壌学・肥料学の権威であった。[99] さらに、二六年三月に大工原が九州帝国大学総長に転任すると、後任に同じ九州帝国大学教授の加藤茂苞《しげもと》(図14)が場長に就任した。[100] この加藤も、大工原に劣らぬ当時第一級の農学者であった。加藤は、農事試験場畿内支場(大阪)で、日本で最初の水稲の品種改良に成功したほか、全国から収集した約四〇〇〇種のイネを整理・分類した農学

図13　大工原銀太郎（『朝鮮総督府農事試験場二拾五周年記念誌』上巻、朝鮮総督府農事試験場、1931年）

図14　加藤茂苞（『朝鮮総督府農事試験場二拾五周年記念誌』上巻、朝鮮総督府農事試験場、1931年）

者として著名な人物であった[101]。

このように一九二〇年代に大工原銀太郎や加藤茂苞など日本の第一線で活躍する農学者が招聘されたことは、土地改良事業によって圃場を整備し、そこに「優良品種」の投入と肥料の増施を行うことで、「産米増殖計画」の目標達成を目指した総督府の強い意志の表れであるといえよう。

さて、一九二〇年代における勧業模範場の事業内容は、おおむね五つに大別することができる。すなわち（一）実地指導、（二）模範作業、（三）試験調査、（四）種苗等の育成・配付、（五）技術員等の養成、である。

このうち実地指導とは、技師・技手ら場員を朝鮮の各地方に派遣し、普通農事から畜産、養蚕、土地改良までを一般農民に実地に指導するものである。次の模範作業とは、各種作物の栽培・収穫・調製、耕地の整理、養蚕、家畜家禽の飼養管理などについて模範を示し、農民への農業技術の普及を図るものである。どちらも模範場開設当初は最も重要な事業活動であったが、朝鮮各道での道種苗場の設置や農事専門の道技師の配置によって、二〇年代には、少しずつ事業中に占める比重が低下していった[102]。

代わって、事業の中心となってきたのが、農事に関する試験調査の活動である。

図15　西湖溢流口と杭眉亭（『朝鮮総督府農事試験場二拾五周年記念誌』上巻、朝鮮総督府農事試験場、1931年）

図16　西鮮支場（『朝鮮総督府農事試験場二拾五周年記念誌』上巻、朝鮮総督府農事試験場、1931年）

勧業模範場では、当初は朝鮮と日本内地の気候・風土に大差はなく、日本の農学の研究成果・実績をそのまま朝鮮に移植・適用さえすれば朝鮮農業の開発は容易に達成できると楽観的に考えていた。そのため日本内地や諸外国の事例を朝鮮に実地に応用するための試験や調査が主に行われてきた。しかしながら、二〇年代に入ると、日本の近代農学（学理農法）を単純に移植するだけでは植民地朝鮮の農業生産力を向上させることは困難であるという現実が明白となってきた(103)。その結果、模範場での試験の項目・範囲は次第に多岐にわたるものとなり、それを限られた人員で進めなければならないということから、その「労苦は実際容易の業に非ざりき」と形容される状況となったのである。

残りのうち、種苗等の育成・配布とは、勧業模範場における各種作物・家畜・家禽等の試験結果を受けて、その優良品種を育成・製造し配布するものである。これも当初は模範場が直接農民に配布していたが、道種苗場の整備によって育種用の原種を育成・配布する形に変更された。

技術員等の養成は、日本内地の農業学校卒業生を模範場に技術見習生として約一年間収容し、朝鮮の農業事情を理解させた上で、地方農業技術員として輩出するものである。朝鮮では、日本と比較して農業教育の普及が極めて不十分であり、朝鮮内の日本人・朝鮮人青年だけでは必要な技術員を供給することできなかったためである。開場から二九年（昭和四）九月までの見習生養成の総数は六二七名に達していた。なお、朝鮮人婦女子を対象に蚕業指導者・経営者を養成する女子蚕業講習所も引き続き模範場に附設された(104)。

次に、二〇年代における勧業模範場の組織の変遷を整理しておく。

一九二〇年（大正九）三月、新たに西鮮支場（図16）と龍岡棉作出張所が開設された。西鮮支場は、田作（畑作物一般）を専門とし、黄海道・沙里院に設置された。龍岡棉作出張所は、在来棉の試験調査に従事し、平安南道・龍岡に設置された。翌二一年には、従来平安南道の道種苗場で行われてきた甜菜《てんさい》の栽培試験調査が西鮮支場に移された。

その一方で、二三・二四年には行政整理の影響を受けて、徳源園芸支場、纛島《とうとう》園芸支場、洗浦牧羊支場があいついで廃止され、龍岡棉作出張所も木浦棉作支場に属することになり、木浦棉作支場龍岡出張所に改称された。二八年には、蘭谷牧馬支場が廃止され、職員の一部と建物その他が李王職に移譲された。また、同年、李王職が経営する花山牧場（京畿道・水原）の建物用地等の贈与を受けて、新たに朝鮮牛の試験調査を開始した(105)。

◆農事試験場への改称

こうして勧業模範場の事業内容が、「時世の進歩に伴ひ漸次実地指導及び模範的作業より試験調査に重きを置くに至」ったことで、一九二九年（昭和四）九月一七日、勅令第二七九号「朝鮮総督府農事試験場官制」が公布され（同日施行）、勧業模範場は、朝鮮総督府農事試験場に改称された（表9）。

事業内容については、第一条で、「一　農業、蚕糸業及畜産業ノ発達改良ニ関スル調査及試験」「二　土壌、肥料、農産物、桑葉、繭、生糸、畜産品其ノ他農業、蚕糸業及畜産業ニ関係アル物料ノ分析、鑑定及調査」「三　種子、種苗、種畜、種禽及種卵ノ生産及配付」「四　原蚕種ノ製造及配付」「五　講習及講話」を掌るものと規定

表９　農事試験場組織・人事構成（1930年）

機関・部	職	役職	氏名
農事試験場本場	技師	場長	加藤茂苞
種芸部	技師		三井栄長
			八田吉平
			永井威三郎
			江角金五郎
			杉弘道
			川口清利
			小野寺二郎
	技手		園田宗介
			中島三郎
			船越秀雄
			中川泰雄
			坪内俊三
			高崎達蔵
	嘱託		郡司好麿
化学部	技師		満田隆一
			尾崎史郎
			三須英雄
			菅野八郎
			趙伯顕
	技手		大前巌
			久納佑孚
			今井次郎
病理昆虫部	技師		中田覚五郎
			中島友輔
			中山昌之介
	技手		青山哲四郎
			村松茂
畜産部	技師		油井岱治
			葛野浅太郎
	技手		内田幸夫
			村田七兵衛
蚕糸部	技師		田中明
			西川久
			中村鉄夫
	属		勝木清
	技手		藤田四郎
			松永信義
			西島辰雄
			渋谷佐市
女子蚕業講習所	技師		田中明
	技手		福田順
			岩脇龍也
南鮮支場	技師	支場長	和田滋穂
			佐藤健吉
	技手		原史六
			永友辰吉
西鮮支場	技師	支場長	高橋昇
			白木新五郎
	属		梅田郁彦
	技手		平田栄吉
			沢村東平
			星野徹
木浦棉作支場	技師	支場長	三原新三
	属		中馬正義
	技手		神辺利重
			都築秀雄
金堤干拓出張所	技師	所長	和田滋穂
	技手		一木寛
龍岡棉作出張所	技師	所長	三原新三
	技手		安東直
車贅館蚕業出張所	技師	所長	田中明
	技手		藤田四郎
			松永信義

（出典）『朝鮮総督府及所属官署職員録』昭和５年版（朝鮮総督府、1930年）121〜122頁。

された。以前の規定と比べ、第一項・第二項の内容が詳細な記述に変更されており、事業の中心が実験・分析・試験・調査へと完全に移行したことがここからも判断できる[106]。

ところで、この農事試験場への改称は、植民地朝鮮の農政史・農業史上、二つの点で大きな意義をもつものである。

第一に、二〇年代における朝鮮農会の系統的組織の完成や後述の農業教育の再構築によって、ようやく朝鮮の勧農機構が確立し、以後近代農学を自明の前提とした植民地農政が開始されたことである。これは近代農政の助走期である勧農政策の終了をも意味していたといえるだろう。

第二に、日本内地の農法や農学の成果を「模範」として単純に移植することから、朝鮮の気候・風土の独自性を認識し、基礎的な試験研究から朝鮮に適合した農業技術を模索する道へ歩みはじめたことである[107]。

次に挙げるのは、当時場長であった加藤茂苞が、各道農業技術官会議で行った講演の一部である。ここに改称がもつ意義が極めてよく表現されている。少し長い文章であるが、以下に引用する。

一体、勧業模範場と農事試験場とは、どう違ふかということを述べて見たい。凡そ其の他の農業を改良するには、先づ古来の農法及び農家の経済状態をよく調査研究し、然る後之れを如何に改良すべきかを試験し、或は全く新しい事であれば其の事柄を試験し、そしてそれに結論を与ふべきものであるということは当然である。先づその地方の実状を知って、然る後に改良の方法を講ずべきである。これは必しも農事に限らず、思想問題でもそうである。

然るに勧業模範場の創設された当時に於ては、朝鮮唯一の産業である農業を、五年も一〇年もかかって先づ以て朝鮮の農法から研究を始めるという様な余裕がなかったのである。技術者としても朝鮮の農業に対して十分なる知識を持っていたとは言えなかったと思うが、当時の朝鮮の農法よりは、内地の農法の方が無論進歩していたのであるから、兎も角直ぐに勧業模範場と命名して、内地流の農業方法を此の勧業模範場で実行して見て、之れを朝鮮の人に示し、改良に努めると云うことにしたのである。これはその当時の事情として已むを得ないことであったのである。

此の結果はどうであるかというと、朝鮮と内地とはいふ迄もなく気候、土質又は農家の経済状態等に於て大なる相違がある。為に内地の農業を其のままに朝鮮に移したものが、恐く適当なる解決を得るものであったかどうか、その中には奨励の方法を誤ったことがあり、それが今日迄残っていることもあると思はれる。〔中略〕近年は各道の種苗場も進んで来て、地方的の問題は種苗場で解決出来ることでもあるから、今後当場はなるべき試験の方に重きを置き、朝鮮の農業に即した成績を挙げて行きたいと思うのである[108]。

さて、改称後の動きとしては、翌三〇年一月に、全羅北道の裡里に南鮮支場（図17）、金堤に金堤干拓出張所が設置された。どちらも朝鮮の主要な米産地である南鮮地方での「産米増殖計画」実施に関連する施設である。南鮮支場は、金肥（購入肥料）・緑肥の増施により稲熱病が頻発した結果、農家が品種の選択に苦しみ品種の不統一を生む事態となったため、同地方に適する水稲優良品種の育成および普及を図る目的で設置された。金堤干拓出張所は、干拓地の除塩方法の研究および耐塩性水稲品種の育成によって干拓事業の達成を期すために設置された。また、同じ時期に、車賛館蚕業出張所が平安南道・車賛館に設置され、蚕種製造とともに寒地における桑樹

図17　南鮮支場（『朝鮮総督府農事試験場二拾五周年記念誌』上巻、朝鮮総督府農事試験場、1931年）

図18　北鮮支場（『朝鮮総督府農事試験場二拾五周年記念誌』上巻、朝鮮総督府農事試験場、1931年）

に関する試験調査を開始した[109]。

その後、三一年には、北鮮地方の農事を専門とする北鮮支場が、咸鏡南道・普天堡に設置された（図18）。龍岡棉作出張所は、三二年にいったん廃止されたが、翌年再び同地に龍岡棉作支場として復活した[110]。

朝鮮各道に設置された道種苗場に関しては、二〇年代を通じて大きな動きはなかった。ただし、勧業模範場の事業内容の変化は、道種苗場にも波及することとなり、従来からの種苗の育成・配布に加えて、各道の事情に適応した試験調査にも徐々に従事するようになった。

模範場が農事試験場に改称されると、道種苗場も、「現在に於ては農業の進歩発達に伴ひ各地方特有の基礎的試験調査を主たる事業とし、種苗の育成配付の如きは僅に其の附帯事業に過ぎざる状態」に鑑みて、一九三二年（昭和七）一〇月、各道一斉に道農事試験場へと改称したのである[111]。

（2）水原高等農林学校・農業学校

◆水原高等農林学校

三・一独立運動勃発（一九一九年）後就任した斎藤実総督は、ただちに朝鮮の植民地統治体制の全面的見直しに着手した。朝鮮の教育制度に関しては、臨時教育調査委員会（一九二一年開催）の審議を経て、一九二二年（大正一一）二月六日、勅令第一九号「朝鮮教育令」が公布された（同年四月一日施行）。いわゆる第二次朝鮮教育令である。その主な特徴は、法令上日本人（内地人）と朝鮮人の区別を撤廃した点、および学校の種類・系統・修業年限を日本内地とほぼ同一にした点にある[112]。

この第二次朝鮮教育令制定と同時に、勅令第一五一号「朝鮮総督府諸学校官制」が制定され（同年三月三一日公布、四月一日施行）、水原農林専門学校は、水原高等農林学校に改められた[113]（図19）（学校長は勧業模範場長・農事試験

図19　水原高等農林学校配置図（『水原高等農林学校一覧』昭和４年版、1929年）

表10　水原高等農林学校の人事構成（1925年）

学校長	大工原銀太郎			
教授	八田吉平	中島友輔	助教授	飯村俊
	植木秀幹	松尾茂		中原永一
	高樹宇一	葛野浅太郎		山林暹
	市島吉太郎	立山軍蔵		井芹武
	鈴木外代一	小西英一		和田正三
	川口清利			斎藤孝蔵

（出典）『朝鮮総督府及所属官署職員録』大正14年版（朝鮮総督府、1925年）173～174頁。

図21　化学実験（『記念絵葉書』水原高等農林学校）

図20　害虫駆除実習（『記念絵葉書』水原高等農林学校）

図23　寄宿舎（『記念絵葉書』水原高等農林学校）

図22　標本室（『記念絵葉書』水原高等農林学校）

場長が兼任、表10参照)。

水原高等農林学校は、修業年限を三年とし、従来の単科制に代わって農学科と林学科の二学科が設けられた(114)。入学資格は、修業年限五年の中学校(主に日本人就学)または高等普通学校(主に朝鮮人就学)の卒業者と定められ、日本内地の高等農林学校と同水準に引き上げられた。なお、引き続き日本人・朝鮮人共学である(115)。

教科目は、例えば農学科の場合、「修身」「国語(日本語)」「英語」「物理学及気象学」「化学」「動物学及昆虫学」「植物学及植物病理学」「地質学及土壌学」「肥料学」「農具論」「農業工学」「作物学及育種学」「園芸学」「養蚕学」「畜産学」「実験遺伝学」「農産製造学」「法学通論」「経済学」「農業経済学」「農政学」「体操」、選択科目(一科目以上を学修)として「細菌学」「生理化学」「家畜飼養学」「獣医学大意」「林学大意」「植民学」「教育学」「行政学大意」「独乙語(ドイツ語)」、そして実験および実習があった。主に日本人を指す「国語を常用する者」には、「国語」に代えて「朝鮮語」を課すことになっていた(116)(図20〜23)。

やがて一九二六年度より「更新計画」が開始されると、土地改良事業の本格化に合わせて土地改良関係の技術員の養成が急務となり、二六年二月、農学科の選択科目に「土地改良学」「数学」が追加された。そして、これらの科目を選修した者は、農林省耕地整理第二種講習修了者と同等の待遇を受け、総督府土地改良部技術員に選考され得ることになった(117)。また、「更新計画」と連動した実業補習学校の拡充方針を受け、二七年(昭和二)六月に実業補習学校教員養成所、二九年四月に実業補習学校が附置された(118)。

◆農業学校

次に、一九二〇年代における農業学校について見ておこう(表11)。

農業学校に関しても、第二次朝鮮教育令制定に合わせて、「実業学校規程」が制定された(一九二二年二月一五日公布、四月一日施行(119))。第二次教育令下の農業学校は、朝鮮独自の法令である「実業学校規程」によって規定さ

表11　農業学校一覧（1926年）

京畿道	京城公立農業学校	（高陽郡）	5年
忠清北道	忠清北道公立農業学校	（清州郡）	5年
忠清南道	忠清南道公立農業学校	（礼山郡）	5年
全羅北道	全州公立農業学校	（全州郡）	3年
	井邑公立農業学校	（井邑郡）	3年
	裡里公立農林学校	（益山郡）	5年
全羅南道	光州公立農業学校	（光州郡）	5年
	済州公立農業学校	（済州島）	3年
慶尚北道	大邱公立農業学校	（達城郡）	5年
	尚州公立農蚕学校	（尚州郡）	3年
慶尚南道	晋州公立農業学校	（晋州郡）	5年
	密陽公立農蚕学校	（密陽郡）	3年
黄海道	沙里院公立農業学校	（鳳山郡）	5年
平安南道	平壌公立農業学校	（大同郡）	3年
	安州公立農業学校	（安州郡）	3年
平安北道	義州公立農業学校	（義州郡）	3年
	寧辺公立農業学校	（寧辺郡）	3年
江原道	春川公立農業学校	（春川郡）	3年
咸鏡南道	咸興公立農業学校	（咸興郡）	5年
	北青公立農業学校	（北青郡）	3年
咸鏡北道	鏡城公立農業学校	（鏡城郡）	3年
	吉州公立農業学校	（吉州郡）	2年

（出典）『朝鮮諸学校一覧』大正15年版（朝鮮総督府学務局、1927年）329～332頁。

れるとともに、そこに規定がない部分については、日本内地の「農業学校規程」（一九二一年一月一五日改正公布、同年四月一日施行）に依拠することになった(120)。

入学資格と修業年限については、農業学校規程などを基準とすれば、尋常小学校卒業者あるいは修業年限六年の普通学校卒業者を入学資格とする場合は三年ないし五年、高等小学校卒業者あるいは普通学校高等科第一学年修了者・卒業者を入学資格とする場合は二年ないし三年となる。実際の朝鮮の農業学校では、前者の入学資格を基本として、修業年限を三年もしくは五年とする事例が大部分であった(121)。

教科目は、農業学校規程第八条に、「修身」「国語（日本語）」「数学」「物理及化学」「博物」「法制及経済」「体操」ならびに農業に関する学科目、実習と定められ、修業年限や土地の情況等により「地理」「歴史」「簿記」「図画」「手工」「外国語」その他の学科目を加設することができるとある(122)。農業に関する学科目の内容については、「作物」「園芸」「肥料」「作物病虫害」「畜産」「家畜生理」「農産製造」「養蚕」「養蚕生理」「蚕病」「製糸」「農業経済」「造林」「森林保護」「森林利用」「森林数学」「森林経理」「農林工学」「獣医」「水産」その他必要な事項から選択して定めると

されている。(123)

朝鮮の農業学校での教科目の実態については、資料が残されておらず不明であるが、これらの規定を基本として教科目の編成が行われていたと考えられる。なお、朝鮮では、独自の教科目として「朝鮮語」を加設科目や随意科目とすることができた。(124)

農業学校は、二〇年代を通じて若干ではあるが増設された。一九二二年度には官立一校、公立一九校の計二〇校であったが、二六年度には公立二二校に、二九年度には公立二四校となった。(125)

小括

以上、本章の内容のうち、朝鮮農会令の制定についてまとめると次のようになる。

朝鮮農会令は、道知事からの意見を発端に一九一九年から立案審議が開始された。その後、一九二一年九月の産業調査委員会でも農会令の制定が提言されるに至ったが、その一方でこの頃には、朝鮮の民間側でも農会令の必要性が一定程度認識されるようになっていた。しかしながら、農会令の立案審議はこれ以降難航を極めることとなった。その原因は何よりも「第一期計画」の不調にあり、ついに一九二四年には農会令公布は一旦棚上げ状態となってしまう。最終的にこの閉塞状態を打破する契機となったのは、下岡忠治政務総監の就任であった。下岡を中心に「更新計画」の立案が進むなかで、朝鮮農会令は一気に制定へと向かったのである。

朝鮮農会令は「更新計画」を支援すべく一九二六年一月に制定されたが、このことは同時に農村現場に農事改良を支える系統的組織がようやく完成したことを意味していた。朝鮮農会は農会令によって日本内地同様、強制加入・強制徴収の権限を与えられたが、その一方で行政官庁からの統制を非常に強く受けることになり、地方の道・郡島農会は、農事専門の準行政機関の態を成すことになった。

朝鮮農会は、主な事業として、各種勧農事業の実施、小作問題への対応、共同販売事業の継続的実施などを行った。なかでも「更新計画」の下、農会を通じて農事改良低利資金の貸付が行われたことで、朝鮮における購入肥料（金肥）の本格的な導入に道を開いた。ただし、植民地朝鮮の系統農会は、郡島レベルまでの設置にとどまっており、日本内地の町村に該当する面レベルまでは組織化が及ばなかった。この点で、朝鮮農会は、日本の帝国農会と比較して力量の面で劣っていたといわざるを得ないのである。

二〇年代には農会以外の勧農機関でも大きな動きがあった。勧業模範場の農事試験場への改称と水原高等農林学校の設置である。特に、農事試験場への改称は、系統農会成立と合わせた朝鮮の体系的勧農機構の確立を意味すると同時に、併合前後期以来の勧農政策の終了を告げるものであった。

二〇年代は「産米増殖計画」の下で、土地改良と同時に「優良品種」や購入肥料が普及し、いわゆる明治農法が朝鮮で次第に拡大しつつあった時期といえる。しかし、その一方で、併合以来一〇年以上の歳月が経過する中で、農業技術者たちが朝鮮独自の気候・風土に本格的に向き合いはじめた時期でもあったのである。

（1）　河合和男『朝鮮における産米増殖計画』（未来社、一九八六年）。

（2）　こうした評価を生んだ原因の一つは、計画中における事業資金の違いにあると考えられる。「更新計画」では土地改良事業資金が三億〇三二五万円であったのに対し、農事改良事業資金は四〇〇〇万円に過ぎなかった。しかし、ここで注意しなければならないことは、この二つの事業資金の運用方法が全く異なっていたということである。この点を従来の研究は見落としている。土地改良事業資金は灌漑施設の整備など大規模工事を対象としていたために、まず数年にわたり大量の資金を投入し工事完成後その資金を償還するという形で運用されていた。これに対して、農事改良事業資金は肥料資金が大部分であったために、基本的に一年単位で資金の貸付と返還を行い、資金を循環させて運用していたのである。そのため投入される資金自体は四〇〇〇万円に過ぎなかったが、のべ貸付予定額で見るとその額は二億六二二四万五〇〇〇円に達しており、実質的には土地改良事業資金に迫る資金額であったということができる（鮮米協会編『朝鮮米の進展』鮮米協会、一九三五年、三六頁）。

（3）例えば、池田秀雄殖産局長は、「土地改良事業其ものは畢竟産米増殖上基礎的の事業でありまして、直接産米増殖をなすは実は農事改良であるのであります」と述べている（『京城日報』一九二六年一二月二三日付）。

（4）朝鮮農会に関する先行研究としては以下のようなものがある。戦前の研究としては、文定昌『朝鮮農村団体史』（日本評論社、一九四二年）。戦後、韓国語で『韓國農村團體史』（一潮閣、一九六一年）として出版されるが、ここでは戦時下と解放後の部分が追加されている。戦後の韓国における研究としては、김용달『일제의 농업정책과 조선농회（日帝の農業政策と朝鮮農会）』（혜안、二〇〇三年）が代表的な研究である。ただし、朝鮮農会に関して中央・道レベルを含めた詳細な整理・検討が行われている一方で、朝鮮農会を体系的な勧農機構の中に位置づける視野に欠けている。その他には、奇七能「日帝下 農會에 관한 史的 研究」（ソウル大学校大学院農業経済学科碩士論文、一九八三年）、鄭然泰「1910 년대 일제의 農業政策과 植民地地主制――이른바「米作改良政策」을 중심으로――」（『韓国史論』二〇、一九九八年）などがある。日本で朝鮮農会に関して研究したものは、筆者の既出論文以外では皆無である。一部触れたものとしては、堀和生「日本帝国主義の朝鮮における農業政策――一九二〇年代植民地地主制の形成」（『日本史研究』一七一号、一九七六年）、大和和明「一九二〇年代前半期の朝鮮農民運動――全羅南道順天郡の事例を中心に」（『歴史学研究』五〇二号、一九八二年）がある。ちなみに、日本の帝国農会に関する近年の研究成果としては、松田忍『系統農会と近代日本――一九〇〇～一九四三年』（勁草書房、二〇一二年）がある。

（5）本田幸介「朝鮮を去るに臨んで」（『朝鮮農会報』一四巻一一号、一九一九年一一月）九頁。

（6）「西村殖産局長訓示要旨」（『大正九年五月　農業技術官会同ニ於ケル訓示指示及演述』朝鮮総督府、一九二〇年五月）一一～一三頁。

（7）『大正八年十月　道知事提出意見』（朝鮮総督府、一九一九年一〇月）。

（8）『大正九年九月　道知事提出意見』（朝鮮総督府、一九二〇年九月）。

（9）「慶尚南道」（前掲『大正八年　道知事提出意見』）八二～八三頁および「慶尚南道」（前掲『大正九年　道知事提出意見』）慶尚南道の部、四～五頁など参照。

(10)「慶尚北道」(前掲『大正八年　道知事提出意見』)七七～七八頁および「慶尚北道」(前掲『大正九年　道知事提出意見』)慶尚北道の部、五頁など参照。
(11)「慶尚南道」(前掲『大正八年　道知事提出意見』)八二～八三頁および「黄海道」(前掲『大正九年　道知事提出意見』)黄海道の部、八頁など参照。
(12)小早川九郎『朝鮮農業発達史　政策篇』(朝鮮農会、一九四四年)四九〇～四九一頁および文定昌前掲『朝鮮農村団体史』、八〇～八一頁。
(13)『朝鮮総督府施政年報』昭和二年版(朝鮮総督府、一九二九年)二〇七頁。ちなみに委員の氏名のみあげると以下の通り。原静雄、西村保吉、時実秋穂、和田一郎、河内山楽三、竹内友治郎、弓削幸太郎、柴田善三郎(以上、総督府官吏)、小野義一、松村真一郎、四條隆英、元田敏夫、加茂正雄、高岡熊雄、上野英三郎、松波秀実、岸上鎌吉、井上角五郎、富田儀作、和田豊治、団琢磨、山岡順太郎、松田貞治郎、松本健次郎、佐々木勇之助、木村久寿彌太、志村源太郎、鈴木馬左也、石塚英蔵、原田金之祐、賀田直治、香椎源太郎、久保要蔵、釘本藤次郎、松山常次郎、藤井寛太郎、有賀光豊、美濃部俊吉、朴永根、趙泰鎮、趙炳烈、李完用、李基升、韓相龍、宋秉畯、玄基奉、鄭在学、崔熙淳。なお、役職名に関しては『大正十年九月　産業調査委員会会議録』(朝鮮総督府、一九二一年九月)一七～二〇頁を参照されたい。
(14)前掲『施政年報』昭和二年版、二〇八頁。
(15)前掲『産業調査委員会会議録』四二頁。
(16)同右、四五～四六頁。
(17)『東亜日報』一九二一年四月二六日付、七月二八日付、八月二三日付。
(18)『京城日報』一九二一年九月一四～二一・二三・二五日付、『東亜日報』一九二一年九月一三～一四・二一日付および前掲『産業調査委員会会議録』一四～一五頁。
(19)『京城日報』一九二一年九月二〇日付。
(20)『京城日報』一九二一年九月二一日付。
(21)『京城日報』一九二一年九月二二・二五日付。

(22) 河合和男前掲書、一〇五頁。
(23) 同右、一〇六～一一〇頁。
(24) 『朝鮮の農業』昭和二年版（朝鮮総督府殖産局、一九二九年）一六～一八頁および『京城日報』一九二四年二月七・一〇日付。
(25) 総督府内部では朝鮮農会令制定のほかに、「（一）既存任意郡島農会を中心とし、各種農業団体を之に統一すべしとするもの。（二）既存多数団体中その基礎鞏固なるもののみを存置し、然らざるものを解散すべしとするもの。（三）既存産業団体の一切を解体して、従来各種団体の行ひ来つた事業は、その一部を道地方費に移し、一部を邑面に移属せしむべしとするもの」といった意見が出された（文定昌前掲『朝鮮農村団体史』八一頁）。
(26) 『京城日報』一九二二年一一月三〇日付および『東亜日報』一九二二年一〇月八日付。
(27) 『京城日報』一九二三年四月二三日付、一九二四年一月二九日付および『東亜日報』一九二三年五月一四日付、七月一三日付、一一月二六日付。
(28) 『京城日報』一九二四年二月三日付。
(29) 『京城日報』一九二三年九月二〇日付。
(30) 『京城日報』一九二四年二月八日付。関連記事としては『東亜日報』一九二四年六月一一日付、七月一九日付など。
(31) 文定昌前掲『朝鮮農村団体史』六八～六九頁。
(32) 同右、七〇～七一頁。
(33) 『朝鮮農会の沿革と事業』（朝鮮農会、一九三五年）一四～一五頁。
(34) 『京城日報』一九二四年一一月五日付、堀和生「朝鮮における植民地財政の展開――一九一〇～三〇年代初頭にかけて」（『朝鮮史叢』五・六合併号、一九八二年）二二二頁参照。
(35) 前掲『朝鮮の農業』昭和二年版、一六～一八頁。
(36) 『京城日報』一九二四年一二月五～六・二二～二四日付。
(37) 河合和男前掲書、八六～八七頁。
(38) 『京城日報』一九二五年一一月二一～二二・二六・二九日付。

(39) 貝沼彌蔵「朝鮮農業の回顧」(『朝鮮農会報』一一巻八号、一九三七年八月)四一頁。
(40) 小倉倉一「農政及び農会――明治後期・大正初期」(『日本農業発達史』五巻、中央公論社、一九五五年)。
(41) 『京城日報』一九二五年九月三日付。
(42) 「朝鮮農会令制令案」(『公文類聚』四九編巻三〇、大正一四年、国立公文書館所蔵)。
(43) 「朝鮮農会令」(『朝鮮総督府官報』四〇二七号、一九二六年一月二五日付)一九一～一九二頁。
(44) 『京城日報』一九二六年三月四・一七日付。
(45) 『京城日報』一九二六年三月五日付。
(46) 『京城日報』一九二六年三月一七日付。
(47) 「道知事会議ニ於ケル政務総監訓示要旨」(『朝鮮総督府官報』四一六一号、一九二六年年七月三日付)三〇頁。
(48) 文定昌前掲『朝鮮農村団体史』八五頁。
(49) 「農会令に依る朝鮮農会の創立」(『朝鮮農会報』二一巻三号、一九二七年三月)五四～五五頁および文定昌前掲『朝鮮農村団体史』八五頁。
(50) 文定昌前掲『朝鮮農村団体史』四一七・四七七頁。
(51) その過程で総督府内部において最も問題となったのは、金融組合と産業組合の事業調整問題であった。詳しくは文定昌前掲書、三五五～三五六頁を参照されたい。
(52) 農会法も含めた朝鮮農会令関連の条文は、『朝鮮農会報』二一巻二号(一九二六年二月)附録一～三七頁や『朝鮮農務提要』(朝鮮農会、一九三三年)三一～四七頁などに掲載されている。
(53) 農会法第一二条。
(54) 農会令施行規則第二五条。
(55) 農会令第六条・第七条。
(56) 農会令施行規則第一二条・第一三条。
(57) 農会令第六条、農会令施行規則第一四～一七条。
(58) 農会令第六条。

(59) 農会令施行規則第一八条。
(60) 農会令第八条。
(61) 農会法第二八条、農会令第八条、農会令施行規則第三五条。
(62) 金漢奎「議論する前に克く働け」(『朝鮮農会報』二一巻三号、一九二六年三月)三二頁および小早川九郎前掲書、四九三～四九五頁。
(63) 農会法第一四条・第一九条・第二七条。
(64) 『昭和二年七月　農会ニ関スル調査』(農林省農務局、一九二七年七月)一〇～一八頁参照。
(65) 玉真之介『主産地形成と農業団体――戦間期日本農業と系統農会』(農山漁村文化協会、一九九六年)一〇〇頁。
(66) 農会令第一一条、農会法第三四条。
(67) 小早川九郎前掲書、四九三～四九五頁。
(68) 例えば、『東亜日報』社説は朝鮮農会について、「朝鮮の両法令(農会令と産業組合令―筆者註)の政策から見て社会的性質(自治的要素を含む―筆者註)となり得る部分は完全に除外されてしまった。……官治万能のかれらの常用習癖がその治令の全幅に現れたので、この両法令に依ってできる機関は置くに値しない準行政機関あるいは行政官庁の別働隊とならざるを得なくなった」と評している(玉洞人「農会令の正体」『東亜日報』一九二六年二月一三日付)。
(69) 足立丈次郎「終刊の辞」(『朝鮮農会報』二二巻三号、一九二七年三月)巻頭四頁。
(70) 『昭和二年度　郡農会事業費予算』(京畿道農会、発行年不明、学習院大学友邦文庫所蔵)参照。
(71) 農事改良低利資金は、肥料の購入、農具の購入、産米改良組合設備、面の種穀用や農家の共用等に供する倉庫の建設ならびに設備、堆肥舎設備費および厩舎改造、耕牛の購入に対して貸付られたが、肥料資金に八割以上、その他の資金に二割以下の割合で割り当てられていたので、資金の大部分は肥料資金として貸付られることになった(朝鮮総督府殖産局「産米増殖計画に伴ふ農事改良低利資金に就て」『朝鮮農会報』二二巻一号、一九二七年一月、四五～四六頁)。
(72) 『京城日報』一九二四年八月一九日付。
(73) 『京城日報』一九二六年三月五日付。
(74) 『京城日報』一九二六年六月三〇日付。

(75) 前掲「産米増殖計画に伴ふ農事改良低利資金に就て」四八〜四九頁。
(76) 農会以外に金融組合も農事改良低利資金の貸付を行ったが、その額は全体の三・二割に過ぎなかった。また、金融組合は肥料の種類の選択、肥料・機具の使用法の指導、資金の貸付事務などについて農会と密接な関係を結ぶことになった（前掲『朝鮮米の進展』三八頁および「金融組合の農事改良に関する貸出低資」『朝鮮農会報』二一巻一〇号、一九二六年一〇月一七〜二〇頁参照）。
(77) 『京城日報』一九二六年四月一〇日付。
(78) 『京城日報』一九二三年三月四日付。
(79) 『京城日報』一九二四年五月六・八日付、六月一三日付。
(80) 『京城日報』一九二四年二月一七日付。
(81) 一九二六年の道知事会議では斎藤総督から小作争議の防止・調停について「殊に朝鮮に於ては未た小作官等の設置なきも、今回新に設立せられたる農会は地主小作者の団体にして、小作争議調停の如きも其の目的の一とするか故に、逐次農会の発達を促し之をして小作争議防止調停の任に当らしむる等措置宜しきを制せられむことを望む」との指示が出されている（『京城日報』一九二六年六月三〇日付）。
(82) 小早川九郎前掲書、四九四頁。
(83) 前掲『朝鮮農会の沿革と事業』一四〜六二頁。
(84) 同右、三二頁。
(85) 同右、三二〜三三頁。
(86) 「全鮮農業者大会に於ける決議」（『朝鮮農会報』八巻一号、一九三四年一月）八五〜八六頁。
(87) 任洪淳『朝鮮行政要覧』（朝陽出版社、一九二九年）五一七〜五一九頁。なお、郡守の経歴をもつ任洪淳は、面農会に関して、「面農会ガアレバ便利デアルベキハ疑ヒナイガ、此ノ便利ダッテ官ノ命令ヲ伝達スル便利ト経費徴収ノ便利トニ過ギナイ。……而カモ威信ヲ持タナイ機関ハ、農民ノ指導者タルヲ得ラレナイ。又農民ノ負担ガ斯クノ如キ施設ヲ許サレナイ。故ニ面農会ノ出現ハ、面タル団体ガ発達シ自治制ヲ施クヤウニナツタトキデアルヤウニ思フ」と述べている（同書、五一七頁）。

(88)　小早川九郎前掲書、四九四頁。
(89)　金景煥「農村の赤裸々」(『朝鮮農会報』四巻一〇号、一九三〇年一〇月)三〇～三一頁。
(90)　小倉倉一前掲「農政及び農会」および武田勉前掲「〔解題〕全国農事会略史」(『中央農事報』一二巻索引、日本経済評論社、一九七九年)、安藤哲「明治二〇年代初頭期設立農会の分析——神奈川県橘樹郡における農会の設立事情」(『農業経済研究』五二巻一号、一九八〇年)など参照。
(91)　石原磯次郎「農村の自力更生と産業組合」(『朝鮮農会報』七巻一号、一九三三年一月)五一頁。
(92)　「米穀貯蔵共進会状況」(『朝鮮農会報』二巻一一号、一九二八年一一月)六五～八二頁および小早川九郎前掲書、四六三～四六四頁。
(93)　『朝鮮総督府施政年報』昭和五年版(朝鮮総督府、一九三三年)二〇四～二〇五頁および小早川九郎前掲書、四六四～四六八頁。
(94)　「朝鮮農業倉庫業令に就て」(『朝鮮農会報』五巻八号、一九三一年八月)一一～一四頁および文定昌前掲『朝鮮農村団体史』九六・一二〇～一二一頁。
(95)　文定昌前掲『朝鮮農村団体史』四八五頁および前掲『昭和二年度　郡農会事業費予算』参照。なお、文定昌前掲書によると農会技術員数は一九三八年が四三三四人、一九四一年が九八二二人であった。
(96)　帝国農会史稿編纂会編『帝国農会史稿　記述編』(農民教育協会、一九七二年)七五八頁。なお、ここでの技術員数には専任・兼任の両方が含まれている。
(97)　以上のような朝鮮農会の力量不足を補うために、一九一〇年代ほどではないにせよ、二〇年代に入っても警察力が日常的に利用されることになったと推察される(小早川前掲書、二二二～二二三頁)。
(98)　『朝鮮総督府農事試験場二拾五周年記念誌』上巻(朝鮮総督府農事試験場、一九三一年)八～九頁。
(99)　大工原銀太郎は、一八六八年(明治元)、長野県上伊那郡南向村に生まれる。九四年(明治二七)に東京帝国大学農科大学農芸化学科を卒業。翌年、農事試験場技師となり、畿内支場に勤務するが、これがその後酸性土壌の研究で業績を上げる契機となった。一九一一～一三年には肥料に関する学術研究のため英独仏墺米の五ヶ国に留学を命じられる。一九二一年(大正一〇)には九州帝国大学教授を兼任した。勧業模範場長退任後は、九州帝国大学総長(一九二六年)

や同志社大学総長（一九二九年）を歴任、一九三四年（昭和九）死去（熊沢喜久雄「大工原銀太郎博士と酸性土壌の研究」『肥料化学』五号、一九八二年、一〇～一四頁）。

(100) 前掲『農事試験場二拾五周年記念誌』上巻、九頁。

(101) 加藤茂苞は、一八六八年（明治元）、山形県鶴岡市に生まれる。九一年（明治二四）、東京帝国大学農科大学農学科卒業。教員を経て九六年に農事試験場技師となり、陸羽支場に勤務する。その後、東奥支場や畿内支場でも勤務。一九二一年（大正一〇）、九州帝国大学教授となり、農学第二講座を担当する。ここで日本イネと外国イネとの類縁関係の研究に着手する。朝鮮総督府農事試験場長退任後は、三二年（昭和七）、東京農業大学教授となる。一九四九年に死去（日本農業年鑑刊行会編『年表農業百年』家の光協会、一九六七年、一〇〇頁および「農学博士加藤茂苞農学博士安藤広太郎両氏の略歴及び業績」『農業発達史調査会資料』二三号、一九五〇年、三～六頁参照）。

(102) 『朝鮮の農業』大正一〇年版（朝鮮総督府殖産局、一九二三年）九八～一〇〇頁。なお、一九二〇年代に入っても、模範作業の一環として、模範場所有地（小作地三〇町歩）の朝鮮人小作人に対する模範指導は継続されていた。

(103) 総督府発行の『朝鮮の農業』でも、「朝鮮農業の根源たる気候、風土、農業組織等大体内地に類似すとは言へ、仔細に観察するときは多少の径庭あるのみならず。当業者の智識、経験、生活状態其の他経済的及社会的事情等少からざる相違あるを以て、内地に於ける農法も相当取捨更改を行ふに非ざれば、一として之を朝鮮に移す能はざるの状態に在る」とかなり率直な表現で現状認識が述べられている（前掲『朝鮮の農業』大正一〇年版、一〇一頁）。

(104) 前掲『朝鮮の農業』大正一〇年版、一〇一～一〇二頁および『同』昭和五年版（朝鮮総督府殖産局、一九三二年）一五一～一五五頁。なお、一九二七年（昭和二）九月の朝鮮肥料取締令制定により、土壌・肥料の分析に関する業務が追加された（『同』昭和二年版、朝鮮総督府殖産局、一九二九年、一四一頁）。

(105) 前掲『農事試験場二拾五周年記念誌』上巻、八～九頁。

(106) 「朝鮮総督府農事試験場官制」（『朝鮮総督府官報』八二〇号、一九二九年九月二四日付）および「勧業模範場を農事試験場と改称」（『朝鮮農会報』三巻一一号、一九二九年一一月）八八～八九頁。

(107) 『朝鮮の農業』昭和六年版（朝鮮総督府殖産局、一九三三年）一五八～一五九頁。なお、改称による業務の変化について、「従来農家の実情に鑑み、内地に於ける農法、実験成績を取捨更改し之を応用指導するを朝鮮農業開発上捷径たるを思ひ、当面応用的のものを主としたるが、現今に於ては従来の事業に加ふるに、朝鮮の特殊事情に即する基礎的試験研究と之が応用とに力を致すこととなれり」とある（同書、一五九頁）。

（108）『旧朝鮮における日本の農業試験研究の成果』（農林統計協会、一九七六年）一九一～一九二頁。

（109）前掲『農事試験場二拾五周年記念誌』上巻、一一頁および小早川九郎前掲書、四四八・四八六頁。なお、蚕業試験所と女子蚕業講習所は、農事試験場本場に組み込まれた。

（110）前掲『農事試験場二拾五周年記念誌』上巻、一二頁および小早川九郎前掲書、四八六・六二一頁。

（111）前掲『朝鮮の農業』昭和六年版、一六二～一六三頁および小早川九郎前掲書、六二一～六二二頁。

（112）大野謙一『朝鮮教育問題管見』（朝鮮教育会、一九三六年）一一一～一三六頁。

（113）朝鮮総督府諸学校官制第一条。なお、条文は、「朝鮮総督府諸学校官制」（『朝鮮総督府官報』号外、一九二二年四月一日付）一～三頁参照。

（114）水原高等農林学校規程第一条・第二条。なお、条文は、「水原高等農林学校規程」（『朝鮮総督府官報』号外、一九二二年四月一日付）一〇～一二頁参照。

（115）水原高等農林学校学則第六条。その他の入学資格者として、農業学校卒業者と専門学校入学者検定規程に依る検定に合格したる者が規定されている。なお、条文は、『創立二五周年　朝鮮総督府水原高等農林学校一覧』（朝鮮総督府水原高等農林学校、一九三一年）附録三九～四七頁参照。

（116）水原高等農林学校規程第三条。

（117）前掲『水原高等農林学校一覧』二二頁および前掲『明治以降教育制度発達史』一〇巻、八七六頁。

（118）前掲『水原高等農林学校一覧』二三・二五～二六頁および前掲『明治以降教育制度発達史』一〇巻、一一二四～一一二五・一一三〇～一一三一頁。

（119）実業学校規程の条文は、前掲『明治以降教育制度発達史』一〇巻、一〇〇一～一〇〇七頁参照。

（120）農業学校規程の条文は、『明治以降教育制度発達史』七巻（龍吟社、一九三九年）八〇九～八一三頁参照。

（121）農業学校規程第一条、（第二次）朝鮮教育令第一〇条および高橋濱吉『朝鮮教育史考』（帝国地方行政学会朝鮮本部、一九二七年）四八三～四八六頁。

(122) 農業学校規程第八条。

(123) 農業学校規程第九条。

(124) 実業学校規程第一三条。

(125) 『朝鮮諸学校一覧』大正一一年版（朝鮮総督府学務局、一九二三年）三〜四頁、『同』大正一五年版（同、一九二七年）三〜四頁、『同』昭和四年版（同、一九三〇年）三〜四頁。なお、官立の一校は、一九二二年（大正一一）四月設置の官立裡里農林学校（全羅北道・裡里）である。行政整理の結果、二五年四月に道地方費による裡里公立農林学校に移管された。

第五章　「産米増殖計画」と農業教育の再構築

一九一〇年代の朝鮮の普通学校では、朝鮮総督府の実業教育重視方針を受けて、初等普通教育機関でありながら農業教育が積極的に実施された。普通学校では、農業科（「農業初歩」）が国語科とならぶ中核的教科目と位置づけられ、教室内での学習だけでなく、学校園・実習地・学校林での農業実習が精力的に行われた。さらに、こうした教育活動は、学校の枠を越えて周辺地域社会にも拡大されることになった。普通学校は、農業実習の生産物を配布するなどして農事改良を牽引する勧農機関の役割も果たすことになったのである。また、就学児童の年齢の高さを背景にして、多くの青年層を含んだ朝鮮人児童に近代農学（学理農法）の知識と技能を習得させることを通じて、朝鮮人の中から植民地農政の「担い手」を育成することに着手したのであった。

ところが、一九二〇年代に入って普通学校の農業教育は、大きな変化を見せることになる。その決定的な契機となったのは、一九一九年（大正八年）三月の三・一独立運動の勃発であった。植民地統治に向けられた朝鮮人の激烈な反発と抵抗に直面した朝鮮総督府は、統治体制全般の見直しを図らざるを得なくなったのである。

三・一独立運動の動揺が色濃く残る同年八月に、新たに朝鮮総督に斎藤実、政務総監に水野錬太郎が就任すると、「文化政治」が提唱され、植民地統治のあらゆる分野で制度・政策の見直しおよび再構築が推進された。このうち教育政策では、第二次朝鮮教育令の制定（一九二二年）、農業政策では「産米増殖計画」の樹立（一九二〇年）が最も代表的なものであった。そのなかで、普通学校に関していえば、「三面一校計画」による学校増設や修業年限の四年から六年への延長などを通じて初等普通教育の拡充が図られた。しかし、その反面、一〇年代に見られた農業科などの実業教育は衰退し、その復活は二〇年代終わりまで待たねばならなかった、というのが従来からの通説的な見方である。

　ちなみに、この通説の根拠となっている資料の一つが、大野謙一『朝鮮教育問題管見』（一九三六年）にある以下の記述である。

> 然るに大正八年の制度大改正は、教育に於ても原則として総て内地準拠主義を採用し、普通学校の修業年限を延長して六年と為し、入学年齢も小学校同様六年に低下したのである。これ固より時勢の進運に順応せんとする当然の措置と見るべきであらうが、之が為めに教育行政の当務者或は教育の第一線に在る者をして、従来の実科的訓練に重きを置ける実用的教育が、斎藤総督施政のモットーたる所謂文化政治の趣意に反するものと為すが如き誤解を一部の間に生ぜしめ、当時内外を風靡した誤れる自由思想と彼此呼応して、農業は商業・漢文と共に単なる随意科目又は選択科目の一として取扱はれ、不知不識都鄙《とひ》画一の弊を馴致し、十年労苦の結晶たる実習圃場も多くは数年を出でずしてつひに荒廃のまゝに委せられんとする情形を呈するに至つたのである。〔中略〕山梨総督は此に顧みるところあり、昭和四年六月小学校規程及び普通学校規程に大改正を加へ、漫《みだ》りに読書教育の弊に陥り只管《ひたすら》俸禄に衣食せんとするが如き誤つた志向を矯正して、各児童をして職業に対し堅実なる思念を得せしめ、勤労を好愛し興業治産の志操を鞏固《きょうこ》ならしめ、自営進取の気象を養はしむべく、新に職業科を設けて之を必須科目と為し、寺内総督時代に於ける実科訓練主義の復活を図つたのである。[1]

すなわち、ここで大野謙一は、普通学校での実業教育、特に農業教育に関して、斎藤実総督下での第二次朝鮮教育令制定を境に衰退・荒廃の憂き目にあったが、山梨半造総督下の一九二九年〔昭和四〕六月に普通学校規程等の改正が行われ、職業科が新設、必須科目化されたことで復活を遂げた、と解説しているのである。

確かに農村振興運動が展開されていた一九三〇年代半ばの時点から振り返った場合、大野の記述が決して誤りであるというわけではない。しかし、この記述を根拠として二九年まで普通学校での農業教育が停止していたと解釈するのは、いささか早計であるといわざるを得ない。むしろ、「産米増殖計画」を筆頭にさまざまな農業政策が強力に推進される中で、二〇年代は、一〇年代以上に朝鮮人に対する農業教育がより一層必要とされる状況であったと見るべきではないだろうか。

そこで、本章では、まず前半で、三・一独立運動後、第二次朝鮮教育令によって普通学校の農業科が法令上どのように位置づけられることになったのかを整理し、その上で学校増設、就学年齢低下という新しい状況の下で、農業科を中心とする農業教育がどのように実施されていたのかを具体的に検討する。次に、後半では、下岡忠治《しもおかちゅうじ》政務総監の下、「産米増殖計画」の更新が現実化する中で、農業教育の重要性が再認識され、従来の普通学校に実業補習学校を加えた新たな枠組みで、農業教育が再構築されていく過程を解明する。

なお、この課題を扱った先行研究は日韓両国ともに見られない。関連する研究としては、李正連(2)と井上薫(3)などの研究が挙げられる。

第一節　三・一独立運動の衝撃

◆三・一独立運動

一九一九年〔大正八〕三月に勃発した三・一独立運動は、朝鮮近代史上最大の民族独立運動であった。原因の一つは、併合以来の武断政治に対し、朝鮮人の多数が不満をつのらせていたことであった。もう一つは、アメリカ大統領ウィルソンによる民族自決主義の提唱に触発され、朝鮮の知識人や学生の間で独立への期待が高揚したことであった。

当初は、三月三日の高宗の葬儀で全国から多くの人々が集まる機会を利用して、一日に京城（現在のソウル）のパゴダ公園で独立宣言書を朗読する方針であった。ところが、一日になると、民族代表は市内の料理店に集まって独立宣言書を朗読したあと自首してしまう。そこで、パゴダ公園で学生代表が独立宣言書を朗読すると、集まった数千の民衆は「独立万歳」を叫んだのち、公園を出て示威行進をしたのである。

示威運動は、一日のうちに各地に波及して、都市部から農村部へと拡大した。三月中旬に運動は全国に拡散し、三月下旬～四月上旬に最高潮に達した。これに対して総督府は、憲兵、警察、軍隊を出動させ、四月には日本からの兵力も加えて、各地で徹底した武力弾圧を行った。数字の正確さは不明であるが、朴殷植『韓国独立運動之血史』によれば、朝鮮人の犠牲者は、死者七五〇九名、負傷者一万五八五〇名、逮捕者四万六三〇六名にのぼったといわれている(4)。

◆教育現場の衝撃

三・一独立運動は、日本政府や朝鮮総督府を激しく動揺させ、統治体制の変更を余儀なくさせた。しかし、それ以上に教育現場の最前線で、日々活動に従事していた日本人教員が受けた衝撃と絶望感は極めて深刻なものであった。

例えば、三・一独立運動の動揺がやや落ち着いた一九二〇年一〇月開催の道学務課長会議において、柴田善三郎学務局長は朝鮮教育界の現状を訓示の中で次のように述べている。

終りに臨み各位に向て尚一の希望する所あり。他ならず仄《ほのか》に聞く所によれば、近来朝鮮教育界は動《やや》もすれば萎靡沈滞、教員の意気著しく沮喪せるものありと云ふ。其の原因の果して何れにあるやを詳にせずと雖《いえど》も、果して事実なりとせば国家のため実に憂慮に堪へざるなり。想ふに昨春の騒擾以来、多くの学校は少なからざる悪影響を受け、多年の苦心一朝にして水泡に帰せるを見、失望落胆終《つい》に当年の意気を失ふに至りしものもあるべく、或は環境に制せられて日夕憂懼安んじて其職に尽す能はずために気力の銷磨《しょうま》するに至りしものもあるべく、其の他種種の事情によりて終に教育界の不振を招くに至りしものの如し。(5)

さらに、学校現場の日本人教員は、総督府の学務官僚以上により一層直接的なことばを残している。例えば、黄海道・黄州公立普通学校訓導の森崎實壽は、教育者としての自らの心情を次のように赤裸裸に吐露している。

「真にこれからだ、教育の効果があらはれるのは。」私はかう思ふ。教育の効果を短時日の間に望むのは無理な要求である。今までの教育は、これからの実を結ばせる為の準備期であつた。すべての教育者は充分の用意をして此の開花期に処せねばならない。

普通学校の教育、将《まさ》に蕾を結ばんとする時に嵐は来た。……児童の染みやすい思想の流れ、私はそれを思ふ時、戦慄を禁じ得ない。一日も油断は出来ない。私共は絶えず善良な思想に染むべく努力せねばならない。そこに私共は、信念による訓練の必要を感じる。強い人間味を以て、直ちに児童自身のか細い心臓の中に飛び込まねばならぬ必要を感じるのである。(6)

それでは、三・一独立運動直後、普通学校の農業科はいかなる状況に置かれていたのであろうか。残念ながらその詳細を伝える資料はほとんど発見することができなかった。代わりに、後年の回顧という形にはなるが、以下の資料から、忠清南道・洪城公立普通学校における当時の状況を感じとることができよう。

大正八年、彼の騒擾事件勃発後は一般に農業教育熱冷却し、大正九年に至りては或は実習地を減じ、或は小作に入れ、或は全く放棄する等、従来向上発展せる農業教育は俄に衰退し前日の俤《おもかげ》をも止めない状態に陥りました。此に於て私を庇護する友人知己は、当校の農業教育も時勢の推移に従ひ、実習を全廃するか又は実習地を減ずるでないならば、或は同盟休校の不祥事を惹起するやも計られないと忠告するものが二三人もありました。併し私は之に従ふに忍びないで遂に之を斥け、益々熱誠を籠めて従前の如く励行して今日に及んだのであります(7)。

この資料を見る限り、三・一独立運動直後の普通学校では、農業科を軸とした農業教育を行うことが一時非常に困難かつ危険な状態であったことが分かる。なかでも農業実習は、朝鮮人児童が近代農学を身につける手段として重要視されてきたが、肉体労働を強いることで朝鮮人の反発を招きやすいものとして認識されていたのである。このように三・一独立運動の残像にさいなまれる中で、普通学校での農業教育はしばし極度に萎縮した状態に置かれることになったのである。

第二節　第二次朝鮮教育令における普通学校農業科

三・一独立運動勃発を受けて、朝鮮総督府は、朝鮮人に対する従来の教育政策および教育制度の大幅な見直しに着手した。まず総督府がただちに実施したのが、朝鮮人に対する初等普通教育の普及・拡充を図るための普通学校の増設と修業年限の延長であった。

前者は、普通学校を朝鮮の最小行政単位である面三ヶ所につき一校の割合にまで増設する「三面一校計画」である。この計画は一九一九年度（大正八）から八ヶ年の計画で開始されたが、二〇年一月には四ヶ年に期間が短縮され、最終的には予定より早く計画目標を達成した(8)。

後者は、教育令全面改正までの暫定措置として、一九二〇年（大正九）一一月一〇日に朝鮮教育令の一部改正が行われ、普通学校の修業年限がこれまでの四年（土地の情況により三年）から六年（土地の情況により五年又は四

図１　臨時教育調査委員会（『アジア写真集６　写真帖朝鮮』大空社、2008年）

年）に延長されたことである(9)。ただし、この時点では普通学校の入学年齢は八年のままである。なお、同年一一月一二日には普通学校規則も一部改正され、必須科目（必設必修科目）として「理科」「体操」「図画」が追加され、六年制普通学校にはさらに「地理」「歴史」が加えられた(10)。

その一方で、朝鮮総督府は、朝鮮における教育制度の抜本的な改革を実現するために、一九二一年一月から臨時教育調査委員会（図１）および臨時教科書調査委員会を開催した。そして、同年五月二日から四日間にわたって開催された第二回臨時教育調査委員会では、最終的に決議事項として「朝鮮教育制度要項」が取りまとめられた。

この中で「朝鮮ノ教育制度ハ内地ノ制度ニ準拠ス」ることが基本方針とされ、朝鮮独自の規定については「特例」をもって対応することが明記された。具体的に普通学校に関してみると、日本内地の尋常小学校に準ずるとしながらも、「教科上ノ差異」として、第一に、「修業年限ハ六年トス。但シ土地ノ事情ニ依リ五年若ハ四年ニ短縮スルコトヲ得シム」、第二に、「教科目ニ朝鮮語ヲ加フ。且随意科目トシテ漢文実業ヲ加フルコトヲ得シム」という二点が提言されている(11)。

以上のような過程を経て、一九二二年（大正一一）二月六日、勅令第一九号「朝鮮教育令」が公布された（同年四月一日施行(12)）。これがいわゆる第二次朝鮮教育令である（図２）。また、新教育令制定に合わせて各学校ごとの規程も制定され、普通学校については、同年二月一五日、朝鮮総督府令第八号「普通学校規程」が公布された（同年四月一日施行(13)）。

改正前の教育令と比較した場合、第二次朝鮮教育令の主な特徴は次の二点である。一点目は、日本内地の教育

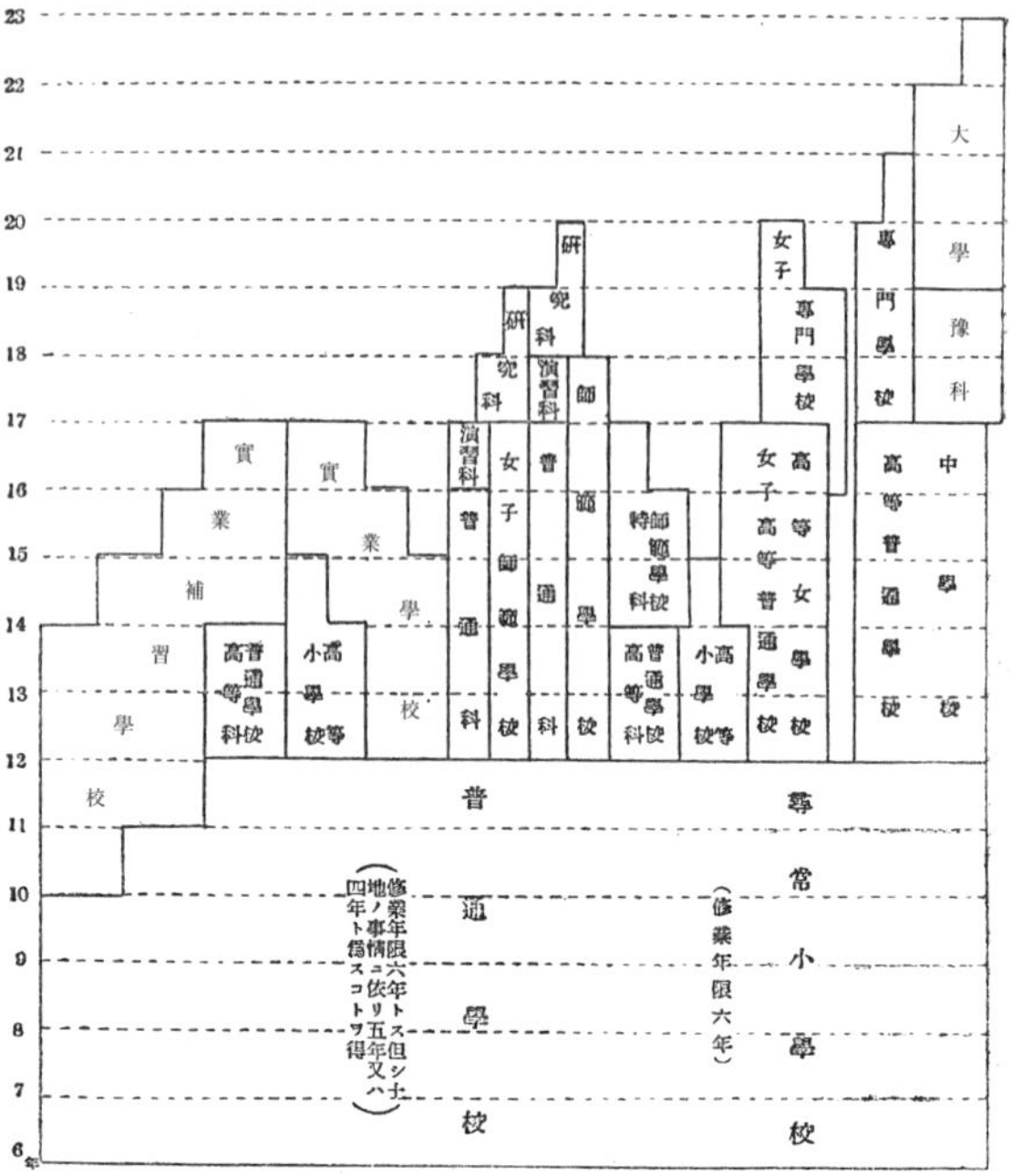

図２　第二次朝鮮教育令の学制（大野謙一『朝鮮教育問題管見』朝鮮教育会、1936年）

制度に準拠することを基本方針としたことで、各学校の修業年限・入学年齢などが日本内地の学校とほぼ揃えられたことである。これによって日本内地・朝鮮間の教育制度上の連絡が大幅に改善された。二点目は、法令上日本人（内地人）と朝鮮人の区別が撤廃され、それに代わって初等・中等教育機関で「国語（日本語）ヲ常用スル者」と「国語ヲ常用セサル者」という新たな区分が導入されたことである(14)。なお、それまで朝鮮人のみを対象としていた農業学校などの実業教育機関は、日本人・朝鮮人共学に改められた。

第二次朝鮮教育令下における普通学校は、朝鮮人が大部分を占める「国語ヲ常用セサル者」を対象とする初等普通教育機関と定義された(15)。その目的は、「児童ノ身体ノ発達ニ留意シテ之ニ徳育ヲ施シ生活ニ必須ナル普通ノ知識技能ヲ授ケ国民タルノ性格ヲ涵養シ国語ヲ習得セシムルコト」と規定された(16)。修業年限は六年（土地の情況により五年又は四年）とされ、入学年齢は二年引き下げられて年齢六年以上の者と定められた(17)。

普通学校の教科目は、必須科目（必設必修科目）として「修身」「国語」「朝鮮語」「算術」「日本歴史」「地理」「理科」「図画」「唱歌」が設けられ、女子には「裁縫」も加えられた。そのほかに土地の情況により「手工」を加え（加設必修科目）、随意科目もしくは選択科目として「農業」「商業」「漢文」の一科目もしくは数科目を加設することができた(18)。

ただし、「農業」「商業」「漢文」の加設は、六年制・五年制普通学校の第五・六学年に、一科目につき毎週二時間以内に制限されていた。そのため四年制普通学校では、必須科目の「日本歴史」「地理」とともに「農業」「商業」「漢文」は加設できないことになったのである。

ちなみに「農業」（農業科）の教科内容は、普通学校規程第二一条に次のように定められている。

第二十一条　農業ハ農業ニ関スル普通ノ知識ヲ得シメ、農業ノ趣味ヲ長シ勤勉利用ノ心ヲ養フヲ以テ要旨トス。

農業ハ土地ノ情況ニ依リ農事若ハ水産ヲ授ケ又ハ農事水産ヲ併セ授クヘシ。

農事ハ土壌、水利、肥料、農具、耕耘、栽培、養蚕、養畜等ニ就キ、土地ノ情況ニ適切ニシテ児童ノ理会シ易キ事項ヲ授ケ、水産ハ漁撈、養殖、製造等ニ就キ其ノ土地ニ適切ナルモノヲ授クヘシ。

農業ヲ授クルニハ特ニ地理、理科等ノ教授事項ト関連シ、時時其ノ土地実際ノ業務ニ就キテ教示シ其ノ知識ヲ確実ナラシメ、且成ルヘク実習ヲ課スヘシ。

このように第二次朝鮮教育令の下で、普通学校の農業科は、六年制・五年制普通学校で加設できる随意科目あるいは選択科目の一つとして規定されることになったのである。

また、表1は、六年制普通学校における毎週教授時数表であるが、一見して分かる通りここに農業科の項目は存在しない。同じ実業的教科目の一つである手工科は、各学年にわたって表示されているのと比べると非常に対照的な扱いである。

これらの点を総合すると、法令を見る限りでは、普通学校の各教科目の中で農業科の占める位置は、一九一〇

第4学年		第5学年		第6学年	
時数		時数		時数	
1	道徳ノ要旨	1	道徳ノ要旨	1	道徳ノ要旨
12	日常須知ノ文字及近易ナル普通文ノ読ミ方、書キ方、綴リ方、話シ方	9	日常須知ノ文字及近易ナル普通文ノ読ミ方、書キ方、綴リ方、話シ方	9	日常須知ノ文字及近易ナル普通文ノ読ミ方、書キ方、綴リ方、話シ方
3	日常須知ノ文字及近易ナル普通文ノ読ミ方、書キ方、綴リ方、話シ方	3	日常須知ノ文字及近易ナル普通文ノ読ミ方、書キ方、綴リ方、話シ方	3	日常須知ノ文字及近易ナル普通文ノ読ミ方、書キ方、綴リ方、話シ方
6	通常ノ加減乗除並小数ノ呼ヒ方、書キ方及簡易ナル加減乗除（珠算加減）	4	整数 小数 諸等数 （珠算加減）	4	分数 歩合算 （珠算加減乗除）
		2	日本歴史ノ大要	2	前学年ノ続キ
		2	日本地理ノ大要	2	前学年ノ続キ 満洲其ノ他外国地理ノ大要
2	植物、動物、鉱物及自然ノ現象、通常ノ物理化学上ノ現象	2	植物、動物、鉱物及自然ノ現象、通常ノ物理化学上ノ現象	2	植物、動物、鉱物及自然ノ現象、通常ノ物理化学上ノ現象、人身生理ノ初歩
1	簡単ナル形体	男2 女1	簡単ナル形体	男2 女1	簡単ナル形体
1	平易ナル単音唱歌	1	平易ナル単音唱歌	1	平易ナル単音唱歌
男3 女2	体操 教練 遊戯	男3 女2	体操 教練 遊戯	男3 女2	体操 教練 遊戯
2	運針法 通常ノ衣類ノ縫ヒ方、繕ヒ方	3	通常ノ衣類ノ縫ヒ方、繕ヒ方	3	通常ノ衣類ノ縫ヒ方、裁チ方、繕ヒ方
	簡易ナル細工		簡易ナル細工		簡易ナル細工
男29 女30		男29 女30		男29 女30	

表1　普通学校教科課程および毎週教授時数表

教科目	第1学年 時数	第1学年	第2学年 時数	第2学年	第3学年 時数	第3学年
修　身	1	道徳ノ要旨	1	道徳ノ要旨	1	道徳ノ要旨
国　語	10	発音 仮名、日常須知ノ文字及近易ナル普通文ノ読ミ方、書キ方、綴リ方、話シ方	12	仮名、日常須知ノ文字及近易ナル普通文ノ読ミ方、書キ方、綴リ方、話シ方	12	日常須知ノ文字及近易ナル普通文ノ読ミ方、書キ方、綴リ方、話シ方
朝鮮語	4	発音 諺文、日常須知ノ文字及近易ナル普通文ノ読ミ方、書キ方、綴リ方、話シ方	4	諺文、日常須知ノ文字及近易ナル普通文ノ読ミ方、書キ方、綴リ方、話シ方	3	日常須知ノ文字及近易ナル普通文ノ読ミ方、書キ方、綴リ方、話シ方
算　術	5	百以下ノ数ノ唱ヘ方、書キ方 二十以下ノ数ノ範囲内ニ於ケル加減乗除	5	千以下ノ数ノ唱ヘ方、書キ方 百以下ノ数ノ範囲内ニ於ケル加減乗除	6	通常ノ加減乗除
日本歴史						
地　理						
理　科						
図　画		（単形） （簡単ナル形体）		（単形） （簡単ナル形体）	1	（単形） （簡単ナル形体）
唱　歌	3	平易ナル単音唱歌	3	平易ナル単音唱歌	1	平易ナル単音唱歌
体　操		体操 教練 遊戯		体操 教練 遊戯	3	体操 教練 遊戯
裁　縫						
手　工		簡易ナル細工		簡易ナル細工		簡易ナル細工
計	23		25		27	

図画ハ第1学年、第2学年ニ於テハ毎週1時之ヲ課スルコトヲ得
手工ハ第1学年第2学年第3学年ニ於テハ毎週1時、第4学年第5学年第6学年ニ於テハ毎週2時之ヲ課スルコトヲ得
実習ニ関シテハ規定ノ教授時数外ニ渉リテ尚之ヲ課スルコトヲ得
（出典）「普通学校規程」（『朝鮮総督府官報』2850号、大正11年2月15日付）附属の別表より作成。

年代からさらに一層大きく後退した解釈できる(19)。

しかしながら、すでに一〇年代の部分での考察でも明らかなように、実際の普通学校における農業科の位置づけを法令の解釈からのみ判断してしまうのは拙速といわざるを得ない。そこで、次節では、第二次朝鮮教育令制定以降の普通学校における農業科の実施状況を、統計資料を用いて具体的に検討することにしたい。

第三節　普通学校農業科の継続と変化――一九二〇年代前半

◆農業科の継続

第二次朝鮮教育令下において普通学校の農業科は、法令上は随意科目あるいは選択科目の一つと規定された。この点から、この時期農業科の地位が、一九一〇年代と比べて大きく後退・衰退したと見ることも可能であろう。それでは、二〇年代前半の時期に、普通学校の現場で、農業科は実際のところどの程度加設されていたのであろうか。これについて正確に把握することができる貴重な資料として、『昭和三年度　普通学校小学校実業科目加設状況調』（朝鮮総督府学務局、発行年月不明）がある。この資料をもとに、一九二二〜二八年度（大正一一〜昭和三）における普通学校での農業科・商業科の加設数・加設率を整理したのが表2である。合わせて、同じ実業的教科目である手工科の加設数・加設率を整理したのが表3である。

まず表2で、公立普通学校における農業科の加設状況を見てみよう。

第二次朝鮮教育令制定直後の一九二二年度には、修業年限五年以上（五年制・六年制）の公立普通学校三三五校のうち、二五五校、七六・一%の学校で農業科が加設されていた。それ以降、加設数・加設率ともに年々増加し、二五年度には、六〇二校中、四九五校、八二・二%と八〇%を超える学校で加設されるようになる。そして、二八年度には、一〇一一校のうち、九二四校、九一・四%と、五年制以上の公立普通学校の九〇%以上で農業科が

表2 普通学校農業科・商業科の加設数・加設率の推移

年度	修業年限5年以上の学校数		農業科加設			商業科加設			農業科または商業科を選択科目として加設			計		
	公立	私立	公立	比率	私立	公立	比率	私立	公立	比率	私立	公立	比率	私立
1922	335	12	255	76.1	4	15	4.8	2	26	7.8	—	296	88.4	6
1923	420	16	324	77.1	5	17	4.0	2	32	7.6	—	373	88.8	7
1924	500	23	393	78.6	8	17	3.4	3	32	6.4	—	442	88.4	11
1925	602	30	495	82.2	11	19	3.2	4	36	6.0	—	550	91.4	15
1926	763	46	664	87.0	14	25	3.3	6	12	1.6	—	701	91.9	20
1927	926	55	805	86.9	17	29	3.1	7	7	0.8	—	841	90.8	24
1928	1011	61	924	91.4	29	29	2.9	11	16	1.6	—	969	95.8	38

（比率単位 %）

（出典）『昭和三年度 普通学校小学校実業科目加設状況調』（朝鮮総督府学務局、発行年月不明）3～4頁より作成。

加設されていたことが確認できる。

次に、農業科と比較するために、表3で公立普通学校における手工科の加設状況を見ておこう。なお、手工科は、前述の通り四年制も含めたすべての普通学校で加設可能であったので、この表の学校数には表2と違って、四年制普通学校も含まれていることに注意が必要である。

第二次朝鮮教育令制定直後の一九二二年度には、公立普通学校八三一校のうち、一七五校（二一・一％）の学校で手工科が加設されていた。しかし、それ以降、農業科の場合と異なり加設数は少しずつ増加するものの、加設率は逆に少しずつ低下していく傾向が見てとれる。すなわち、二五

表3 普通学校手工科の加設数・加設率の推移

年度	学校数		手工科加設		
	公立	私立	公立	比率	私立
1922	831	57	175	21.1	9
1923	963	64	201	20.9	11
1924	1078	71	216	20.0	11
1925	1147	79	244	21.3	16
1926	1293	79	241	18.6	5
1927	1372	83	261	19.0	12
1928	1450	98	273	18.8	35

（比率単位 %）

（出典）『昭和三年度 普通学校小学校実業科目加設状況調』（朝鮮総督府学務局、発行年月不明）4～5頁より作成。

年度には、一一四七校中二四四校（二一・三％）、二八年度には、一四五〇校中二七三校（一八・八％）と推移していくのである。

これら二つの表から農業科と手工科の加設状況について比較検討すると、加設率の点で両者の差は極めて大きく、さらにその差は年を追うごとに拡大していっているように見える。

ただし、この加設率は、表2では修業年限五年以上の公立普通学校数を、表3では四年制を含む全公立普通学校数を分母として算出しているので、単純に両者を比較することには問題がある。そこで、農業科の加設率について、全公立普通学校数を分母として計算しなおすと、両者の加設率の差はかなり縮小してくる。例えば、一九二二年度では手工科二一・一％に対し農業科三〇・七％、二五年度では手工科二一・三％に対し農業科四三・二％、二八年度では手工科一八・八％に対し農業科六三・七％となるのである。

加えて、二つの表からは別の事実も導き出すことができる。それは、公立普通学校全体に占める四年制普通学校の割合が低下するにつれて、農業科と手工科の加設率の差が広がっていくことである。

表2と表3を用いて四年制普通学校の割合を算出すると、一九二二年度は四九六校（五六・七％）であったものが、二五年度には五四五校（四七・五％）、二八年度には四三九校（三〇・三％）と徐々に低下していくのである。要するに、一九二〇年代前半に「三面一校計画」の下、普通学校の増設が急速に進められたが、当初は簡易な形態の四年制普通学校を軸に増設が行われていた(20)。しかしその後、次第に普通学校の主体が本則の六年制普通学校へと移行・発展していく流れの中で、農業科も多くの学校で加設されるようになったと分析することができるのである。

その結果、加設される絶対数（加設数）で見れば、一九二二年度の農業科二五五校、手工科一七五校から、二五年度には農業科四九五校、手工科二四四校、二八年度には農業科九二四校、手工科二七三校と、農業科は法令上の位置づけとは異なり、実際には手工科を圧倒する形で加設されていくことになるのである。

以上、普通学校の農業科の加設状況から判明するのは、一九二〇年代前半における普通学校の増設・拡充過程の中で、確かに農業科を核とする農業教育が一時的に埋没してしまう時期はあったが、そのことが決して農業科の衰退や実業教育（農業教育）の軽視を意味しているわけではないということである。

事実、長く朝鮮の教育政策にたずさわってきた学務局編輯課長の小田省吾は、一九二四年（大正一三）五月二日に全国高等女学校長視察団に対して行った「朝鮮の教育に就て」と題する講演の中で、「前の寺内総督の頃には殊に実業教育を奨励されまして大いに其の実が挙つたのでありますが、新教育令に於ても其の趣旨は少しも変らぬのであります[21]」と明確に発言しているのである。

また、水原農林専門学校長の橋本左五郎（勧業模範場長兼任）も、第二次朝鮮教育令の制定に際して植民地農政の推進につながる農業教育の重要性を次のように訴えている。

〔前略〕然しながら万事の根底は「人」に在りで、凡ての成否も亦一に「人」によりて決せらるゝの事実は異論の余地はない。……千百の法令も保護奨励の機関も、其の運用の骨子たるべき「人」を待つにあらざれば其の効果の実現は容易でない。殊に朝鮮半島の農業界に於ける将来にありては一層其の感を強うするのである。農業の振興発達は遠い様であるが、径路は結局「人」を植ゑることに帰着するは疑を容るゝことは出来ぬ。換言せば、農業者をして自己の責任を自覚し、自から興味を以て万般を処理し得るが如く訓育するのを保護奨励の真髄となすべきで、此の訓育的の精神が実に農業政策の根本義であらねばならぬ。……教育と産業は協調相待つて始めて国家の真文明の実現を見るのである。[22]

なお、表4と表5は、普通学校での農業教育の実施に不可欠な学校園・実習地と学校林の設置状況の推移である。二〇年代に入り、これらの実習施設の運営や活用方法に何らかの変化が見られた可能性はあるが、統計資料

表4　公立普通学校・公立小学校の学校園・実習地設置状況

	公立普通学校			公立小学校		
	学校数	総面積	1学校平均	学校数	総面積	1学校平均
1914年	376	131・6・4・25・00	3・5・00・00	188	13・5・0・29・00	7・08・00
1915年	395	183・7・9・22・00	4・6・16・00	233	20・6・6・23・00	8・26・00
1916年	412	193・7・2・21・00	4・7・01・00	281	28・7・4・09・00	1・0・07・00
1917年	440	208・6・5・22・00	4・7・13・00	313	32・5・7・01・00	1・0・12・00
1918年	457	222・2・9・01・00	4・8・25・00	332	33・3・1・27・00	1・0・01・00
1919年	497	222・0・7・13・59	4・4・20・00	367	40・0・6・10・00	1・0・27・00
1920年	579	229・7・5・12・23	3・9・20・00	371	45・7・2・19・00	1・2・09・00
1921年	670	227・1・9・23・87	3・3・29・00	373	37・6・3・05・00	1・0・02・00
1922年	698	233・5・3・01・00	3・3・13・00	359	36・9・8・20・00	1・0・17・00
1923年	808	193・3・8・12・00	2・3・28・00	367	31・1・8・20・00	0・8・15・00
1924年	929	240・6・4・17・00	2・5・02・00	368	60・8・0・05・00	1・6・15・67
1925年	1073	269・6・8・06・00	2・4・25・00	378	28・5・8・05・00	0・7・17・00
1926年	1215	356・8・3・08・00	2・9・11・00	387	27・3・8・01・00	0・7・02・00
1927年	1318	411・4・3・03・00	3・1・06・00	398	31・5・3・26・00	0・7・27・00
1928年	1397	505・1・2・09・00	3・6・04・00	415	31・6・2・16・00	0・7・18・00
1929年	1532	570・5・4・24・00	3・7・07・00	444	34・1・6・04・00	0・5・13・00

（面積単位　町・反・畝・歩・勺）

（出典）本表は以下の資料をもとに作成した。


「学校園実習地」（『朝鮮総督府官報』2956号、1922年6月21日付）267～268頁。

「公立学校学校園実習地調」（『朝鮮総督府官報』3270号、1923年7月5日付）41～42頁。

「学校園実習地調」（『朝鮮総督府官報』3530号、1924年5月22日）242～243頁。

「学校園実習地調査表」（『朝鮮総督府官報』4086号、1926年5月6日付）57～58頁。

「公私立学校園実習地調査表」（『朝鮮総督府官報』4155号、1926年6月26日付）228～229頁。

「公私立学校園実習地調査表」（『朝鮮総督府官報』116号、1927年5月21日付）221～222頁。

「公私立学校園実習地調査表」（『朝鮮総督府官報』401号、1928年5月3日付）28～29頁。

「公私立学校園実習地調査表」（『朝鮮総督府官報』694号、1929年4月27日付）330～331頁。

「公私立学校園実習地調査表」（『朝鮮総督府官報』968号、1930年3月28日付）281～282頁。

表5　公立普通学校・公立小学校の学校林設置状況

	公立普通学校			公立小学校		
	学校数	総面積	1学校平均	学校数	総面積	1学校平均
1912年	—	2819・3・4・09	—	—	371・6・2・09	—
1913年	311	3554・7・3・18	11・4・3・01	76	685・2・4・02	9・0・1・19
1914年	347	4339・8・6・05	11・5・0・20	128	1225・4・2・05	9・5・7・11
1915年	369	4862・8・4・04	13・1・7・25	190	1769・8・2・16	9・3・1・15
1916年	393	5717・2・4・27	14・5・4・23	229	2134・4・9・21	9・3・2・03
1917年	414	6429・0・5・19	15・5・2・26	255	2520・0・0・00	9・8・8・07
1918年	436	6951・1・7・26	15・9・4・09	280	2876・2・8・03	10・2・7・07
1919年	446	7769・2・7・10	17・4・1・29	271	3013・2・3・20	11・1・1・20
1920年	473	7862・7・7・28	16・6・2・09	281	3119・2・8・00	11・1・0・02
1921年	483	8557・3・6・14	17・7・1・21	288	3283・5・1・19	11・4・0・03
1922年	525	9334・0・7・04	17・7・7・28	302	3613・8・4・23	11・9・6・19
1923年	580	10109・3・6・10	17・4・3・00	305	3897・0・6・01	12・7・7・22
1924年	632	11504・4・4・28	18・2・0・10	299	3891・2・1・09	13・0・1・12

（面積単位　町・反・畝・歩）

（出典）「公私立学校林調」（『朝鮮総督府官報』3060号、1922年10月23日付）209～210頁、「公立学校林調査表」（『朝鮮総督府官報』4099号、1926年4月21日付）227～228頁より作成。

を見る限り少なくとも一〇年代から継続して施設の維持・管理が行われていたことは確かである。

◆農業科の変化

ところがその一方で、一九二〇年代前半のこの時期、普通学校の農業科の教育活動そのものに大きな変化が生じはじめていた。それは、普通学校児童の就学年齢の低下にともない、一〇年代に見られたような、さも農業学校かと見間違えるような農業実習中心の農業教育が実行しにくくなったことである。

例えば、前出の小田省吾は、二四年五月二日の同じ講演の中で次のように述べている。

〔前略〕寺内総督は特に教育の事業を尊重されまして慎重なる調査をされた為に、他の法令よりも一年遅れまして四十四年になつて朝鮮教育令が始めて発布されました。……大体其の特色はどう云ふものであつたかと云ふことを申上げて見たい

9年以上10年未満			10年以上11年未満				11年以上				総　計		
女	計	比率	男	女	計	比率	男	女	計	比率	男	女	計
1073	5297	19.6	4893	830	5723	21.1	9822	891	10713	39.5	22810	4270	27080
1643	8092	19.2	7386	1226	8612	20.5	15203	975	16178	38.4	35862	6267	42129
2544	12160	19.0	10353	1918	12271	19.2	22977	1824	24801	38.9	53728	10146	63874
3217	19389	20.9	15455	2111	17566	18.9	21443	1829	23272	25.0	78237	14661	92898
3400	21780	21.7	13773	2210	15983	16.0	16791	1584	18375	18.4	83258	16751	100009
3060	19023	20.3	9828	1845	11673	12.4	12898	1360	14258	15.2	77207	16744	93951
2369	16560	18.9	6531	1103	7634	8.7	9627	1170	10797	12.4	71684	15675	87359
2603	16406	16.9	7423	1347	8770	9.0	10690	1298	11988	12.3	79064	18239	97303
2262	14142	14.6	7025	1040	8065	8.3	9730	907	10637	11.0	78961	18062	97023
2269	14775	14.2	6615	1055	7670	7.3	8818	964	9782	9.4	84336	20048	104384

（比率単位　%）

のであります。……第三の特色としては大に実業を奨励したことであります。殊に農業に力を入れて、普通学校に於ても農業を課して、相当立派なる成績を挙げた普通学校もあつたのであります。蓋し其の当時の普通学校は入学年齢八歳以上であつて、八歳と云ふのが内地よりは二年長じて居るのでありますが、それ以上でありますから稀に二十歳以上の一年生もあつたと云ふことが笑ひ話として残つて居ります。要するに、年齢が長けて居るから農業教育を濃厚にやつても普通学校の生徒が実習に堪へ、相当の成績を挙げ得たのであります。〔中略〕只普通学校に於て実業を課するにも以前のやうに濃厚ではありませぬ。と云ふのは児童の年齢が六歳以上と云ふことに規定されたから、児童の年齢が低下した為め、以前のやうに実習主義の農業を課すると云ふことは出来悪くなりました。[23]

そこで、表6で、普通学校入学者年齢の推移を具体的に確認することにしよう。

表６　普通学校入学者年齢の推移

年度	６年以上７年未満				７年以上８年未満				８年以上９年未満				
	男	女	計	比率	男	女	計	比率	男	女	計	比率	男
1919	267	102	369	1.4	905	340	1245	4.6	2699	1034	3733	13.8	4224
1920	564	184	748	1.8	1701	595	2296	5.4	4559	1644	6203	14.7	6449
1921	989	434	1423	2.2	2811	1064	3875	6.1	6982	2362	9344	14.6	9616
1922	3225	1266	4491	4.8	8302	2635	10937	11.8	13640	3603	17243	18.6	16172
1923	5813	1881	7694	7.7	12085	3469	15554	15.6	16416	4207	20623	20.6	18380
1924	6998	2241	9239	9.8	14324	4007	18331	19.5	17196	4231	21427	22.8	15963
1925	9327	3042	12369	14.2	15350	4209	19559	22.4	16658	3782	20440	23.4	14191
1926	11542	4136	15678	16.1	17765	4789	22554	23.2	17841	4066	21907	22.5	13803
1927	14214	4947	19161	19.7	19528	5453	24981	25.7	16584	3453	20037	20.7	11880
1928	16276	5513	21789	20.9	22381	6194	28575	27.3	17740	4053	21793	20.9	12506

（出典）『昭和三年度　公私立普通学校入学志願者及入学者ニ関スル調』（朝鮮総督府学務局、発行年月不明）１頁より作成。

第二次朝鮮教育令（一九二二年）までは、普通学校の入学年齢が八年以上と規定されていたことから、一九一九～二一年度の期間では、八年以上の者が九割以上を占め、一一年以上の者も四割近くに達している。第二次朝鮮教育令制定時の一九二二年度では、六年以上七年未満が四・八％、七年以上八年未満が一一・八％、八年以上九年未満が一八・六％、九年以上一〇年未満が二〇・九％、一〇年以上一一年未満が一八・九％、一一年以上が二五・〇％であった。

その後の変化をたどってみると、一九二五年度には、六年以上七年未満が一四・二％、七年以上八年未満が二二・四％、八年以上九年未満が二三・四％、九年以上一〇年未満が一八・九％、一〇年以上一一年未満が八・七％、一一年以上が一二・四％となり、二二年度と比較して年齢九年を境に、九年未満が増加し、九年以上が減少している。

次に、一九二八年度を見ると、六年以上七年未満が二〇・九％、七年以上八年未満が二七・三％、八年以上九年未満が二〇・九％、九年以上一〇年未満が一四・

二%、一〇年以上一一年未満が七・三%、一一年以上が九・四%となり、二五年度と比較して年齢八年を境に、八年未満が増加し、八年以上が減少している。こうした変化から見て、一九二〇年代前半は、普通学校入学者の年齢が、法令本来の年齢六年に向かって徐々に低下していく時期に該当していたと判断することができる。

その結果、普通学校の農業科は、その教育内容を一〇年代のものから質的に変化させなければならなくなった。具体的にいえば、普通学校の就学児童が年とともに「青年」から「児童」へと様変わりしていく中で、それまでの農業に関する専門的な知識の習得と精力的な農業実習による技能の習熟という内容から、農業に関する初歩的な知識の学習と軽度な実習や作業を通じた農業的趣味の喚起という内容へとその重心を移さざるを得なくなったのである。またこのことは、二〇年代に入り普通学校単体では、朝鮮人子弟の中から植民地農政の「担い手」を育成することが次第に困難となりつつあることをも意味していた。

そこで、朝鮮総督府は、第二次朝鮮教育令の制定と「産米増殖計画」の開始という状況の変化に対応するために、新たな農業教育の枠組みを模索していくことになるのである。

第四節　農業教育の再構築——普通学校と実業補習学校

◆実業教育の振興

三・一独立運動勃発後の一九一九年（大正八）八月に就任した斎藤実総督と水野錬太郎政務総監は、併合以来続く朝鮮植民地統治政策の根本的な見直しに直ちに着手した。

その範囲は、植民地統治政策のあらゆる分野に及んだが、例えば、水野錬太郎政務総監は、「朝鮮統治上の五大政策」として、①治安の維持、②教育の普及改善、③産業の開発、④交通・衛生の整備、⑤地方制度の改革、という五つの政策を打ち出している[24]。特に、一九二〇年代の植民地統治政策の大きな特徴は、すでに述べたとおり一〇年代に見られる朝鮮の治安維持、統治諸制度の整備に代わって、朝鮮産業の開発という経済政策に力点が置かれるようになったことである。当時の朝鮮の主要産業は農業であったから、一九二〇年度に開始される「産米増殖計画」はまさにその代表的政策であった。

一九二〇年以降、朝鮮産業の開発が広く叫ばれる中で、朝鮮総督府を中心に農・林・水産業の各分野で新たな政策が立案され、具体的な事業・計画として実施されることになったが、それと同時に、産業開発のためには実業教育の振興が必要不可欠であるとの声も聞かれるようになった。

例えば、今後の朝鮮における産業政策の基本方針を審議するために、日本内地・朝鮮の経済界の有力者を総督府に多数招集して開催された産業調査委員会（一九二一年九月一五〜二〇日）では、決定事項の「産業全般ニ共通スル件」で「二、産業思想ノ普及向上ヲ図ル為、一面当業者ノ智識啓発ニ努メ、他面実業教育機関ノ拡張及其ノ内容ノ充実ヲ期スルコト」を答申し、総督府に対して実業教育の振興を要求しているのである（第四章第二節参照）。

さらに、農業教育の分野に絞った場合、一九二三年（大正一二）一〇月一一日に朝鮮農業教育研究会が創立された点も注目に値する。

この朝鮮農業教育研究会は、官公立農業学校長会議開催（同年一〇月一〇〜一二日）を機に創立されたもので、会長に長野幹総督府学務局長、副会長に萩原彦三総督府学務課長と大工原銀太郎水原高等農林学校長（勧業模範場長兼任）が就任した。創立に当たっての趣意書は以下の通りである。

朝鮮農業教育研究会趣意書

国利民福上産業の緊要なること分明となり、之を振作せんとするの機運に向へるは実に欧州大戦乱以後にして、今や各国共に産業の蔚然《いぜん》として勃興しつゝある趨勢なり。随つて実業教育の施設も亦競ひ行はるゝの情況にして、之に関する欧州輓近《ばんきん》の事情は視察者の等しく驚異の眼を放てる処とす。而して産業中最も農業を尊重せざるべからざるは、今回の関東地方の大震災に因りて眼前に証明せられたり。則ち斯の如き非常時に際し、罹災民の先づ急を告げたるは糧食にして、之に次げるは木材と衣服なりとす。是等は何れも皆農業を基本とせし生産品なるを見るも事理極めて明白なり。特に朝鮮は農業を産業の大宗となし、之が振興は焦眉の急務に属す。而して此の急務に策応せんとする農業教育の緊切重要なることは、最早言を俟《ま》たざる処なり。然るに我が半島に於ては、由来労働を賤しむの弊風未だ脱却せざるに因り、併合以来盛んに勤労を主とせる農業教育大いに行はれしが、未だ其の徹底を見ざりしは誠に遺憾の至りとす。

先般教育令の改正せらるゝや其の制度著しく進歩し、各種の実業教育に対し大した発展の素地を附与せられたれば、農業教育も亦従つて此の機運に乗じて十分なる発達を遂ぐべかりしに拘はらず、今尚旧態依然たるものあるは抑々《そもそも》如何なる所以ぞや。此の頽勢を挽回せんとするには、速やかに本教育の振興せざる由来を究め、且つこれに適応する方策を立つるの外途なきなり。

聞く丁抹〔デンマーク―筆者註〕は国運を農業教育によりて挽回せりと。茲《ここ》に同志相謀り、自らはからずも農業教育振興に対し微力を致さんとするに当り、幸に長野学務局長外各位の賛同せらるゝ所となり、新に朝鮮農業教育研究会の設立を見たり。冀《こいねが》はくば、朝鮮産業の開発に方《あた》り農業教育の急務なることを痛切に感ぜらるゝ士は勿論、農業教育に対して理解あるの士、又は実際本教育に関係ある人々を初めとして同情ある方々は、本会創立の趣旨に賛同せられ、奮つて本会員となり、各種の研究調査施設改善を企図せられ、以て農業教育の隆盛に向つて一層力を惜まざらんことを。(25)


この趣意書の内容から、朝鮮の農業教育従事者や農業技術者の間で、すでに農業教育の振興を求める気運が大いに高まっていたことを見てとることができる。一九二〇年代に入り、朝鮮農業の開発を支える朝鮮人の「担い手」育成が一層強く意識されるようになったが、それに加えて国民高等学校など農業教育の力によって国土復興を成し遂げたデンマークの事例や関東大震災の発生が刺激となることで、朝鮮農業教育研究会の創立に至ったものと考えられる。

残念ながら、その後朝鮮農業教育研究会がどのような活動を行ったのかは資料がなく知ることができないが、一九二三年の時点で、農業教育の拡充・強化が農業開発に直結する課題として認識されはじめていたことを示す象徴的な事例の一つといえるだろう。

◆再構築の開始

ところで、朝鮮総督府が朝鮮の農業教育の再構築に実質的に着手したのは、一九二三年（大正一二）一〇月頃であったのではないかと考えられる。その理由は、産業調査委員会開催と第二次朝鮮教育令制定を経た二三年一〇月一〇～一二日に官公立農業学校長会議が開催され、その場で朝鮮における実業教育の振興が明言されると同時に、各農業学校長に対して農業補習教育の発展普及方法について諮問が行われたからである。

まず、斎藤実総督は、この会議における訓示の中で、人材育成を担う実業教育の重要性とその振興の必要性について以下のように述べている。

茲ニ各位ノ会同ヲ機トシ、一言所懐ヲ陳ヘムトス。輓近朝鮮ニ於ケル産業ノ発達、経済ノ進展著シク、往年ト日ヲ同ウシテ談ル可ラサルニ至リタルハ、固《もと》ヨリ官民協戮シテ斯土ノ開発ニ従事セル結果ニ外ナラスト雖、亦産業経済方面ニ活動セル人材養成ニ任セシ実業教育ニ負フ所ノモノ大ナルヲ信ス。然レトモ、上叙ノ実績ハ僅ニ宿昔ノ頽勢ヲ挽回シテ、開発ノ道程ニ一歩ヲ進メタルニ止マリ、今後ノ努力経営ニ俟ツヘキモノ尚頗ル多ク、随テ実業教育ノ振興一層切要ヲ感スルモノアリ。殊ニ今次突発セル関東地方大震災ノ影響ハ帝国全般ニ及ヒ、之カ救済並帝都復興ノ為、挙国一致富力ノ充実ヲ策セサルヘカラサルヲ以テ、益《ますます》産業ヲ振興シ経済ヲ伸長スルト共ニ、軽躁浮華ノ弊習ヲ一掃シ質実剛健ノ気風ヲ鼓吹スルハ実ニ刻下ノ急務ニ属ス。而シテ、実業ニ従事スル者ニ須要ナル知識技能ヲ授ク徳性ヲ涵養スルヲ以テ目的トスル、実業教育ニ俟ツモノ大ナルハ多言ヲ須《もち》ヒサル所ナリ。
各位克ク此ノ趣旨ヲ体シ、部下職員ヲ率井《い》一層研修ヲ勉メ、時代ノ進運ニ順応スルヲ怠ラス、生徒ノ教養ニ一段ノ力ヲ致シ荒怠矯激ヲ避ケ質実敦厚ノ学風ヲ興シ、堅実ナル国民ノ育成ニ努メ以テ国家ノ隆運ニ資センコトヲ期ス。(26)

次いで、総督府からの諮問事項「農業補習教育ノ発達普及ヲ期スル為緊急施設ヲ要スト認ムル事項」に対して、各農業学校長から答申としてさまざまな意見や提案が寄せられた。

この中で、例えば、京城公立農業学校の答申は、農業教育の意義について次のように強調している。

朝鮮ニ於ケル小学校及普通学校卒業生ノ大部分ハ、農村ニ止マリテ農民トナルモノナレハ、是等ニ対シ在学中農業科ヲ教授シ、又ハ卒業後ニ於テ農業補習教育ヲ施シ、充分ニ農業ノ趣味ヲ涵養セムカ、彼等カ卒業後農村ノ繁栄ニ資スル所大ナルヘシ。(27)

また、農業教育の再構築の鍵となる農業補習学校がもつ重要性について、忠清南道公立農業学校（忠清南道・公州）の答申は、次のように説明している。

普通学校又ハ特科、講習科等ヲ卒業シ、家庭ノ事情又ハ本人ノ才能、体力等ノ関係ニ依リ、其ノ儘《まま》農村ニ於テ農業ニ従事スルモノハ其ノ数甚多キヲ見ル。是等ノ青年ハ、将来地方農村ノ中心人物トナツテ大ニ活動セサル可ラサル運命ヲ有スルモノナルヲ以テ、其ノ儘之ヲ放任スルカ如キハ、産業政策ヨリ之ヲ言フモ、将亦国家ノ立場ヨリ之ヲ論スルモ、甚大ナル損失タルヲ免レサルヤ明ナリ。故ヲ以テ是等ニ対シ農業補習教育ヲ授ケ、農業ニ関スル理解ヲ自覚セシメ、経済能率ヲ増進セシムヘキコトハ、現時ノ朝鮮ニ在リテ緊急ノ施設ナリトス。(28)

朝鮮における農業補習教育の普及に関しては、農業補習学校教員の養成方法、学校の設置方法、修業年限や教育内容など多くの点で、各農業学校からの答申内容は決して一様ではない。むしろこの会議は、朝鮮各地の農業学校から率直かつ多様な意見を提出させることによって、実業補習学校拡充など農業教育の再構築を今後検討するための材料を集める機会であったのではないかと推測される。

なお、普通学校の農業科については、全羅北道の井邑公立農業学校から、「農村ニ於ケル小学校普通学校ノ高学年ニハ農業科ヲ必修セシメ重農教育ヲ施シ、初等学校生徒ヲシテ農ヲ尊ヒ勤労ヲ厭ハサル慣習ヲ育成スルカ、若クハ高学年ニ農業補習教育ノ前期教育ヲ必修セシムルコト」(29)、平安南道の平壌公立農業学校から、「土地ノ状況ニ依リ小学校又ハ普通学校ニ於ケル必修科目中ニ農業科ヲ加フルコト」(30)といった意見が提出されている。

先に挙げたように、この会議をきっかけとして、朝鮮農業教育研究会が創立されたことも合わせて考えると、一九二三年一〇月頃を起点として朝鮮総督府による農業教育の再構築が開始されたといえるのである。

こうして翌二四年六月一〇～一四日に開催された道知事会議では、有吉忠一政務総監が訓示の中で、実業教育の振興、とりわけ実業補習学校の普及について言及することになった。

教育機関ノ如キモ、国家財政ノ許ス限リ、又地方ノ民力ニ応シマシテ年次増設サレツツアルカ、本来教育ノ内容並其ノ機関ノ実質ヲ改善スルヲ以テ主眼トスルノテアリ。〔中略〕尚普通教育機関ノ拡充ニ付テハ、各道何レモ其ノ力ヲ尽シテ居ラレマスルカラ別段申添ヘル必要モアリマセヌカ、実業教育ノ振興、就中《なかんずく》実業補習学校ノ普及ト内容ノ充実トハ、特ニ朝鮮開発上大切ナル事項ト認メラレマスルカ故ニ、此ノ方面ニ対シテ相応施設ヲ為スト同時ニ、其ノ緊急ナル所以ヲ一般ニ諒解セシムルヤウ致サレタイモノテアリマス。(31)

しかし、関東大震災にともなう日本「帝国」全体での緊縮財政方針や清浦奎吾内閣総辞職による予算成立見送りによって、二四年時点では農業教育の再構築は、朝鮮農会令の制定と同様に一旦見送りとなったと考えられる。

◆再構築の実現

結局、一九二〇年以降における「産米増殖計画」など農業政策の積極的推進と普通学校農業科の質的変化を背景とする、朝鮮の農業教育の再構築が現実化するのは、下岡忠治政務総監の時期であった。

下岡忠治は、一九二四年（大正一三）七月に政務総監に就任すると、「産業第一主義」を提唱し、朝鮮の産業開発をより一層強力に展開する意向を鮮明にした。ただし、就任当初の一九二五年度（大正一四）予算については緊縮財政方針の下で行財政整理が優先されたため、下岡忠治の意向を踏まえた形で総督府内部の検討が本格化するのは、新年度に入った二五年四月以降のことであった。

例えば、同年三月二三～二五日開催の道視学官会議でも、実業教育の振興に関して総督府の指示は、次にある通り普通学校における農業科を中心とした実科教育の改善という範囲に依然としてとどまっている。

一、普通学校に於ける実科教育に関する件

普通学校に於ける実科教育の改善に関しては、従来機会ある毎に指示せる所なるが、特に産業の開発に力を致さむとする本府の方針を体し、一層意を此に用ひて其の振作を謀り、地方の実際に即して適切なる方案を樹て、児童をして早くより実科に対する趣味を起さしめ、進み勤労を尚び作業を喜ぶに至らしむ様力《つと》めるべく、又一面道立師範学校に於ける実科教育に関しても、克《よ》く其の教師の選定に留意し、一定の計画の下に設備の充実を図り、以て他日普通学校に於て充分実科の成績を挙げ得る教員の養成に努めらるべし。

農業学校、水産学校の内容に付ても、深く精査の上啻《ただ》に普遍的学理の一面を授くるに止らず、能く地方の産業を連絡して実際生活に適切なる教育を施さしめむことを期せらるべし。(32)

そして、実業補習教育の普及を含めた農業教育の再構築が、改めて表明されることになるのが、一九二五年

（大正一四）五月一八〜二〇日開催の道知事会議であった。

会議の席上、下岡忠治政務総監は訓示の中で、「産業開発上為すべき要務多々ありと雖、其の主たるもの二三を挙示すれば第一には土地改良の事業である。本事業は輓近長足の進歩を為したりと雖、朝鮮の富源開発の最大要目たると帝国食糧問題の解決に資するが為、今後一段の努力を為さなければならぬ(33)」と述べ、米穀増産のための土地改良事業の大規模な実施と「産米増殖計画」の更新を目指す方針をまず表明する。

さらに、下岡総監は、同じ訓示の中で、実業教育の振興に関しても産業開発と結びつけて次のように述べていく。

近時朝鮮の教育は異常の進歩を為し、世界何れの新領土に比しても敢て遜色なき発達を為しつつあるのであります。……殊に刻下の急務とする産業開発の目的を達せむと欲せば、其の根帯《こんたい》たる実業教育の振興を計るのが何より肝要であります。近頃学校卒業者の就職難の声喧しきを聞くは洵《まこと》に憂慮すべきことなるが、此の卒業者の就職難の緩和する上より見るも、特に重きを実業教育に置くを可とするのである。而して実業教育の振興に付ても徒に程度の高きものを目途と為すよりも、寧ろ徒弟教育若は簡易なる実業補習教育等の如き卑近なる施設を充実することが最急務でありますから、各位宜しく地方の実情に照し適切なる施措を講じ、其の実績を挙げられむことを望むのであります(34)。

すなわち、農業を中心とする朝鮮の産業開発を進めていくためには、それを支える朝鮮人の「担い手」を育成する実業教育の振興が何より重要である。そして、その具体策として従来の普通学校農業科に加えて、新たに実業補習教育の充実を図ることが喫緊の課題である、と述べているのである。

この道知事会議以降、「産米増殖計画」の更新が急速に現実味を帯びてくる中で、前章の朝鮮農会令・産業組合令の制定と同時に、普通学校の農業教育の強化と実業補習学校の増設・普及を中身とする農業教育の再構築も実現へと向かうことになるのである。

第五節　日本内地の実業補習学校制度の導入

それでは、朝鮮の農業教育の再構築に際して、なぜ新たに実業補習学校の拡充が取り上げられることになったのであろうか。すでに第二次朝鮮教育令の制定により、日本内地の法令をそのまま適用する形で、確かに朝鮮でも実業補習学校の規定が設けられてはいた。とはいえ、前身である一九一〇年代の簡易実業学校（主に簡易農業学校）が、決して順調な教育活動を展開できていなかった現実を踏まえると、朝鮮の中にその積極的な理由を求めることは難しい。むしろ同じ二〇年代前半に日本内地で行われた実業補習学校の抜本的改革が植民地朝鮮に大きく作用した結果であると考えるべきであろう。そこで、まず日本内地の実業補習学校の動向について概観することが必要になる。

日本における実業補習教育は、東京帝国大学第三代総長となった浜尾新が、一八八五年（明治一八）に欧米の教育視察のために出張した折に、特にドイツの実業補習学校に着目し、帰国後、その設立を力説したことに端を発する。

◆実業補習学校の動向

実際に実業補習学校が日本の教育制度上に初めて規定されるのは、一八九〇年（明治二三）一〇月の小学校令改正であった。ここで実業補習学校は、小学校の一種として位置づけられることになった。ほどなくして井上毅文部大臣が教育政策の重点を実業教育の振興に置くと、その一環として九三年一一月に実業補習学校規程の制定が実現した。成立当初の実業補習学校は、勤労青少年に対して小学校教育の補習を行うこと、ならびに職業教育（実業教育）の初歩を施すこと、という二つの目的をもっていた。ただし、一方で、規程制定時点では、小学校の就学率がようやく過半数に達した程度であったため、実業補習学校は、小学校教育の補習を通して義務教育制度を補完するという役割も実質的に担うことになった。(35)

日清戦争の勝利（一八九五年）が起爆剤となって、日本の産業の近代化が急速に進むと、それに対応して全国各地に農業・商業・工業など各種の実業学校が創設され、実業教育は飛躍的な発展を遂げることになった。その結果、一八九九年（明治三二）二月、実業学校令が公布され、各種実業学校が拠るべき統一的な法令がここに初めて整備された。この中で実業補習学校は、実業学校の一種と規定され、それまでの初等実業教育機関から中等実業教育機関へとその地位が変更された。こうして実業補習学校は、義務教育への就学率の上昇もあって小学校教育の補習から、職業教育・実業教育へと次第にその軸足を移していくことになったのである。(36)

実業学校令制定後、実業補習学校の数は急激に増加した。一八九八年には学校数一一三校、生徒数六九七五名であったのが、日露戦争後の一九〇六年には学校数四二一一校、生徒数一七万一五〇二名に、一七年（大正六）には学校数一万七八一校、生徒数六七万六一九五名にまで急増している。(37)この増加の大部分を占めたのは、農業補習学校であった。

実業補習学校の急増の背景にあったのは、青年団体の全国的な普及と組織化である。日露戦争後、内務省は、地方自治の振興のためには各地方の青年に自治の訓練を施すことが最も有効であるとして、一九〇五年九月、青年会等の団体の発達奨励に関する訓令を発した。また、同年一二月には、文部省も通俗教育（後の社会教育）普及の観点から、同様の訓令を発した。これによって、〇七年以降の地方改良運動の中で青年団体などが重要な役割を果たすことになり、全国に普及することになったのである。とりわけ農村部では、青年団体が基礎集団となって農業補習学校が各地に設立されたことから、実業補習学校の急増につながった。(38)

さらに、内務・文部両省は、一九一五年（大正四）九月と一八年五月に青年団に関する訓令を出して、雑多な青年団体の再組織化を行った。これら二つの訓令では、青年団は、義務教育修了者から最高二〇歳までの団員によって組織される修養機関と規定され、村落に居住する青年層を網羅的に一律に組織するものとなった。合わせて、実業補習学校も、青年団の修養機関として明確に位置づけられたことで、村落青年を網羅的に収容していくことになった。その結果、実業補習学校の修業年限を、小学校修了後、二〇歳までとする考え方が徐々に一般化していき、進んで市町村のすべての青年層に対して実業補習教育を準義務教育化しなければならないとの気運が高まることになったのである。(39)

このような実業補習学校の隆盛に対応して実施されたのが、一九二〇年（大正九）に始まる実業補習教育制度の抜本的改革である。改革の要点は、主に次の二点に整理できる。

まず第一に、実業補習学校の目的が、従来の補習教育と職業教育から公民教育と職業教育へと改められた点である。

具体的には、二〇年一二月の規程改正により、その目的が、「小学校ノ教科ヲ卒ヘ職業ニ従事スル者ニ対シ職業ニ関スル知識技能ヲ授クルト共ニ国民生活ニ須要ナル教育ヲ為ス」（第一条）ものと定められ、これまであった補習教育が削除された。それと同時に、補習教育に代わって、「適当ナル学科目ニ於テ法制上ノ知識其ノ他国民公民トシテ心得ヘキ事項ヲ授ケ又経済観念ノ養成ニ力ムルヲ要ス」（第八条）として、新たに公民教育が導入されたのである。やがて公民教育は、文部省内の公民教育調査委員会での審議を経て、二四年に実業補習学校公民科教授要綱が作成され、詳細な教授内容が決定された。公民教育の導入は、第一次大戦後の国内における労働争議・小作争議の頻発に対処するとともに、一般青年層を対象とする教育を充実させることで、総合的な国力の増強を図ることがねらいであった。(40)

第二に、実業補習学校制度について一定の基準を設定してその内容の整備充実を図った点である。

従来の規程は極めてゆるやかなものであったために、実際の修業年限、学科目、教授時数等は多種多様なものとなった。そこで、規程改正や実業補習学校学科課程標準制定（一二一年）を通じて、課程を修業年限二年の前期（尋常小学校修了者対象）と二年ないし三年の後期（前期課程および高等小学校修了者対象）に分け、それぞれ学科目や教授時数の標準を整備したのである(41)。

これ以外でも、二〇年八月に実業教育費国庫補助法が改正され、道府県に対し実業補習教育奨励に必要な補助金を交付できるようになったほか、同年一〇月には実業補習学校教員養成所令が制定され、全国の道府県に教員養成所が設置された。

これら一連の改革によって、実業補習学校制度は、大正末期に勤労青年教育機関として確固としたシステム化を完了することになった。改革後の一九二五年（大正一四）には、実業補習学校は、学校数一万五三一六校、生徒数一〇五万一四三七名に達し(42)、三五年（昭和一〇）四月の実業補習学校と青年訓練所の統合による青年学校の成立まで、この水準を保ちつづけることになるのである。

◆実業補習学校制度の導入

以上、日本内地の実業補習学校の動向を概観したが、なかでも一九二〇年以降の実業補習学校の抜本的改革は、同時期の朝鮮における農業教育の再構築に直接間接に反映されることになった。

朝鮮では、斎藤実総督の「文化政治」の下で朝鮮産業の開発が叫ばれ、それを支える朝鮮人青年の人材育成が強く求められていた。こうした状況は第一次大戦後の日本と朝鮮に共通するものであり、朝鮮総督府としても、普通学校の「三面一校計画」が順調に推移する中、実業補習学校の本格的な整備についても検討を始めることになったのである。

また、日本内地で実業補習学校がいよいよ制度的に完成し、準義務教育機関としての地位を確立した情勢が朝鮮にも伝えられたことで、農業教育担当者を中心に、実業補習学校を組み込んだ形での農業教育の再構築が強く要求されることになったのである。

ただし、植民地朝鮮に実業補習学校を整備しようとする場合、たとえ依拠する法令が同じであったとしても、日本内地とは異なる特徴をもたざるを得なかったことは当然である。

なぜならば、日本内地では義務教育制度が実施され、尋常小学校への就学率がほぼ一〇〇%であったのに対して、朝鮮では義務教育制度は実施されず、普通学校への就学率もわずか一〇%台に過ぎなかったからである。また、実業補習学校も、日本内地では中等学校進学者を除く一般勤労青年を収容する準義務教育機関として完全に普及していたのに対して、朝鮮では設置数もわずかで全く普及していないなど、両者の教育普及状況は根本的に異なっていたからである。

その結果、朝鮮では、実業補習学校を初めて本格的に整備するに当たって、公民教育と職業教育のうち、後者に力点が置かれ、普通学校卒業生を収容して農業教育を施し、植民地農政を支える朝鮮人の「担い手」を育成することが目標となった。もちろん二〇年以降の朝鮮における農民運動の勃興を考慮すれば、朝鮮人青年に対する公民教育も重要であったと考えられる。しかし、日本内地と違って、これから整備を開始する朝鮮では、普通教育の一環としての公民教育よりも、農業教育を主軸とした職業教育こそが第一義的に必要であったのである。

こうして朝鮮では、従来の普通学校農業科に加えて、実業補習学校の整備・拡充が進められることになったのである。

第六節　植民地農政の「担い手」育成過程の整備

◆農業科の拡大

一九二六年度（大正一五）から「更新計画」が開始されると、それに合わせて、農業教育の再構築も実現の運びとなった。まず即座に実施されたのが、四年制普通学校でも農業科を加設可能とする普通学校規程の改正であった。

二六年二月二六日に普通学校規程中改正が公布されたが（同年四月一日施行）、その主な内容は以下の通りである。

第二十四条第三項ヲ左ノ如ク改ム

随意科目又ハ選択科目トシテ農業又ハ商業ヲ加フルトキハ、修業年限四年ノ普通学校ニ在リテハ第四学年ニ於テ、其ノ他ノ普通学校ニ在リテハ第五学年、第六学年ニ於テ一科目ニ付毎週二時以内之ヲ課シ、其ノ毎週教授時数ハ、学校長ニ於テ他ノ教科目ノ毎週教授時数ヲ減シ又ハ各学年毎週教授時数ノ合計ヲ増加シテ之ニ充ツヘシ(43)。

この改正によって、これまで五年制・六年制普通学校に限定されていた農業科の加設が、四年制普通学校でも可能となり、その結果、法令上すべての普通学校で農業科が加設できるようになった(44)。

さらに規程改正の施行に合わせて、同年四月には、李軫鎬《イジンホ》学務局長から各道知事に対して通牒「実科教育ニ関スル件」が発せられた。

農業、商業又は手工等、所謂実科に属する教育施設は国民教育上重要の一部面なるか、朝鮮に於ては特に此の振興を図りて勤労を尚ふの良習を寄ひ、併て児童将来の実生活に即せしむるは、従来地方官会同等の機会に於て屢々《しばしば》訓示指示等の次第も有之候通最緊要の事に属し候。分般各道普通学校並小学校に於ける此の種科目加設の情況を調査するに、別冊調査書の通に之有、漸次普及の見るべきものあるに至れるは悦ふへき現象にして、畢竟各道当局の施措宜きを得たる結果と存候。然るに地方に依りては尚未た之を加設せさるものも有之やに認められ、此に付ては爾今御層督一励〔一層御督励―筆者註〕の上若之か普及発達を図ると共に、各道府郡の産業施設の方針に竅へ又是等技術員との連絡を緊密にして、特に児童将来の生活に直接有用なる実際の技能を習得せしむる様致度、尚又修業年限若は学年等規定の制限に依り農業等を課し得さるものに付ても、学校園、教材園実習地等を適当に利用し、或は手工を加設して一般の工夫を此の方面に凝す等、児童将来の生活の基本と為り、同時に本府産業奨励の方針を助長し、地方産業の堅実なる発達を促進するの根底たらしむる様、精に指導奨励相成度依命此段及通牒候也。(45)

通牒の冒頭に、「農業」「商業」「手工」といった実業的教科目が列挙されているが、通牒の主眼は間違いなく農業科に置かれている。この通牒は、一九二六年度からの「更新計画」開始に当たって、普通学校における農業科の加設を促すとともに、各道・府郡の勧農方針にしたがい農業技術員と連携しながら児童に対する農業教育を実施するよう求めているのである。それに加えて、法令上農業科を課すことができない学年の児童に対しても、学校付属の学校園や実習地を活用して農業教育を実施するように指示しているのである。まさに普通学校全体で農業教育に積極的に取り組むことを求める通牒である。(46)

ここで再び前掲の表2と表3を確認してみると、五年制以上の公立普通学校における農業科加設数は、一九二五年度の四九五校から二六年度には六六四校と一六九校増加し、その後も二七年度に八〇五校、二八年度に九二四校と着実に増加している。この数字には、四年制普通学校が含まれていないので、規程改正によって加設可能となった二六年度以降については、実際の加設数はさらに多く、おそらく全公立普通学校の八〇％以上で農業科が加設されていたのではないかと推定される。その一方で、同じ時期、商業科と手工科の加設数は微増したにすぎなかった。

すなわち、一九二〇年代前半に普通学校の増設・拡充過程で埋没していた農業科は、朝鮮産業の開発に貢献する準必修科目としてここに再認識されることになったのである。二六年一一月に、朝鮮の代表的教育系雑誌であ

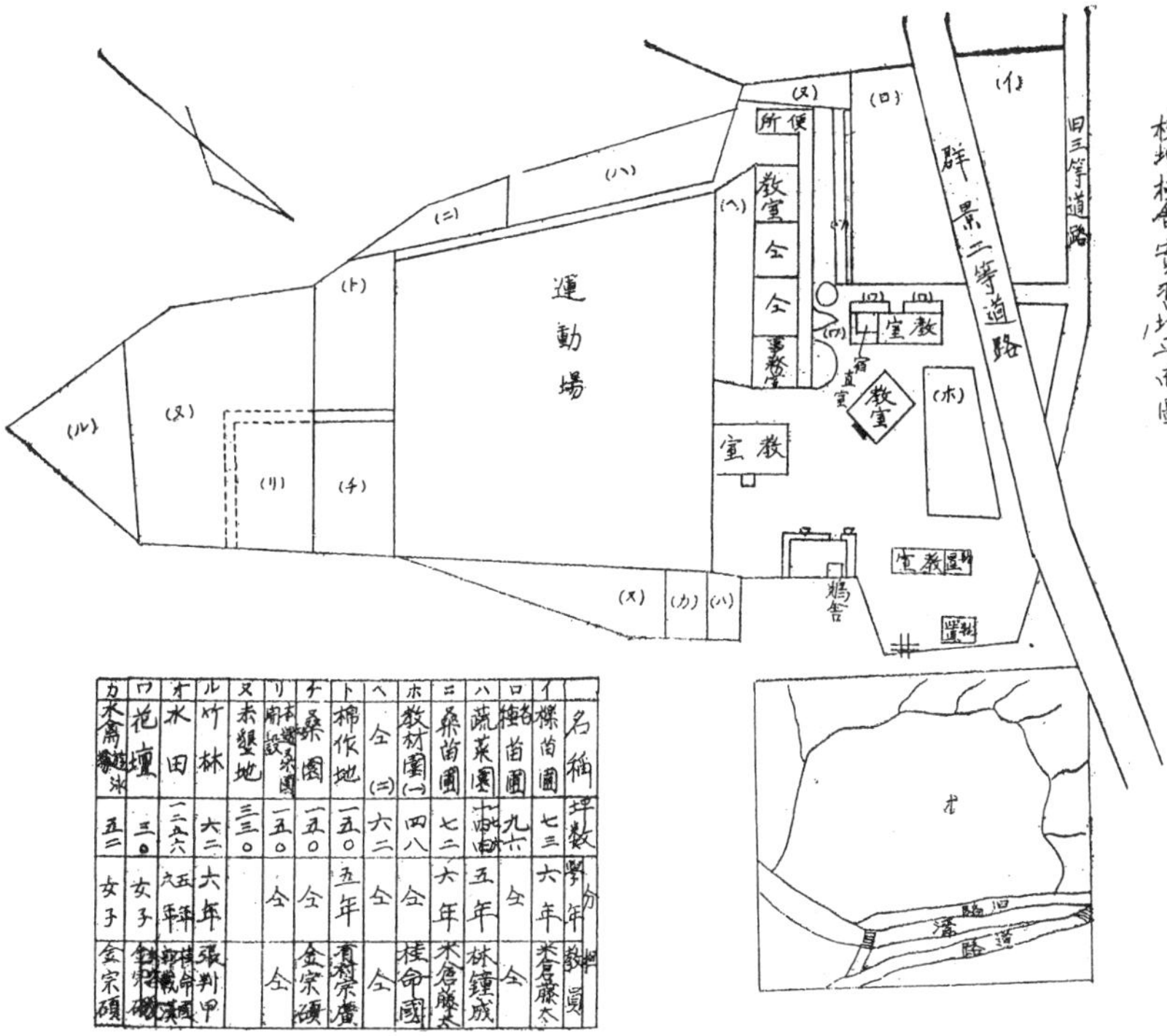

図3　咸羅公立普通学校平面図（全羅北道）（『文教の朝鮮』15号、1926年11月）

る『文教の朝鮮』が第一五号を「我校の実科施設号」（図3）として発行し、朝鮮各地の普通学校一六校における実業教育・農業教育の取り組みを広く紹介したことなどは、まさにこのことを如実に物語っている。

◆実業補習学校の増設

次に、二六年度からの農業教育の再構築の要点となる実業補習学校の増設・普及についてであるが、一九二六年度（大正一五）予算では実業補習学校新設補助費として三万五〇〇〇円が計上された(47)。

二六年六月二九日〜七月三日開催の道知事会議では、「更新計画」開始や農会令・産業組合令制定など主要な農業政策の陰に隠れて、斎藤実総督も訓示の中で、「実業教育ノ現状ハ未タ時勢ノ要求ヲ満タスニ至ラサルヲ以テ、之カ振興ニ付テハ一層各位ノ努力ヲ望ム」と軽く触れる程度にとどまっている[48]。

しかしながら、その直後の同年七月一三〜一五日開催の道視学官会議では、学務関係の会議ということもあり、斎藤総督は、「更新計画」と連動した実業教育の振興について次のような訓示を行っているのである。

晩近時代の要求は実業教育の振興を促して止まず。殊に朝鮮の現状は今後産業振興の切要を感ぜしむるものあるを以て、学校に在りては実業に関する知識技能の増進又は実科的陶冶に依り産業開発に資すると共に、勤倹力行の良風を馴致するを緊要とす。各位は宜しく本府産業奨励の趣旨に鑑み、実業学校の教育の徹底を図るは勿論、初等並中等の諸学校に於ける実科施設に関しては、特に留意して地方産業と相関連せしめ、実生活に即したる教育の向上に努めらるべし[49]。

さらに具体的には、各道視学官に対する指示事項として、次のような内容が指示されることになった。

四、実業教育の振興に関する件

イ、実業補習教育

実業補習教育の振興に関しては、既に了知せらる、如く本府に於て本年度新に計画する所あり。各道亦着々之が経営を進めつ、あるが、今回の施設は過去に於ける実業補習教育に一新起源を画せむとするものにして、従って之が実績の挙否は其の将来に及ぼす所少しとせず。各位は克く地方の実状に鑑み、其の施設を誤らしめざる様細心の留意を望む。

ロ、実業教育奨励規定

道に於て実業教育の奨励に関し規定、要項其の他の準縄を制定せらる、向漸次増加しつ、あるは洵に適切の措置と認めらる。爾他の各道に於ても各其の管内の実状に見、之が施設上最善の方途を講ぜられむことを望む[50]。

すなわち、道視学官に対して、実業補習学校の増設とその教育内容の充実を求めるとともに、各道で実業教育全般の奨励のために規程・規則などを制定することを指示しているのである。なお、その他では、「ハ、実習より生ずる収穫物の処分」「ニ、奨励補助金の交付」「ホ、実業科目担任教員の養成」「ヘ、実科に関する講習」「ト、実業教育に関する視学事務の委嘱」「チ、師範学校に於ける実科教育」が指示されている。

加えて、翌二七年（昭和二）七月一三日には、朝鮮総督府令第七〇号「水原高等農林学校附置実業補習学校教員養成所規程」が公布され（同日施行）[51]、京畿道・水原の水原高等農林学校に実業補習学校教員養成所が初めて開設された。

この水原高等農林学校附置実業補習学校教員養成所は、「実業補習学校ノ教員タルヘキ者ヲ養成スル所[52]」と規定され、修業年限は一年であった[53]。

入学資格は、「一、尋常小学校卒業程度ヲ以テ入学資格トスル修業年限五年以上ノ農業学校又ハ之ト同程度ノ農業学校ノ卒業者ニシテ師範学校演習科ヲ卒業シタル者」「二、師範学校卒業者（師範学校特科ノ卒業者ヲ除ク）又ハ之ト同等以上ノ学力ヲ有シ一年以上実業科ノ教育ニ従事シタル者」「三、第一号ニ掲クル農業学校ノ卒業者ニシテ一年以上小学校又ハ普通学校ノ訓導ノ職ニ在リタル者」のいずれか一つに該当する者であった[54]。

学科目は、「修身」「教育」「法制経済」「農業法規」「作物学」「園芸学」「病虫害論」「農芸化学」「畜産学」「養蚕学」「農業工学」「林業」「農業経営学」「農政学」および実験実習であった[55]。

同年八月一三日には、湯浅倉平政務総監、李軫鎬学務局長、平井三男学務課長、米田甚太郎京畿道知事、加藤茂苞《しげもと》教員養成所所長（勧業模範場長兼水原高等農林学校長）ら臨席の下で開所式が催され、「各道知事から選抜された実業（農業）に趣味と経験とを有する優良なる初等学校教員」一六名が最初の生徒として入所した[56]。

ちなみに、以上見たような農業教育の再構築の中で、「国語ヲ常用セサル者」（主に朝鮮人）を対象とする中等教育機関である高等普通学校では、実業科の必須科目化が実施された。具体的には、一七年三月三一日に高等普通学校規程中改正が公布され（同年四月一日施行）、「実業」が必須科目（必設必修科目）となると同時に、それまで第四・五学年に二時間ずつ配当だったものを全学年（第一～五学年）に一時間ずつ配当に改める措置がとられた(57)。

これに関して、湯浅倉平政務総監が、同年五月一七～二一日開催の道知事会議で、「朝鮮ニ於ケル経済生活ノ現状ヲ鑑ミ、実業ニ関スル智能ヲ啓発スルハ最モ緊要ト感ズルノデ、之ガ為実業補習学校ノ普及ヲ促スト共ニ、中学校及高等普通学校ノ規程ヲ改正シ其ノ実業科ヲ必須科目ト為シ、本年度ヨリ之ヲ実施スルコト、シタノデアリマス(58)」と述べている通り、この改正も農業教育の再構築の一環であった。

◆農業政策と農業教育

それでは、このような農業教育の再構築は、どのような総督府の方針に基づいて実施されたのであろうか。つまり、総督府が、「更新計画」など農業政策の推進と農業教育の再構築をどのように結びつけて考えていたのかを整理しておく必要がある。

その際、当時殖産局農務課長であった渡邊豊日子《とよひこ》の論説「産業第一主義と実業教育」が、農業政策と農業教育の関係性を非常に分かりやすく述べてくれており、最適の資料の一つである。なお、この論説は、一九二六年七月の道視学官会議に当たって学務局の依頼を受けてまとめられたものである。では、関連する一節を以下に引用することにしよう。

〔前略〕今日の農民が知識の程度の低いといふことは、これは奈何《いかん》ともすることが出来ないのであるが、将来のことを考へて見れば、今日学校に学ぶ児童生徒の実業、殊に農業に関する所の知識を涵養して行く計画を樹てることが、産業振興の最も根本策であると自分は信じて居るものであります。而して今後の農業は、これまでの農業のやうに単に働くだけではいけない。寧ろ頭を使つて色々なことを研究的に且つ合理的に実行するといふ頭を有つて居らなければ、政府の施設を了解することも出来ず、又自分の日々為す仕事と合理的且つ経済的に実行することも不可能であると思ふのであります。かるが故に、自分は産業第一主義の如き大計画を樹てる場合に於ては、実行的方面の事柄を実施する前に、寧ろこの方面に対する住民の思想をさういふ風に仕向けることが先決問題であつたやうに思はれるけれども、朝鮮に於てはその事柄は余りに眼前に迫つて居るが為めに、産業第一主義を先づ標榜して、これに伴ふ実業教育〔を―筆者註〕産業第一主義確立の以後に於て実行することになつて居る様でありますが、何れにしても半島住民の大多数を占むる農業に従事する人々の知識の開発が、朝鮮に於ける農業振興上の当面の急務であると自分は信じて居るのであります。……農業について見れば、大勢の百姓の人々は、戦争に譬《たと》ふればこれが即ち兵卒であります。もしこの兵卒に立派な兵卒を有つことが出来ないならば、如何に名将がこれを率ゐたとしても恐らく本当の実績を挙げることは出来なからうと思ひます。故に今日稍《や》や遅れた感じはあるけれども、朝鮮に於ては実業教育の振興を図ることが、寧ろ産業振興の第一の階梯ではあるまいかと自分は考へて居ります。(59)

要約すれば、産業第一主義の下、農業政策を以前にも増して精力的に推進していくためには、従来のように総督府や勧農機関・団体が指導奨励を行い、朝鮮人農民はただ単純にそれに従って働くというのではいけない。農政の「担い手」である朝鮮人農民が近代農学（学理農法）の知識を習得し、指導される内容を正確に理解し実行できなければ所期の目的を達成することはできない。よって、朝鮮産業の開発実現のためにも農業教育の整備・充実は緊急かつ不可欠のものである、というのである。

そして、渡邊豊日子は、「更新計画」を具体例に挙げて次のように説明している。一九二六年度開始の「更新計画」に関して、「世間往々産米増殖と土地改良との関係を誤解し、土地改良そのもののみに依つて八百二十万石の米を増収するものであるやうに考へて居る人が多いけれども、実際土地改良に依つて増すものは総体の計画八百二十万石の約三分の一であつて、爾餘の三分の二の五百三十六万石の米は肥料の増施、耕種法の改善に依つて増収しなければならぬ分量であります」と述べ、「更新計画」に占める農事改良事業の比重の大きさを指摘している。

　続けて、「土地改良の如き工事は、色々専門の技術者がその専門の知識を以て事に当るのであるから、比較的実績を挙げ易いこと、思ひますが、今日現に農事に従事して居る農民を相手として、残りの五百三十六万石の米増収を図ることは非常に困難な事柄である」と述べ、現状の朝鮮人農民では、農民が直接担う農事改良事業で成果を上げることは極めて難しいとする。

図4　農夫の昼食（『日本地理風俗大系』16巻・朝鮮（上）、新光社、1930年）

図5　牛耕（『日本地理風俗大系』17巻・朝鮮（下）、新光社、1930年）

　なぜならば、朝鮮人農民（図4・5）の大多数は、近代農学の知識が乏しく、「単に伝統的の知識に依つて従来からの事柄を実行して居るだけであつて、これを改良進歩せしむる能力の如きは殆んど零であり」、農業教育の普及によって農事改良を支える「担い手」の育成を進めない限りは、「日本内地の百姓が現に作り上げて居ると殆んど同程度のものを作上げ」て計画の目標を達成することは非常に困難であるというのである(60)。

　振り返ってみると、一九一〇年代の

農業政策では、優良品種の普及や調製法の改善など経費が少なく簡易で、近代農学の知識が少なくてもある程度成果が上がる事業が優先的に行われてきた。二〇年代に入り、その段階が過ぎて、農業政策が多様化・積極化し、二六年度以降、多額の資金を投入した土地改良事業や購入肥料（金肥）導入などによって予定の成果を上げるためには、近代農学の知識と技能を習得した農政の「担い手」を急ぎ幅広く育成しなければならなくなったと考えられるのである。

◆人材育成の変化

次に、一九二六年度からの農業教育の再構築にともなって、普通学校農業科の教育目的は、一〇年代と比較してどのようなものに変化したのであろうか。また、総督府は、新たに実業補習学校を加えることで、どのような段階を経て植民地農政の「担い手」を育成しようとしたのかについて検討することにしたい。

一〇年代の普通学校農業科では、農業実習に重点を置くことで農業に関する専門的な知識と技能を短期間で身につけさせ、卒業後ただちに実際の農業に従事できるような農業教育が実施された。ここでは普通学校は、上級学校への接続を前提としない「終結教育」を施す学校として、植民地農政の「担い手」を単独で育成することが想定されていたのである。それは、当時の就学児童の年齢が総じて高く、二〇歳前後以上の朝鮮人青年層が数多く含まれていたからこそ可能であった。

しかし、二〇年代以降、普通学校の増設が進むにつれて、就学年齢が低下し、普通学校に本来の朝鮮人「児童」が就学するようになると、一〇年代と同様の農業教育を施すことは現実的に難しくなった。

その結果として、普通学校の農業科に関して、従来のような職業に直結する科目としてだけではなく、必須の普通科目としても新たに位置づけるべきであるという議論が登場してくることになる。例えば、黄海道・沙里院公立農業学校教諭の横田俊郎は、次のように述べている。

農業教育は一つの職業教育ではあるが、私は初等学校に於ける農業教育は之を単なる職業教育として取扱ひたくない。何となれば農は国の大本であつて、我国全人口の八割はこの業に従事して居る。かく国の大本の業に対しては、之に従事すると否とを問はず、常識として相当知つて置くのは国民の義務であるかの如く考へる。且又吾人人類の衣食住と云ふ点より之を見る時は尚更のことである。……されば国民の義務であると云ふよりは人間の義務であると云ふのが至当であるかも知れぬ。

又農業教育そのものに就て考ふる時、夫は智育、体育、徳育の学問である。何となれば農業は理科的の智識を与へ科学的の智識を要求する、是れ智育である。農業は又身体を丈夫にする、是れ体育である。農業は又勤労協同、忍耐の精神、国土及動物愛護の精神を養ひ自然に親しみ美的情操を涵養せしめる、是れ徳育である。斯く観じ来る時は、農業教育は単なる職業教育でなくて人間必須の普通教育である(61)。

もちろん農業科を核とする農業教育には、職業教育の側面が含まれる。しかし、六歳～一〇代前半の就学児童に対して近代農学に基づく専門的な農業教育を行うことは早すぎるといわざるを得ない。むしろ普通学校における農業科は、すべての人々が常識として知るべき重要な普通教育の一つとしてとらえるべきである。そして、職業教育に進む前段階として、普通学校児童には、自然に親しみ、農業に興味をもち、勤労の精神を養うような普通教育としての農業教育を行わなければならないというのである。

こうして普通学校の農業科は、一九二六年度以降、一〇年代とは異なる教育目的を期待されることになったのである。総督府の平井三男学務課長も、これについて次のように率直に述べている。

翻てこれを吾が半島住民の生業から言つても、全戸数の八割は農を以て家業として居る。こゝに立脚しても、農村にある学校の農業科に対する教授の振興徹底を期することの、最も意義ある活動であることを思はねばならぬ。

〔中略〕言ふまでもなく、普通学校に於ける実科教育は、特殊的なる職業教育ではない。従つて普通学校の実科は決して農丁を作り、商工徒弟の養成を目的とするものではない。之等の諸教科に依り、外部的身体的実際の勤労を以て、陶冶鍛錬の基礎的根柢とし、真に勤労好愛の美習涵養に努め、以て実業心即ち生産的興味を喚起し、随て実業的に堪能なる者の養成と云ふことに、主なる任務のある事を忘れたくはない(62)。

ここで平井が明確に述べている通り、もはや普通学校は植民地農政の「担い手」を単独で育成する学校ではなくなったのである。つまり、普通学校の農業教育は、普通教育の側面に重きを置き、農業に対する興味をもたせ、勤労の習慣を身につけさせることが主な教育目的となったのである（図6）。

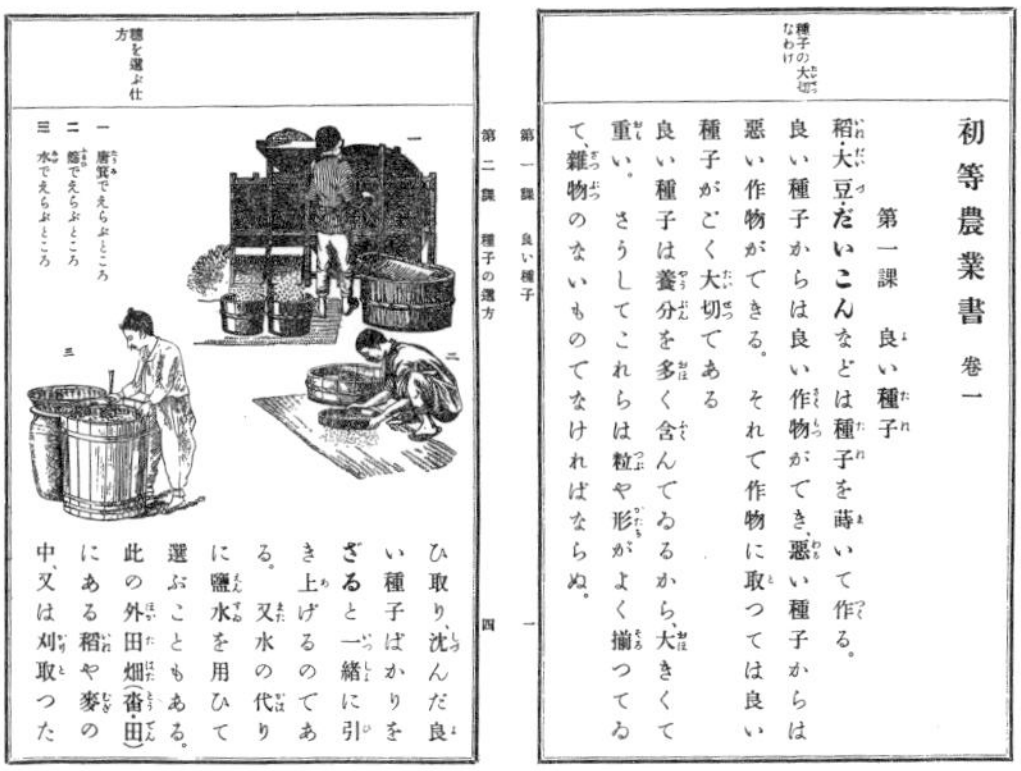

種子の大切《たいせつ》なわけ

初等農業書　巻一

第一課　良《よ》い種《た》子《ね》

稲《いね》・大《だい》豆《ず》・だいこんなどは種《た》子《ね》を蒔《ま》いて作《つく》る。良い種子からは良い作《さく》物《もつ》ができ、悪《わる》い種子からは悪い作物ができる。それて作物に取《と》つては良い種子がごく大《たい》切《せつ》てある良い種子は養《やう》分《ぶん》を多《おほ》く含《ふく》んでゐるから、大《おほ》きくて重《おも》い。さうしてこれらは粒《つぶ》や形《かたち》がよく揃《そろ》つてゐて、雑《ざつ》物《ぶつ》のないものでなければならぬ。

第一課　良い種子　一

穂を選ぶ仕方

ひ取り、沈《しづ》んだ良《よ》い種子ばかりをざると一《いつ》緒《しよ》に引《ひ》き上《あ》げるのである。又《また》水の代《かは》りに鹽《えん》水《すゐ》を用ひて選ぶこともある。此の外《ほか》田《た》畑《はた》(畓《とう》・田《でん》)にある稲《いね》や麥《むぎ》の中、又は刈《か》り取《と》つた

第二課　種子の選方　四

図6　初等農業書　以前の教科書より専門性が薄らいでいる（『旧植民地・占領地域用教科書集成 朝鮮総督府教科書 初等農業書〔復刻版〕』あゆみ出版、1985年）

なお、普通学校農業科における重要な教育活動である農業実習は、引き続き実施されていたと考えられる。しかし、一〇年代に見られたような、あたかも農業学校であるかのような農業実習は行われなくなっていった。

前述の横田俊郎は、「農業教育の中心は実習である。実習なき農業教育は真の農業教育でない」と述べて、農業実習は欠くことができない活動であるとする(63)。その一方で、「農業学校に於ける実習は、生産の方法を授ける、即職業教育として取扱ふと云ふ点に重きを置いて居」るのに対して、普通学校「に於ては、生産の観念を付与する、即普通教育として取扱ふと云ふ点に重きを置くべきである」から、両者の間では当然違った形態の農業実習を行わなければならないと主張している。

そこで、具体的な教材として、普通学校では農業に対する趣味を喚起するために花卉栽培、庭園経営、蔬菜栽培、養蚕、養鶏などを薦めるとともに、「畓〔水田―筆者註〕作物の栽培の盛んなる地方には畓作物を採用し、養蚕の盛んなる地方にては養蚕を採用する」など、学校が立地する地方の実状に合わせた農産物を採用することを求めている。また、農業実習を行う際の注意点として、「農業学校の実習の如く、身体を鍛錬し技術を修練せんとして苦役に慣れしめ過度の労働を強ふるは児童を賊《そこな》ふものである。そして実習に嫌忌の念を生じ、目的は達せられない」ので、くれぐれも児童の体力を考慮して実習を行うことを述べているのである(64)。

◆中堅人物の登場

さて、朝鮮総督府は、一九二六年度の農業教育の再構築によって実業補習学校を、植民地農政の「担い手」を育成する教育機関とする新たな方針を確立した。それでは、従来の普通学校農業科の上位に実業補習学校を加えることによって、全体として総督府はどのような意図と段階をもって植民地農政の「担い手」を育成しようと計画したのであろうか。この点については、江原道学務課の初田太一郎が非常に的確な整理を行っている。

まず、初田太一郎も、産業開発のためには実業教育振興による人材育成が必須であるという点について、前述の渡邊豊日子と共通の認識をもっていた。

最近総督府に於て産業第一主義を「モツトー」として種々産業奨励上の計画を樹立し、之が産業発展の為全力を注がれつゝあるは誠に慶賀に堪へない次第である。然しながら産業発展の根本は「人」にあるので、全然無知識なものに産業の福音を説き鞭撻を加へた処で朝風面を洗ふが如きもので、多額の経費を支出して指導奨励しても予期の目的を達することは至難の業であろうと信ずるものである。この実例は先輩から聞くと尠くないのである。

それで真に産業を奨励をするには、どうしても第一線に立つて働く農民の教育の進歩を計り自覚奮励する

やうにせねばならぬ。(65)

その上で、初田太一郎は、新たな植民地農政の「担い手」育成過程を次のように端的に整理して述べている。

> 茲に於て前に述べたやうに、普通学校児童に対し産業的訓練を施し、以て其の基礎を作り上げた卒業生をして、実業補習学校を設置して入学せしめ、更に農民的訓練を施すと共に農業に対する知識技能を授け、以て卒業後は着実に農業に従事せしめ、其の村の農事改良の先駆者としての中堅人物を養成し、産業開発に貢献せしむることは目下の急務と信ずるものである。(66)

要するに、普通学校で基礎的な農業教育を受け、続いて実業補習学校で農業に関する専門的な知識・技能を習得し、卒業後はただちに農業に従事して農事改良の先駆者たる「中堅人物」となり植民地農政に貢献するという育成プロセスである。このように「中堅人物」とは、まさに植民地農政の「担い手」であって、それは普通学校↓実業補習学校を経て養成されるという総督府の構想が、ここにはっきりと提示されることになったのである。(67)

では、この「中堅人物」とは、もう少し具体的にどのような人物なのであろうか。初田太一郎は、実業補習学校の目的・方針と関連してそれを次のように説明している。

> 元来農村の実業補習学校は、普通の農学校と其の趣きを異にしてゐる。其の収容する生徒は、其の村に土着して先祖伝来の業を継続するもので、卒業後は着実に農業に従事し農事改良の先駆者としての中堅人物を養成する大方針で教養するのである。月給生活を希望するやうなものは、絶対に入学を許さないことにしたいと思ふのである。尚本校の方針は実習中心主義を採り、極力実地に勤労せしめ淋漓《りんり》たる流汗鍛錬によつて農村青年としての精神を作興し、合理的農業経営を実地に授け、以て卒業後は真剣に働き、「朝鮮に於ける農村開発は我手に在り」、この意気込のある堅き強き底力のある中堅人物を養成する実業補習学校の設置を望むものである。(68)

この資料の記述から、総督府が育成を目指した「中堅人物」の理想像を一部抽象的ではあるにせよ思い浮かべることができるだろう。

つまり、「中堅人物」となる朝鮮人農村青年は、代々在地で農業を営んできた朝鮮人農民の子弟出身である。普通学校から実業補習学校を経て農業に関する知識と技能を身につけると、すぐに農村に戻り、近代農学を基礎とする農事改良と合理的な農業経営を率先して実践していく。いわば農事改良の先駆者であり、模範的農民である。

農業教育の成果として、自律的に農事改良の実施や農業経営の合理化を図るという点から見て、ここで語られる朝鮮人の「中堅人物」は不耕作地主や小作農ではなく、自作農や自小作農といった自営農民が念頭に置かれているると推察することができる。

こうして「更新計画」開始と同時に行われた朝鮮の農業教育の再構築は、普通学校農業科の強化と実業補習学校の増設によって植民地農政の「担い手」、いわゆる「中堅人物」を育成する目的をもって実施されたのである。

小　括

以上を踏まえて、本章の内容をまとめると次の通りである。

三・一独立運動に衝撃を受けた朝鮮総督府は、教育制度の見直しにただちに着手した。その際、特に重点が置かれたのは、朝鮮人に対する初等普通教育の普及・拡充であった。そこで、総督府は、「三面一校計画」によって普通学校の増設を図ると同時に、一九二二年に第二次朝鮮教育令を制定して、普通学校を日本内地同様、入学年齢を六年、修業年限を六年とするなど全面的な改正を行った。

第二次朝鮮教育令下で普通学校の農業科は、六・五年制普通学校で加設できる随意科目あるいは選択科目の一つと規定され、その法令上の地位は一〇年代以上に低下することになった。そのため従来の通説では、二〇年代は実業教育の衰退期であると考えられてきた。しかし、今回統計資料から農業科の加設状況を精査したところ、二〇年代前半でも六年制普通学校を中心に農業科が幅広く加設されていた事実が判明した。

一九二〇年度以降「産米増殖計画」が進行する中で、農業教育はより一層重要性を増すことになった。しかし、普通学校では就学児童年齢の低下によって、以前のような形で農政の「担い手」を育成することは困難となりつつあった。そこで、総督府は、二三年一〇月以降、新たに実業補習学校を加えた形での農業教育の再構築を検討することになったのである。

ここで朝鮮に実業補習学校制度が実質的に導入されることになった背景には、日本内地の動向が大きく関係していた。同じ二〇年代前半の時期に、日本では実業補習学校制度の抜本的な改革が行われ、実業補習学校が勤労青年の教育機関としての地位を確立したからである。ただし、朝鮮では日本内地とは異なり、公民教育と職業教育のうち後者、とりわけ農業教育の充実に重点が置かれることになった。

結局、農業教育の再構築も、「更新計画」同様、下岡忠治政務総監の就任が大きな契機となった。一九二六年度以降「更新計画」が開始されると、それに合わせて、農業科の四年制普通学校への拡大と実業補習学校の増設・普及が実現したのである。こうして朝鮮では実業補習学校が、普通学校に代わる植民地農政の「担い手」育成機関として政策的に位置づけられることになった。まもなくこの頃から朝鮮人農民の農政の「担い手」は「中堅人物」と表現されるようになる。以後、総督府は、植民地農政の「担い手」を普通学校→実業補習学校→「中堅人物」というプロセスに沿って育成しようと努めていくのである。

（1）　大野謙一『朝鮮教育問題管見』（朝鮮教育会、一九三六年）二三五～二三六頁。

（2）李正連『韓国社会教育の起源と展開』（大学教育出版、二〇〇八年）。
（3）井上薫「日帝下朝鮮における実業教育政策――一九二〇年代の実科教育、補習教育の成立過程」（渡部宗助・竹中憲一『教育における民族的相克　日本植民地教育史論Ⅰ』東方書店、二〇〇〇年）。
（4）武田幸男編『朝鮮史』（山川出版社、二〇〇〇年）二八二～二八六頁および朝鮮史研究会編『朝鮮の歴史　新版』（三省堂、一九九五年）二六六～二七〇頁。
（5）「道学務課長会議」（『朝鮮』大正九年一一月号、一九二〇年一一月）一六〇頁。なお、咸鏡南道知事の李圭完も、道内の公立小学校普通学校長会議（一九二〇年八月開催）における訓示の中で、三・一独立運動の影響を次のように述べている。「近時思想界の潮流は動もすれば人心の動揺を煽り、物価の変動は生活の安定を脅威し、為に人心浮薄に傾き世態軽佻に流れ、淳風美俗漸く喪はれんとする虞なしとせず。殊に騒擾の餘響未た容易ならざるものあるに、適々奇異の言辞を弄し激越の行動に出て、世道人心を混惑し、民衆をして其の帰趨を誤らしむるものなきにあらず。斯る風潮一度学校に襲来せむか、忽ち校風を害ひ生徒の思想を悪化して放縦無節制に陥たしめ、遂に教育の成果を疑はしむるに至らん。彼の各地学校に於て往々生徒の陳情、教師の排斥、同盟休業等の不祥事あるを聞くは真に憂懼に堪えざる所なり」（「咸鏡南道大正九年公立小学校公立普通学校長会議」『朝鮮教育』六四号、一九二一年一月、七二頁）。
（6）森崎實壽「教育界の一員として」（『朝鮮教育研究会雑誌』五四号、一九二〇年三月）六〇～六一頁。
（7）「我が校の実科施設」（『文教の朝鮮』一五号、一九二六年一一月）六八頁。
（8）大野謙一前掲書、一〇九～一一〇頁および『朝鮮総督府施政年報』大正一〇年版（朝鮮総督府、一九二二年）一五六～一五七頁。
（9）「朝鮮教育令中改正」（『朝鮮総督府官報』二四七七号、一九二〇年一一月一二日付）。
（10）「普通学校規則中改正」（『朝鮮総督府官報』二四七七号、一九二〇年一一月一二日付）。
（11）「臨時教育調査委員会」（『朝鮮』八五号、一九二二年三月）三三七頁。委員長である水野錬太郎政務総監のほか、委員の氏名のみをあげると以下の通り。李完用、赤司鷹一郎、馬場鍈一、姉崎正治、橋本左五郎、大塚常三郎、小西重直、柴田善三郎、和田一郎、河内山楽三、三土忠造、後藤祐明、粟屋謙、沢柳政太郎、鎌田栄吉、江原素六、永田秀次郎、山本犀蔵、田中玄黄、石鎮衡、美濃部俊吉、平沼淑郎、高元勳（役職名は、前掲「臨時教育調査委員会」三三〇～三三一頁参照)。
(12)「朝鮮教育令」(『朝鮮総督府官報』号外、一九二二年二月六日付)。
(13)「普通学校規程」(『朝鮮総督府官報』二八五〇号、一九二二年二月一五日付)。
(14)(第二次)朝鮮教育令第二条・第三条。
(15)(第二次)朝鮮教育令第三条。
(16)(第二次)朝鮮教育令第四条。
(17)(第二次)朝鮮教育令第五条。
(18)普通学校規程第七条。
(19)例えば、一九一一年(明治四四)から一〇年近く総督府学務課長を務めた弓削幸太郎は、法令上の規定を見て、「旧教育制度時代の学科課程及教育の実際に於て、極端なる実用主義に基き手工、実業等の教授に力を注いだものであったが、新教育制度に於ては斯様なる主義を取らぬもの、様に見へる」と自らの見解を述べている(弓削幸太郎『朝鮮の教育』自由討究社、一九二三年、二六三頁)。
(20)井上薫「日帝下朝鮮における四年制公立普通学校――三・一独立運動直後の修業年限延長と学校増設政策の実態」(『釧路短期大学紀要』二六号、一九九九年)参照。
(21)小田省吾「朝鮮の教育に就て」(『朝鮮』一一〇号、一九二四年六月)五二頁。
(22)橋本左五郎「農業教育の振興」(『朝鮮』八五号、一九二二年三月)八九頁。
(23)小田省吾前掲「朝鮮の教育に就て」四四~四五・五二頁。
(24)水野政務総監「朝鮮統治上の五大政策」(『朝鮮』大正一〇年四月号、一九二一年四月)。
(25)「朝鮮農業教育研究会」(『朝鮮教育時報』二号、一九二三年一二月)八六頁。
(26)『大正十二年十月官公立農業学校長会議事項』(朝鮮総督府、一九二三年一一月)(頁数掲載なし)。
(27)同右、一頁。
(28)同右、六頁。
(29)同右、九頁。

(30) 同右、一六頁。
(31) 「道知事会議ニ於ケル総督ノ訓示並政務総監ノ訓示要旨」(『朝鮮教育時報』九号、一九二四年七月)三頁。
(32) 「道視学官会議」(『朝鮮』一二〇号、一九二五年五月)一二六頁。
(33) 「道知事会議の概況」(『朝鮮』一二一号、一九二五年六月)一四四頁。
(34) 前掲「道知事会議の概況」一四三～一四四頁。
(35) 佐藤守「実業補習学校の成立と展開――わが国実業教育における位置と役割」(豊田俊雄編著『わが国産業化と実業教育』国際連合大学、一九八四年七月)二三～三五頁。
(36) 同右、四五～五六頁。
(37) 千葉敬止『日本実業補習教育史』(東洋図書、一九三四年八月)四六七～四六九頁。
(38) 佐藤守前掲論文、五九～六〇頁および千葉敬止前掲書、一〇九～一一三頁。
(39) 佐藤守前掲論文、六二～六六頁および千葉敬止前掲書、一七二～一八三頁。
(40) 斉藤利彦「「大正デモクラシー」と公民科の成立――文部省少壮官僚の公民科論」(『日本教育史研究』二号、一九八三年五月)六七～七五頁および大森照夫・森秀夫「わが国における公民科成立の過程と成立後の展開」(『東京学芸大学紀要』二〇集第三部門、一九六八年)一二四～一二五頁。
(41) 佐藤守前掲論文、六七～七三頁および大森照夫・森秀夫前掲論文、一二五～一二六頁。
(42) 千葉敬止前掲書、四六七～四六九頁。
(43) 「普通学校規程中改正」(『朝鮮総督府官報』四〇五四号、一九二六年二月二六日付)。
(44) 李軫鎬は、朝鮮総督府始まって以来初の朝鮮人局長であり、その経歴から「親日派」の代表的人物の一人との評価もある。彼に関しては、稲葉継雄が前半生や学務局長としての業績などについて冷静な考察を行っている(稲葉継雄「李軫鎬研究――朝鮮総督府初の朝鮮人学務局長の軌跡」『朝鮮植民地教育政策史の再検討』九州大学出版会、二〇一〇年)。なお、稲葉によれば、李軫鎬を学務局長に登用(一九二四年一二月就任)したのは、政務総監の下岡忠治であったという(合わせて、敏腕の商工課長として鳴らした平井三男を学務課長に配した)。
(45) 「実科教育ニ関スル件」(『文教の朝鮮』九号、一九二六年五月)一五一頁。

(46) 総督府からの通牒を受けて、例えば、一九二六年一一月開催の慶尚南道公立小学校長公立普通学校長会議では、道知事が訓示の中で同様の趣旨を以下のように述べている。「輓近時代ノ要求ハ実業教育ノ振興ヲ促シテ止マス。殊ニ朝鮮ノ現状ハ今後益々産業振興ノ切要ヲ感セシムルモノアルヲ以テ、学校ニ在リテハ実業ニ関スル智識技能ノ増進又ハ実科的陶冶ニ依リ、産業開発ニ資スルト共ニ勤倹力行ノ良風ヲ馴致スルヲ緊要トス。而シテ実業教育振興ノ要諦ハ設備ノ完成ヲ計ルハ勿論ナレトモ、之カ指導者ノ実業ニ対スル趣味ト努力トニヨタスムハアラス。教師率先実習ニ衝リ身ヲ以テ之カ指導ヲ為スニ於テハ、其成果期シテ待ツヘキモノアルヲ信ス。本年ヨリ新ニ四年制ノ普通学校ニモ実業科ヲ課シ得ルノ制度トナリタルヲ以テ、各位ハ克ク其ノ趣旨ヲ体シ、地方産業ト相関連セシメ実生活ニ即シタル教育ノ向上ニ努メラルヘシ」(「慶尚南道公立小学校長公立普通学校長会議」『文教の朝鮮』一六号、一九二六年一二月、一三八頁)。

(47) 初田太一郎「朝鮮に於ける実業補習教育振興を如何にすべきか」(『文教の朝鮮』九号、一九二六年五月)三六頁。

(48) 「道知事会議ニ於ケル総督訓示」(『朝鮮総督府官報』四一六一号、一九二六年七月三日付)。

(49) 「道視学官会議」(『文教の朝鮮』一三号、一九二六年九月)五八頁。

(50) 同右、六一~六二頁。

(51) 「水原高等農林学校附置実業補習学校教員養成所規程」(『朝鮮総督府官報』一六一号、一九二七年七月一三日付)。

(52) 教員養成所規程第一条。

(53) 教員養成所規程第二条。

(54) 教員養成所規程第五条。

(55) 教員養成所規程第三条。

(56) 「実業補習学校教員養成所開所式瞥見」(『文教の朝鮮』二五号、一九二七年九月)七五~七六頁。

(57) 「高等普通学校規程中改正」(『朝鮮総督府官報』七三号、一九二七年三月三日付)。

(58) 「道知事会議ニ於ケル政務総監ノ訓示」(『朝鮮総督府官報』一一三号、一九二七年五月一八日付)。

(59) 渡邊豊日子「産業第一主義と実業教育」(『文教の朝鮮』一三号、一九二六年九月)九~一〇頁。

(60) 同右、六頁。

(61) 横田俊郎「初等学校に於ける農業教育に就いて」(『文教の朝鮮』六号、一九二六年二月)五六頁。

(62) 平井三男「喜悦すべき教育傾向」(『朝鮮』一四〇号、一九二七年一月)一六頁。
(63) 横田俊郎前掲「初等学校に於ける農業教育に就いて」五六～五七頁。
(64) 同右、六〇・六二頁。
(65) 初田太一郎前掲「朝鮮に於ける実業補習教育振興を如何にすべきか」三七頁。
(66) 同右、三八頁。
(67) 植民地朝鮮の「中堅人物」に関する先行研究としては、以下のものがある。富田晶子「農村振興運動下の中堅人物養成――準戦時体制期を中心に」(『朝鮮史研究会論文集』一八集、一九八一年)、青野正明「朝鮮農村の「中堅人物」――京畿道驪州郡の場合」(『朝鮮学報』一四一輯、一九九一年)、青野正明「植民地朝鮮の宗教運動と「中堅人物」――農村社会の変動を軸に」(松田利彦・陳姃湲編『地域社会から見る帝国日本と植民地――朝鮮・台湾・満洲』思文閣出版、二〇一三年)。韓国では、김민철「조선총독부의 농촌중견인물 정책 연구(朝鮮総督府の農村中堅人物政策の研究)」(『한국민족운동사연구(韓国民族運動史研究)』四一、二〇〇四年)などがある。
(68) 初田太一郎前掲「朝鮮に於ける実業補習教育振興を如何にすべきか」三八頁。

第六章　地域社会における植民地農政の「担い手」育成

本章では、前章の考察を踏まえて、まず前半で一九二六年度の農業教育の再構築が、朝鮮の地域社会で現実にどのように推移したのかについて二〇年代の江原道を事例として具体的に検討する。次に後半では、総督府が提示した新たな植民地農政の「担い手」育成プロセスがただちに朝鮮農村で実現できない状況の中で、二七年度から京畿道で卒業生指導制度が開始されるとともに、二九年には職業科の新設・必須科目化が実施され、その結果三〇年代以降の「担い手」育成の基本構造が形作られる過程を明らかにする。

第一節　江原道における農業教育

(1) 農業教育振興規程の制定

◆農業教育の継続

ここでは、一九二〇年代初めから半ばまでの農業教育の変化が、朝鮮全体ではなく地方の道レベルでどのような実態をもって推移していたのかを解明する。なぜならこれまでの分析でもあった通り、普通学校等における農業教育の実施状況は、朝鮮全体に施行される法令の条文解釈だけでは把握することが困難であるからである。む

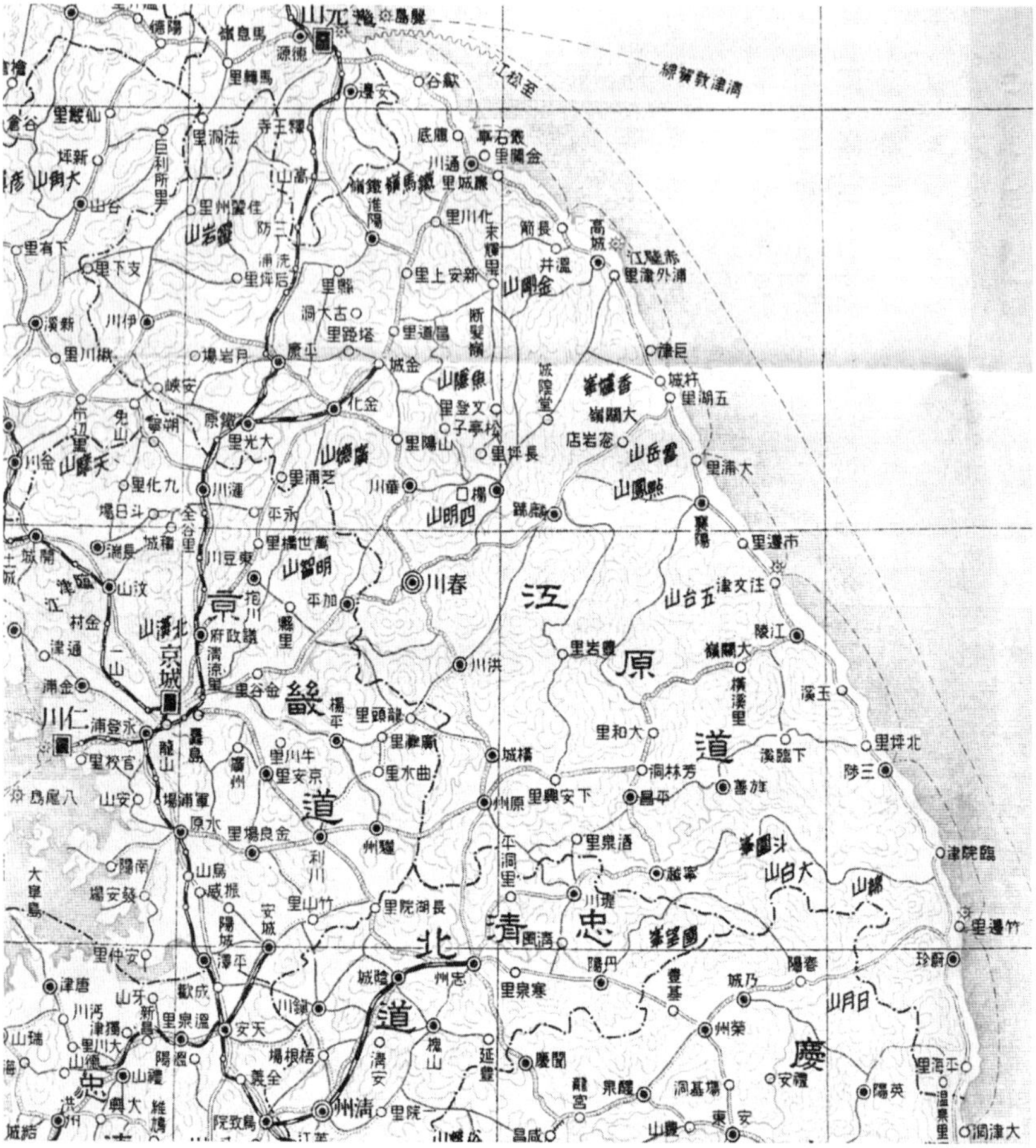

図１　江原道地図（朝鮮総督府編纂『朝鮮要覧』大正15年版、1926年）

しろ地方の学校現場における農業教育の実践に先導される形で、総督府が現状を追認しつつ政策を決定していく場面が非常に多いのである。そこで、農業教育の実態に関して断片的ながらも他の道と比較してやや多くの資料が残されている江原道を事例として検討を進めていく。

一九一九年（大正八）三月の三・一独立運動勃発は、朝鮮半島の中東部に位置し山間地域が多い江原道（図1）にも極めて大きな影響を及ぼしたものと考えられる。江原道内の普通学校でも、農業科を軸とした農業教育が実施されていたが、おそらく三・一独立運動を受けて一時的に休止状態に陥ったのではないかと想像される。

道内の動揺もやや収まりはじめた翌二〇年三月に、江原道は訓令第八号として「学校農業及手工実施要綱」を公布し、道内の普通学校および小学校における実業教育の実施基準を定めることになった。『朝鮮総督府官報』掲載の訓令全文を引用すると次の通りである。

朝鮮総督府江原道訓令第八号

郡守
学校組合管理者
公立小学校
公立普通学校
私立学校

小学校及普通学校ニ於テ農業及手工ヲ課スルハ、之等実業ニ関スル普通ノ知識ヲ授ケ其ノ趣味ヲ喚起セシムルト共ニ、勤労ノ美風ヲ養成セシメムトスルニ在リ。然ルニ従来其ノ実施要綱ニ於ケル実習ハ概ネ画一的ニ規定シタルカ為、普通学校ニ在リテハ往往ニシテ其ノ度ヲ越エタルノ嫌アルモノナキニ非ス。於是今回大正四年三月江原道訓令第十二号ヲ廃止シ、自今左記学校農業及手工実施要綱ニ依リ之ヲ施行セムトス。然レトモ実業ノ知識ヲ修メ其ノ興味ヲ喚起セシムルハ、啻《ただ》ニ生活上須要ナルノミナラス、実習ハ学理ノ応用ヲ実地ニ試ミ、且之ニ依リ勤労ノ美風ヲ養成スルヲ得ヘク、勤労ノ美風ハ寔《まこと》ニ民力涵養ノ根基ニシテ、家国ノ盛衰之ニ繋ルト謂フモ過言ニ非ス。固《もと》ヨリ本実施要綱ノ改正ニ依リ、主トシテ普通学校ニ於ケル実施ノ時間数ヲ減シ又ハ撤廃シタルハ、決シテ実業ヲ軽視シ勤労ノ美風ヲ等閑ニ付シタルニ非ス。只地方ノ状況時季其ノ他ニ依リ伸縮ノ餘地ヲ存シ、本科実施ノ適切ヲ期シ、以テ其ノ効果ヲ一層多大ナラシメムト欲スルニ在ルノミ。本道国民教育ノ責ニ在ル者克ク本要綱改正ノ趣旨ヲ体シ、本官ノ期図ヲシテ空シクセシムルコト勿《なか》レ。

大正九年三月六日　　朝鮮総督府江原道知事　元　應　常

学校農業及手工実施要綱

一　農業ハ小学校及普通学校ニ於テ正課トシテ左記時間数ニ依リ之ヲ課スヘシ。

小学校尋常第五学年以上各学年	一週	二時間
普通学校第三学年以上各学年	一週	二時間

実習ハ実習ノ目的、児童ノ能力、土地ノ状況及季節等ヲ斟酌《しんしゃく》シ、規定ノ時間外ニ渉リテ之ヲ課スヘシ。

二　手工ハ小学校及普通学校ニ於テ正課トシテ左記時間数ニ依リ之ヲ課スヘシ。

小学校尋常第一、二、三学年	一週	一時間
同　尋常第四学年以上各学年	一週	二時間
普通学校第一学年	一週	一時間
同　第二学年以上各学年	一週	二時間

三　私立学校ニ於テハ普通学校ニ準拠シテ実施スヘシ。(1)

この江原道訓令「学校農業及手工実施要綱」は、三・一独立運動の動揺を踏まえて、江原道内の普通学校および小学校における農業科・手工科の実施基準を改めて定めたものといえよう。

訓令中の「普通学校ニ在リテハ往往ニシテ其ノ度ヲ越エタルノ嫌アルモノナキニ非ス」との文言に端的に表れているように、それ以前の普通学校では、農業実習を軸とした農業教育が精力的に実施され、その結果、過剰な肉体労働を強いられた朝鮮人児童から反発を招く事態となっていたのである。

本訓令公布の前提となっている一九一五年（大正四）三月の江原道訓令第一二号の内容が、管見の限りでは判明しなかったため、改正点を正確に特定することはできないが、おそらく「主トシテ普通学校ニ於ケル実施ノ時間数ヲ減シ又ハ撤廃」する措置などによって、農業科は普通学校第三・四学年で週二時間、農業実習は「実習ノ目的児童ノ能力土地ノ状況及季節等ヲ斟酌シ」て実施することが規定されたものと推測される。

逆にいえば、一九一〇年代の江原道の普通学校では、教室内での農業科が週二時間以上教授されたり、第一・二学年でも課されたりしたほか、農業実習が児童の能力などを考慮せずに過度に実施される場面が存在していたことを暗示しているともいえるだろう。

ただし、ここで最も重要な点は、この訓令の制定が、江原道における農業科の衰退や実業教育（農業教育）の軽視を意味している訳では決してないということである。なぜならば、新たな訓令でも、農業科は普通学校（および小学校）で「正課」として「之ヲ課スヘシ」とされている通り、朝鮮教育令（一九一一年八月公布）下で加設随意科目と規定されていたとしても、従来と変わらず必須科目に迫る準必修科目として実施しつづけることを指示しているからである。また、「決シテ実業ヲ軽視シ勤労ノ美風ヲ等閑ニ付シタルニ非ス」とあえて強調していることからも分かる通り、二〇年代に入っても江原道として実業教育を重視する方針は一貫していたといってよいのである。

ほどなくして一九二二年（大正一一）二月には、第二次朝鮮教育令が公布され、朝鮮における教育制度の抜本的な改革が行われた。

すでに見たように、このなかで普通学校は、朝鮮人が大部分を占める「国語（日本語）ヲ常用セサル者」を対象とする初等普通教育機関と位置づけられることになった。また、第二次朝鮮教育令と同時に制定された「普通学校規程」では、農業科は、六年制・五年制普通学校で加設できる随意科目あるいは選択科目の一つとして規定され、毎週教授時数表からも農業科の項目が削除されることになった。すなわち、法令上では一〇年代と比較して教科目中で占める農業科の地位は大きく後退する結果となったのである。

しかし、前章で統計資料を用いて農業科の加設状況を確認したことからも明らかなように、実際には二〇年代前半に四年制普通学校を中心とする学校増設の影響で若干の停滞は見られたものの、二八年度には五年制以上の公立普通学校の九〇％以上で加設されるなど、農業科は一〇年代と同様、重要な教科目として教授されたのである。

その一方で、二〇年代に入り、普通学校の就学児童がそれまでの「青年」から、本来法令が定める「児童」へと年々変化する中で、一〇年代のように普通学校単独で朝鮮人子弟の中から植民地農政の「担い手」を育成することは困難となっていった。折しも、朝鮮総督府では、「産米増殖計画」を代表とする朝鮮産業の開発に重点を置いていたこともあり、二〇年代の状況に適応した新たな農業教育の枠組みの構築が模索されることになったのである。

総督府が朝鮮における農業教育の再構築に具体的に着手したのは、前章で指摘したように一九二三年（大正一二）一〇月頃のことであった。

同年一〇月一〇～一二日開催の官公立農業学校長会議において斎藤実総督は、訓示の中で、朝鮮産業の開発を支える人材育成のためには実業教育の振興が一層必要であると述べている。また、この会議では、農業教育再構築の目玉として、農業補習教育が初めて取り上げられ、総督府からの諮問事項「農業補習教育ノ発達普及ヲ期スル為緊急施設ヲ要スト認ムル事項」に対して、各農業学校長から答申として地域の実情に即したさまざまな意見や提案が寄せられることになった。

ここでの議論が最終的な総督府の政策内容にどのような形で反映されたのかは、資料面で裏付けることはできないが、実業補習学校の拡充や普通学校農業科の改善・強化などを検討する上で、貴重な材料を提供する場になったものと思われる。

ちなみに、この官公立農業学校長会議で、江原道の春川公立農業学校（校長渋田市造）は、農業補習教育の普及のための方策として、以下のような答申を行っている。

（一）本府及各道ニ実業補習教育ノ指導機関ヲ設クルコト。

（二）優良教員ノ配置ヲ期スル為、教員養成機関ヲ設クルコト。

教育ノ効果ハ設備環境ニ支配セラルルコト多シト雖《いえど》モ、又教員ノ素質ニ因ルコト多大ナルモノナレハ、優良教員ヲ配置スルノ要アルハ勿論、之カ実現ヲ期スル為、養成機関ヲ設置スルコトハ極メテ緊要ナルコトトス。

農業補習学校ハ地方産業開発ノ先駆トナルモノナレハ、教員ハ農業ノ智識技能ニ長スルハ勿論教育ノ理論及実際ニ通シ、其ノ施設経営ハ教育的ニシテ然モ地方産業開発ノ根源トナラサルヘカラス。故ニ実業補習学校ノ教員ハ、教育トシテ実業学校ト社会トノ連繋ヲ十全ナラシムルニ足ル優良ノ教育者ノ養成ヲ計ルコト。

（三）設備費及経済費ノ大部分ヲ国庫ヨリ補助セラルルコト。

農業補習学校ハ地方産業開発ノ源泉トナルヘキモノナレハ、相当設備ヲ整ヘ実習ノ結果ヲ優秀ナラシムルノ要アリ。設備ノ程度ハ土地ノ状況ニヨリ差異アルヘキモ、校舎、校具ノ外、適当ノ実習地、堆肥舎及肥料溜、養蚕室、収納舎兼作業室、鶏舎等ハ最モ緊要ナルモノニ属シ、殊ニ日常使用スル農具ハ、必ス所要数量ヲ設備スルニアラサレハ作業ノ進行渉々シカラス、実習ノ時期ヲ失シ結果ヲ不良ナラシムルノミナラス、実習ノ興味ヲ欠キ惰気ヲ生シ不規律ニ陥ラシムル等、却テ弊害ヲ醸ス恐レアレハ相当設備スルコト緊要ナリ。

而シテ之カ支出ハ今日ノ郡学校費ニ於テハ到底困難ナルヘキ情勢ナルヲ以テ、相当国庫ヨリ補助セラルルコトハ急務中ノ急務ナリトス。

（四）補習学校ニ於テハ土地ノ情勢ニ立脚セル施設経営ヲナシ、特ニ実習指導ヲシテ有効適切ナラシムルコト。

地方ノ情勢ヲ詳細ニ調査シ、地方産業開発上重要ナル事項ニ主力ヲ注クハ勿論、実習地ヲシテ教室ノ延長タラシメ、精密完全ナル設計ニ基キ栽培飼育ノ実験場タラシメ、学理ト実際トノ連絡統一ヲ期スルコト。

（五）農村普通学校及附設学校等ニ於テ一層農業趣味ノ助長ヲ計ルコト。

相当農業ニ関スル設備ヲ整ヘ、一層趣味ノ助長ヲ計リ、勤労ノ習慣ヲ養成スルコト。殊ニ相当年齢ニ達セル高学年ニ於テハ、一層農業科教育ノ振興ヲ期シ、農業補習教育ノ普及発達の気運ヲ醸成スルコト。

（六）農業補習学校ノ本旨ヲ一般ニ普及徹底セシムルコト。

農業補習教育ノ必要ヲ一般ニ宣伝普及シ、特ニ設立セントスル地方ニハ之カ徹底ヲ期スル様適当ノ方法ヲ講スルコト。

（七）各道ニ模範農業補習学校ヲ設置スルコト。

適当ノ位置ニ、各道地方費ヲ以テ相当完備セル農業補習学校ヲ設置シ、模範タラシムルコト。

（八）　本府ニ於テ適当ノ教科書ヲ編纂セラルルコト。(2)

すなわち、江原道・春川公立農業学校は、農業補習教育の普及・発達のための方策として、主に、農業補習学校教員の養成機関の設置と農業補習学校に対する国庫補助を求めたほか、既存の普通学校の農業教育を一層充実させることにも言及しているのである。

◆農業教育の振興

一九二三年一〇月以降、総督府が農業教育の再構築へと本格的に動き出す中で、江原道は、総督府に先行する形で道内の農業教育活動のさらなる充実を図っていった。

まず江原道は、一九二三年（大正一二）夏から道内の公立普通学校に対する農業教育振興を計画し、同年度中に総督府から実科教育補助六五二円、農業教育補助三〇〇〇円、翌二四年度には地方費補助二〇〇〇円を得て、農業教育振興実施の計画と準備を開始している。(3)

そして、二四年七月に江原道訓令第一八号として、「農業教育振興実施規程」が公布された。その内容は以下の通りである。

朝鮮総督府江原道訓令第十八号

農業教育振興実施規程左ノ通相定ム

大正十三年七月十二日　　朝鮮総督府江原道知事　尹　甲　炳

農業教育振興実施規程

第一条　公立普通学校ニ於テハ本規程ニ依リ農業教育ノ振興ヲ図ルヘシ。

第二条　公立普通学校ニ於テハ、別冊農業教育実施要項ニ基キ、学校ノ実状ニ応シテ実習地又ハ学校園並農具等ヲ設備シ、相当ノ施設経営ヲ為スヘシ。
第三条　修業年限五年以上ノ公立普通学校ニ在リテハ、農業教育ニ関シ相当計画ノ下ニ作物ノ栽培、養蚕、養鶏等ニ付実験実習ヲ課スヘシ。
農業科ヲ課スル学年ノ手工ハ、農業ヲ加味シテ之ヲ課スヘシ。
第四条　修業年限四年ノ公立普通学校ニ在リテハ、学校園並学校林等ヲ設ケ、農業ヲ加味シタル教材ヲ以テ之カ施設経営ヲ為スヘシ。
第五条　公立普通学校附設速成学校ノ児童ハ概ネ年長ナル点ニ鑑ミ、実業補習学校農業科ノ課程ヲ斟酌シテ、相当計画ノ下ニ実験、実習ヲ為サシムヘシ。
第六条　公立普通学校主催ノ講習会並夜学会ニハ、成ルヘ〔ク―筆者註〕其ノ土地ニ適切ナル産業上ノ科目ヲ加フヘシ。
第七条　公立普通学校ノ卒業生又ハ青年会員ニシテ農業ニ関シ共同経営ヲ為サムトスル場合ハ、周密ニ之ヲ指導スヘシ。
第八条　公立普通学校長ハ毎年二月末日迄ニ第一号様式ニ依ル翌年度ノ農業教育振興実施計画書ヲ道知事ニ提出スヘシ。
第九条　公立普通学校ニ於テハ、少クトモ年一回以上適当ナル時期ニ於テ簡易ナル方法ニ依リ立毛又ハ生産物等ニ付品評会ヲ開催シ、其ノ都度状況ヲ道知事ニ報告スヘシ。
第十条　生産物ハ学校長ニ於テ予メ郡守ノ承認ヲ受ケ之ヲ処理シ、第六号様式ニ依リ翌月五日迄ニ其ノ状況ヲ郡守ニ報告スヘシ。
第十一条　公立普通学校ニ於テハ本教育ノ実施ハ《(ママ)》関シ左ノ帳簿ヲ備付クヘシ。

農業教育振興実施計画書　第一号様式
設備台帳　第二号様式
学校農業日誌　第三号様式
児童農業日誌　第四号様式
実習成績簿　第五号様式
生産物処理簿　第六号様式
実習地収支決算書　第七号様式
学校園

第十二条　公立小学校及私立学校ニ於テハ本規程ニ準シ其ノ学校ノ実状ニ応シ相当ノ施設経営ヲ為スヘシ。

附　則

本規程ハ発布ノ日ヨリ之ヲ施行ス。
大正九年朝鮮総督府江原道訓令第八号ハ之ヲ廃止ス。
（第十一条様式別冊省略）(4)

ちなみに、江原道視学の初田太一郎は、江原道における農業教育振興の必要性について、次のように力説している。

翻つて我が朝鮮の農村は如何なる傾向を示しつゝあるかを考察するに、朝鮮は由来伝統的に文筆を尊んじ、筋肉労働を卑しむ弊風がある故に、普通学校を卒業すれば先祖代々の農業を嫌つて、俸給生活を希望するものの多く、不幸就職口がないとブラ〳〵遊んでゐるものが年々増加し、農村は漸次疲弊せんとしつゝある。斯の如き状態では農村改良上の種々の施設をしても其の実績は挙らないのである。

然らば如何にして農村を根本的に改良するかと云へば、「三つ子の精神百まで」と云ふことがあるが如く、子供の時代より田園の趣味を養成し、農業労働を尚《たっと》ぶ精神を養成して置くことが最も必要である。即ち換言せば小学校や普通学校児童に産業的訓練を施し、以て農村改造の芽生を培ふことが目下の急務と信ずるものである。(5)

ここで、初田太一郎は、農村現場レベルで植民地農政の「担い手」を育成しなければ、どのような勧農施設を整備し、農事改良の指導奨励を行っても実績はあがらないのであり、将来の「担い手」育成につなげるためにも普通学校での農業教育の充実・強化が急務であると述べているのである。

こうして江原道では、一九二三年夏以降、公立普通学校を中心に農業教育振興の諸施策が実施されることになり、その基準として従来の「学校農業及手工実施要綱」が廃止され、新たに「農業教育振興実施規程」が制定されたのである。

この規程の最も大きな特徴は、六年制・五年制の普通学校だけではなく、法令上認められていない四年制の普通学校でも農業教育を実施するよう明確に規定した点にある。

具体的に見ると、修業年限六年の公立普通学校では、実習地を整備し、それを普通作物園、特用作物園、蔬菜園、果樹園、桑園、苗圃等に区分し、共同、組別、個人別等に分担を定めて農業実習を行うこととした。また、修業年限四年の普通学校では、学校園を設けて、これを観賞園、教材園、普通作物園、蔬菜園、果樹園に区分し、学級別に分担を定めて作業を行わせて、農業趣味の養成に努めることにしたのである。

こうして江原道では、一九二五年（大正一四）の時点で、公立普通学校の内、実習地および学校園を設置している学校は、全六八校中の六五校を占め、その総面積は七万八五二七坪で一校当たり平均一二〇八坪（最大三八一七坪、最小二〇〇坪）となった。

さらに、各公立普通学校には、就学児童に対して愛林思想を養成するために学校林が設置されていた。同じく二五年の時点で、公立普通学校の内、学校林を設置している学校は五三校であり、その総面積は二〇五万四八四四坪で一校当たり平均五万四一坪であった(6)。

このように江原道では、一九二六年四月の普通学校規程改正によって四年制普通学校でも農業科加設が可能となる以前に、四年制も含むすべての公立普通学校で、すでに農業教育が積極的に実施されていたのである。

それ以外に「農業教育振興実施規程」の特徴としては、公立普通学校で年一回以上品評会を開催することを規定している点も注目される。実際には、「学校及児童の栽培飼養手工に成れる農産物品評会を毎年一回学校に於て開催し、審査の結果優良なるものを選賞し之が奨励に努めつゝあ」るという。品評会開催のほかにも、児童の父兄に対する種苗・種卵などの配布も実施されていた。例えば、「学校に作物を栽培して優良と認めたる種苗を児童の各家庭に分配して試作」させたり、「学校に改良鶏白色レグホーンを飼養し此の種卵及雛を蕃殖して一般父兄の希望者に配布し之が普及に努め」たり、といった事例が報告されている(7)。

ここからも分かる通り、二〇年代に入ってからも、普通学校は、学校周辺の地域社会に農事改良を普及させる勧農機関としての役割を依然として持ちつづけていたと考えられるのである。そのため江原道では、郡・面などの行政官庁と普通学校の密接な連携を図るために、各郡の産業技手を農業教育実施指導員に嘱託して実地指導に当たらせ、農業教育の振興を推進すると同時に、道および郡の勧業方針の普及・徹底を図っていったのである(8)。

(2)　農業教育の普及と実業補習学校

◆各道の農業科加設状況

農業教育振興に関する規程の制定を経て、江原道の普通学校では農業教育がどの程度普及していたのであろうか。ここではまず統計資料からその普及状況を確認する。

朝鮮各道における農業科など実業的教科目の加設状況に関しては、管見の限り一九二八年度（昭和三）の資料しか残されていない。すなわち、江原道で「農業教育振興実施規程」が制定されてから約四年後に当たる時期のものである。

まず表1から、二八年度時点での普通学校における農業科の加設状況を見ておこう。

これによると、江原道では、公立普通学校八二校中すべての学校で農業科が加設されている（その一方で、商業科は全く加設されていない）。江原道以外では、忠清北道や全羅北道でもすべての公立普通学校に農業科が加設されていたことが分かる。

二八年度の公立普通学校における農業科の加設率は、朝鮮全体で見ると八四・八％となるが、道別に見ていくと、加設率が一〇〇％の江原道、忠清北道、全羅北道を筆頭にして、平安北道、忠清南道、咸鏡南道、咸鏡北道でも加設率は九五％以上であり、ついで全羅南道、平安南道でも加設率は九〇％以上に達している。

さらに、表2で、六年制・五年制と四年制の公立普通学校を区別してそれぞれの加設率を見てみると、農業科の加設率九〇％以上の九道の内、五・六年制で加設率が一〇〇％となっているのが五道、四年制で加設率が一〇〇％となっているのが六道あり、全羅南道以外の道では、少なくともどちらかが一〇〇％となっている。

これら加設率の高い道は、いささか抽象的な表現となるが、大きな都市が比較的少なく大部分を農村部や山間部が占める道であると思われる。こうした状況から類推して、朝鮮の農村部にある公立普通学校では、基本的にすべての学校に農業科が加設されていたと考えて良いのではないだろうか。

反対に、表1で加設率が低かったのは、慶尚南道（四五・三％）、京畿道（七一・七％）、黄海道（七六・四％）である。これらの道の場合、京城、仁川、釜山などの都市部が含まれていることから、必然的に農業科の加設がやや

表1　普通学校農業科・商業科の加設数・加設率の推移(1928年度)

道名	学校数		農業科加設			商業科加設			農業科または商業科を選択科目として加設			計		
	公立	私立	公立	比率	私立	公立	比率	私立	公立	比率	私立	公立	比率	私立
京畿道	152	21	109	71.7	1	16	10.5	7	—	—	—	125	82.2	8
忠清北道	66	1	66	100.0	1	—	—	—	—	—	—	66	100.0	1
忠清南道	112	1	109	97.3	—	—	—	—	—	—	—	109	97.3	—
全羅北道	125	—	125	100.0	—	—	—	—	—	—	—	125	100.0	—
全羅南道	188	9	174	92.6	4	1	0.5	—	4	2.1	—	179	95.2	4
慶尚北道	135	6	118	87.4	1	2	1.5	1	2	1.5	—	122	90.4	2
慶尚南道	192	2	87	45.3	—	4	2.1	—	1	0.5	—	92	47.9	—
黄海道	110	10	84	76.4	3	—	—	—	9	8.2	6	93	84.5	9
平安南道	89	2	82	92.1	—	3	3.4	—	1	1.1	—	86	96.6	—
平安北道	90	1	89	98.9	1	1	1.1	—	—	—	—	90	100.0	1
江原道	82	18	82	100.0	18	—	—	—	—	—	—	82	100.0	18
咸鏡南道	67	18	64	95.5	9	2	3.0	3	1	1.5	—	67	100.0	12
咸鏡北道	42	9	40	95.2	6	—	—	—	—	—	—	40	95.2	6
総計	1450	98	1229	84.8	44	29	2.0	11	18	1.2	6	1276	88.0	61

(比率単位　%)

(出典)『昭和三年度 普通学校小学校実業科目加設状況調』(朝鮮総督府学務局、発行年月不明) 5～6頁より作成。

表2　普通学校農業科の加設状況(1928年度)

道名	公立普通学校数					5・6年制公立普通学校農業科加設		4年制公立普通学校農業科加設	
	5・6年制		4年制		計				
	A	A/C	B	B/C	C	D	D/A	E	E/B
京畿道	84	55.3	68	44.7	152	62	73.8	47	69.1
忠清北道	63	95.5	3	4.5	66	63	100.0	3	100.0
忠清南道	98	87.5	14	12.5	112	98	100.0	11	78.6
全羅北道	50	40.0	75	60.0	125	50	100.0	75	100.0
全羅南道	106	56.4	82	43.6	188	102	96.2	72	87.8
慶尚北道	112	83.0	23	17.0	135	108	96.4	10	43.5
慶尚南道	103	53.6	89	46.4	192	75	72.8	12	13.5
黄海道	89	80.9	21	19.1	110	71	79.8	13	61.9
平安南道	70	78.7	19	21.3	89	63	90.0	19	100.0
平安北道	79	87.8	11	12.2	90	78	98.7	11	100.0
江原道	65	79.3	17	20.7	82	65	100.0	17	100.0
咸鏡南道	55	82.1	12	17.9	67	52	94.5	12	100.0
咸鏡北道	37	88.1	5	11.9	42	37	100.0	3	60.3
総計	1011	69.7	439	30.3	1450	924	91.4	305	69.5

(出典)『昭和三年度 普通学校小学校実業科目加設状況調』(朝鮮総督府学務局、発行年月不明) 5～9頁より作成。

表3　普通学校手工科の加設状況（1928年度）

道名	学校数		手工科加設		
	公立	私立	公立	比率	私立
京畿道	152	21	8	5.3	5
忠清北道	66	1	21	31.8	1
忠清南道	112	1	—	—	—
全羅北道	125	—	3	2.4	—
全羅南道	188	9	1	0.5	—
慶尚北道	135	6	7	5.2	—
慶尚南道	192	2	23	12.0	—
黄海道	110	10	12	10.9	7
平安南道	89	2	14	15.7	1
平安北道	90	1	90	100.0	—
江原道	82	18	82	100.0	18
咸鏡南道	67	18	8	11.9	2
咸鏡北道	42	9	—	—	4
総計	1450	98	273	18.8	35

（比率単位　%）

（出典）『昭和三年度 普通学校小学校実業科目加設状況調』（朝鮮総督府学務局、発行年月不明）10～11頁より作成。

少なくなった（商業科の加設がやや多く見られる）と想像される。ただし、表2を見ると、その中でも六・五年制では比較的多くの学校で農業科が加設されていた状況を見てとることができる。

ちなみに、表3は、二八年度時点における手工科の加設状況を示したものである。これを見ると、江原道では加設率が一〇〇%であり、ここでも公立普通学校八二校中すべての学校で手工科が加設されていたことになる。手工科の加設率は、朝鮮全体では一八・八%と低く、江原道と平安北道が加設率一〇〇%で突出していることを除けば、他の道では概して低調である。そう考えると、江原道での手工科の加設状況はかなり特異なものであったといって良いだろう。

江原道では、過去に一九二〇年の「学校農業及手工実施要綱」でも農業科とならんで手工科を「正課」として実施することが指示されており、手工科も重要な教科目として位置づけられていた。

手工科の実施状況に関しては、二五年の時点で、「各公立普通学校にて冬季実習地に於て実習不能の期間は農業手工を課し、児童をして藁細工、莞草細工、蔓細工等をなさしめ縄、草鞋、蚕具等の自作自給を図るに努めつゝあり」と報告されている。[9] すなわち、江原道の公立普通学校では、手工科も農業教育の一環として「農業手工」という形をとって実施されていたのである。

◆各道の普通学校入学者年齢

さて、すでに立証したように、江原道では、一九二〇年代前半においても、普通学校は農業科を軸とする農業教育を積極的に展開し、勧農機関としての役割を果たしていた。そして、四年制普通学校でも農業教育を実施するなど、総督府の法令整備を先取りするような状況が生まれていた。それでは、なぜ江原道においてこのような積極的な農業教育振興策が実施されたのであろうか。

その理由としては、江原道の地理的状況や産業構造、道知事や農業政策・教育政策担当者の意向など複数の要因が考えられるが、特に大きな要因の一つとして、江原道における普通学校入学者年齢の状況を挙げることができる。

前章ですでに指摘した通り、二〇年代に入り、普通学校の就学児童の年齢が低下し、「青年」から本来の「児童」へと変化したことが農業教育の再構築へと動き出す背景の一つであった。もちろん朝鮮全体で見れば、二〇年代を通じて就学児童の年齢が低下していったことに間違いないが、道ごとに細かく分析してみると、その傾向には濃淡があった事実が判明してくる。

表4は、一九二八年度（昭和三）における各道別の普通学校入学者年齢を示した表である。

これによると江原道では、六年以上七年未満が一三・九％、七年以上八年未満が一八・五％、八年以上九年未満が一六・四％、九年以上一〇年未満が一六・五％、一〇年以上一一年未満が一二・九％、一一年以上が二一・八％であった。この数字を朝鮮全体と比較してみると、年齢九年を境として、江原道は九年未満では朝鮮全体よりも比率が低く、九年以上では逆に比率が高くなっている。

すなわち、二八年度時点で朝鮮全体では六年以上九年未満が六九・一％と七割近くに達しているのに対して、江原道は四八・八％と半分にも満たない状況であった。その一方で、江原道では一一年以上の者が二一・八％と、

9年以上10年未満			10年以上11年未満				11年以上				総計		
女	計	比率	男	女	計	比率	男	女	計	比率	男	女	計
459	1928	13.1	874	260	1134	7.7	1510	264	1774	12.1	10836	3808	14664
78	564	13.1	417	55	472	11.0	893	37	930	21.7	3688	609	4297
201	1492	18.1	442	113	555	6.7	697	85	782	9.5	6852	1391	8243
189	1372	19.7	565	55	620	8.9	282	12	294	4.2	5795	1167	6962
214	2234	20.2	755	71	826	7.5	744	63	807	7.3	9321	1737	11058
214	1386	15.1	684	96	780	8.5	327	47	374	4.1	7371	1829	9200
131	974	7.9	336	40	376	3.1	673	51	724	5.9	10020	2257	12277
73	476	6.3	248	30	278	3.7	437	60	497	6.6	5946	1616	7562
161	1028	15.4	547	84	631	9.4	559	91	650	9.7	5263	1425	6688
119	769	13.6	413	61	474	8.1	288	51	339	5.8	4770	1102	5872
177	1001	16.5	674	105	779	12.9	1204	113	1317	21.8	4887	1162	6049
111	631	9.7	250	19	269	4.1	424	27	451	6.9	5375	1127	6502
142	893	17.8	410	66	476	9.5	780	63	843	16.8	4192	818	5010
2269	14775	14.2	6615	1055	7670	7.3	8818	964	9782	9.4	84336	20048	104384

（比率単位　%）

9年以上10年未満			10年以上11年未満				11年以上				総計		
女	計	比率	男	女	計	比率	男	女	計	比率	男	女	計
61	279	14.7	326	88	414	21.8	800	80	880	46.5	1574	322	1896
114	436	15.9	406	101	507	18.4	1255	96	1351	49.2	2275	473	2748
161	585	16.5	490	114	604	17.1	1653	113	1766	49.8	2961	580	3541
157	753	16.2	760	122	882	18.9	1642	156	1798	38.6	3904	753	4657
182	1076	20.8	732	165	897	17.4	1360	117	1477	28.6	4286	879	5165
157	897	19.3	574	107	681	14.7	847	135	982	21.1	3758	886	4644
141	767	17.9	419	101	520	12.1	812	88	900	21.0	3449	832	4281
234	1098	18.0	805	210	1015	16.6	1067	159	1226	20.1	4817	1289	6106
111	854	15.5	678	96	774	14.0	1417	107	1524	27.6	4607	911	5518
177	1001	16.5	674	105	779	12.9	1204	113	1317	21.8	4887	1162	6049

（比率単位　%）

表4　各道別にみる普通学校入学者年齢（1928年度）

道名	6年以上7年未満				7年以上8年未満				8年以上9年未満				
	男	女	計	比率	男	女	計	比率	男	女	計	比率	男
京畿道	2353	1048	3401	23.2	2668	1092	3760	25.7	1982	685	2667	18.2	1469
忠清北道	528	140	668	15.5	759	188	947	22.0	605	111	716	16.7	486
忠清南道	1228	397	1625	19.7	1611	319	1930	23.4	1583	276	1859	22.6	1291
全羅北道	1112	244	1356	19.5	1318	340	1658	23.8	1335	327	1662	23.9	1183
全羅南道	1456	500	1956	17.7	2001	529	2530	22.9	2345	360	2705	24.4	2020
慶尚北道	1315	489	1804	19.6	2100	588	2688	29.2	1773	395	2168	23.5	1172
慶尚南道	2624	790	3414	27.8	3368	828	4196	34.2	2176	714	2593	21.1	843
黄海道	1554	546	2100	27.7	2326	654	2980	39.4	978	253	1231	16.3	403
平安南道	883	392	1275	19.1	1252	393	1645	24.6	1155	304	1459	21.8	867
平安北道	1124	317	1441	24.5	1265	319	1584	26.9	1003	235	1238	21.1	677
江原道	576	263	839	13.9	842	276	1118	18.5	767	228	995	16.4	824
咸鏡南道	1214	309	1523	23.5	1943	429	2372	36.5	1024	232	1256	19.3	520
咸鏡北道	309	78	387	7.7	928	239	1167	23.3	1014	230	1244	24.9	751
総計	16276	5513	21789	20.9	22381	6194	28575	27.3	17740	4053	21793	20.9	12506

（出典）『昭和三年度　公私立普通学校入学志願者及入学者ニ関スル調』（朝鮮総督府学務局、発行年月不明）2～3頁より作成。

表5　江原道における普通学校入学者年齢の推移

年度	6年以上7年未満				7年以上8年未満				8年以上9年未満				
	男	女	計	比率	男	女	計	比率	男	女	計	比率	男
1919	28	24	52	2.7	55	30	85	4.5	147	39	186	9.8	218
1920	41	13	54	2.0	56	36	92	3.3	195	113	308	11.2	322
1921	43	13	56	1.6	103	59	162	4.6	248	120	368	10.4	424
1922	87	47	134	2.9	329	126	455	9.8	490	145	635	13.6	596
1923	141	82	223	4.3	464	140	604	11.7	695	193	888	17.2	894
1924	237	78	315	6.8	594	197	791	17.0	766	212	978	21.1	740
1925	295	119	414	9.7	614	173	787	18.4	683	210	893	20.9	626
1926	408	179	587	9.6	812	246	1058	17.3	861	261	1122	18.4	864
1927	398	154	552	10.0	655	233	888	16.1	716	210	926	16.8	743
1928	576	263	839	13.9	842	276	1118	18.5	767	228	995	16.4	824

（出典）『昭和三年度　公私立普通学校入学志願者及入学者ニ関スル調』（朝鮮総督府学務局、発行年月不明）3～11頁より作成。

朝鮮全体の九・四％と比べて二倍以上の割合で存在していたのである。

続いて、表5で、江原道における普通学校入学者年齢の推移を確認しておく。

全般的な傾向で見ると、一九二一年度までの八年以上の者が九割以上を占める状態から、第二次朝鮮教育令制定の二二年度以降、本来の入学年齢である六年に向かって徐々に低下していくという流れは、朝鮮全体の場合と同様である。ただし、江原道の場合、入学者が九年未満へと移行する動きが鈍く、逆に一一年以上の割合が二〇年代後半に入ってからも常に二〇％以上を維持しつづける点に特徴がある。

これらの数値から判明するのは、江原道の普通学校では、本来就学すべき「児童」の比率が増加する一方で、「青年」層も一定数以上就学しつづけたことによって、一九一〇年代のような植民地農政の「担い手」を育成する役割を保持することが比較的可能であったという事実である。表4や農業科加設状況を合わせて見る限り、江原道と同様のことは、忠清北道や咸鏡北道についてもいえるのではないかと想定される。

ちなみに、江原道とは反対に、就学児童の年齢低下が朝鮮全体よりも進んでいる道の内、慶尚南道や黄海道では農業科の加設率が低く、くしくもこの仮説を裏づける形になっている。

ただし、同様の傾向を見せる咸鏡南道や平安北道では、農業科の加設率が高いことから、就学児童の年齢の変化だけでなく、各道の政策方針なども加味した上で、今後さらに詳細な考察を行う必要があると考えられる。

以上のように、江原道では、一九二〇年代に入ってからも、普通学校において農業教育が積極的に実施されていた。その後、朝鮮全体では、「更新計画」の開始に合わせて、二六年二月に普通学校規程中改正が実施され、法令上でも四年制を含むすべての普通学校で農業科加設を可能とする措置がとられることになる。

また、同年七月開催の道視学官会議では、「実業教育の振興に関する件」として各道での実業教育奨励規程の制定が指示されている。その結果、翌二七年三月には黄海道で「初等学校農業教育規程」が、同年八月には平安南道で「農業教育実施規程」が制定された[10]。ただし、これら両道の規程内容を見ると、江原道の「農業教育振興実施規程」に極めて類似した内容となっているのである。

これらの事実を総合すると、二〇年代前半の江原道における農業教育の振興は、二六年度以降の朝鮮全体の農業教育の再構築にとって、まさに先駆的事例であったということができるのである。

◆実業補習学校の新設

それでは、次に、江原道における実業補習学校の普及・拡充について見ていこう。

既述の通り、朝鮮総督府は、一九二三年（大正一二）一〇月の官公立農業学校長会議において、農業補習教育の普及に関する諮問を行った。このことは総督府が植民地農政の「担い手」育成機関として、普通学校から実業補習学校へと自らの関心を移しつつあったことを示している。そして、江原道でも、同年七月に「農業教育振興実施規程」を制定・公布するとともに、文部省実業補習教育主事であった千葉敬止を招聘して、実業補習教育に関する講演会を開催し、道内における実業補習学校の具体化に向けて検討を開始した[11]。

やがて道内の普通学校や小学校での農業教育振興に手応えを感じた江原道は、「最も健実で而かも有効適切な」実業補習学校の設置へと動き出す[12]。二五年一一月二〇日から二日間開催された公立普通学校長会議では、道から「農業教育振興の実績に鑑み農業補習教育を適切有効に実施する具体的方案如何」が諮問され、各学校長から答申が行われた[13]。

江原道は、これらの意見も参考にして、実業補習学校の設置方針を取りまとめ、一九二六年（大正一五）四月一〇日に江原道訓令第七号「実業補習学校施設経営要項[14]」を、同年五月二九日には江原道通牒第一号「実業補習学校学則標準」を制定した[15]。

前者の「実業補習学校施設経営要項」の前文には、実業補習学校の設置理由とその目的が次のように述べられている。

国家ノ興隆ヲ策シ国運ノ発展ヲ画セムトセハ、地方ノ発達ヲ図リ民心ノ開発ヲ企ツルヨリ急ナルハナシ。而シテ地方ノ発達進歩ハ、地方民ニ自治的訓練ヲ施スト同時ニ実業ニ関スル知能ヲ授与シ、以テ実業振興ノ基礎ヲ作ルニアルヘク、民心ノ開発ハ、先ツ適当ナル教育ヲ施シ之ニ公正ナル指導ヲ加フルニ在ルヘシ。実業補習学校ハ実ニ此等ノ目的ヲ達成スルニ最モ適当ナル施設ニシテ、普通教育ノ完成、地方公民ノ養成並産業ノ発達ニ極メテ必要ナル機関ナリ。之カ設置普及ヲ図ルハ朝鮮近時ノ情勢ニ鑑ミ最モ緊要ノ事ニ属ス。本道ハ曩《さき》ニ農業教育振興実施規程ヲ設ケテ、小学校及普通学校児童ニ対シテ産業的訓練ヲ実施セルニ、其ノ成績良好ナリ。然ルニ今ヤ一般ハ之ヲ以テ満足セス、一歩進ムテ実業補習教育ヲ要望スルニ至レリ。依テ今後財政ノ許ス限リ各郡ニ恰適《こうてき》セル実業補習学校ヲ設置シ、学校卒業後著実ニ実業ニ従事シ、農村開発ノ先駆者タルヘキ中堅人物ノ養成ニ資セムカ為、茲《ここ》ニ其ノ施設経営ノ要項ヲ定メテ之カ普及ヲ図ラムトス。当事者ハ宜シク此ノ趣旨ヲ体シ、地方ノ実情ニ照シ時勢ノ要求ニ応シ、最モ適切ナル施設計画ヲ樹立シ斯教育ノ実績ヲ挙ケムコトヲ期スヘシ。

ここで実業補習学校は、地方産業の開発のために、朝鮮人子弟に対して自治的な訓練を施し、同時に実業に関する知識と技能を習得させる教育機関と定義され、卒業後は実業（農業）に従事する農村開発の先駆者である「中堅人物」を育成することが目標とされたのである。

ところで、これまで朝鮮の実業補習学校に関しては、第二次朝鮮教育令制定時に日本内地の実業学校令が適用されると明記されるだけで、その実態は不明であった。しかし、江原道の実業補習学校に関する「施設経営要項」と「学則標準」から、その実態を初めてうかがい知ることができる。

まず実業補習学校の設置場所については、公立小学校・普通学校に併設することが常例とされた（ただし、土地の状況により独立して設置したり、分教場を設けたりすることができた[16]。日本内地の法令では、実業補習学校の課程は、前期と後期に区分され、修業年限は前期が二年、後期が工業または商業に関する学校については二年ないし三年（よって農業は二年）を標準としていた。これに対して朝鮮の江原道では、課程は後期のみとし、修業年限は二年と定められた[17]。生徒の入学資格は、後期第一学年では、「小学校若ハ普通学校六年ノ卒業生又ハ之ニ準スヘキ者ニシテ卒業後実業ニ従事スル意志強固ナル者」と定められた[18]。

教授期間は、後期第一学年では、通年制として公立普通学校に準ずる形で教授が行われた。それに対して第二学年では、季節制とし、農閑期である七月・九月・一二月・一月・二月・三月を学校教授期として学校で学科を教授し、残る四月・五月・六月・八月・一〇月・一一月を家庭実習期として学校で習得した知識・技能を家庭の農業に応用させることとした[19]。なお、家庭実習期であっても、毎月一回以上は生徒を召集して講話等を行うか、生徒の家庭を巡回して専任教員が実地指導を行うといった活動が実施された[20]。

教科目については、第一学年では、「修身」「国語」「数学」および実業に関する科目、第二学年では、「修身」および実業と定められた。実業に関する科目では、農業の場合、「土壌」「肥料」「作物」「園芸」「病虫害」「農具」「養蚕」「畜産」「農産製造」「農業土木」「林業」「農業水産」「蚕糸機業」「農業経済及法規」等の中から、その地方における産業の趨勢、生活の状況などを精査して最も適切なものを選択して教授することになっていた[21]。ちなみに、表6は、「実業補習学校学則標準」に提示されている標準的な学科目と教授時数を示した表である。

こうして江原道では、一郡一校主義の下、財政が許す限り普及を図るとの方針にしたがって一九二六年度（大正一五）以降、実業補習学校の設置を進めていった。同年一〇月一日には、原州公立農蚕実修学校と江陵公立蚕糸機業実修学校が、一二月には鉄原公立農蚕実修学校が設立された[22]。

このうち原州公立農蚕実修学校は、「修業年限六年の普通学校を卒業した男子であつて、現在農業に従事し又

表6　江原道における実業補習学校学科目および毎週教授時数表（標準）

学科目		第1学年 程度	第1学年 毎週教授時数	第1学年 1ヶ年教授時数	第2学年 程度	第2学年 毎週教授時数	第2学年 1ヶ年教授時数
修身		公民心得	1	36	公民心得	1	18
国語		普通文ノ講読作文習字	3	108			
数学		整数小数諸等数分数比例求積等	2	72			
農業	作物	普通作物及特用作物	4	144	蔬菜及果樹栽培ノ大要	4	72
農業	土壌農具	土壌及農具ノ大要	1	36	土地改良測量農具使用法	1	18
農業	肥料	肥料ノ特質及用法	2	72	肥料ノ配合及堆肥製造法	2	72
農業	作物病虫害	作物病虫害ノ大要	1	36	病虫害ノ防除	1	18
農業	養蚕	栽桑及飼育	5	180	栽桑及飼育	4	72
農業	畜産	家禽及養蜂	2	72	家畜ノ飼養	1	18
農業	林業	林業ノ大要	1	36	苗ノ作方及植樹法	1	18
農業	農産製造	主要農産物ノ製造法	1	36	藁細工繰糸紡糸染色	1	18
農業	農業経済	農業経済及農業法規ノ大要	1	36	農業簿記農家経営	2	36
農業	実験実習		12	432		18	324
計			36	1296		36	648

備考
一、実習ハ所定時間外ニ於テモ課スルコトヲ得
一、学科課程ハ農蚕本位ノ実修学校ノ一例トス
（出典）『昭和二年 実業教育振興施設概要』（江原道学務課、1927年4月）9～10頁より作成。

表 7　江原道・原州公立農蚕実修学校の毎週教授時数表

学科目		第1学年			第2学年		
		程　度	毎週教授時数	1ヶ年教授時数	程　度	毎週教授時数	1ヶ年教授時数
修　身		公民心得	1	36	公民心得	1	18
国　語		普通文ノ講読、作文、習字	3	108			
数　学		整数、小数、諸等数、分数、比例(求積)	2	72			
農業	作　物	普通作物又ハ特用作物	4	144	蔬菜及果樹栽培等	4	72
	土壌農具	土壌及農具ノ大要	1	36	土地改良、測量農具使用法	1	18
	肥　料	肥料ノ特質及用法	2	72	肥料ノ配合及堆肥製造法	1	18
	作物病虫害	作物病虫害ノ大要	1	36	病虫害ノ防除法	1	18
	養　蚕	栽桑及飼育	5	180	栽桑及飼育	5	90
	畜　産	家禽及養蜂飼育	2	72	家畜ノ飼養	1	18
	林　業	林業ノ大要	1	36	苗ノ作方及植樹法	1	18
	農産製造	主要農産物製造法	1	36	藁細工、萩細工	1	18
	農業経済	農業経済及農業法規大要	1	36	農業簿記及農家経営	2	36
	実験実習		12	432		18	324
計			36	1296		36	648

備考
一、実習ハ所定時間外ニ於テモ課スルコトヲ得
（出典）『昭和二年 実業教育振興施設概要』（江原道学務課、1927年4月）26～27頁より作成。

は将来農村の中堅人物たるべきものを養成する」ことを目的とした学校であった。同校の学則は、江原道の「学則標準」にほぼ準拠しており（表7）、江原道における標準的な実業補習学校であったと推測される[23]。

一方、江陵公立蚕糸機業実修学校は、「普通学校を卒業した女子で、現在家庭に於て養蚕や機業に従事してゐるものや卒業後之に従事するものを二ヶ年収容し、蚕糸や機業に関する知識と技術を授けんとする」目的を有する学校である。六年制普通学校を卒業した年齢一五年以上の朝鮮人女子を対象とし、養蚕のほか特産である綿織・麻布織に関する知識と技能を習得させる特色をもった学校であった[24]。

また、鉄原公立農蚕実修学校（図2）は、「修業年限六年の普通学校を卒業したもので、現在農業に従事し十六年以上の農村青年を収容し、二年間真剣なる農業労働に就かしめ、真に農村改良の先覚者たる中堅人物を養成する学校」である。その特徴は、将来必ず農業に従事する意志が確実な朝鮮人子弟を各面長に割り当てて推薦させ、すべての生徒を寄宿舎に収容して教員と共同生活を行わせ、農業訓練を課すという点である。実践教育・師弟同行・全寮制という特徴から見て、農本主義者加藤完治が校長を務めた日本国民高等学校の影響を色濃く受けた学校ということができよう[25]。

図2　鉄原の風景（『日本地理風俗大系』17巻・朝鮮（下）、新光社、1930年）

以上のように、江原道では、普通学校を中心とする農業教育の振興を背景としながら、「更新計画」開始に合わせて、実業補習学校設置に着手したのであった。ここまで見てきた江原道の動向は、一九二〇年代半ばに実施された農業教育再構築のいわば先行事例であり、かつモデルケースであったのである。

第二節　「更新計画」下における実業補習学校の拡充

◆実業補習教育の開始

一九二七年（昭和二）一二月一〇日、宇垣一成総督臨時代理に代わって、山梨半造が朝鮮総督に就任した（図3）。また、同月二三日には、湯浅倉平に代わり、池上四郎が政務総監に就任した（図4）。一九二六年度（大正一五・昭和元）からの「更新計画」開始と連動して実施された農業教育の再構築は、この新体制の下で本格的に始動することになった。

山梨半造総督の就任まもない一九二八年二月二七〜二九日、朝鮮で初めてとなる実業補習学校長会議が総督府庁舎で開催された。新しい総督・政務総監の就任直後にもかかわらず、総督府の最重要会議である道知事会議に先んじて、実業補習学校長会議が早々に開かれたのである。この点から見ても、総督府が「更新計画」下での農業教育の再構築、とりわけ実業補習学校の拡充をいかに重要視していたのかを理解することができる。

さて、会議の冒頭、池上四郎政務総監は訓示を行い、朝鮮全土から参集した実業補習学校長を前にして、植民

図3　山梨半造総督（『施政二十五年史』朝鮮総督府、1935年）

図4　池上四郎政務総監（『施政二十五年史』朝鮮総督府、1935年）

地朝鮮における実業補習教育振興の重要性を力強く訴えることになった。その中で池上政務総監は、実業補習教育の目的について次のように述べている。

近時我カ内地ニ於キマシテモ、深ク内外ノ情勢ニ鑑ミマシテ一般青少年等ノ訓練上、補習教育ノ発達ヲ以テ最重要ナル教育政策ノ一ト致シテ居リマスルコトハ、我カ半島ノ教育振興上ニモ深ク鑑ムベキ所ト考フルノテアリマス。

凡ソ補習教育ハ国民一般ヲ対象ト致シマシテ、従来ノ所謂学校教育ニ於ケルカ如キ書籍教授ノ弊ヲ避クルト共ニ、苟モ国民ノ実際生活ニ迂遠ナル教育ハ深ク之ヲ誡《いまし》メ、出来得ル限リ簡便ノ方法ニ依リマシテ一般国民ノ国家社会人トシテノ人格ノ練成ヲ期シ、国民各自ノ生業ニ直接スル道徳、知識、技能ヲ授ケ、特ニ重キヲ実験実習ニ置キ、公民トシテノ資質ヲ向上スルト共ニ勤務ヲ重ンスルノ志向ヲ堅固ニシ、興業治産ニ適切ナル素養ヲ興フルヲ以テ其ノ要旨トスルノデアリマス(26)。

すなわち、日本内地の教育政策の動向を受けて、植民地朝鮮で実業補習教育を実施する目的は、公民教育によって一般朝鮮人青少年に公民としての資質を養わせるとともに、職業教育によって実業（農業）に直結する道徳・知識・技能を実習等を通じて習得させることにあると主張しているのである。

そして、補習教育がもつこれら二点の教育効果によって、「所謂法治上ノ運用ヲ助ケ国家及地方ノ円満ナル治務ノ発達ヲ招来致シマスル所ノ基礎ヲ確ニシ、或ハ殖産興業上ノ原勢トナルヘキ産業好愛ノ気風ヲ盛(27)」んにすることにつながり、結果朝鮮の産業発展に貢献することになると述べている。

訓示に続いて、会議では、実業補習学校長に対して七項目にわたる指示事項が伝達された。このうち最も基本となる学校の経営方針や教授方法に関する事項を挙げると次の通りである。

三、補習学校ノ経営ニ関スル件

実業補習学校ノ経営ニ当リテハ、其ノ基調ヲ郷土ノ産業ノ状況及慣例ニ置クハ勿論、又深ク生徒ノ生業ノ実情ヲ顧念シ以テ適切ナル細案ヲ立テ、一面ニ於テ産業当事者トノ連携ヲ密接ニシ以テ平素教育ノ方法ヲ適実ナラシメ、生徒ヲシテ修業後地方郷土ノ産業ノ改善進歩ヲ図リ、国利民福ノ増進ニ対シ奮励努力スルノ意気アラシメンコトヲ期セラルヘシ。

四、教授ノ中心ニ関スル件

補習学校ニ在リテハ、大体ニ於テ実業科ヲ以テ教科教授ノ中心生命ト為シ、之カ理論ニ関スル系統的教授ヲ為スハ勿論ナルモ、常ニ実験実習ニ重キヲ置キ、而モ実習場ハ凡テ経済的経営ヲ本旨トシ、地方的ニ実際化シ家庭ニ於テモ実習セシムルニ努メ、又之カ指導ニ注意シ以テ補習教育ノ真髄ヲ発揮スルコトニ留意セラルヘシ。(28)

つまり、実業補習学校の経営に当たっては、立地する地域社会の産業状況に留意して、その実情に合った教育活動を実施することが求められた。また、その教育内容についても、実業に関する科目を中心にすえ、知識主体の学科教授よりも実験・実習に重点を置いて朝鮮人生徒を教育することが要求されたのである。

この点に関しては、翌月三月一五～一七日に開催された道視学打合会議でも、次のような注意を喚起する指示が送られている。

五、補習教育施設の普及に関する件

補習教育の振興に就ては従来督励を加へ来りたるも、未だ所期の目的を達すること能はざるは甚だ遺憾とする所なるのみならず、往々補習教育の本旨を誤りて、内地に於ける乙種程度の実業学校に類する施設を以て補習教育と誤るものなきにあらず。半島の実情より考へれば、斯種実業学校の設置も素《もと》より必要なりと雖も、本来補習教育は一般青少年に対する訓練を主眼とし、その生業を妨げざる限度に於て簡易なる方法により公民教育を行ひ勤労治産に必要なる素養を与ふるを以て本旨とするものなれば、各位は深くこの点に留意し、出来得る限り其の普及を期し克く、その目的の貫徹に努められたし。(29)

このように、朝鮮の実業補習学校は、農業に関する専門的知識・技能を習得させる、例えば農業学校のような教育機関の単純な簡易版であってはならず、朝鮮人青少年に公民教育と職業教育の要素からなる「訓練」的教育を施し、卒業後「地方郷土ノ中堅人物(30)」となるよう育成することを目標としたのである。これはいいかえれば、近代農学を基盤とする農業技術を身につけ、かつ日本「国民」としての意識と勤労精神に富んだ植民地農政の「担い手」を育成することと同義であった。

◆勧農政策との関係

次に、実業補習学校と勧農政策との関係を見ておこう。

池上四郎政務総監は、同じ実業補習学校長会議の訓示の中で、「農会其ノ他各種ノ地方産業団体等トノ連携ヲ密接ニシ、益々補習教育振興ノ根本ヲ鞏固《きょうこ》ナラシメンコトヲ切望シテ巳マヌノテアリマス(31)」と述べ、地域での農会との連携の重要性を明言している。

さらに、翌月の道視学打合会議における訓示では、さらに詳細に次のように述べている。

〔前略〕教育上ノ施設ト地方トノ関係ヲ密ナラシムルハ勿論、或ハ農会ノ如キ、或ハ産業組合ノ如キ、或ハ農事試験場其ノ研究所等ノ如キ各種ノ施設トノ連絡ヲ図リ、彼此相済シ以テ教育振興上克《よく》其ノ基礎ヲ拡充シ、万全ノ実績ヲ収メンコトヲ是亦切望ニ堪ヘヌノデアリマス。所謂教育ノ実際化ト申シマスル事モ、其ノ要諦ハ畢竟スルニ此ノ着眼ニ胚胎スルコトト考ヘルノデアリマス。(32)

要するに、実業補習学校は、勧業模範場・道種苗場（農事試験場となるのは一九年）や朝鮮農会などの勧農機関・団体と緊密に連携を取り合うことによって、地域の農業振興に貢献する農政の「担い手」、すなわち「中堅人

図５　水田の風景（『日本地理風俗大系』16巻・朝鮮（上）、新光社、1930年）

物」を育成しようとしたのであり、またこの関係を卒業後も継続させることを意図していたのである(33)。

もちろんこうした教育機関と勧農機関の連携は、今に始まったものではない。一九一〇年代でも普通学校の農業教育が、道内の農業学校や種苗場などの指導監督を受けながら展開されてきたことは、既述の通りである。しかしその一方で、二〇年代後半に入り、勧農機関を通じた農事改良の指導方法に質的な変化が生じはじめていた事実を見逃してはならない。例えば、二八年五月二二〜二六日開催の道知事会議では、池上四郎政務総監が訓示の中で次のような印象的な発言を行っている。

> 産業ノ開発ニ関シマシテモ、従来各位ヲ始メ官民ノ努力ニ依リマシテ、実績甚ダ顕著ナルヲ見ルノデアリマスルガ、然シナガラ之ヲ大局ヨリ見マスレバ、尚未ダ開発ノ道程ノ初期ヲ了ヘタルニ過ザルノ観ガアルノデアリマス。産米増殖計画、産繭百万石計画、棉作第二期計画等ノ大成ハ勿論、其ノ他田作ノ改良、畜牛ノ増殖、副業ノ振興等其ノ実顕ヲ期シマスルコトハ、寧ロ之ヲ将来ニ於ケル各位ノ努力ニ俟《ま》タネケレバナラヌノデアリマス。各位モ御承知ノ如ク、従来ノ勧農方針ハ主トシテ農産物ノ改良増殖ニ力ヲ致シ、且諸般ノ施設ガ専ラ官憲ノ指導誘掖ニ依ラシメタノデアリマスルガ、生産漸ク増加シ農家ノ自覚モ亦漸次進ミ来レル今日ニ於テハ、更ニ進ンデ農産物ノ貯蔵、販売及金融等ニ対スル政策ヲ講ズルト共ニ、農民ノ経済的自覚ヲ促シ、農会又ハ産業組合等ノ指導ヲ周到ニシテ、以テ農民自身ヲシテ自発的ニ農業開発ニ努力セシムルヤウ其ノ覚醒ヲ促サナケレバナラヌト思フノデアリマス(34)。

ここで池上四郎政務総監は、併合以来朝鮮農業の開発が進められ、二〇年度以降は「産米増殖計画」などが開始されたとはいえ、朝鮮はようやく開発の初期段階が終わったに過ぎないと指摘する。この言葉はすなわち、植民地朝鮮において併合前後から始まった勧農政策がここに来て終わりに近づきつつあることを暗示しているといえよう。

二〇年代後半の朝鮮では、「更新計画」に合わせて系統農会が成立するなど体系的な勧農機構がまさに確立する時期であった。それ以前の総督府の勧農方針は、官憲の指導奨励（時に強制的手段をともなう）による農産物の改良増殖に主眼が置かれていた。しかし、これからは農会などによる単なる技術的な指導にとどまらず、農業経営についても農民の自覚を促すなど、厚みのある政策手法へと転換していかなければならないと主張しているのである。したがって、実業補習学校に対する行政官庁や勧農機関・団体の働きかけも、過去と比較してより一層精緻なものへと変質する段階にあったのである。

◆活動状況

では、ここで一九二六年度以降の朝鮮における実業補習学校の拡充状況を統計資料で確認しておく。まず表8は、一九二二～一九四三年における実業補習学校の官公私立別・専門別設置状況を整理したものである。

実業補習学校は、すでに第二次朝鮮教育令（一九二二年）によって簡易実業学校に代わって設置が規定されていた。しかし、当初その設置は極めて低調であり、一九二二年現在の設置数は二三校にとどまっている。しかし、二六年度以降、総督府の拡充方針を受けて増設がはじまり、二六年に二九校であったものが、二九年には六九校、三一年には八六校、三二年には九四校と急速に設置が進んでいった。

なお、二九年現在設置の六九校のうち、農業（主に農業補習学校）が四四校と全体の約三分の二程度を占めている。三〇年代・四〇年代の設置状況を見ても、朝鮮の実業補習学校の主力は、農業を専門とする学校であった。

表8　実業補習学校官の公私立別・専門別設置数

年	官立	公立									私立				計
	農業	農業	商業	水産	工業	実業	機業	実科女学校	女子実修学校	その他	農業	商業	工業	その他	
1922		6	8	2	4	3									23
1926		12	7	1	8		1								29
1929		44	9	1	9		3	2					1		69
1931	1	58	8	2	12		2	3							86
1932	1	63	10	1	12		2	3			2				94
1933	1	65	9	1	12		2	3	1		2	1			97
1934	1	60	9	1	11		2	4	1		2	1			92
1936	1	76	13	1	9		1			7	6	2			116
1937		85	12	1	9		1			8	7	2			125
1938		93	11	2	9		1			8	7	4			135
1940		96	12	2	7		1			9	6	7			140
1941		96	11	2	7		1			7	6	9	1		140
1942		94	10	2	6		1			6	7	10	1		137
1943		97	11	2	5		1			9	7	8	1	1	142

（出典）『朝鮮諸学校一覧』大正11年度・15年度・昭和４年度・６～９年度・11～13年度・15～18年度（朝鮮総督府学務局）（『日本植民地教育政策史料集成（朝鮮篇）』第54～62巻収録）より作成。

（備考）官立の実業補習学校１校は、水原高等農林学校附置実業補習学校である。
『朝鮮諸学校一覧』昭和11年度から設けられる「其ノ他」（表中の「その他」）の項目には、それ以前の実科女学校および女子実修学校が含まれている。

次に、表9で、一九二九年度（昭和四）における公立農業補習学校の入学者の実態などを見ておこう。

実業補習学校は、実業学校の一種であり、第二次朝鮮教育令下では法令上日本人・朝鮮人の共学であった。ただし、公立農業補習学校に限ってみれば、入学者はすべて朝鮮人であった。また、二九年度の入学者一〇九二名の出身学歴を見ると、普通学校を経て入学した者が一〇二二名、九三・六％であった。つまり、実業補習学校の入学者は、大部分が普通学校の卒業生で占められていたのである。

入学者の年齢を見ると、学校ごとにばらつきはあるが、全体では最高年齢が二〇歳前後、最低年齢

	星州公立農業補習学校	2	25	0	0	25	21・04	13・01	16・04
慶尚南道	三嘉公立農業補習学校	2	13	0	0	13	17・02	13・04	15・01
	昌寧公立農業補習学校	2	24	0	0	24	19・02	12・10	14・11
	河東公立農業補習学校	2	28	2	0	30	20・10	12・03	15・05
	蔚山公立農業補習学校	2	57	0	0	57	19・08	13・03	16・03
	山清公立農業補習学校	2	26	0	0	26	18・04	11・04	14・03
黄海道	黄州公立農業補習学校	2	27	0	5	32	19・05	12・07	15・05
	載寧公立農業補習学校	2	39	0	1	40	19・00	12・05	14・11
	延安公立農業補習学校	2	43	1	0	44	20・07	13・04	16・11
	安岳公立農業補習学校	2	30	0	2	32	20・01	14・02	17・02
	南川公立農蚕補習学校	2	34	0	1	35	23・00	14・00	18・00
平安南道	成川公立農業補習学校	2	24	0	0	24	20・10	13・04	15・09
	江西公立農業補習学校	2	22	0	2	24	18・07	12・05	14・07
	順安公立農業補習学校	2	14	0	0	14	18・10	12・02	15・06
平安北道	龜城公立農業補習学校	2	24	0	0	24	21・03	12・07	15・04
江原道	原州公立農蚕実習学校	2	17	0	0	17	17・09	13・03	15・08
	鐵原公立農蚕実習学校	2	29	0	0	29	32・00	15・00	16・08
	楊口公立農蚕実習学校	2	18	0	0	18	21・00	14・00	17・00
咸鏡南道	永興公立農蚕実習学校	2	28	0	2	30	16・03	12・10	14・09
	端川公立農業実習学校	2	23	0	12	35	19・00	12・11	15・02
	甲山公立農業実習学校	2	35	0	17	52	18・05	13・02	15・07
計			1022	14	56	1092			

(出典)「官公私立学校学生生徒入学状況表」(『朝鮮総督府官報』888号、1929年12月付)170～171頁および『朝鮮諸学校一覧』昭和4年度版(朝鮮総督府学務局、1930年)391～398頁より作成。

表９　公立農業補習学校の入学者状況(1929年度)

道名	学校名	修業年限	入学者出身				入学者年齢		
			普通学校を経た者	小学校を経た者	その他	計	最高年齢	最低年齢	平均年齢
京畿道	利川公立農業実習学校	2	13	0	0	13	18・05	14・08	16・05
	安城公立農業実習学校	2	6	0	0	6	18・03	14・04	16・04
	議政府公立農蚕実習学校	2	25	0	0	25	17・10	14・07	15・05
	楊平公立農蚕実習学校	2	7	0	0	7	18・09	14・06	15・03
	烏山公立農蚕実習学校	2	22	0	0	22	18・09	14・03	16・01
	長湍公立農蚕実習学校	2	20	0	0	20	19・00	13・00	16・00
	漣川公立農蚕実習学校	2	12	0	0	12	20・08	14・05	15・09
忠清北道	米院公立農業補習学校	2	28	0	2	30	19・05	13・01	16・04
	沃川公立農業補習学校	2	27	0	0	27	18・09	13・01	16・00
忠清南道	鳥致院公立農業補習学校	2	28	0	1	29	19・10	14・01	16・00
	瑞山公立農業補習学校	2	22	0	1	23	22・00	15・00	17・00
	扶餘公立農業補習学校	2	27	0	0	27	18・09	13・10	16・08
	海美公立農業補習学校	2	23	0	3	26	22・00	15・00	17・08
	新昌公立農業補習学校	2	17	0	0	17	21・03	16・02	18・05
全羅南道	順天公立農業補習学校	2	27	0	6	33	19・10	14・04	16・06
	羅州公立農業補習学校	2	27	0	0	27	19・03	13・05	16・00
	霊光公立農業補習学校	2	15	0	1	16	19・05	14・01	15・03
	長城公立農業補習学校	2	12	0	0	12	19・02	14・04	16・01
	海南公立農業補習学校	2	40	11	0	51	20・10	14・03	17・04
慶尚北道	永川公立農業補習学校	2	21	0	0	21	18・06	13・03	15・09
	醴泉公立農業補習学校	2	23	0	0	23	19・08	12・06	15・00

が一三・一四歳程度で、平均年齢は一五・一六歳程度であった。修業年限はすべて二年であったから、卒業時には一七・一八歳となり、朝鮮人青年として「中堅人物」すなわち農政の「担い手」となることが期待されていたことが分かる。

次に、二〇年代後半における実業補習学校の活動の現状は、どのようなものであったのであろうか。雑誌掲載の関連記事からその一端を見ることにしよう。

例えば、文部省実業補習教育主事の菊地良樹は、一九二九年三月に一週間ほどの期間で、京畿道・黄海道・平安南道・江原道・忠清南道・慶尚北道をまわり、各道で一校ずつ実業補習学校を視察している。朝鮮の実業補習学校に対する彼の印象は大略次のようなものであった。

朝鮮に於ける従来の補習学校は、一般的にいへば元の乙種実業学校と看なすべきものであつた。即ち大部分の学校は、修業年限を二年とか三年とか比較的短い年限にし、年中通じて学校に於て学習させる仕組であつたのである。……乙種実業学校に類するやうな補習学校も地方的の必要に駆られて生れ出たのであるから、それはそれとして益々発達するやうにしなければならないが、併しかういふ組織の学校が斯の教育の本質に合した補習学校の典型であるとは考へられない。実業学校は其の性質から、どうしても家業に従ふ者が其の職業の傍ら学習し得られる組織ものでなければならず、其処に他の実業学校と違ふ点があり、補習教育の特質もあるのである。〔中略〕

学校に於ける農業実習地は、農業状態の違ふ為もあらうし、生徒の総てが寄宿する組織の学校が多く、殊に乙種農業学校と殆んど内容の変わらない為もあらうが、内地の学校よりは概して其の面積が広いやうに思はれた。〔中略〕

朝鮮に於ける農業補習学校は、長湍校〔京畿道・長湍公立農蚕実修学校―筆者註〕の如く農閑期を選んで授業する学校もあるが、多くは内地の乙種農業学校に類したものである(35)。
菊地が視察した限りでは、朝鮮の実業補習学校は、日本の乙種農業学校に類するような学校が多く、通年で授業を実施したり、生徒全員に寄宿生活をさせたりするものが見られ、総督府が当初目指していたような訓練的教育内容とは異なるものとなっていた模様である。
次に、平安南道・平壌公立農業学校長の井上改平は、農業補習学校の現状に対して以下のように非常に批判的な意見を述べている。

〔前略〕従来の成績を見るに、農業補習学校の卒業者が其の補習教育を受けたが為めにどれ丈け農業に向ひつゝあるか、或は又補習学校に於て習得したることをどれ丈け実際農業に応用しつつあるか甚だ心細き感がある。勿論一部には学校を終ふるや直ちに農業に従事し、相当の成績を挙げて居るものもあるが極めて少数である。……多少なり生活の余裕ある者で、自ら進んで農業を択ぶと云ふのは極めて少数である、多くは更に他の学校に入らんと躁り、或は面書記の端にも有付かんと血眼になると云ふ状態である。而して之が得られざる者は、相変らず悠々徒食すると云ふのが大多数である、之は朝鮮に於ける伝統的習慣、即ち学問は士官の階梯なりと云ふ思想の餘弊でもあらうが、併し補習学校の施設経営の方法にも亦欠陥なしと云ふべからずであると思ふ。

私をして率直に言はしむれば、朝鮮に於ける農業補習教育は、従来の如く普通学校の延長であるが如き、形式に於て所謂学校らしい学校とでも云ふ様なやり方では、現在世間の人が一般に農業補習学校に向つて期待するやうな……学校を卒業したら直ぐに農業に熱心精励して、学校で習つた事を実地に応用して一般農家の模範ともなるやうな……目的は所詮達せられないと云ひたい(36)。

要するに、井上改平は、現状のような補習学校では、普通学校卒業後、二年間さらに学校に通ったという理由から、朝鮮人子弟は上位学校への進学か官庁などへの就職を希望するだけである。そのため当初期待したような農政の「担い手」育成は困難であると述べているのである。

その対策として井上は、補習学校から「担い手」を輩出するためには、学務行政の担当者だけでは不可能であり、農務行政担当者・農業技術員の協力援助を得ながら共同で教育活動を進めていくことが必要であると提案している(37)。

これら二つの資料からも分かる通り、実業補習学校の教育活動の現実は、総督府の期待に反して極めて厳しいものがあった。それ以外でも、二〇年代後半の時点では、そもそも実業補習学校の設置数が限られており、朝鮮農村全体で農政の「担い手」育成の役割を果たすことは極めて難しい状況であった。

こうした朝鮮の現状を踏まえて、前述の菊地良樹は、実業補習学校のみに頼らない次のような新たな方策を提案することになる。

かやうに朝鮮の補習学校は、次第に斯の教育の本質に合致して来て居り、地方教化の上からしても実績の見るべきものの尠くないのは最も喜ぶべきであると思ふ。併しそれにしても学校の数は非常に少いのであり、又学校が相当の程度に設置され、斯の教育が行亘るには余程の年月を経なければならないのであるから、是に於て考へなければならないのは、実業補習学校の設置を促すことも必要であるが、之と共に普通学校や小学校に於て、其の卒業者を相当年齢に達するまで指導し誘掖することである。普通学校の卒業者は内地の小学校の卒業者よりも概して年齢が長じて居るやうであるが、それでも未だ若いのであり、種々の方面から見て指導を必要とする時機に在るのである。……補習学校の設けがないからというて、普通学校に於て補習教育的施設を考へないといふ訳には行かない。たとひ補習学校の設けがなくとも、寧ろ無ければ無いほど普通学校に於ける此の種の施設が必要になつて来る(38)。

朝鮮総督府は、一九二六年度からの農業教育の再構築で、普通学校→実業補習学校→「中堅人物」というプロセスを経て植民地農政の「担い手」を育成することを目指した。しかし、実業補習学校は依然として増設の途上にあった。こうした状況の中で、農事改良を着実に推進し「更新計画」の目標を達成するための次善の方策として提案されたのが、普通学校卒業生に対する手厚い指導であったのである。

その際、先駆的事例として注目されたのが、京畿道で開始された卒業生指導制度である。菊地良樹も「聞く所によると京畿道では、俗に卒業生指導学校といふ名称で普通学校に於て其の卒業生に家庭実習を課し、之を中心として数年に亘つて卒業生の指導をして居るさうである」と大いに関心を示している(39)。こうして実業補習学校とは別に、もう一つの「担い手」育成手段としてここに卒業生指導制度が登場してくることになるのである。

第三節　普通学校における職業科の新設

◆教育の実際化

一九二七年一二月に就任した山梨半造総督は、従来の教育制度に対する再検討を進めたが、なかでも初等教育機関である普通学校の充実・強化に重点を置いた。

山梨総督は、まず二八年五月の道知事会議における訓示の中で、「初等教育ハ現時専門教育、大学教育等ニ比シ著シキ遜色アリ、児童就学率ノ甚ダ低キニ顧ミ、之ガ施設ニ一大刷新ヲ加フルノ必要アルヲ認ム。此ノ点ニ関シテハ近ク調査機関ヲ設ケ其ノ講究審議ニ俟チ適当ノ措置ニ出デントス(40)」と述べ、朝鮮の教育制度を審議するための調査審議機関の設置を宣言した。

その結果、同年六月に第一回臨時教育審議委員会が開催され、そこでの審議に基づき、教育内容の改善と普通教育普及の促進に関する具体的計画を樹立し、一九二九年度（昭和四）から順次実行に着手することになった。

その中で代表的なものは、公立普通学校の「一面一校計画」であった。この計画は、二九年度から三六年度（昭和四〜一一）までの八年間に、毎年度一三〇余校ずつ、計一〇七四校を増設し、完成年度には朝鮮のすべての面に公立普通学校を普及させることを目標とした(41)。

普通学校における農業科を中心とした農業教育に関し、明確な方針を示す資料は残されていないが、二八年三月の道視学打合会議における指示事項中にある次の項目に含まれているものと思われる。

四、公私立諸学校の実科施設に関する件

朝鮮の現状に鑑み、普通教育に於て農業其他の実科教育を振興して、実科的知能を養ひ、実業に対する趣味を喚起し勤労を尚ぶ風を養成して、卒業後其の家業に安定し、地方の開発に寄与せしむるは最も緊切の事なりとす。各位は、この趣旨に基き教職員を督励して、地方の実情に適応したる施設をなさしめ、以て勤労教育の徹底に努められたく、苟くも実際生活に迂遠なる思想注入の弊に陥るが如き事なからしむべし。尚従来内地人児童生徒を収容せる学校に於ける実科教育は、動々《やや》もすれば疎かにせられんとする傾あり。殊に私立諸学校に於ては、殆んど之を顧みざるの観あるは遺憾とする所なり。各位は宜しく学校当局を督励して主旨の普及徹底に留意せられんことを望む(42)。

これを見る限り、普通学校の農業教育の位置づけについては特段大きな変化はなく、「更新計画」などが進行する中で引き続き重要視されていたと考えられる。

ところが、二九年に入ると、朝鮮総督府は教育政策の新たな方針として「教育の実際化」を提唱し、教育制度の一部改正へと動いた。例えば、二九年六月一七〜一九日開催の道視学官会議における訓示の中で山梨半造総督は次のように述べている。

惟フニ朝鮮ニ於ケル教育ニ関シテハ施設ヲ要スルモノ頗ル多ク、之ヲ国民生活ノ実際ニ徴シ、将又輓近《ばんきん》思潮ノ趨向ニ考フレハ、今後益《ますます》力ヲ教育ノ内容改善ニ致ササルヘカラサルコトヲ感スルヤ切ナリ。今回朝鮮教育令中改正ヲ加ヘラレ、次テ師範学校及初等教育ニ関スル規程ヲ改正スルコトトセルカ如キモ亦此ノ趣旨ニ出ツ。〔中略〕

教育内容改善ノ方法ハ固ヨリ一二ニ止マラスト雖、之ヲ朝鮮ノ実情ニ徴スレハ、教育ノ効果ヲシテ国民生活ノ実際ニ適合セシムルノ趣旨ニ基キ、民衆ヲシテ勤労ヲ好愛セシメ興業治産ノ志操ヲ振起セシムルト共ニ、偸安《とうあん》遊惰ノ弊ヲ誡メ更ニ国家社会人タルニ適切ナル資質ヲ向上シ、以テ国家昌栄ノ基礎ヲ確立シ、民衆生活安定ノ根本ヲ培養スルヲ喫緊ノ要務ト為ス。(43)

ここで山梨総督が述べるように、「教育の実際化」の方針とは、朝鮮の教育制度・内容を朝鮮の実情や朝鮮人の実際の生活に適合させることを目標としたものであった。そして、この方針を反映した施策の中心となったのが、普通学校における職業科の新設および必須科目化であった。

◆職業科の新設

一九二九年（昭和四）六月二〇日、朝鮮総督府令第五八号「普通学校規程中改正」が公布され（同日施行）、従来の「農業」「商業」に代わって新たに「職業」が設けられた。(44)

「職業」（職業科）は、普通学校規程第七条の改正によって、教科目に追加されると同時に必須科目（必設必修科目）に位置づけられ、六年制普通学校では第四・五・六学年で、五年制普通学校では第四・五学年で、四年制普通学校では第三・四学年で教授されることになった（表10）。また、職業科の教科内容は、追加された第一五条の二で次のように定められている。

第十五条ノ二　職業ハ職業ニ関スル普通ノ知識技能ヲ得シメ、職業ヲ重ンジ勤労ヲ好愛スルノ精神ヲ養ヒ、兼ネテ適切ナル職業ヲ指導スルヲ以テ要旨トス。

第4学年		第5学年		第6学年	
時数		時数		時数	
1	道徳ノ要旨	1	道徳ノ要旨	1	道徳ノ要旨
12	日常須知ノ文字及近易ナル普通文ノ読ミ方、書キ方、綴リ方、話シ方	9	日常須知ノ文字及近易ナル普通文ノ読ミ方、書キ方、綴リ方、話シ方	9	日常須知ノ文字及近易ナル普通文ノ読ミ方、書キ方、綴リ方、話シ方
3	日常須知ノ文字及近易ナル普通文ノ読ミ方、書キ方、綴リ方、話シ方	2	日常須知ノ文字及近易ナル普通文ノ読ミ方、書キ方、綴リ方、話シ方	2	日常須知ノ文字及近易ナル普通文ノ読ミ方、書キ方、綴リ方、話シ方
6	整数ノ計算 小数ノ唱ヘ方、書キ方及簡易ナル計算	4	整数ノ計算 小数ノ計算 分数ノ計算 （珠算）	4	比例 歩合算 （珠算）
		2	国史ノ大要	2	前学年ノ続キ
		2	日本地理ノ大要	2	前学年ノ続キ、満洲其ノ他外国地理ノ大要
2	植物、動物、鉱物及自然ノ現象、通常ノ物理化学上ノ現象	2	植物、動物、鉱物及自然ノ現象、通常ノ物理化学上ノ現象	2	植物、動物、鉱物及自然ノ現象、通常ノ物理化学上ノ現象、人身生理ノ初歩
男2 女1	農業、工業、商業又ハ水産等ニ関スル事項ノ大要	男3 女1	農業、工業、商業又ハ水産等ニ関スル事項ノ大要	男3 女1	農業、工業、商業又ハ水産等ニ関スル事項ノ大要
1	簡単ナル形体	男2 女1	簡単ナル形体	男2 女1	簡単ナル形体
1	平易ナル単音唱歌	1	平易ナル単音唱歌 （簡易ナル複音唱歌）	1	平易ナル単音唱歌 （簡易ナル複音唱歌）
男3 女2	体操 教練遊戯及競技	男3 女2	体操 教練遊戯及競技	男3 女2	体操 教練遊戯及競技
2	衣食住、看病 運針法 通常ノ衣類ノ縫ヒ方、裁チ方、繕ヒ方	4	衣食住、看病、一家経済ノ大要 通常ノ衣類ノ縫ヒ方、裁チ方、繕ヒ方 （簡易ナル手芸）	4	衣食住、看病、一家経済ノ大要 通常ノ衣類ノ縫ヒ方、裁チ方、繕ヒ方 （簡易ナル手芸）
	（簡易ナル細工）		（簡易ナル細工）		（簡易ナル細工）
31		31		31	

表10　普通学校教科課程および毎週教授時数表

教科目	第1学年 時数	第1学年	第2学年 時数	第2学年	第3学年 時数	第3学年
修身	1	道徳ノ要旨	1	道徳ノ要旨	1	道徳ノ要旨
国語	10	発音 仮名、日常須知ノ文字及近易ナル普通文ノ読ミ方、書キ方、綴リ方、話シ方	12	仮名、日常須知ノ文字及近易ナル普通文ノ読ミ方、書キ方、綴リ方、話シ方	12	日常須知ノ文字及近易ナル普通文ノ読ミ方、書キ方、綴リ方、話シ方
朝鮮語	5	発音 諺文、日常須知ノ文字及近易ナル普通文ノ読ミ方、書キ方、綴リ方、話シ方	5	諺文、日常須知ノ文字及近易ナル普通文ノ読ミ方、書キ方、綴リ方、話シ方	3	日常須知ノ文字及近易ナル普通文ノ読ミ方、書キ方、綴リ方、話シ方
算術	5	百以下ノ数ノ唱ヘ方、書キ方及簡易ナル計算	5	千以下ノ数ノ唱ヘ方、書キ方及簡易ナル計算	6	整数ノ計算
国史						
地理						
理科						
職業						
図画		(単形) (簡単ナル形体)		(単形) (簡単ナル形体)	1	単形 簡単ナル形体
唱歌	3	平易ナル単音唱歌	3	平易ナル単音唱歌	1	平易ナル単音唱歌
体操		体操 教練遊戯及競技		体操 教練遊戯及競技	3	体操 教練遊戯及競技
家事及裁縫						
手工		(簡易ナル細工)		(簡易ナル細工)		(簡易ナル細工)
計	24		26		27	

図画ハ第1学年第2学年ニ於テハ毎週1時之ヲ課スルコトヲ得
手工ハ第1学年第2学年第3学年ニ於テハ毎週1時第4学年第5学年第6学年ニ於テハ毎週2時之ヲ課スルコトヲ得
実習ニ関シテハ規定ノ教授時数外ニ渉リテ尚之ヲ課スルコトヲ得
(出典)「普通学校規程中改正」(『朝鮮総督府官報』739号、1929年6月20日付)附属の別表より作成。

職業ハ農業、工業、商業、水産等ニ関スル事項中ニ就キ、土地ノ情況ニ適切ナルモノヲ選ビテ之ヲ授クベシ。

職業ヲ授クルニハ家庭ノ業務ト密接ナル関係アラシメンコトニ留意シ、特ニ実習実験ノ指導ニ力《つと》ムベシ。

女児ニ在リテハ特ニ家事及裁縫トノ連絡ヲ密接ニシテ之ヲ授ケ、女子ニ適切ナル職業ノ指導ニ留意センコトヲ要ス。

こうして職業科は、法令上必須科目に位置づけられ、毎週教授時数表にも明記されることになったのである。第二次朝鮮教育令制定時に農業科が随意科目あるいは選択科目の一つとされたことに比べると、法令上の地位は明らかに強化されたといえる。従来の研究は、この点をとらえて職業科の新設は一〇年代の寺内正毅総督時の実業教育重視方針の復活であると解釈してきたのである。

しかし、すでにここまでの考察が示す通り、こうした見方は誤りである。むしろ二〇年代以降も普通学校の現場で継続されてきた農業教育の現実を総督府が追認し、それを規程条文に明確に反映すると同時に、「職業」という新たな教科目を設定することでその内容の刷新を図ったものであると考えるほうが正しいのである。

◆新設の目的

それでは、総督府が「職業」という名称の教科目を新設したねらいはどこにあるのだろうか。また、従来の農業科や商業科などと一体何が異なるのであろうか。それを知るためには、規程改正時に出された総督府の訓令が第一の手がかりとなる。訓令は、職業科の新設について次のように説明している。

教科目ノ変更ニ関シテハ、従来加設科目タリシ実業ヲ職業ト改称シ、且之ヲ必修科目ト為シ、男女共ニ之ヲ修メシムルコトトシ、尚女児ニ対シテハ家事ヲ授クルコトトセリ。蓋シ初等普通教育ニ於テ職業ニ対スル意識ヲ啓発シ、勤労ヲ好愛スルノ精神ヲ振起シ、産業ニ関スル志念ヲ堅実ニシ、各人将来ノ業務ニ対シ適切ナル知能ヲ教養スルハ、何レノ教科目ニ於テモ留意セザルベカラザル所ナリト雖、之ニ関シ独特ノ教科ヲ授ケテ、一層其ノ効果ヲ顕著ナラシムルノ方法ヲ樹ツルノ緊要ナルハ更ニ言ヲ俟タザル所ナレバナリ。而シテ同教科目ヲ実業ト称セズシテ特ニ職業ト改称シタルハ、上叙ノ趣旨ニ依リ従来慣称シ来リタル実業科目ニ比シ、稍其ノ意義ノ広キモノアルヲ以テナリ。サレバ今後本教科目ヲ授クルニ方リテハ深ク此ノ要旨ヲ体シ、所謂職業指導ノ本旨ヲ基調トシテ之ヲ取扱ヒ、実際ニ迂遠ナル概念的素養ヲ与フルガ如キ弊ニ陥ルコトナク、出来得ル限リ之ガ資料ヲ地方ノ実情ト家庭ノ実際生活トニ求メ、以テ本教科目授業ノ趣旨ヲ没却セシメザランコトニ留意スベシ[45]。

残念ながら訓令の記述はやや抽象的な感をぬぐえないが、職業科は、従来の農業科や商業科（全体としての実業科）と比較してより広い意義を含みこんだ教科目であると説明されている。そして、その本質は、地方の実情や家庭の実際の生活に即した職業指導であった。

しかし、この訓令だけでは職業科の具体的なねらいを満足に理解することはできない。そこで次に、より詳しい資料として、総督府学務課長の福士末之介による職業科に関する解説を挙げることにする。

畢竟するに職業科の内容即ち資料は、右第二項の規定に明示するが如く、「農業、商業、工業、水産等ニ関スル事項」に就いて土地の情況に適切なるものを選びて授くるを必要とするのであつて、従来往々取扱はれた如く、農業とか工業とか商業とかの如く、この三分科の一に限つて之を教ゆる必要はないので、蚕業の盛なる地方なれば、蚕業のみを教へてもよし、果樹の盛なる地方なれば果樹のことのみ教へてもよく、蚕業と果樹の事を併せ授けても可なりといつたやうに、出来る丈地方の職業の種別に応じて教育の効果を実際的ならしめ、以て従来の画一的な、形式的な弊を避けしむることを主眼としたのであります[46]。

この解説資料によって職業科のねらいがかなり明瞭となった。要するに、従来の実業的教科目のように「農業」「商業」「工業」など専門分野別に特化して教授するのではなく、学校が位置する地域社会の産業の実情に合わせて、分野横断的かつ柔軟に知識・技能を教授することを目指したものであったのである。

さらに、慶尚北道視学の河野卓爾は、家庭生活との適合を図る職業科の考え方について次のように非常に分かりやすく説明している。

〔前略〕然るに今回改正の職業科にあつては、『農業、商業、工業、水産等に関する事項云々』と規定してゐる。即ち此の指導観念は農、工、商、水産を各一つの実業分科と見てゐない所に特色がある。而して一方に於て此れを其の家庭業務即ち家庭職業と、密接なる関係に於て授けよ、と規定している。

此の家庭職業といふ意義を吟味して見る時に、この規定の精神が一層明瞭になると思ふ。一体、家庭職業なるものは決して一分科的実業を体してゐない。此れを農業を営む家庭職業に例を取つて考へて見るに、田を耕し畑を打つ事は農なるもの丶本体であるが、その労役の結果たる米を市場に送り、桑葉を摘みてその報酬を得るは、明らかに商行為たる経済行為に属する。或は棉を培ふてその得たるものにて糸を紡ぎ、機を織る。機織即ち工業である。河川に鯉魚を放ちて利殖を図る、即ちこれ水産業では無いか。斯く観じ来れば即ち児童の実際接触しつ丶ある環境としての実業なるものは、一分科の実業に非ずして、実際の家庭職業としての実業なる事が解る。(47)

ここに提示されている農民生活の描写にある通り、農業に従事していれば当然農業に関する知識・技能が必要であるが、実際の生活ではそれだけでは十分とはいえない。農業経営・家計収支の適正化を考えれば商業の知識・技能が、副業を考えれば工業の知識・技能が必要となってくるはずである。

そこで、朝鮮の農村地域で、たとえ農業を主とする教育活動を行う場合であっても、農業だけでなく商業・工業・水産業などの知識・技能も有機的に組み合わせて、全体としてその地域の産業や実際の家庭生活に適合した

図6　吉祥公立普通学校の農業実習（京畿道）（『日本地理風俗大系』17巻・朝鮮（上）、新光社、1930年）

内容とすることを目指したのである。これが規程改正によって、従来の「農業」「商業」ではなく、敢えて新しい名称の「職業」を新設したねらいであった。

それでは、普通学校において職業科としての農業教育はどういうものになるのであろうか。同じく河野卓爾は次のように説明する。

農業としても実業分科としての農業では無い。詳説すれば従前使用の何々農業教科書の様に、科学的分類に依つた教材に依つてはならない。具象の農家が其の農業を営んでゐる実際に取材をせねばならぬ。即ち之を内容的に見る時、農業としての実際職業を其の内容に於て関係する商、工、水産各種の実業に亘つて取扱はる丶事になるのである[48]。

つまり、農業を主とした職業科の教育活動の場合、従来のような農業科の教科書のみに依存するのではなく、地域の産業や実際に多い職業などを考慮して教授内容を編成することになる。また、教授方法では、法令に「特ニ実習実験ノ指導ニ力ムベシ」とあるように、朝鮮人児童が実習地・学校林などで実習等に従事し、実際に体験することで勤労意識・職業意識を身につけさせることが重視されたのである[49]（図6）。

第四節　京畿道における卒業生指導制度の開始

◆制度の概要

一九二六年度からの「更新計画」開始に合わせて、植民地朝鮮では農業教育の再構築が実施された。その主軸

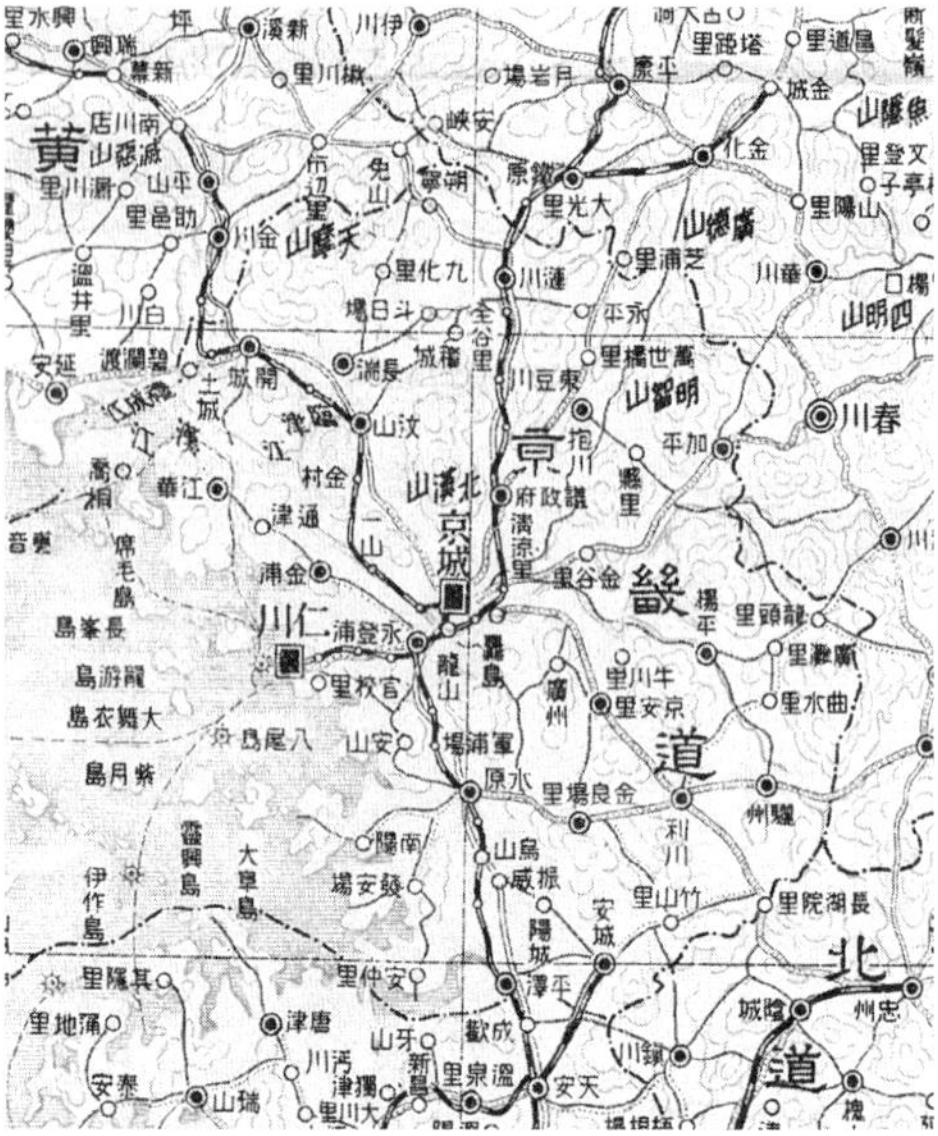

図７　京畿道地図（朝鮮総督府編纂『朝鮮要覧』大正15年版、1926年）

は、農政の「担い手」（いわゆる「中堅人物」）を育成する教育機関として実業補習学校を拡充することであった。しかし、こうした中、京畿道（図7）でこれとは異なる新しい農政の「担い手」育成制度が樹立される。すなわち普通学校の卒業生指導制度である。そこで、まずこの卒業生指導制度の概要について見ておこう。

京畿道において独自の卒業生指導制度が開始されたのは、一九二七年度（昭和二）のことである。当時京畿道知事であった米田甚太郎、道内務部長の井上清の指導の下、農務課長の八尋《やひろ》生男、学務課長の高橋敏、道視学の森武彦などが主にこの制度の立案計画に関わった。(50)

朝鮮農村では、まだ農業補習学校の増設が始まったばかりであった。そこで、それに代わる現実的な対応策として卒業生指導制度を創設し、普通学校教員が卒業生に対して引き続き徹底的な指導・保護を加えることで、教育効果をより完全なものとすることが目指されたのである。別のいい方をすれば、それは次の方針に明示されている通り、地域社会の農事改良の先駆者である「中堅人物」を育成することを意味していた。

一、卒業生指導ノ方針

農村ニ於ケル普通学校卒業生ニシテ、農村ニ安住シ農業ニ従事セントスル者ニ対シテ、本道ニ於ケル農事奨励方針ニ則リ営農並生活上ノ指導ヲ加ヘテ、勤勉力行発奮自営ノ体験ヲ積マシメ優良ナル農民タルノ資質ノ向上ヲ図リテ、地方改良ノ先駆者タラシムルヤウ不断ノ誘導啓発ヲ加フルノデアル(51)。

京畿道では、まず卒業生指導制度を確実に実施するために、優良な普通学校の中から順次卒業生指導学校を指定していった。初年度の一九二七年度（昭和二）には一〇校が指定され、その後二八年度には八校、二九年度には五校、三〇年度には五校、三一年度には四校が指定され、三一年四月現在、指導学校は三二校、指導生は七八〇名にのぼった(52)。

指導生の選定については、なるべくその年度の卒業生を主な対象とした。ただし、過去の卒業生でも年齢・気分等共同指導を行う際に支障がない者については選定の対象に加えることができた。指導の徹底を図るために、一時に多数を選考することは避け、一回当たりおよそ三〇人以内にとどめることとした。その他選定上の注意事項として、「本人ノ志望カ堅実テアルコト」「父兄ニ充分ノ理解カアルコト」「営農上ニ相当ノ便宜ノアルコト」「部落集団制ヲ採リ且ツ部落ノ数及其ノ範囲ヲ餘リ拡大シテ指導上困難ヲ来サヽルコト」なども配慮された(53)。

実際の指導方法および内容を見ると、直接かつ集中的に指導する期間は三年であった。その後は指導生により組織される組合の規約を遵守させ、自治的な成長につながるよう間接指導を行った。

指導方法としては、個人指導、共同指導、記録指導、年中行事の作製、指導機関の連絡指導、学術習得の指導などがあった。このうち個人指導は、「各個人ノ家庭及耕作地ニツイテ農業ノ実際ヲ指導スルモノテ、各家庭及個人ノ情況ヲ祥ニシテ其ノ事情ニ適応シタル農事作業ヲ行ハシメ実地ニ臨ンテ之カ指導ヲ加ヘル」ものであった。また、共同指導は、「事情ヲ同シクスルモノ又ハ一般的ニ指導ノ要アル事項ヲ、学校又ハ部落ニ召集シテ共同的ニ指導ヲ行フ」ものであった。指導は主に出身の普通学校の教職員が担当したが、農会・産業組合と密接な連携をとるとともに、道や郡・面の技術員からの援助も受けることになった(54)（図8・9）。

ところで、このような普通学校卒業生に対する指導自体は、何も京畿道が初めての事例ではない。卒業生指導の重要性は、すでに一九一〇年代から指摘されており、実際にこれまでも実施されてきた。そのため卒業生指導の指導内容の多くは、すでに一〇年代から継続的に行われてきた内容のものである。

それでは、この京畿道の卒業生指導制度は、過去の卒業生指導と何が大きく異なっているのであろうか。平壌公立農業学校長の井上改平は、その特徴について次のように述べている。

〔前略〕京畿道では、昨年来実習指導学校と云ふものを設けて、普通学校の校長や教師が主となり農業技術員と連絡を取り、其の普通学校卒業者で農業に従事して居る者の中から選定して之を指導学校の生徒とし、月に一二回学校に召集して農業経営上又は技術上の指導をなすから〔やら―筆者註〕、或は土曜日曜等校長、

図8　堆肥製造共同実習　京畿道・北面公立普通学校指導生（京畿道編纂『卒業生指導勤労美談』第壹輯、京畿道、1930年）

図9　農産品品評会　京畿道・陽川公立普通学校指導生と学校児童合同で（京畿道編纂『卒業生指導勤労美談』第壹輯、京畿道、1930年）

教員等が生徒の家庭を巡回して指導するやら、或は生徒に農事改良組合を作らせるやら、副業組合を作らせるやら、而して此の資金（一学校二百円を地方費より無利子貸付）融通をやるやら、或は道・郡の農業技術員の講習を教員生徒一諸に受けて之を実行するやうに教師が生徒に指導するとか、色々道の農業奨励方針に従つて奮励せしめ、中々良好の成績を挙げつゝあると云ふことを聞いて居るが、至極結構な施設であると思つて居る。[55]

すなわち、京畿道の卒業生指導制度の特徴は、従来見られた農業技術の指導普及に重点を置いたものではなく、朝鮮人の農政「担い手」育成という人材育成を中心にすえ、農業技術だけではなく農業経営などにまでその範囲を拡大して多方面から集中的に指導を行う点にあった。なかでも朝鮮人指導生という「個人」に焦点を絞り、その個人に向かって学校・行政官庁・勧農機関が一致協力して指導に当たるという点に最も大きな特徴があったのである。

◆汶山公立普通学校の例

それでは、実際の京畿道における卒業生指導制度の具体例を見ることとしよう。ここで紹介するのは、汶山公立普通学校の事例である。

汶山公立普通学校は、一九一六年（大正五）四月創立の六年制公立普通学校である。学校長を含めて訓導（教員）は九名、児童数は男子四三三名、女子一二三名の計五五六名である。同校は卒業生指導制度が開始された初年度一九二七年四月に指導学校に指定された。一九三〇年（昭和五）現在の指導生数は二二名、修了生数は一五名で学校周辺の一〇ヶ所の部落で指導を行っていた。[56]

ちなみに汶山公立普通学校は、京畿道の中でも卒業生指導学校のモデル校の一つであった。三〇年六月一九日には、斎藤実総督が、武部欽一学務局長、渡辺忍京畿道知事とともに同校を視察に訪れ、校長から職業科施設や

図10　斎藤総督視察（1930年6月）（京畿道編纂『卒業生指導勤労美談』第壹輯、京畿道、1930年）

卒業生指導の状況に関して説明を受けた。さらに同校の指導生部落の一つである臨津面臨津里周南洞を訪れ、指導生二名、修了生七名の視察を行ったのである[57]（図10）。

同校における卒業生指導の概要を見てみると、指導方針は前述のものとほぼ変わらず、指導生の選定も卒業生から毎年二〇名以下ずつ選抜する形で行われていた。同校の指導方法には、次に挙げるものがあった（表11）。

1　個人指導
学校職員又は郡面技術員は、季節に応じ各部落を巡回して全指導生の家庭に於ける農業上の実地指導を行ふものとす。

2　共同指導
学校附近又は集団せる部落に居住する指導生若干名づゝを一団として共同指導を行ひ、兼ねて召集指導の実習地に充てしむるものとす。

3　部落指導
本校卒業生を中心とせる周南洞醇厚青年団に対し、集中的指導を行ふものとす。

4　指導に関する表簿
指導生調査、指導生家庭生活状況調、家庭実習地土地台帳及家庭実習地明細図、栽培飼育設計標準表、年（月）中行事表、実習計画書（稲作、麦作、蔬菜）指導日誌、指導簿、指導生日誌実績表

5　指導生の標札

表11　汶山公立普通学校の卒業生指導細目

	第1年度	第2年度	第3年度
普通作物	水稲、大豆、麦、甘藷の栽培法改良	同左増収研究	同　左
特用作物	落花生栽培	同　左 莞草の栽培改良	同　左 除虫菊の栽培
果　　樹	梨、林檎の栽培	同左施肥管理、葡萄の栽培	同　左
蔬　　菜	馬鈴薯、大根、白菜、菠薐草、茄子、葱、胡瓜、南瓜の栽培	同左　促成栽培	同左　抑制栽培
林　　業		林樹苗の栽培 温突改良	同左　造林
農産製造		大根、甘藷切干澱粉製造	同　左
養　　蚕	桑の栽培及施肥中耕蚕の飼育法	同左桑園の管理法、蚕室改良及消毒	同　左 屑繭の利用
養　　畜	鶏の飼育管理	同左豚牛の飼養飼料の調製去肥及肥育	同　左 牛の生飼研究
農　　具	栽培用農具	農産製造用具	気象観測用具
土　　壌	耕起耕耘	土地改良	土性鑑定
病 虫 害	病虫害採集	薬剤調製及撒布	同　左
肥　　料	堆肥製造、緑肥栽培	同　左 肥料の配合	同　左 肥料鑑定
農業手芸	藁鞋、草履、叺、蚕具	同　左 農具の修理	同　左
実験研究		桑の接木	同左果樹の接木気候の観測
農産販売	共同販売	同　左 米穀包装荷造りの方法	同　左 米穀鑑定

(出典)「総督の視察したる汶山公立普通学校近況」(『文教の朝鮮』60号、1930年8月)60～61頁。

イ、門札

ロ、実習地立札

6　表彰

毎年一回づヽ左の方法に依り成績優良なるものを表彰す。

イ、叺織競技会　ロ、多収穫品評会（稲作、大豆）　ハ、農産物品評会

ニ、繭品評会　ホ、堆肥品評会

7　指導機関との連絡

イ、毎年二回郡面技術員と学校職員と連合して実科指導打合会を開くものとす。

ロ、毎年四回指導生父兄懇談会を開き指導計画につき諒解を得るものとす。(58)

また、同校では、指導生を中心に汶山農事改良組合を組織していた。組合は、「本道の農事奨励方針に基き農業の改良発達を図るべく互助共励の機関たるを以て」その目的とした(59)。組合は規約によって実行事項を定めていたが、このうち稲作に関するものを挙げると次の通りである。

二、稲作に関すること

イ、種子の塩水選を実行すること　ロ、赤米除去を実行すること　ハ、道奨励品種の栽培を励行すること

ニ、共同採種苗を設くること　ホ、苗代は揚床式とし播種の改良をなすこと　ヘ、正条植をなすこと　ト、施肥を完全になすこと　チ、中耕除草灌排水等其の管理を完全にすること　リ、完熟期刈入を励行すること　ヌ、稗抜の励行をなすこと(60)

内容を見れば分かるように、これはまさに日本で確立された明治農法そのものである。すなわち、卒業生から選抜された朝鮮人指導生を通じて朝鮮農村に近代農学に基づく農業技術を着実に普及させようとしたのである

（図11）。

図11　共同田植え　京畿道・汶山公立普通学校指導生
（京畿道編纂『卒業生指導勤労美談』第壹輯、京畿道、1930年）

こうして指導生たちは、近代農学を体現し健全な農業経営を実践する先駆的人物となり、京畿道側が期待する植民地農政の「担い手」、すなわち朝鮮農村の「中堅人物」へと成長することが期待されたのである。

そして、彼らの姿は、朝鮮農民の理想像として広く宣伝にも利用されることになった。その一例を最後に紹介することにしよう。

以下に挙げるのは、汶山公立普通学校の一九二七年度（昭和二）指導生であった黄鉉周《ファンヒョンジュ》（坡州郡臨津面・二三歳）を取り上げた「指導実習の賜は最初の米作りに反当四石五斗の収穫を見る」と題する「成功談」である。

一　黄鉉周の家庭

彼の家庭は漢学者の系統を承けて居つた。祖先伝来の畓田（水田・畑―筆者註）五町歩餘りは、傭人任せで粗放的であり、副業などは人のやる事までも反対する位であつて、然も生活は餘り裕福ではなかつた。

二　自分の力で自作して家を興さうと指導生を熱望す

昭和二年三月、彼が普通学校を卒業した時にも、父は農業をさせる意志は毛頭もなく、面書記にする運動をしたのであるが、本人は頑として之れに応じない。自分は相当の畓田があるから自分の力で自作して、家を興し身を立てたいと決心し、指導生になることを熱望したので、父も仕方なく之を許した。彼は大喜で卒業と同時に指導生になつた。

三　着実なる努力は反当四石五斗の収穫を見る

彼が指導生となるや、其の熱心を認められて、京畿道種苗場第一回農業実習生に選抜され、優秀な成績で終了した。彼の働き振は着実である、真剣である。父を動かし傭人を導いて、苗代は揚床式薄播、本畓は深耕正条植、肥培管理も指導せられた通りに、忠実にこれを実行して申分なく働き、其結果は反当籾四石五斗の収穫を得て父を驚せた。彼は其の後反当り六石を標準収穫にしやうとして大に米作りに精進して居る。

四　米作と共に副業に実績を揚ぐ

彼は一般農耕に精進するばかりでなく、副業にも努力して居る。手製の鶏舎は立派に建てられて可愛らしい数十羽の白色レグホーンが遊んで居る。豚舎はコンクリート叩きに改良されて、肥えたバークシャが横つて居る。一立坪の肥料溜はきれいに出来上り、一反歩の桑園は見事に育てられ、蚕具は手製で蚕種一枚の飼育分はちゃんと整つてゐる。堆肥は毎年三千貫以上を製造して、品評会の特等賞を受けたことが二回に及んで居る。

五　精農青年として表彰さる

彼れは餘力を以て部落改善に尽したいと、昭和三年の春蚕から自宅に於て一部落の稚蚕共同飼育をして好成績を挙げ、村の人々から非常に褒め囃《はや》されて居る。

斯くて精農青年として、村の中堅人物として、一般から認められ、指導生となつて二年目の昭和三年度には、京畿道農会から精農青年として表彰されたのである。(61)

この逸話は、京畿道あるいは総督府が理想とするまさに「成功談」「美談」の類であり、この内容からただちに卒業生指導制度の成否を判定することは適当ではない。

ただいえるとすれば、普通学校卒業生が、指導生として明治農法などの近代農学（学理農法）を実行に移して生産量や農家収入の増加を達成し、さらにそれをよりどころとして植民地農政の「担い手」や「中堅人物」へと育成される姿が、ここには見事なまでに典型的な形で描写されているということである。

小括

以上の考察を踏まえて、本章の内容をまとめると次の通りである。

一九二〇年代前半は、第五章で見たように、朝鮮における農業教育の再構築を模索する時期であった。最終的には「更新計画」開始に合わせて、実業補習学校の増設や普通学校規程の改正が実現するが、地方での農業教育の推移を見ると、新たな事実が明らかとなった。

検討対象とした江原道では、三・一独立運動直後に「学校農業及手工実施要綱」(一九二〇年)を公布するなど、普通学校農業科を中心とした農業教育が継続されていた。さらに、第二次朝鮮教育令制定後にも「農業教育振興実施規程」(一九二四年)を公布し、総督府に先行する形で四年制普通学校での農業教育にも取り組んでいた。普通学校の就学児童の年齢低下が朝鮮全体と比較して遅れていた点などこの地方特有の条件があったにせよ、江原道では二〇年代前半も農業教育が非常に活発に展開されており、その結果早々に実業補習学校の設置に動くことにもつながったのである。

一九二六年度以降の実業補習教育の振興は、新たに就任した山梨半造総督の下で本格化していく。総督府は、実業補習学校を通じて、朝鮮人青少年に公民教育と勤労教育の要素からなる「訓練」的教育を施し、卒業後「地方郷土ノ中堅人物」となるよう育成することを目標とした。しかし、現実の実業補習学校は、総督府が意図していた教育内容とはならず、また設置数も少なかったこともあって、「中堅人物」育成の役割を当初十分に果たすことができなかったと考えられる。

その一方で、山梨総督は、まもなく「教育の実際化」方針を打ち出し、一九二九年に普通学校に職業科を新設し必須科目化する措置をとった。これは従来から農村部の普通学校で広く普及していた農業科の実態を、総督府が法的に追認したものであった。

ところで、「更新計画」の開始が刺激となって、京畿道では独自の「担い手」育成制度として卒業生指導制度が開始された。これは普通学校卒業生という朝鮮人の「個人」に対して、学校教員や行政官庁、農会などの勧農機関が農業技術・農業経営を集中的に指導する制度であった。実業補習学校が未整備な中、この卒業生指導制度はもう一つの農政「担い手」育成プロセスとしてその後朝鮮全土に広く普及していくのであった。

こうして二〇年代後半に登場した実業補習学校、普通学校職業科、卒業生指導制度は、三〇年代以降の朝鮮における植民地農政の「担い手」育成の基本構造を形作っていくことになるのである。

（1）「学校農業及手工実施要綱」（『朝鮮総督府官報』二二七一号、一九二〇年三月一日付）。
（2）『大正十二年十月官公立農業学校長会議事項』（朝鮮総督府、一九二三年一二月）一九〜二〇頁。
（3）「江原道農業教育振興案実施の状況」（『文教の朝鮮』四号、一九二五年一二月）一一一〜一一三頁。
（4）「農業教育振興実施規程」（『朝鮮総督府官報』三五八〇号、一九二四年七月一九日付
（5）初田太一郎「農村教育振興の根本に就て」（『朝鮮農会報』二〇巻三号、一九二五年三月）三九頁。
（6）前掲「江原道農業教育振興案実施の状況」一一三頁。
（7）同右、一一四〜一一五頁。
（8）同右、一一五頁。
（9）同右、一一四頁。
（10）「初等学校農業教育実施規程」（『朝鮮総督府官報』五七号、一九二七年三月一一日付）および「農業教育実施規程」

(『同』二一三号、一九二七年九月一二日付)。
(11) 初田太一郎前掲「農村教育振興の根本に就て」三九頁。
(12) 初田太一郎「朝鮮に於ける実業補習教育振興を如何にすべきか」(『朝鮮農会報』九号、一九二六年五月)三七頁。
(13) 「江原道小学校長普通学校長会議」(『文教の朝鮮』四号、一九二五年一二月)一一六頁。
(14) 「実業補習学校施設経営要項」(『朝鮮総督府官報』四一〇四号、一九二六年四月二七日付)。
(15) 『昭和二年　実業教育振興施設概要』(江原道学務課、一九二七年四月)八～一五頁。
(16) 施設経営要項第一「設置及名称」第一項。
(17) 施設経営要項第二「教科及編制」第一項および初田太一郎前掲「朝鮮に於ける実業補習教育振興を如何にすべきか」四三頁。
(18) 施設経営要項第四「入学及出席」第一項。
(19) 施設経営要項第三「教授期間及教授時間」第一項および学則標準第八条。
(20) 施設経営要項第三「教授期間及教授時間」第二項。
(21) 施設経営要項第二「教科及編制」第二・三・四・五・六項。
(22) 前掲『昭和二年　実業教育振興施設概要』二五頁および江原道「江原道の農事改良と実科教育」(『朝鮮』一七三号、一九二九年一〇月)三一二頁。
(23) 前掲『昭和二年　実業教育振興施設概要』二五～三二頁。
(24) 同右、三三～三七頁。
(25) 同右、三七～四四頁。鉄原公立農蚕実修学校については、「山形県の自治講習所や丁抹の小地主養成の農業学校等の経営法を加味した学校である」と記されている。当時日本内地で台頭していた「塾風教育」に触発されたものと思われる(伊藤淳史『日本農民政策史論』京都大学学術出版会、二〇一三年、一三九頁参照)。
(26) 「実業補習学校長会議政務総監訓示」(『文教の朝鮮』三一号、一九二八年三月)一一七～一一八頁。
(27) 同右、一一八頁。
(28) 「実業補習学校長会議指示事項」(『文教の朝鮮』三一号、一九二八年三月)一一九頁。なお、これ以外の指示事項は、

「一、教員ノ自覚ニ関スル件」「二、生徒ノ馴練ニ関スル件」「五、入学生徒ノ志望ニ関スル件」「六、卒業生ノ指導ニ関スル件」「七、教科書ニ関スル件」であった。

(29) 「道視学打合会議に於ける指示事項並に打合事項」(『文教の朝鮮』三三号、一九二八年四月)一八頁。

(30) 前掲「実業補習学校長会議指示事項」一三〇頁。

(31) 前掲「実業補習学校長会議政務総監訓示」一二八頁。

(32) 「道視学打合会議に於ける政務総監訓示」(『文教の朝鮮』三三号、一九二八年四月)一五頁。

(33) 実業補習学校長会議の指示事項でも、卒業生と農会など勧農機関との連携の継続が次のように指示されている。「卒業者ヲシテ地方郷土ノ中堅人物タルコトヲ自覚セシメ、公民トシテノ本務ヲ完ウセシムルト共ニ、産業ニ経済ニ最モ進取的ニ活動セシムルニ在リ。各位ハ思ヲ茲ニ致シ、地方郷土ヲ背景トシテ最モ有利ナル企画ノ下ニ常ニ農会其ノ他地方諸団体ト緊密ナル連絡ヲ保チ、地方産業ノ改善進歩ノ為ニ貢献セシムルハ勿論、地方共栄ノ本義ニ対シ民心ノ刷新ニ一般ノ努力アラシムルヤウ留意セラルヘシ」(前掲「実業補習学校長会議指示事項」一三〇頁)。

(34) 「道知事会議ニ於ケル政務総監訓示」(『朝鮮総督府官報』四一八号、一九二八年五月二三日付)。

(35) 菊地良樹「朝鮮の実業補習教育」(『文教の朝鮮』四九号、一九二九年九月)三八〜四一頁。

(36) 井上改平「朝鮮に於ける農業補習学校の経営に就て」(『文教の朝鮮』四四号、一九二九年四月)三八〜三九頁。

(37) 同右、四〇〜四四頁。

(38) 菊地良樹前掲「朝鮮の実業補習教育」四四頁。

(39) 同右。

(40) 「道知事会議に於ける総督訓示」(『朝鮮総督府官報』四一八号、一九二八年五月二三日付)。

(41) 大野謙一『朝鮮教育問題管見』(朝鮮教育会、一九三六年)一五九〜一七〇頁。

(42) 前掲「道視学打合会議に於ける指示事項並に打合事項」一八頁。

(43) 「視学官会議に於ける総督訓示」(『文教の朝鮮』四七号、一九二九年七月)六〜七頁。

(44) 「普通学校規程中改正」(『朝鮮総督府官報』七三九号、一九二九年六月二〇日)。なお、同時に「小学校規程中改正」も行われ、日本人が大部分を占める小学校でも職業科が新設・必須科目化された。

(45)「小学校規程及普通学校規程中改正に関する訓令」(『朝鮮総督府官報』七三九号、一九二九年六月二九日付)。
(46) 福士末之介「朝鮮教育諸法令改正等に就いて」(『文教の朝鮮』四八号、一九二九年八月) 三五頁。
(47) 河野卓爾「小学校普通学校規程改正に伴ふ職業教育の考察より職業科の取扱に及ぶ」(『文教の朝鮮』五五号、一九三〇年三月) 二〇〜二一頁。
(48) 同右、二五〜二六頁。
(49) 大野謙一前掲書、二三八頁および「清州公立普通学校実科教育施設の概要」(『文教の朝鮮』五五号、一九三〇年三月) 九九〜一〇三頁、沈元弘「職業科 (農業を主としたる)」(『文教の朝鮮』六三号、一九三〇年一一月) 九〇〜一〇〇頁。
(50) 京畿道編纂『卒業生指導勤労美談　第壹輯』(京畿道、一九三〇年) 一六〜一七頁および大野謙一前掲書、二三九頁。
(51)『昭和六年四月　京畿道ニ於ける卒業生指導施設ノ実際』(発行所・発行年不明) 一頁。なお、京畿道「京畿道の主要施設」(『朝鮮』一七三号、一九二九年一〇月) にもほぼ同様の指導方針が記載されている (二一〇頁)。
(52) 前掲『卒業生指導施設ノ実際』一〜二頁。
(53) 前掲「京畿道の主要施設」二一〇頁および前掲『卒業生指導施設ノ実際』三頁。なお、『卒業生指導施設ノ実際』では一回当たりの指導生は二〇以内を適当とすると記載されている。
(54) 前掲「京畿道の主要施設」二一〇頁および前掲『卒業生指導施設ノ実際』二〜四頁。
(55) 井上改平前掲「朝鮮に於ける農業補習学校の経営に就て」四〇頁。
(56)「総督の視察したる汶山公立普通学校近況」(『文教の朝鮮』六〇号、一九三〇年八月) 五八〜五九頁。
(57) 前掲「総督の視察したる汶山公立普通学校近況」五八頁および松月秀雄「職業科一元の新学校」(『文教の朝鮮』六四号、一九三〇年一二月) 一八頁。
(58) 前掲「総督の視察したる汶山公立普通学校近況」五九〜六〇頁。
(59) 同右、六一頁。
(60) 同右、六二頁。
(61) 前掲『卒業生指導勤労美談　第壹輯』一二五〜一二七頁。

終章　朝鮮植民地農政の確立

以上、本書では、第一章から第六章にわたって、植民地朝鮮における勧農政策の形成と展開について考察を進めてきた。そこで、終章では、近代日本の勧農政策と比較しながら、植民地朝鮮の勧農政策の特徴をまとめることで結論とする。

第一節　勧農政策の特徴

◆勧農政策の形成

植民地朝鮮における勧農政策の形成は、一九〇四年（明治三七）から一九一九年（大正八）の時期に行われた。朝鮮に関する調査・研究は、日清戦争の勝利をきっかけとして開始された。なかでも、当時第一級の農政官僚・農学者であった酒勾《さこう》常明は、視察・調査をもとに『清韓実業論』（一九〇二年）を著し、日本国内における朝鮮の「未開地」イメージの形成・流布に決定的な役割を果たした。

この頃すでに日本では、在来の稲作技術を近代農学の視点から再検証し体系化した明治農法が成立しており、農事改良の主導権は老農から農事試験場・農会などに完全に移っていた。そのため日本人農学者たちは、朝鮮の在地・在来農法では有効利用できない未開地・荒蕪地に日本人農民を移住させ、そこに先進的な学理農法を外部から移植・導入すれば、朝鮮の農業生産力向上は極めて容易であると考えたのである。まさに、この発想こそが、日本によって行われる植民地朝鮮の勧農政策の原点であった。

一九〇四年に日露戦争が勃発すると、日本政府農商務省農務局は、戦後勢力下に入る朝鮮の農業開発を前提として、「韓国土地農産調査」を実施した。調査では、朝鮮各道の気候、地理、土地租税制度、交通、農業経営、農産物など実態の把握に努力が払われたが、戦争下での探検的調査では、表層的な調査とならざるを得なかった。まもなく韓国が保護国となると、日本政府は、韓国政府への干渉を強め、一九〇六年に勧業模範場を農業開発の応急的施設として開設した。

勧業模範場は、日本（時には欧米諸国）の近代農学の成果を「模範（モデルケース）」として示す展示場であり、同時に朝鮮全体への技術普及を目指す勧農政策の拠点であった。朝鮮がもつ気候・風土の独自性を重視せず、外来の農業技術を直輸入的あるいは試験的に導入する点でいえば、明治初期の泰西農法の導入にかなり類似した状況であった。併合前の朝鮮では、この模範場が主軸となる形で、水原農林学校・農業学校や韓国中央農会など勧農機関の原型が形成された。

一九一〇年（明治四三）八月の韓国併合によって、朝鮮の植民地支配が始まった。朝鮮各道に農事試験研究機関、農業教育機関、農業団体がようやく最低限行き渡ったことを受けて、朝鮮総督府は一九一二年に米作・棉作・蚕業・畜牛の改良増殖の基本方針に関する訓令を発した。これは総督府が、朝鮮の在地・在来農法に代わって近代農学（学理農法）の導入・普及を図る勧農政策を実質的に始動したことを意味している。

けれども、一〇年代の朝鮮における各勧農機関は過渡的性格が色濃く、人員・経費の両面からいってもその能力は貧弱なものであった。そのため総督府は、農事改良の奨励事項を米（米穀）など重要農産物のみに絞り込むとともに、極めて画一的な指導を行うことによって拙速に成果を得ようとしたのである。勧業模範場初代場長を務めた本田幸介が作成した農事改良実行に当たっての四大要綱などは、その現実を端的に表している。

加えて、併合当初の朝鮮では、日本とは異なり、朝鮮人地主層など「下から」の農事改良の気運もほとんど期待できなかった。その結果、植民地期全体を見渡しても特にこの一〇年代に、いわゆる「サーベル農政」と形容される憲兵や警察などを利用した農事改良の強制的指導が頻発することになったのである。

ところで、植民地朝鮮で勧農政策を推進するためには、農村現場でそれを担う朝鮮人農民の人材育成が何よりも不可欠であった。一〇年代にこの役割を果たしたのが、農村の普通学校である。

普通学校は、本来朝鮮人児童が就学する初等普通教育機関であったが、実際には一〇代後半の青年層が多く通学したことで、勧農政策を支える人材育成機関の機能も付与された。普通学校では、農業科を準必修科目として取り扱い、実習地・学校林での精力的な農業実習を課すことで、近代農学に基づく知識と技能を習得した朝鮮人の「担い手」を輩出しようとしたのである。さらに、普通学校は、農業教育の効果を周辺の地域社会に波及させることによって、未成熟な朝鮮の勧農機構を補完する役割も果たした。

一〇年代の技術普及については、朝鮮の最重要農産物である米（主に水稲）を一例として見ることにした。朝鮮産米の改良に関しては、灌漑の改良、品種の改良、肥料の改良、調製方法の改良の四点が早くから指摘されており、一九一二年の訓令「米作改良増殖奨励ノ方針」も基本的にそれを踏襲した内容となっている。しかし、人員・経費の両面で全体的に不足していた一〇年代においては、このうち「優良品種」の普及と調製方法の改善の二点に集中して農事改良を開始せざるを得なかった。

「優良品種」の普及では、用水・施肥の条件が整わなくても朝鮮人農民が即座に増収効果を実感できることをねらって、「早神力《わせしんりき》」などの普及が図られた。調製方法の改善では、乾燥調製、稲扱器使用、筵敷調製が指導奨励された。特に日本発祥の稲扱器は、併合前後まで朝鮮に全く存在しなかった農具であり、植民地下での技術普及の進展を測る格好の指標の一つである。「優良品種」と稲扱器が一〇年代を通じて朝鮮に急速に普及したところを見ると、勧農機構は依然未成熟ではあっても、日本からの農業技術の移植・普及は確かな一歩を踏み出していたと判断できるのである。

◆勧農政策の展開

次に、植民地朝鮮における勧農政策の展開は、一九二〇年（大正九）から一九三〇年（昭和五）頃までの時期に進行した。

三・一独立運動直後に就任した斎藤実総督は、自らの「文化政治」における経済政策の目玉として、二〇年度より「産米増殖計画」を開始した。「産米増殖計画」の特徴は、朝鮮で初めて土地改良事業に本格的に着手した点にもとめられ、日本の耕地整理事業に該当する政策であった。したがって、一九二〇年を一つの画期とすることができるが、勧農政策全体の進展から見た場合、むしろ一九二六年（大正一五・昭和元）の「更新計画」樹立こそより重要な画期として考えるべきであろう。

なぜならば、二〇年度より「産米増殖計画」が開始されたとはいうものの、二一年九月には朝鮮産業調査委員会を開催して朝鮮産業開発の基本方針の策定を図るなど、総督府が計画の遂行にどこまで本腰を入れていたのか疑問が残るからである。事実、関東大震災の影響が大きいにせよ、「第一期計画」はすぐに完全な不調に陥った。

さらに、計画目標の達成には、購入肥料（金肥）の増施など農事改良の普及が絶対条件であったが、それを農村現場で下支えする農業団体はすべて任意団体で、系統的組織も未整備であった。日本において農事試験場、農会、農業学校などからなる体系的な勧農機構が一九〇〇年（明治三三）をもって成立し、それを待って耕地整理事業が開始されたことと比較すると、総督府の対応は準備不足の感が否めなかった。

結局、このような朝鮮の勧農機構の未整備を解消し、「産米増殖計画」の建て直しを実現したのは、二四年七月に就任した下岡《しもおか》忠《ちゅう》治《じ》政務総監であった。下岡忠治は、「更新計画」樹立と並行して、朝鮮農会令の制定と農業教育の再構築を一挙に実現したのである。

朝鮮農会令の制定によって、従来の部門別農業団体、任意道・郡島農会、旧朝鮮農会はすべて整理統合され、内地同様の系統農会が朝鮮にも成立した。農会は、「更新計画」の下で主に農業技術の指導・普及を担当した。なかでも、農会が農事改良低利資金の受け皿となって、購入肥料の増施に貢献したことは、朝鮮農村における明治農法の普及・拡大をもたらした。

また、「更新計画」に連動して、朝鮮人農民に対する人材育成にも改編が加えられた。計画を遂行し米穀の改良増殖を達成するためには、明治農法のあらゆる技術的要素を忠実に実行しなければならない。しかし、それは一〇年代のような官憲や農業技術員による単純な指導奨励だけでは不可能であり、近代農学を深く理解する朝鮮人農民の「担い手」を大量に育成しなければならない必要性が生まれてきた。ちなみに、この頃から農政の「担い手」を意味する言葉として「中堅人物」が使用されはじめる。こうして総督府は、二六年以降、実業補習学校の拡充を柱に、農業教育の再構築を実施し、普通学校農業科→実業補習学校→「中堅人物」という新たなプロセスで農政の「担い手」を育成しようとしたのであった。

ただし、二〇年代後半は、実業補習学校の設置が少なかったため、二七年度より京畿道が独自に始めた卒業生指導制度が、現実的な人材育成プロセスとして朝鮮全土に普及することになった。さらに二九年には、普通学校で職業科が新設・必須科目化される。職業科では、地域社会の実情に適合した職業教育が期待され、実験・実習が特に重視された。以後普通学校職業科は、実業補習学校や卒業生指導に接続する前段階の教育として定着していくことになった。

図１　乾田直播式稲作（全羅北道全州郡）朝鮮の風土が生んだ在来稲作法（『朝鮮農会報』9巻10号、1935年10月）

植民地朝鮮における勧農政策は、一九二九年（昭和四）九月に勧業模範場が農事試験場に改称されたことを大きな転機として終わりを迎えた。

勧業模範場では開設以来、朝鮮に外来農法として日本の近代農学（学理農法）を移植・普及させることで速成的に農業開発の成果を上げることが志向されてきた（図1）。しかし、二〇年代に入ると、日本とは異なる朝鮮の気候・風土の独自性を無視したまま、農産物の改良増殖を図ることは次第に難しくなってきた。農事試験場への改称と研究体制の強化は、開設から二〇年余りが経過してようやく朝鮮の気候・風土を認め、基礎から試験研究を積み上げることによって、実際の朝鮮農村に合った研究成果を生み出そうという、農学の原点に立ちかえる出来事でもあった。

ただし、皮肉なことにこの状況は、日本で確立した近代農学や勧農機構が外部から強引な形で朝鮮に移植され、試行錯誤を繰り返す中で普及と定着の兆候を見せはじめたことによって実現可能となったともいえるだろう。一九三〇年代以降顕著になってくる朝鮮での農業生産力の上昇は、まさにその証左であったのである。

◆近代農政の確立

一九三〇年（昭和五）頃を境に勧農政策が終了して以降、朝鮮の植民地農政はそれまでに完成した体系的勧農機構を土台として戦時体制期まで比較的安定した形で運営されていく。

三一年に宇垣一成総督（図2）が就任すると、農家経済立て直しのために農村振興運動が開始される。運動では、「農家更生五カ年計画」が樹立され、更生指導部落を選定して更生三目標の達成が目指された。このような朝鮮全土を巻き込んだ官製運動が実施可能であったのは、すでにこの時点で日本内地に近い勧農機構が朝鮮で完

図2　宇垣一成総督(『施政二十五年史』朝鮮総督府、1935年)

成していたからに他ならない。

また、農村現場での運動の推進者として「中堅人物」が一躍脚光を浴びることになるが、これも直前までの勧農政策の過程で産み落とされたものであった。やがて「中堅人物」は本来の農政の「担い手」から肥大化を遂げ、最終的に皇民化政策の協力者へと姿を変えていくが、普通学校職業科、実業補習学校、卒業生指導制度を用いた育成プロセスは戦時体制期までそのまま引き継がれていった。

本書で取り上げた普通学校農業科、系統農会、実業補習学校、卒業生指導制度など、その一つ一つの活動実態を見ていくと、単純に成功といえるものはほとんどなく、朝鮮人社会との間で常に乖離や対立をはらんでいたことは疑いのないところである。

けれどもその一方で、一九〇四年から一九三〇年頃までの勧農政策を巨視的に見た場合、無視できない前進と着実な発展を遂げていたこともまた厳然とした事実である。個々の外見上は挫折と失敗の連続と見えつつも、その実、外部から被支配者側の社会を間違いなく変化させていくことこそ、植民地支配の本質といってよいのである。

最後に、次節で農事試験場、水原高等農林学校、朝鮮農会のその後を紹介することで、本書を閉じることにしたい。

第二節　勧農機関のその後

（1）農事試験場・道農事試験場

朝鮮総督府農事試験場に関しては、一九三〇年代半ば以降、本場・支場・出張所の組織に特に大きな動きはなかった（表1）。朝鮮各道に設置されている道農事試験場（図4・5）についても同様である。場長は、一九三一年（昭和六）一二月に加藤茂苞《しげもと》が退任し、代わって九州帝国大学教授であった湯川又夫が就任した。この湯川が最後の農事試験場長となる。

植民地期末期の一九四四年（昭和一九）四月には、農事試験研究体制の総合化が実施された。これは従来、総督府農事試験場本場・支場と道農事試験場に分かれていたものを、すべて総督府の機関として総合化することによって、より効果的な試験研究体制を構築しようとしたものであった。また、本場に総務部、試験部と並んで経営部を新設したが、これは試験研究と農業経営との間を密接にすることで、さらに試験研究の成果を実際に役立つ形にすることを目指したものであった。しかしながら、一年余り後に植民地支配が終わったためこの新体制が効果を発揮することはなかった。(1)

（2）水原高等農林学校・農業学校

水原高等農林学校に関しては、一九三六年（昭和一一）四月に実業補習学校教員養成所が農業教員養成所に改称された。また、翌三七年四月には附置されていた実業補習学校が廃止された。(2) その一方で、これまでの農学科・林学科以外に新しい学科が開設された。すなわち、三七年四月には獣医畜産学科が、四三年四月には農業土木学科が設置されたのである(3)（表2）。

表1　農事試験場組織・人事構成(1937年)

農事試験場本場		
技師	場長	湯川又夫
種芸部		
技師		和田滋穂
		川口清利
		繁村親
技手		岩崎宗介
		中川泰雄
		泉有平
		高崎達蔵
		鈴木昭
		森田潔
		朴勝萬
化学部		
技師		満田隆一
		尾崎史郎
		三須英雄
		趙伯顕
		久納佑孚
技手		江崎尚
		船引真吾
		今井次郎
		城下強

農事試験場本場(続)	
病理昆虫部	
技師	中田覚五郎
	中島友輔
	中山昌之介
技手	青山哲四郎
	野瀬久義
	横尾多美男
畜産部	
技師	内田幸夫
	本橋三郎
	瀬島敏雄
嘱託	向坂正
蚕糸部	
技師	田中明
	西川久
	加藤誠
	長島基隆
属	勝木清
技手	牧野泰雄
	佐藤徹夫
	山室隆一
	渋谷佐市
	由井千幸
	鴨下謙治
	田幡辰雄
女子蚕業講習所	
技師	田中明
属	勝木清
技手	山室隆一
	江龍寛一

南鮮支場		
技師	支場長	佐藤健吉
技手		原史六
		高崎謙三

西鮮支場		
技師	支場長	高橋昇
		森秀男
属		梅田郁彦
技手		平田栄吉
		白倉徳明
		佐藤照雄
		三留三千男

北鮮支場		
技師	支場長	堀山寅太
属		中馬正義
技手		田村嘉機
		江崎尚
		松本忠
		中原吉秋
		荒木誠喜
		李聖泰
		小蘆弘
嘱託		山藤芳嘉

木浦棉作支場		
技師	支場長	増淵次助
属		井野辰二
技手		都築秀男
		工藤壮六
		江口貢

龍岡棉作支場		
技師	支場長	小野寺二郎
属		梅田郁彦
技手		佐々木即
嘱託		朴鎬瀅
		趙在膺
		張根祚

金堤干拓出張所		
技師	出張所長	佐藤健吉

車賛館蚕業出張所		
技師	出張所長	田中明
技手		山室隆一
		鴨下謙治

(出典)『朝鮮総督府及所属官署職員録』昭和12年版(朝鮮総督府、1937年)197～198頁。

図3　南次郎総督の農事試験場視察(『朝鮮農会報』11巻6号、1937年6月)

図５　平安南道農事試験場（『朝鮮農会報』11巻４号、1937年４月）

図４　江原道農事試験場（『朝鮮農会報』11巻１号、1937年１月）

図７　西湖溢流口跡（筆者撮影）

図６　農事試験場本庁舎跡（筆者撮影）
現在は農村振興庁国立食糧科学院中部作物部、館内に農業技術歴史館併設

図９　杭眉亭（筆者撮影）

図８　西湖（筆者撮影）

表2　水原高等農林学校人事構成（1937年）

学校長	湯川又夫			
教授	植木秀幹	山林暹	助教授	松岡哲仙
	山本寅雄	大久保玄一		斎藤孝蔵
	鈴木外代一	趙伯顯		一色於菟四郎
	木村隆	山田藤吾		井上一郎
	川口清利	東辰男		中村秀雄
	中島友輔	斎藤嘉栄		佐藤省三
	中山昌之介	金谷復五郎		池泳麟
	廣田豊			小山正吉
			嘱託教員	中本軍治郎

（出典）『朝鮮総督府及所属官署職員録』昭和12年版（朝鮮総督府、1937年）207頁。

図11　旧水原高等農林学校図書館（筆者撮影）
現在は博物館として使用

図10　旧水原高等農林学校第一本館（筆者撮影）
現在はソウル大学校農生命科学創業支援センター、朝鮮戦争で大きく損傷、復旧時に3階部分を増築

一九三七年七月に日中戦争がはじまり戦時体制に突入すると、四〇年には学校の目的も、「農業ニ関スル高等ノ学術技芸ヲ教授シ、特に皇国ノ道ニ基キテ国体観念ノ涵養及人格ノ陶冶ニ留意シ、以テ国家須要ノ材タルニ足ルベキ忠良有為ノ皇国臣民ヲ錬成スルヲ目的トス」と戦時色の強いものへと改められた(4)。

植民地期末期の一九四四年四月には諸学校官制中改正が行われ、水原高等農林学校は水原農林専門学校に改称された。また、植民地朝鮮で二つ目となる農業専門教育機関として大邱農業専門学校（慶尚北道）が開設された(5)。ただし学校としての活動はわずか一年余りに過ぎず、その詳しい活動実態は不明である。

なお、朝鮮各道の農業学校については、特に大きな動きはなく、一九三〇年代以降も着実に増設されていった。一九三五年（昭和一〇）現在、朝鮮全土で三〇校がすべて公立農業学校として設置されていた。その後、三七年には三四校、四〇年には三九校、四二年には四八校が設置されていた(6)。

（3）朝鮮農会

◆農村振興運動期

朝鮮総督府の農村振興運動は、一九三二年（昭和七）七月の道知事会議でその実施方針が示され、翌年三月の政務総監通牒を機に本格的に開始された。

植民地朝鮮最大の農業団体である朝鮮農会は、三二年一一月一五日開催の全鮮農業者大会（図12）において次のような決議を行い、団体として農村振興運動への積極的参加と協力の意思を鮮明にした。

農村自力更生ニ関スル全鮮農業者決議文

農村ノ疲弊ハ既ニ年久シク、農家ノ窮乏ハ日ト共ニ深刻ヲ加ヘ、頽堕《たいだ》萎靡ノ状正《まさ》ニ惨憺タルモノアリ。今ニシテ之ヲ復興シ其ノ振起ヲ図ルニ非ラサレハ、農村ノ破滅ヲ招来スヘシ。而シテ農村ノ匡救ニハ官府ノ施

図12　全鮮農業者大会（『朝鮮農会報』6巻12号、1932年12月）

設社会的援助ニ俟《ま》ツヘキモノ多シト雖《いえども》、農業者ニ自主独立克ク自ラ其ノ境地ヲ開拓スルノ意気ト、堅忍不抜此ノ雖（ママ）局ヲ打開スルノ努力アルコトヲ要ス。此ノ真摯潑剌ナル精神ナクシテ、徒《いたずら》ニ他力ニ依頼スルカ如キハ吾人ノ採ラサル所ナリ。宜シク農業者ハ此ノ際一層ノ勇猛心ヲ発揮シ心気ノ緊張ヲ図リ、官府ノ施設ト相俟ツテ農村更生ノ実ヲ挙揚セムコトヲ期ス。

右決議ス

　　昭和七年十一月十五日[7]

こうして農会は、各行政機関や金融組合などと協力しながら農村振興運動の推進に当たることになった。農会自身としては、郡島農会の下に「農民指導の前進基地」として各種の農業小団体を多数組織して、農業技術の改良・普及や販売購買事業の促進などに従事したのである[8]。

　さて、農村振興運動の開始という総督府農政の転換期を迎えて、朝鮮農会の組織と事業にもいくつかの変化が見られた。なかでも特に大きな変化といえるのが、畜産同業組合の合併である。

朝鮮農会と畜産同業組合、さらには森林組合を含めた産業団体の整理・統一をめぐる議論は、一九三〇年以降、農業恐慌が深刻化するにしたがって次第に大きく取り上げられるようになった。その目的については次の資料から察することができる。

　　第二、郡に於ける産業団体の整理統一を図ること

各産業団体の対立存置は、徒に事務費の支出を増大せしむるのみならず、最近に於ける農村の不況は農家

の負担軽減を必要とし、農業の総合的経営の改善を焦眉の急として訴ふるに至って居るから、各産業団体の整理統一を図り、一面経費の節約と他面経営の改良に新面目を作らねばならぬ。故に此の際郡農会、畜産同業組合、森林組合の三団体を整理統一することが急務と思ふ。(9)

つまり、第一の目的は、産業団体事務の簡素化を図り、主に郡・邑面の事務負担を軽減することにあった。農会、畜産同業組合、森林組合の実際の運営事務は郡庁が担当していたが、団体ごとに個別の事務処理を行わねばならず、その事務負担は郡当局者にとって頭の痛い問題であった。また、邑面でも、邑面に自らの組織をもたない各団体に代わって、邑面職員が会費（組合費）等の徴収事務に当たっていたため、邑面本来の業務にも支障をきたす状況であった。(10)第二の目的は、農民の困窮状態を考慮し、産業団体の整理・統一によって会費（組合費）等、農民の経済的負担を軽減することにあった。

最終的に、この問題は、農村振興運動の本格的実施に歩調を合わせる形で、一九三三年四月一日、畜産同業組合を朝鮮農会に合併し、森林組合は解散してその事業を道地方費および朝鮮山林会各道支部に引き継ぐことで決着が図られた。(11)

ただし、ここで視点を変えて、朝鮮農会の立場から畜産同業組合の合併について検討してみると、この合併が特にその財政面において非常に大きな意味合いをもっていたことが分かる。

合併直前の時期、郡島農会は約二六〇万人の農会員を有していたが、現実には農会令制定以前と変わらず会費の納入が不調であるなど、財政面において団体活動の基礎が確立されたというには程遠い状態であった。これに対し畜産同業組合は、組合員数こそ約一三五万八〇〇〇人と郡島農会の半分程度であったが、「組合経費の大部分は手数料収入に依つて賄はれ会費の収入額僅少」であり、またその組合費も「組合が病牛の治療と云ふ一つの武器を持つ結果」、「他の産業団体の経費の徴収に比較して其の成績の遥に良好なることは事実である」という状

表 3　朝鮮農会予算(朝鮮農会・道農会・府郡島農会)

年	朝鮮農会			道農会			府郡島農会		
	一般会計	特別会計	予算総額	一般会計	特別会計	予算総額	一般会計	特別会計	予算総額
1926	3,005	—	3,005						
1927	49,504	—	49,504	386,219	—	386,219	5,486,079	—	5,486,079
1928	61,334	—	61,334		—		5,234,756	—	5,234,756
1929	66,584	—	66,584	521,511	—	521,511	5,792,871	—	5,792,871
1930	55,678	—	55,678	534,499	4,633	539,132	6,280,090	—	6,280,090
1931	58,112	—	58,112	606,279	280,224	886,503	5,459,587	—	5,459,587
1932	46,777	—	46,777	467,984	415,685	883,669	4,804,662	—	4,804,662
1933	61,713	—	61,713	739,976	823,602	1,563,578	8,821,220	469,268	9,290,488
1934	62,798	—	62,798	1,319,916	1,157,594	2,477,510	12,014,515	3,138,244	15,152,759
1935	63,800	469,437	533,237	727,606	1,062,645	1,790,251	10,277,156	1,313,993	11,591,149
1936	64,015	651,275	715,290	1,074,303	767,947	1,842,250	11,303,664	1,980,462	13,284,126
1937	64,025	634,680	698,705	1,230,788	895,909	2,126,697	12,558,537	2,763,665	15,322,202
1938	421,175	1,536,272	1,957,447	1,715,652	1,212,947	2,928,599	15,901,607	3,847,327	19,748,934
1939	592,059	72,009,410	72,601,469	2,297,315	1,034,176	3,331,491	19,962,932	4,740,701	24,703,633
1940	1,638,602	249,129,963	250,768,565	3,705,688	1,232,162	4,937,850	31,565,844	11,036,306	42,602,150
1941	3,774,007	112,191,940	115,965,947	4,731,694	1,340,021	6,071,715	37,415,217	12,046,093	49,461,310
1942	6,232,306	122,297,870	128,530,176						
1943									
1944									
1945									

(単位　円)


(出典)本表は、以下の資料をもとに作成した。

『朝鮮農会報』1927年以降各号掲載関連記事。

「昭和五年度郡島農会予算概況」(『朝鮮総督府調査月報』 1巻1号、1930年5月)45～52頁。

「昭和六年度道農会予算概況」(『朝鮮総督府調査月報』 2巻6号、1931年6月)47～54頁。

「昭和七年度道農会予算概況」(『朝鮮総督府調査月報』 3巻7号、1932年7月)69～81頁。

『朝鮮の農業』昭和15年版(朝鮮総督府農林局、1940年)261～262頁。

『朝鮮の農業』昭和16年版(朝鮮総督府農林局、1941年)227頁。

『朝鮮の農業』昭和17年版(朝鮮総督府農林局農村振興課、1942年)235頁。

『朝鮮総督府施政年報』昭和16年度(朝鮮総督府、1943年3月)197頁。

『朝鮮農会の沿革と事業』(朝鮮農会、1935年)63～86頁。

文定昌『朝鮮農村団体史』(日本評論社、1942年)93・104～138頁。

(備考)表中の—印は予算配分なし。空欄部分は資料なし。

況で、その財政的基礎は比較的安定していた。[12] したがって、朝鮮農会が畜産同業組合を合併することは、自らの財政基盤を安定・強化し、また同時に農民をより一層強固に組織化することを意味していたのである。

このことは具体的な数値の面からも裏付けられる。表3によって畜産同業組合合併前後での朝鮮農会の財政規模の変化を見ておくと、朝鮮農会（中央）の予算は一九三二年の四万六七七円から一九三三年の六万一七一三円に三一・九％増、道農会の予算は八八万三六六九円から一五六万三五七八円に七六・九％増、郡島農会の予算は四八〇万四六六二円から九二九万〇四八八円に九三・四％増となっている。さらに、その後も各級農会の予算は年々拡大を続けていくことになったのである。

なお、朝鮮農会では、一九三四年四月に、今井田清徳政務総監に代わって副会長の朴泳孝《パギョンヒョ》が会長に就任した。副会長には、松井房治郎が就任している。農会令制定後、初めて政務総監以外が会長に就任したことで、若干ではあるが民間色が強められることにつながった。

◆販売購買事業の拡大

次に、個別の事業に目を向けると、まず第一に、この時期農会によって販売購買事業が積極的に展開されたことが挙げられる。

朝鮮農会は成立当初、農業技術の指導・普及という勧農事業に専念し、販売購買事業としては棉作組合・養蚕組合から引き継いだ棉花・蚕繭の共同販売事業と農事改良低利資金による肥料の購買斡旋事業程度しか行っていなかった。しかし、農業恐慌の深刻化を受けて、農会の活動を支える農業技術指導者の間から「農事の指導奨励の徹底を期する為には、生産より販売に至る迄一貫した技術上の指導を為すを要す」との意見が出されたこと、また、もともと販売購買利用事業の担い手として期待されていた産業組合がほとんど普及していなかったこともあって、農会はこの時期、本来の勧農事業からさらに販売購買事業へと事業拡大することになったのである。[13]

すでに朝鮮農会は、農業恐慌下での農産物販売の合理化を図るために、一九三一年から農産物出荷団体助成事業に着手していたが[14]、三三年九月、「朝鮮農会農家生産物販売並農業用品購買斡旋事業規程」を制定すると、出荷団体の助成と並行して農産物の販売斡旋事業および農業用品の購買斡旋事業を本格的に開始することになった[15]。

表4で郡島農会の販売購買事業高を見てみると、一九三三年度（昭和八）に七五二六万六〇〇〇円であったのが、一九三八年度（昭和一三）には二億九〇三四万円と三三年度の三・九倍にまで増加している。

また、販売購買事業の拡大にともなってその部門別内訳にも変化が見られた。三三年度には普通農事六％、畜産七七％、棉作七％、養蚕一〇％であったものが、三八年度には普通農事四八％、畜産四二％、棉作七％、養蚕三％となっており、籾を中心とする普通農事部門で事業が急速に拡大したことが見て取れる。

加えて、表5で農会・金融組合・産業組合三者の販売購買事業高を比較してみると、金融組合が五七九七万三一六〇円、産業組合が三六六二万六九三九円であるのに対して、農会は二億八九九三万〇八八五円と金融組合の五・〇倍、産業組合の七・九倍に上っており、事業高において農会は金融組合・産業組合の両者を完全に圧倒していたのである。

第二に、販売購買事業とも関連するが、朝鮮農会は一九三五年より肥料配給事業を開始した。

それ以前は、道農会・郡農会が肥料の共同購入および共同配合事業を行い、総督府は道を通じてそれら肥料の必要数量を把握し、業者からの共同購入を斡旋していた。しかし、今後、さらなる購入肥料（金肥）の需要増大や共同購入事業の拡大が見込まれたことから、総督府は、「配給を改善して肥料を廉価に購入せしめ、且其の肥料の施用を適正ならしむる為[16]」に、自らに代わって朝鮮農会に朝鮮全土における肥料の共同購入および共同配合事業を統轄させることにしたのである。

朝鮮農会は、道知事会議での方針決定を受けて、一九三五年六月二〇日に臨時総会を開催して肥料配給五箇年

表4　郡島農会の部門別販売購買事業高の変化

年度	1933		1938	
	事業高	割合	事業高	割合
普通農事	4,341	6%	138,779	48%
畜　産	58,105	77%	120,686	42%
棉　作	5,087	7%	21,430	7%
養　蚕	7,733	10%	9,445	3%
計	75,266	100%	290,340	100%

（単位　千円）

（出典）文定昌『朝鮮農村団体史』（日本評論社、1942年12月）111頁。

表5　朝鮮農会・金融組合・産業組合の販売購買事業高（1938年度）

	品　目	農　会	産業組合	金融組合系統
販売事業	籾	81,793,046	10,209,296	36,437,802
	玄・白米		3,649,950	1,374,716
	麦	10,403,156	801,530	2,414,858
	大豆	2,108,700	475,742	1,992,879
	玉蜀黍	1,102,529	455,549	241,817
	その他の雑穀		78,356	26,435
	繭	8,193,220	21,833	
	棉花	20,574,077		
	苧麻	74,174	282,539	
	縄叺莚	14,996,917	1,656,070	
	畜牛	115,641,475		
	その他の家畜家禽	5,657,349	167,779	
	その他の農産物	1,277,350	1,026,642	31,660
	木炭		281,916	95,138
	織物		2,310,296	97,635
	その他		4,952,553	124,290
	計	261,821,993	26,370,051	42,837,230
購買事業	肥料	24,862,401	3,863,495	12,327,311
	機械器具	265,651	428,903	143,136
	種苗	2,230,590		
	家畜	220,054		
	穀類	103,039		683,216
	織物原料		1,687,255	
	その他の産業用品		961,471	200,669
	経済用品		3,315,764	1,506,154
	その他	427,157		275,444
	計	28,108,892	10,256,888	15,135,930
販売・購買事業合計		289,930,885	36,626,939	57,973,160

（単位　円）

（出典）『朝鮮の農業』昭和15年版（朝鮮総督府農林局、1940年）284～286頁。

計画および肥料配給特別会計予算案を可決決定し、同年七月一日から事業を開始した。

朝鮮農会は、朝鮮窒素肥料株式会社などから必要な肥料原料および包装用材を購入し、農会の肥料配合所において「農事試験場より提示する施肥処方箋に拠り」共同配合を行ったのち、道・郡農会を通じて農家に販売した。また、その一部は金融組合・産業組合に対しても販売された(17)。本事業は、当初一九四〇年末までに朝鮮内の購入肥料全消費額の五割を共同購入とし、その六割以上を共同配合とすることを目標としていたが、四〇年に入る時点で購入肥料全消費額の五割が共同購入、そのうち八割以上が共同配合となるなど極めて順調に推移した(18)。

◆戦時体制期

一九三七年（昭和一二）七月七日、盧溝橋事件を発端として日中戦争が勃発すると、植民地朝鮮も一気に戦時体制へと突入した。農業・工業を中心に産業全部門で戦時統制が徐々に強化され、それと同時に、朝鮮人に対する「皇民化」政策が着々と推し進められるなかで、朝鮮農会もその性格や機能を戦時体制に適応させていくことになった。同年九月二三日の秋季皇霊祭に合わせて、朝鮮農会が、朝鮮金融組合連合会、朝鮮漁業組合中央組合会、朝鮮山林会とともに、朝鮮神宮で国威宣揚祈願祭（図13）ならびに農山漁村報国宣誓式を挙行したことはその事実を鮮明に物語っている(19)。

図13　国威宣揚祈願祭での南総督訓示（『朝鮮農会報』11巻10号、1937年10月）

まず、この時期の朝鮮農会にとって最も大きな問題となったのは、戦時体制下における農業団体の事業分野調整問題であった。

すでに触れたように、朝鮮農会は農村振興運動と連動して販売購買事業に本格的に進出したが、その結果、農村では農会・金融組合・産業組合の三者がそれぞれ販売購買事業を展開することになり、団体間に事業をめぐる対立・摩擦が生じることになったのである。そこで、朝鮮総督府は、一九三七年六月、各農業団体の活動と農村振興運動を「一体不離のものたらしむると共に、農村に於ける販売購買事業の連絡統制を図らしむる」ために、農会・産業組合・殖産契に関する事項および金融組合連合会・金融組合などが行う販売購買事業に関する事項を、すべて農林局農村振興課に主管させることにした[20]。

まもなく戦時体制に突入すると、総督府は、販売購買事業での各団体の競合関係を根本的に解決し、農村への諸物資の配給ならびに食糧・工業原材料などの供出を効率的に行うため、農林局において農会・金融組合・産業組合の事業分野調整について調査・研究を開始した。こうした動きに対して朝鮮農会は敏感に反応し、『朝鮮農会報』誌上で、「朝鮮の現状から考察するに、販売購買斡旋事業は技術的にも理論的にも、農会から切り離し難い関係を看却出来ないことを主張するものである[21]」と金融組合や産業組合に対する自らの正当性・優位性を強く訴えた。

そして、ついに一九四〇年一月一七日、総督府農林局から農業団体の販売購買事業の調整に関する実施要項が発表された。その要点は次の通りである。

第一　農村に於ける販売購買事業団体は、単位組合、道連合組合及中央連合会の所謂三段制の組織とし、之が系統組織を速に完整すること。

（イ）　単位組合

（一）　単位組合は産業組合及金融組合を以て之に充つること。

〔中略〕

第四　農会は農業の指導機関として之に専念せしめ、販売購買事業は特殊のものを除く外之を為さゞること。[22]

この内容は、まさに農会の販売購買事業からの撤退を指示するものであり、一九四〇年度（昭和一五）を期して実施に移すこととされた。

ところが、実際には、日本内地での帝国農会と産業組合の合併を軸とした農業団体統制法案が現実味を帯びてきたことを受けて、この調整案の実施は直前になって見送られることになってしまう。(23)

これ以降、結局、総督府から新たな農業団体調整案が提示されることはなかった。戦時体制が日を追うごとに強化されていくなかで、ついに活動が低調であった産業組合は一九四二年末までに解散された。残る朝鮮農会と金融組合は、一九四五年八月一五日の解放（敗戦）の日までそれぞれその活動を継続していくことになったのである。

続いて、この時期の朝鮮農会の活動に目を向けてみると、当然のことながら戦時動員体制や「皇民化」政策との関連性を見てとることができる。

南次郎総督は、前述の農山漁村報国宣誓式における訓示のなかで、「生業報国に精進することが、即ち既往数年来施政の主力を傾け来つた農山漁村振興運動の使命を遂行する途に外ならない(24)」と述べているが、同日開催された時局関係全鮮農山漁村振興関係官会同で、大野緑一郎政務総監はさらに踏み込んで次のように述べている。

〔前略〕而して時局の推移に伴ひ、半島官民の統後(ママ)の責務は又一段と加重せらるゝに至りました。殊に彊内民衆の大多数を占め、生産拡充の母体たるべき農山漁村大衆の動向如何は、直に以て戦時体制下に於ける挙国一致、内鮮一体の大局に反映し、其の時局に及ぼす物心両方面の影響は蓋し甚大なるものがあるのであります。之が為には、既往数年来半島施政の主力を傾け実施し来つた農山漁村の振興運動を更に強化徹底し、以て国民精神の振作更張を促し、郷閭《きょうりょ》相率ひて時局に対する正しき認識の下に、一途生業報国に邁進せしむることが、愈緊要となつて参つたのであります。(25)

ここからも分かるように、この時期の農村振興運動は、すでに「生業報国」のもと、「内鮮一体」をスローガンとする「皇民化」政策と密接に結びついた運動へと性格を変化させていたのである。

◆戦時統制機関化

一九三八年七月、国民精神総動員朝鮮連盟が結成され、国民精神総動員運動が開始されると、農村振興運動は、この運動と「決して相克すべきものでなく、互に協調し一体となつて行かなければならぬ」(26)ものとして並行して実施された。さらに、四〇年一〇月、総動員朝鮮連盟が改編され、国民総力朝鮮連盟が結成されると、農村振興運動は国民総力運動に統合され、新たに国民総力農山漁村生産報国運動が開始されることになった(27)。

こうした情勢の推移のなかで、朝鮮農会に対しては、例えば、一九三七年九月九日付の各道知事宛政務総監通牒で、行政官庁および他の産業団体と連携して農村振興運動に積極的に協力すること、役職員や会員に対して時局認識を徹底させること、などが指示された(28)。

しかしながら、この時期の朝鮮農会の活動内容に関していうならば、むしろ戦時体制下における集荷配給統制機関としての役割の方が大きかったのではないかと考えられる。

確かに、前述の通り、一九四〇年初めまで総督府内部で農業団体の事業分野調整問題が議論されてはいたが、戦時経済統制が漸次高度化されていく情勢のなかで、農会が本質的にもつ、会員の強制加入権に代表される農村・農民の統制という性格は状況に極めて適合的であった(29)。その結果、戦時体制下において農会は、金融組合・産業組合を圧倒する形で、農産物やその他諸物資の集荷・供出ならびに配給の統制機関として機能することができたのである。

この戦時統制機関としての農会の具体的な活動内容に関しては不明な部分が多いけれども、ここでは米穀と肥料についてのみ簡単に触れておくことにしたい。

米穀に関しては、一九三九年一二月公布の「朝鮮米穀配給調整令」によって、中央の朝鮮米穀市場会社と地方の道食糧配給統制組合による集荷配給統制が開始された。一九四〇年には、雑穀の統制と合わせた朝鮮糧穀中央配給組合・道糧穀配給組合に改編された。そのなかで農会は、道を支援して国民総力部落連盟を単位とした供出必行会を組織させ、米穀・雑穀の自発的供出を推進した(30)。

さらに、四二年になって、「中央地方を通ずる食糧配給機構に付根本的刷新を加へ、現在の暫行的機構を一新して恒久的機構に改変すること」を目的に、中央に朝鮮糧穀株式会社、地方に道糧穀株式会社が設立されると、ここでも農会は、国民総力運動による供米報国運動に協力し(31)、その活動は「もはやこれら糧穀会社の蒐荷機関となり、その使命を完遂しようと全力を傾けている(32)」という様相を呈するほどであった。

肥料に関しては、一九三七年三月の「朝鮮重要肥料業統制令」にはじまり、翌三八年一月の「朝鮮臨時肥料配給統制令」によって統制が一段と強化された。そこで農会は、朝鮮中央肥料配給統制組合を通じた配給の一部を担当した(33)。

米穀・肥料以外でも、「農村より供出する馬糧麦類、肉牛豚、毛皮、乾草、麻類、藁、叺等の軍用品にして農会の斡旋にならざるものはなく、其の供出斡旋数量は亦莫大となつて居る(34)」という状況で、ここからも戦時統制機関としての朝鮮農会の活動の一端をうかがい知ることができる。

なお、その他の新規事業としては、畜牛再共済事業が挙げられる。

畜牛再共済事業は、一九三八年度(昭和一三)から着手された朝鮮牛増殖計画の一部として、同年六月一日から実施された。その内容は、農会員の飼育する畜牛が「斃死シ又ハ家畜伝染病予防令ニ依リ殺処分ヲ受ケ若ハ切迫屠殺ヲ為シタルトキ」府郡島農会が共済金を交付する元受共済事業と、その府郡島農会からの請求に基づいて、朝鮮農会が共済金の半額を再共済金として交付する再共済事業の二つから成り立っていた(35)。

また、同じ頃、朝鮮農会特別調査委員会は、「現在ニ於ケル農業ノ実情ヨリスレハ畜産、特ニ畜牛ノ増殖振興ニ関スル事項ハ最モ急ヲ要スル儀」であるとして、朝鮮総督に対して、飼料充実に関する事項、畜牛増殖に関する事項について建議を行っている(36)。ここからも分かる通り、この時期の朝鮮農会は、畜産、特に畜牛の改良増殖に強い関心を示していたのである。

◆戦時末期

では、最後に、太平洋戦争勃発（一九四一年一二月）以降の戦時体制後半期における朝鮮農会の活動について検討することにしたい。

一九四二年（昭和一七）二月一四日、朝鮮農会令施行規則の改正が公布された（同日施行）。すでに四〇年四月に内地での農会法中改正によって農業の統制が事業範囲に加えられていたが、新たに第二三条ノ二を追加することで、朝鮮で農会が「農業ノ統制ニ関スル施設」を実施する際の手続きが法令上整えられた。加えて、これまで第一条において、農会員から除外されるものとして「三段歩未満」の他人の土地で耕作するもの、と規定されていたところを、「一段歩未満」に引き下げるとともに、道知事が「特ニ府郡島農会ニ加入セシムルノ必要アリト認ムル者アルトキハ」、「朝鮮総督ノ認可ヲ受ケ命令ヲ以テ之ヲ定ムルコトヲ得」と改められた(37)。また、施行規則の改正に先立って、同年一月二九日には、農林局長から各道知事宛に府農会の設立に関する通牒が発せられ、すぐさますべての府に

図14　勧農記念日刈取行事（1942年10月５日）
左から湯川又夫場長、田中武雄政務総監、林繁蔵農会長（『朝鮮農会報』16巻11号、1942年11月）

府農会が設立されることになった。

これによって、朝鮮農会は、完全に戦時統制機関の性格を帯びることになり、農会員の範囲拡大と府農会の設立によって地主から小作人まで余すところなくその統制下に置くことになったのである[38]。

さて、次に、実際の活動状況についてであるが、資料が皆無であるため、残念ながら正確な分析を行うことは不可能である。そのなかで唯一、文定昌が、解放後にこの時期の農会について述べていることから、ここではその記述を提示することにとどめたい。

戦時下の農会は、すでに生産の奨励とその技術の指導とは関連がなくなり、軍国日本の朝鮮人一般に対するあらゆる物資と人の供出に積極的な役割を担当する機関と化した。郡守と島司を長とし、郡庁内に事務所を置いたこの機関は、人員と経費に制限がある郡と島が、無制限に遂行しなければならない業務を補佐するために、平和時より数倍に増加した数多くの職員が、郡・島庁職員という名のもと、邑面職員・区長・統制班などを前面に押し立て、あらゆる手段をもって供出完遂に努めたのである[39]。

具体的には、農会によって米穀の供出、朝鮮牛の供出、真鍮器の供出、女子挺身隊・労務者などの人間の供出、一般林産物の供出と松炭油の採取が行われたとし、「このような供出は、もちろん郡・面・警察署・農会などが合作して行ったことであるが、そのどんな場合にでも、別働隊となり、国庫補助・寄付金・手数料そのほかの収入による費用の弁出と所要人員の提供者となったのは、郡・島農会であったのである」と記述している[40]。

以上、一九三〇年代から四五年までの農事試験場、水原高等農林学校、朝鮮農会の動向について簡単に整理した。全体を通じていえることは、勧農政策が終わり、近代農学を技術的基盤とする農業政策が軌道に乗ったことで、体系的勧農機構は農政の陰に後退し目立った変化を見せなくなる点である。これはすなわち、植民地朝鮮で農業の主軸が近代農学（学理農法）へと移行したことを明確に示している。

科学的実験・分析を主とする近代農学と経験的知識を主とする在地・在来農法は、必ずしも完全に対立する関係ではない。ただし、本書冒頭で確認したように、農業は気候や風土から決定的な影響を受ける産業である。日本の風土から生まれた水稲生産技術体系である明治農法と、畑作優位地帯である朝鮮の在地・在来農法の間には当然本質的な違いが存在していたはずである。日本政府や朝鮮総督府は、この違いを勧農政策による近代農学の導入で強力に乗り越え、農業生産力向上などの面で一定の成果を上げたのである。こうして朝鮮農村に近代農学が徐々に浸透・定着していく中で、武田総七郎や高橋昇などの農学者たちは、朝鮮の風土に根差した独自の農法を改めて「発見」するのである。(41)

（1）『旧朝鮮における日本の農業試験研究の成果』（農林統計協会、一九七六年）一九九～二〇〇頁。なお、この総合体制化は、森秀男（落合秀男）の意見書を素案として西鮮支場長の高橋昇が中心となって推進したものであった。新体制では、湯川又夫場長の下で、高橋昇が総務部長に、和田滋穂が試験部長に、沢村東平が経営部長にそれぞれ就任した（『同』一九九・八〇七頁）。

（2）『近代日本教育制度史料』八巻（大日本雄弁会講談社、一九六四年）三〇五～三〇八頁。

（3）同右、三〇八～三一〇・三四四～三四五頁。

（4）同右、三三三頁。

（5）同右、三五一～三五三頁。なお、一九四四年度には、従来の学校別規程が廃止され、「官立農業専門学校規程」が新たに制定された。この規程によれば、水原農林専門学校には農科・林科・獣医畜産科・農業土木科が、大邱農業専門学校には農科・農芸化学科が設けられている（同右、三六五～三七〇頁）。

（6）『朝鮮総督府統計年報』昭和一〇年版（朝鮮総督府、一九三七年）三一八頁、『同』昭和一二年版（同、一九三九年）二四〇～二四一頁、『同』昭和一五年版（同、一九四二年）二六六頁、『同』昭和一七年版（同、一九四四年）二一六頁。

（7）「農村自力更生に関する全鮮農業者の決議」（『朝鮮農会報』六巻一二号、一九三二年一二月）一頁。

（8）小早川九郎『朝鮮農業発達史　政策篇』（朝鮮農会、一九四四年）六二六〜六二七頁。ちなみに一九三六年（昭和一一）末現在における各種農業小団体の数は以下の通り。殖産部門に属し生産改良増殖に関する団体　三三二六、殖産部門に属し販売・購買に関する団体　六一九、蚕業部門に属する団体　一二九、畜産部門に属する団体　一四八一、副業に関する団体　一八〇、水利に関する団体（契）七七、農民啓発並福利増進に関する団体　一一一、自作農に関する団体　七、地主に関する団体　三、地主小作人協調に関する団体　四、小作人に関する団体　四四、小農に関する団体七〇四、その他の団体　六、計　七六九一。なお、ここには産業組合・殖産契・水利組合および農村振興運動にともなう団体は含まれない。

（9）洪永善「農村振興上よりの制度改正」（『朝鮮農会報』五巻一〇号、一九三一年一〇月）七二頁。

（10）南宮營「産業団体の統制に就て」（『朝鮮農会報』六巻六号、一九三二年六月）二〜三頁。

（11）文定昌『朝鮮農村団体史』（日本評論社、一九四二年）一〇二〜一〇四・四八九〜四九八頁および「畜産団体の併合に当つて」（『朝鮮農会報』七巻四号、一九三三年四月）一頁。

（12）大村綱蔵「朝鮮に於ける産業団体の運用に就て」（『朝鮮農会報』四巻一号、一九三〇年一月）一六六頁および文定昌前掲書、一〇二〜一〇四頁。

（13）文定昌前掲書、一〇五〜一〇六頁。

（14）『朝鮮農会の沿革と事業』（朝鮮農会、一九三五年）四六〜五三頁。

（15）笹原尚一「朝鮮農会の農産物斡旋規程と其利用」（『朝鮮農会報』七巻一〇号、一九三三年一〇月）七四〜七六頁および前掲『朝鮮農会の沿革と事業』五四〜五六頁。

（16）『朝鮮の農業』昭和一六年版（朝鮮総督府農林局、一九四一年）五八頁。

（17）「臨時総会状況」（『朝鮮農会報』九巻八号、一九三五年八月）一〇二〜一一九頁、前掲『朝鮮農会の沿革と事業』五七〜五九頁および文定昌前掲書、一一四〜一一八頁参照。

（18）前掲『朝鮮の農業』昭和一六年版、五八頁および文定昌前掲書、一一七〜一一八頁。

（19）「国威宣揚祈願祭並に農山漁民報告宣誓式」（『朝鮮農会報』一一巻一〇号、一九三七年一〇月）九六頁。

（20）「各種産業団体に関する事務の管掌統一さる」（『朝鮮農会報』一一巻七号、一九三七年七月）一頁、「各種団体に関す

る事務の主管替」(『朝鮮農会報』一一巻七号、一九三七年七月) 九三～九四頁、『朝鮮の農業』昭和一一年版 (朝鮮総督府農林局、一九三八年) 一九二～一九三頁および文定昌前掲書、四八二頁参照。

(21) 「農業団体統制問題」(『朝鮮農会報』一三巻五号、一九三九年五月) 一頁。

(22) 「農村三団体の購販事業調整」(『朝鮮農会報』一四巻二号、一九四〇年二月) 一〇五頁。

(23) 前掲『朝鮮の農業』昭和一六年版、二七五頁。なお、調整案の実施見送りに関して朝鮮農会は、「今にして卒直にいへば、該新機構には何等統制の趣旨が現はれておるではなく、徒に屋上屋を架するの嫌あるものとして吾等は痛く之を遺憾としたものである」と述べている (「農業団体統制問題の再検討」『朝鮮農会報』一四巻一〇号、一九四〇年一〇月、一頁)。

(24) 「農山漁民報国式に於ける総督訓示要旨」(『朝鮮農会報』一一巻一〇号、一九三七年一〇月) 七頁。

(25) 「時局関係全鮮農山漁村振興関係官会同に於ける政務総監訓示要旨」(『朝鮮農会報』一一巻一〇号、一九三七年一〇月) 一〇頁。

(26) 「道農村振興課長に対する総督訓示要旨」(『朝鮮農会報』一三巻四号、一九三九年四月) 三頁。

(27) 前掲『朝鮮の農業』昭和一六年版、二〇四～二〇五頁。

(28) 「時局の進展に対処すべき農山漁村振興運動の使命遂行に関する政務総監通牒」(『朝鮮農会報』一一巻一〇号、一九三七年一〇月) 九七～九九頁。

(29) 文定昌前掲書、一〇六頁。

(30) 前掲『朝鮮の農業』昭和一六年版、二七六～二八四頁。

(31) 『朝鮮の農業』昭和一七年版 (朝鮮総督府農林局農政課、一九四二年) 二七七～二八八頁。

(32) 文定昌『韓國農村團體史』(一潮閣、一九六一年) 七九～八〇頁。

(33) 前掲『朝鮮の農業』昭和一六年版、二七二～二七三頁。

(34) 『朝鮮の農業』昭和一五年版 (朝鮮総督府農林局、一九四〇年) 二六一頁。

(35) 朝鮮農会「畜牛共済事業の統制」(『朝鮮農会報』一二巻五号、一九三八年五月) 四三～四九頁。

(36) 「畜産ノ改良発達促進ニ関スル建議」(『朝鮮農会報』一二巻九号、一九三八年九月) 二～五頁。

（37）「朝鮮農会令施行規則中改正」（『朝鮮総督府官報』四五一三号、一九四二年二月一四日付）八六～八七頁および「朝鮮農会令施行規則の改正」（『朝鮮農会報』一六巻三号、一九四二年三月）一頁参照。

（38）「府農会の設立」（『朝鮮農会報』一六巻三号、一九四二年三月）五六頁。

（39）文定昌前掲『韓國農村團體史』二五九頁。

（40）同右、二五七～二六五頁。

（41）武田総七郎は、一八六八年（慶応四）、岡山市福富に生まれる。九二年（明治二五）、東京帝国大学農科大学農学科卒業。一九〇〇年に国立農事試験場技師となり、農事試験場山陰支場に勤務する。〇三年に九州支場、〇五年に畿内支場に移り、麦の品種改良を担当（米は加藤茂苞）。一二年に朝鮮総督府勧業模範場の種芸第三部長に赴任、二〇年に黄海道・沙里院に畑作専門の西鮮支場が開設されると初代場長に就任した。二四年（大正一三）に退職すると、二五～三三年（昭和八）まで岐阜高等農林学校講師を勤める。一九四六年に死去（日本農業年鑑刊行会編『年表農業百年』家の光協会、一九六七年、九七頁）。武田は、朝鮮の気候・風土の特徴として、「地形が南北に長いから、地方による気候の相違が大であつて、其の変移が急劇である」と述べ、面積に比較して気候の種類が多いことを指摘している。特に降水量に関しては、「大半は湿潤期たる四ヶ月間〔六～九月―筆者註〕に降下し、年の大部分を占むる八ヶ月間は半乾燥の気候状態にある」と述べ、「湿潤地」である日本に対して朝鮮を「変則的の半乾燥地」と結論づけている（武田総七郎『実験麦作新説』明文堂、一九二九年、七四六～七四九頁および同『実用栽培汎論』明文堂、一九三八年、九〇～九一頁参照）。なお、武田の薫陶を受けた高橋昇は、一九二八年に西鮮支場長に就任、三七～四〇年に朝鮮全土にわたる農業・農村実態調査を行っている。高橋昇に関する参考文献は、第一章註（2）参照。

初出一覧

本書をまとめるに当たっては、神戸大学大学院文化学研究科に提出した博士学位論文「植民地期朝鮮における勧農体制と農事改良——勧業模範場・農業学校・朝鮮農会——」(二〇〇七年三月二五日学位授与)を基礎に、その後発表した論文・資料を加筆修正し再構成を行った。初出一覧は、左記の通りである。加えて、植民地朝鮮の勧農政策という視点から本書全体を一貫した内容とするために、序章の大部分、第二章第一節・第三節、第四章第六節、第五章、第六章、終章の朝鮮農会以外の部分を新たに書き下ろした。

「一九二〇年代における朝鮮総督府の勧農行政機構——「産米増殖計画」と朝鮮農会令——」(『朝鮮学報』第一八一輯、朝鮮学会、二〇〇一年一〇月)

「朝鮮農会の組織と事業——系統農会体制成立から戦時体制期を中心に——」(『神戸大学史学年報』第二二号、神戸大学史学会、二〇〇七年六月)

「一九一〇年代の朝鮮における簡易農業学校——朝鮮の実業補習学校の前史として——」(『海外事情研究』第三八巻第二号、熊本学園大学付属海外事情研究所、二〇一一年三月)

「併合前後期の朝鮮における勧農体制の移植過程——本田幸介ほか日本人農学者を中心に——」(『朝鮮学報』第二二三輯、朝鮮学会、二〇一二年四月)

「〔資料〕本田幸介関係文献目録」(『海外事情研究』第四〇巻第一号、熊本学園大学付属海外事情研究所、二〇一二年九月)

「植民地期朝鮮における普通学校の農業科と勧農政策——一九一〇年代を中心に——」(『熊本学園大学文学・言語学論集』第二一巻第一号、熊本学園大学文学・言語学論集編集会議、二〇一四年六月)

あとがき

大阪で生まれ育った私が、熊本で暮らすようになって一〇年余りが過ぎた。相変わらず熊本弁が移ることはないが、大阪弁は幾分マイルドになった。熊本の長くて暑い夏と短くて寒い冬にはいまだに慣れないけれども、それなりに対応できるようになった。

九州に来たことで私の研究環境は大きく変わったが、本書をまとめる中で最もお世話になったのは、九州大学箱崎キャンパスの中央図書館である。中央図書館には『朝鮮農会報』など朝鮮農業関係の資料が数多く所蔵されており、熊本から日帰りで訪問できることもあって頻繁に利用した。図書館は箱崎キャンパスの農学部の一角にある。九州大学農学部は、本田幸介が初代学部長を務めたほか、大工原銀太郎、加藤茂苞など植民地朝鮮と深い結びつきをもっていた。敷地内には農学部実験室（一九二一年竣工）や農学部附属演習林本部（現熱帯農業研究センター、一九三一年竣工）など歴史的建築物がいまもいくつか残されている。調査に疲れて図書館の周りを散歩すると、かつて本田幸介たちがいた農学部の面影を感じることができる。本書をまとめ上げる長く地道な作業の中で、この格別の空間は私の大きな原動力となった（中央図書館は二〇一八年夏に伊都キャンパスに移転する）。

さて、本書につながる研究の原点は、朝鮮農会について調べた卒業論文（一九九六年一月提出）にさかのぼる。子どもの頃から歴史物が好きだった私は、大学では文学部史学科東洋史学専攻に進んだ。大学二年の終わりから卒業論文のテーマを探す中で、「日本史も好きだし、中国史も好きだし、その間の朝鮮史だったら両方できるのでは」というかなり安易な発想で、まずは植民地時代の朝鮮を研究対象に定めた。当時はインターネットもデータベースもほとんど普及していない時代である。図書館のカードをめくり、本や論文を数点読んでみたものの、自分の気持ちに引っかかるような具体的なテーマは見つからなかった。

大学時代で最も印象に残っているのは、当時大阪市立大学にお勤めだった北村秀人先生とのマンツーマン授業である。内容は、高麗史に関する漢文史料（それも先生の手書き）を講読するというものだった。いま振り返ってみると史料の意味をほとんど理解できていなかったように思う。しかし、狭い文学部のゼミ室で窓から陽射しが差し込む中、先生と二人で史料と向き合うというあの時間は、私の中に鮮明な記憶として焼きついている。

まもなく私は、北村先生との雑談や大阪・鶴橋にあった韓国関係の専門書店での立ち読みから、青丘文庫の存在を知ることになる。

青丘文庫は、神戸市長田区でケミカルシューズ工場を経営しておられた在日一世の韓晳曦《ハンソッキ》さんが、私財を投じて一九六九年（昭和四四）に開設された朝鮮関係専門の図書館である。最初は長田の工場ビル内にあったそうだが、私が訪ねた頃は須磨寺近くの自宅マンションの一フロアに移転していた。

初めて青丘文庫を訪問した時のこと、ただ黙って少し窮屈な書棚の間をウロウロする私の様子を見て、韓さんが「何の本を探してんの？」と声をかけられた。私が「植民地時代の朝鮮の農業とかで卒論を書こうかと……」と答えると、すぐに「そこの本見てたら何か出てくるわ」と『朝鮮農会報』（韓国・以文社影印版）を指差された。このときから私は朝鮮農会について調べることになった（青丘文庫は、阪神・淡路大震災を契機として神戸市立中央図書館に寄贈・移転された）。

これ以降、私は大学院に進学し、修士課程・博士課程でも朝鮮農会の研究を続けた。しかし、朝鮮農会という研究テーマは、率直にいって自分の力量をわきまえずに選んでしまった相当に困難なテーマであった。朝鮮農会発行の機関紙『朝鮮農会報』を開いても、記事は農業技術関係が中心で、随所に見られる作物・家畜・害虫・農具などの挿絵や写真は眺める分には楽しいけれども、完全な文系人間で史学科出身の私にはその内容はほとんど分からなかった。そもそも農会なる団体が何を目的としたどういう組織なのかすら、曖昧模糊としてはっきりと把握できなかった。結局、博士論文の準備にとりかかる二〇〇四年（平成一六）頃まで暗中模索の状態に陥った。

この間、私は青丘文庫を拠点に開催されていた朝鮮民族運動史研究会、ついで朝鮮史研究会関西部会に参加するようになり、朝鮮史のさまざまな分野の研究者に出会い、お話を伺う機会を得た。特に、当時京都大学人文科学研究所におられた水野直樹先生には、『京城日報』などの資料を自由に利用させていただいたほか、朝鮮史の研究・調査方法の基礎を教えていただいた。研究の方向性が皆目つかめなかったあの時期に、朝鮮農会に関する学術論文をなんとか発表できたのは、水野先生の抑制のきいた指導と助言があったからこそである。

自らの研究にようやく光を見出すきっかけとなったのは、二年間にわたる韓国留学生活と関西農業史研究会との出会いであった。

私は、二〇〇一年（平成一三）二月末から韓国・ソウルにある延世大学校大学院史学科に留学した。

韓国での留学生活は、環境・文化の違いもあって苦労の多い毎日であった。なかでも史学科のゼミや講義は、運営方法や雰囲気が日本と全く異なり、戸惑いを覚えた。その一方で、ソウルや地方の公共図書館・大学図書館に出かけては朝鮮農業に関する資料を手当たり次第に集めたこと、そして、かつての総督府農事試験場や水原高等農林学校、地方の農業学校を訪ね歩いたことで、本書へとつながる数々の研究のヒントを見つけることができた。

もう一つの関西農業史研究会との出会いも、ちょっとした偶然のつながりからである。

大学院時代の指導教授である森紀子先生は、朝鮮史ではなく主に中国近世思想史がご専門であった。しかし、私にとっては逆にそれが幸運であったように思う。悪戦苦闘する私に先生はいつも客観的な助言と温かい励ましの言葉をかけつづけてくださった。史料を一言一句丁寧に読み込むという歴史学の最も大切な部分は、森先生と過ごした長い時間の中で吸収したものである。

そんな森先生が、大学の教員向け食堂で知り合われたのが、農学部の堀尾尚志先生である。おそらく朝鮮の農業史で苦しむ私のことが話題になる日があったのだろう。文学部と農学部がすぐ隣同士だったこともあり、ほどなくして私は森先生の紹介で堀尾先生の研究室を訪問した。留学から帰国直後の二〇〇三年（平成一五）春のことである。

初めてお会いしたとき、堀尾先生はお忙しく一五分程度しかお話できなかったが、開口一番、「歴史の人はただ史料を読んでああだこうだと解釈を考えるけど、農学の知識で見るとこういう解釈しかできませんってすぐに分かるんだよね」と冗談っぽくおっしゃった。先生からすればごく当たり前のことを話されただけだが、歴史学の中で金縛り状態であった私にとっては、研究の新しい地平に気づかせていただいた奇跡的な瞬間だった。

その後、堀尾先生の紹介で関西農業史研究会に参加することになった。歴史学しか知らない私にとって、農学の専門的かつ高度な議論は分かるはずもなく、研究会ではひたすら耳学問に徹した。ただ次第に日本農業史や農業技術の話が何となく理解できるようになるにつれ、私は徐々に朝鮮史の枠組み・常識から解放されていった。その結果、博士論文では、日本と朝鮮を横断的に分析する勧農政策の視点から朝鮮植民地農政を再検討することを課題とした。日本農業史を新たに勉強したことで、長年雲のようにつかめなかった朝鮮農会も、博士論文の中にようやく居場所を見つけた。

二〇〇八年（平成二〇）より就職した熊本学園大学では、良好な研究環境を用意していただいた。所属する外国語学部東アジア学科には、中国・台湾・韓国の言語・文学・地域研究の専門教員が同居しており、絶えず新鮮な刺激を受けることができる。また、東アジア学科の学生たちは素直で人懐っこく、それでいてさっぱりしている。彼らと話すと、全く新しい感覚で韓国・朝鮮を見つめる次の世代が確実に育ちつつあることを実感する。

熊本に移ってからも、博士論文の延長線上で研究を続けた。博士論文を書き上げたものの、私の中で十分な達成感を得られなかったためである。そんな気配を察したのか、一四年春に大阪経済大学の徳永光俊先生から、研究を一冊の本にまとめることを強く勧められた。以降、関西農業史研究会で報告の機会を与えられ、本全体の構想から細部の考察に至るまで数多くの貴重な助言をいただいた。最終的に本書の出版は、徳永先生から思文閣出版へご推薦いただくことで実現することになった。

なお、本書の内容の一部は、二〇〇九〜一一年度（平成二一〜二三）科研費（若手研究B）（課題番号21780215）および二〇一三〜一五年度（平成二五〜二七）科研費（基盤研究C）（課題番号25450351）の助成を受けた研究成果である。

また、本書の刊行に当たり、熊本学園大学出版会の助成を受けたことを付記して謝意に代える。

本書は、思文閣出版新刊事業部の田中峰人編集長と井上理恵子さんに編集・校正を担当していただいた。お二人からの的確な指導や助言、またさりげない励ましなくしては本書は完成しなかった。一つの本を作り上げる幸福な時間を共有できたことと合わせて、厚く御礼申し上げます。

このほかお名前を挙げることはできないが、今日までご指導くださったすべての方々に感謝申し上げます。

最後に私事ながら、両親に心から感謝の気持ちを贈ります。私が農業と技術に興味をもったのは、幼少期の夏休みに過ごした田舎での経験と両親の仕事する姿に影響を受けたところが大きい。また、いつも明るく大阪の空気で私を支えてくれる妻幸江に感謝したい。本当にありがとう。

二〇一八年六月　熊本にて

土井浩嗣

〔関連年表〕

西暦	主な出来事	関連事項・背景
一八六七		12月 王政復古。
一八六八		9月 明治と改元。
一八七一		10月 遣米欧使節出発。
一八七二	10月 大蔵省、内藤新宿試験場開設。	
一八七三	11月 内務省設置、内務卿に大久保利通就任。	7月 地租改正条例公布。
一八七六	8月 札幌農学校開校。	2月 日朝修好条規調印。
一八七七	1月 内務省に勧農局設置。 9月 三田育種場設置。 ＊ 林遠里『勧農新書』出版。	2月 西南戦争(～9月)。
一八七八	1月 駒場農学校開校。	
一八八一	3月 全国農談会開催。 4月 大日本農会創立、農商務省創設。 **4月 紳士遊覧団の安宗洙、津田仙宅訪問。** **12月 安宗洙『農政新編』発刊。**	10月 「松方財政」の本格的開始。
一八八二	8月 横井時敬、塩水選種法発表。	6月 壬午軍乱。
一八八四	**＊ 崔景錫の進言により農務牧畜試験場設置。**	10月 甲申政変。
一八八六	4月 小学校令公布(第一次小学校令、高等小学校に農業科を含む実業科を設置)。	
一八八七	10月 酒匂常明『改良日本米作法』発刊。	
一八九〇	6月 帝国大学農科大学設立。 11月 農務局仮試験場設置。	
一八九一	1月 農学会、「興農論策」発表。	
一八九三	4月 農商務省農事試験場官制公布、農事試験場創設。	

	11月　実業補習学校規程公布。	
一八九四	6月　実業教育費国庫補助法公布。 8月　府県農事試験場規程公布。 12月　第一回全国農事大会開催。	4月　甲午農民戦争始まる。 7月　日清戦争始まる。
一八九五		4月　下関条約調印。
一八九七		10月　国号を大韓と改める。
一八九九	2月　実業学校令公布。 3月　耕地整理法公布。 6月　農会法、府県農事試験場国庫補助法公布。	
一九〇二	12月　酒勾常明『清韓実業観』刊行。	
一九〇三	3月　小学校令（第三次小学校令）改正（三・四年制高等小学校で農業科を含む実業科を加設必修科目とする）。 10月　農商務省、農会に対し農事改良に関する十四ヵ条の諭達を発す。	
一九〇四	6月　吉川祐輝『韓国農業経営論』発刊。 **6月　韓国政府、農商工学校創設。** **年末　農商務省農務局、韓国土地農産調査実施（～05年12月）。** ＊　農事試験場、米麦の品種改良を担当（加藤茂苞が稲、武田総七郎が麦）。	2月　日露戦争始まる。 8月　第一次日韓協約調印。
一九〇五	9月　耕地整理法改正（灌排水事業追加）。 10月　農会令改正（強制加入法認）。 **10月　韓国政府、農事試験場創設。** **12月　農務局、『韓国農業要項』提出。**	9月　ポーツマス条約調印。 11月　第二次日韓協約調印。
一九〇六	**3月　初代統監伊藤博文着任。** **4月　統監府勧業模範場官制公布。** **5月　本田幸介、勧業模範場初代場長に就任。** **8月　韓国政府、農林学校創設。** **8月　韓国政府、普通学校令公布。**	2月　統監府設置。

	11月　韓国中央農会創立。	
一九〇七	**1月　農林学校、勧業模範場の隣地に移転。** 3月　義務教育年限を六年に延長。 **5月　勧業模範場開場式。** **10月　韓国中央農会第一回総会開催。**	6月　ハーグ密使事件起きる。 7月　第三次日韓協約調印。
一九〇八	**3月　韓国政府、種苗場官制公布。** 10月　戊申詔書発布。	12月　東洋拓殖株式会社設立。
一九〇九	4月　改正耕地整理法公布。 **4月　韓国政府、実業学校令公布。**	10月　安重根、伊藤博文をハルビン駅で射殺。
一九一〇	**4月　韓国政府、実業補習学校規程公布。** **5月　寺内正毅、第三代統監に就任（10月から初代総督）。** **8月　土地調査法公布。** 9月　農会法改正（帝国農会法認）。 **9月　朝鮮総督府勧業模範場官制公布（農林学校を模範場に附置）。** 11月　帝国農会創立。	7月　日本政府、韓国併合方針閣議決定。 8月　韓国併合、朝鮮総督府設置。
一九一一	7月　小学校令（第三次小学校令）改正（高等小学校で農業科を含む実業科の加設必修科目化と教授時数の大幅増加）。 **8月　朝鮮教育令公布（第一次朝鮮教育令）。** **10月　通牒「学校林設営ニ関スル件」を発す。** **10月　普通学校規則、実業学校規則公布。**	
一九一二	**3月　寺内正毅総督、棉作・畜牛・米作・蚕業の改良増殖に関する訓令を発す（勧農政策の本格的開始）。** **3月　道種苗場設置並道種苗場補助費交付規程公布。** **8月　朝鮮土地調査令公布。**	
一九一三	**2月　「農業学校・簡易農業学校教授要目」制定。**	
一九一四		7月　第一次世界大戦勃発。

一九一五	10月 朝鮮物産共進会に合わせ、朝鮮農会第二回総会開催。	
一九一七	3月 朝鮮総督府農林学校専門科規程公布（農林学校に専門科設置）。	
一九一八	3月 朝鮮総督府専門学校官制改正（農林学校を水原農林専門学校に改称）。 11月 土地調査事業終了式。	8月 米騒動。 9月 原敬内閣成立。 10月 朝鮮殖産銀行設立。
一九一九	8月 斎藤実、第三代総督に就任。 4月 普通学校の三面一校計画開始。 12月 橋本左五郎、勧業模範場長に就任。	3月 三・一独立運動起きる。 6月 ヴェルサイユ条約調印。
一九二〇	3月 江原道、学校農業及手工実施要綱公布。 8月 実業教育費国庫補助法改正（道府県に対し実業補習教育奨励に必要な補助金を交付）。 10月 実業補習学校教員養成所令公布。 11月 朝鮮教育令（第一次朝鮮教育令）改正（普通学校の修業年限を四年から六年に延長）。 12月 実業補習学校規程改正（実業補習学校制度の大幅改正）。 12月 産米増殖計画樹立（第一期計画開始）。	
一九二一	1・5月 臨時教育調査委員会開催。 8月 朝鮮農会第三回総会開催。 9月 朝鮮産業調査委員会開催。	
一九二二	2月 朝鮮教育令改正（第二次朝鮮教育令）。合わせて、普通学校規程（六・五年制普通学校で農業科を加設可能とする）、実業学校規程公布。 2月 実業補習学校学科課程標準制定。 3月 朝鮮総督府諸学校官制公布（水原農林専門学校を水原高等農林学校に改称）。 4月 改正農会法公布（会費強制徴収権法認）。	
一九二三	5月 大工原銀太郎、勧業模範場長に就任。 10月 朝鮮農会、朝鮮副業品共進会開催。合わせて、朝鮮農会第四回総会開催。	9月 関東大震災。

	10月 官公立農業学校長会議開催（実業教育の振興が指示され、農業補習教育の普及に関する答申をまとめる）、朝鮮農業教育研究会創立。	
一九二四	7月 下岡忠治、政務総監に就任。 7月 江原道、農業教育振興実施規程公布。 10月 実業補習学校公民科教授要綱制定。	7月 小作調停法公布。
一九二五		4月 農林省設置。
一九二六	1月 朝鮮農会令公布。 2月 普通学校規程改正（四年制普通学校でも農業科を加設可能とする）。 3月 加藤茂苞、勧業模範場長に就任。 4月 産米増殖計画更新（更新計画実施）。 4月 学務局長、通牒「実科教育ニ関スル件」を発す。 4月 江原道、実業補習学校施設経営要項制定。 5月 江原道、実業補習学校学則標準制定。 * 実業補習学校の拡充始まる。	6月 六・一〇万歳運動起きる。
一九二七	3月 朝鮮農会設立（系統農会成立）。 4月 京畿道で卒業生指導制度始まる。 5月 総督府に土地改良部設置。 6月 水原高等農林学校に実業補習学校教員養成所を附置。 8月 実業補習学校教員養成所開所式。 9月 朝鮮肥料取締令公布。 12月 山梨半造、第四代総督に就任。 12月 朝鮮土地改良令公布。	2月 新幹会創立。 3月 金融恐慌始まる。
一九二八	2月 朝鮮初の実業補習学校長会議開催。 6月 臨時教育審議委員会開催。 10月 朝鮮農会、米穀貯蔵共進会開催。	
一九二九	4月 普通学校の一面一校計画開始。 4月 水原高等農林学校に実業補習学校を附置。 6月 普通学校規程改正（職業科を新設し、必須科目とする）。	1月 元山労働者ゼネスト。 10月 ニューヨーク市場の株価暴落、世界恐慌へ波及。

	8月 斎藤実、第五代総督に就任。 9月 勧業模範場を朝鮮総督府農事試験場に改称（勧農政策の実質的終了）。	11月 光州学生運動起きる。
一九三〇		＊ 昭和恐慌（〜34年）。
一九三一	6月 宇垣一成、第六代総督に就任。 7月 朝鮮農業倉庫業令公布。	9月 満洲事変。
一九三二	1月 湯川又夫、農事試験場長に就任。 7月 総督府土地改良部廃止、産米増殖計画縮小。 10月 道種苗場を道農事試験場に改称。 11月 朝鮮農会、全鮮農業者大会で「農村自力更生ニ関スル全鮮農業者決議文」を発す。	3月 満洲国建国。 5月 五・一五事件。 9月 農林省、経済更生部設置、農村経済更生運動開始。 12月 朝鮮小作調停令公布。
一九三三	3月 政務総監通牒をもって「第一次農家更生五ヵ年計画」樹立、農村振興運動開始。 4月 産業団体の整理・統一実施（朝鮮農会が畜産同業組合を合併する）。 9月 朝鮮農会農家生産物販売並農業用品購買斡旋事業規程制定（朝鮮農会の販売購買事業の本格化）。	3月 国際連盟脱退。
一九三四	4月 従来の政務総監に代わって、朝鮮農会会長に朴泳孝が就任。 5月 産米増殖計画による土地改良計画を中止。	4月 朝鮮農地令公布。
一九三五	1月 「更生指導部落拡充計画」発表。 7月 朝鮮農会、肥料配給事業開始。	
一九三六	4月 実業補習学校教員養成所を農業教員養成所に改称。 8月 南次郎、第七代総督に就任。	2月 二・二六事件。
一九三七	4月 水原高等農林学校附置実業補習学校廃止。 6月 総督府農林局農村振興課が、朝鮮農会、産業組合、金融組合などの販売購買事業に関する事項をすべて所管することになる。	7月 日中戦争勃発。
一九三八	4月 林繁蔵、朝鮮農会会長に就任。 6月 朝鮮農会、畜牛再共済事業開始。	4月 国家総動員法公布。 5月 国家総動員法を朝鮮に施行。 7月 国民精神総動員朝鮮連盟結成。

一九三九	**12月　朝鮮米穀配給調整令公布。**	4月　米穀配給統制法公布。 9月　第二次世界大戦勃発。
一九四〇	**1月　総督府農林局、農業団体の販売購買事業の調整に関する実施要項発表（実施は見送られる）。**	10月　国民精神総動員朝鮮連盟を国民総力朝鮮連盟に改組。 10月　米穀管理規則公布。
一九四一		12月　太平洋戦争開始。 12月　農業生産統制令公布（農会に統制の権能）。
一九四二	**1月　農林局、府農会設立の通牒発す。** **2月　朝鮮農会令施行規則改正（統制の権能が追加され、朝鮮農会は戦時統制機関となる）。**	9月　中央食糧営団設立。
一九四三		3月　農業団体法公布（農会・産業組合などを統合し、農業会設立）。
一九四四	**4月　道農事試験場を総督府農事試験場に統合（農事試験研究体制の総合化を実施）。** **4月　朝鮮総督府諸学校官制改正（水原農林学校を水原農林専門学校に改称、大邱農業専門学校開設）。**	
一九四五		8月　日本敗戦により朝鮮解放。

※　主な出来事のうち、朝鮮に関するものを太字にしている。
※　日本については一八七二年までは陰暦、一八七三年以降は陽暦、朝鮮については一八九三年までは陰暦、一八九四年以降は陽暦である。
※　＊は、年次は明らかであるが月が不明のものを示す。

索　引

（人名／事項）
※原則として日本語の発音によって配列した。

【人名】

あ

い

う

お

か

き

け

こ

さ

【事項】

き

く

け

こ

す

せ

そ

た

◎著者略歴◎

土井　浩嗣（どい ひろつぐ）

1972年（昭和47）大阪市生まれ．

神戸大学文学部史学科東洋史学専攻卒業，同大学院文学研究科（修士課程）を経て，文化学研究科（博士課程）修了，博士（学術）．

現在，熊本学園大学外国語学部准教授．専門は朝鮮農業史．

〔主要論文〕
「一九二〇年代における朝鮮総督府の勧農行政機構――「産米増殖計画」と朝鮮農会令」（『朝鮮学報』181輯，2001年）
「朝鮮農会の組織と事業――系統農会体制成立から戦時体制期を中心に」（『神戸大学史学年報』22号，2007年）
「併合前後期の朝鮮における勧農体制の移植過程――本田幸介ほか日本人農学者を中心に」（『朝鮮学報』223輯，2012年）
「植民地期朝鮮における普通学校の農業科と勧農政策――一九一〇年代を中心に」（『熊本学園大学文学・言語学論集』21巻1号，2014年）

植民地《しょくみんち》朝鮮《ちょうせん》の勧農政策《かんのうせいさく》

2018（平成30）年7月25日発行

著　者　土井　浩嗣
発行者　田中　大
発行所　株式会社　思文閣出版
〒605-0089 京都市東山区元町355
電話 075-533-6860（代表）

装　幀　白沢　正
印　刷
製　本　株式会社 図書印刷 同朋舎

ISBN978-4-7842-1948-3 C3021